TOULOUSE, IMP. D'AUG. DE LABOUÏSSE-ROCHEFORT.

Tout exemplaire non revêtu de mon seing est réputé contrefait.

ÉLÉMENTS

DE

PROCÉDURE CRIMINELLE,

PAR

A. RODIÈRE,

PROFESSEUR DE PROCÉDURE CIVILE ET CRIMINELLE
A LA FACULTÉ DE DROIT DE TOULOUSE.

Iudicia quasi vectes urbium.
Prob. xviii. 19.

PARIS,
Chez Joubert, et chez Videcoq.

TOULOUSE,
Chez Lebon, chez Delboy, et chez Gimet.

—

1844.

A MONSIEUR **DALLOZ** AINÉ,

DÉPUTÉ, ANCIEN PRÉSIDENT DE L'ORDRE DES AVOCATS AUX CONSEILS, MEMBRE DE LA LÉGION-D'HONNEUR, AUTEUR DE LA JURISPRUDENCE GÉNÉRALE DU ROYAUME.

Monsieur,

Votre bienveillante amitié encouragea mes premiers travaux.

Daignez agréer le petit livre que je vous dédie, comme un hommage, bien modeste sans doute, mais du moins bien sincère, de ma gratitude.

A. Rodière.

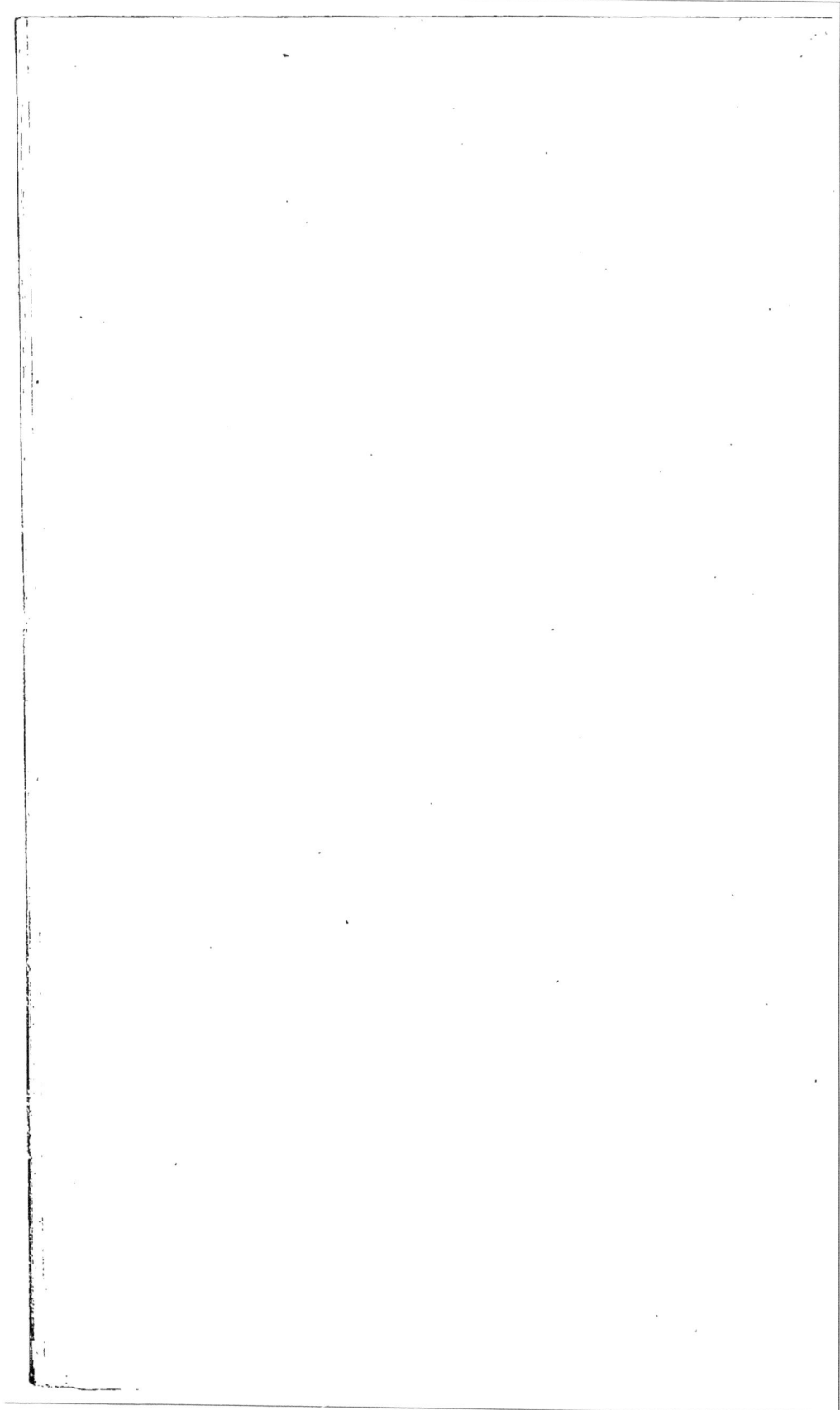

AVANT-PROPOS.

Le règne des gros livres est passé : on voit les in-folio disparaitre peu à peu des bibliothèques. Nous nous applaudissons de ce résultat ; car la science ne peut que gagner à devenir plus commode, et, pour ainsi parler, portative.

Mais un inconvénient plus grave que la grandeur démesurée des formats, se fait sentir, aujourd'hui plus que jamais, dans les ouvrages de droit ; c'est l'abus des citations. La doctrine plie et succombe sous le fardeau des autorités. Tous les amis de la science doivent combattre avec énergie cette tendance funeste. Un système doit s'appuyer sur de bonnes raisons, et non point sur des précédents.

A quoi bon, d'un côté, citer sur des points certains vingt auteurs et vingt arrêts ! Il en est des citations dans les ouvrages de raisonnement, comme des tableaux dans ceux d'imagination. Employées avec ménagement, elles font ressortir la pensée ; mais prodiguées, elles déparent. Il faut donc, quand on recherche des autorités, savoir choisir les meilleures, et imiter l'enfant, qui, cherchant des coquillages au bord de la mer, jette les moins précieux à mesure qu'il en rencontre de plus beaux.

Pourquoi, d'un autre côté, relever minutieusement et réfuter une à une, toutes les erreurs échappées à l'inadvertance des auteurs ou aux préoccupations des cours! Un livre doit-il être une collection des maladies ou des pauvretés de l'esprit humain! L'erreur, ce nous semble, est suffisamment réfutée quand la vérité se montre ; et la vérité, cette noble reine des intelligences, n'a pas besoin, pour se faire reconnaître, de se livrer à de grands efforts. Semblable aux chefs-d'œuvre de la statuaire, elle frappe et saisit tout d'abord par l'harmonie et la simplicité de ses formes, et sa beauté, quoique sévère, a pourtant quelque chose de doux et d'irrésistible.

En termes plus brefs, il nous semble qu'il doit en être d'un livre comme d'un récit, où bien exposer c'est prouver. Tel est le but que nous nous sommes proposé dans ces *Eléments de procédure criminelle*, destinés principalement, comme notre *Cours de procédure civile*, à nos jeunes amis, les élèves des écoles.

Plaise à Dieu que nous ayons atteint ce but quelquefois !

ÉLÉMENTS

DE

PROCÉDURE CRIMINELLE.

L'homme est libre dans ses déterminations : telle est la grande vérité qui forme la base de toutes les législations pénales. Tandis que d'indignes écrivains essaient quelquefois d'ébranler, par de vains sophismes, cette vérité primitive, les tribunaux criminels en font chaque jour l'application. Elle est inscrite en caractères ineffaçables au-dessus des portes de toutes les prisons; et quand, à des intervalles malheureusement trop rapprochés, une foule immense accourt sur une place publique, pour assister aux derniers momens d'un condamné, à l'instant où sa tête coupable vient à tomber sous la hache du bourreau, un cri général se fait entendre, et ce cri n'est autre que la grande voix de l'humanité répétant avec toute la puissance des convictions qu'elle a reçues de son Créateur : l'homme est libre.

Si les actes humains, en effet, étaient soumis aux lois inflexibles de la nécessité, les peines ne seraient qu'une tyrannie tout à la fois cruelle et impuissante; mais, loin qu'il en soit ainsi, elles sont, au contraire, les gardiennes de la cité, les protectrices de tous les droits, la sanction de tous les devoirs.

La peine présente une double utilité.

Elle est d'abord utile au condamné, dont elle favorise

1

l'amendement, car elle sert à combler l'abîme que le crime creuse entre celui qui l'a commis et le bonheur qui est la fin de son être. Dans le cas même où le condamné doit subir la mort, si son intelligence est encore éclairée par quelque rayon d'en haut, si quelques échos des grandes harmonies célestes parviennent encore à son oreille, il doit se dire : je meurs, c'est bien ; loin de me plaindre, puisque je l'ai mérité, je dois me réjouir, dès que, par une mort chrétienne, je puis échanger en un instant une existence passagère et flétrie, contre une vie immortelle et incorruptible.

La peine ensuite, a pour effet d'imprimer à toutes les âmes qui sont sur la pente du crime, une salutaire terreur ; c'est même l'objet principal pour lequel elle est établie. Aussi sommes-nous loin de partager l'opinion de quelques écrivains modernes, qui voudraient abolir entièrement la plus redoutable des peines, celle de la mort. Cette utopie semble indiquer dans ceux qui la préconisent une certaine candeur d'âme et une grande sensibilité de cœur, mais elle fait moins d'honneur à leur raison. La peine de mort, en effet, est aussi nécessaire pour protéger la société contre les penchants criminels et les attaques audacieuses des pervers, que les armées le sont pour défendre la patrie contre l'ennemi ; elle n'est dès-lors de la part du corps social que l'exercice du droit de la légitime défense, c'est-à-dire, du plus sacré et du plus imprescriptible des droits.

Mais la peine, si légitime et si sainte, quand elle n'atteint que des coupables, prend un caractère odieux dès qu'elle frappe un innocent, et, manquant alors complètement son but, elle alarme les hommes honnêtes qu'elle est destinée à protéger. Avant donc que de l'appliquer, il faut que la culpabilité de celui à qui on l'inflige soit bien démontrée, et la loi a dû tracer le chemin à suivre pour acquérir cette certitude morale. L'ensemble des règles qu'elle a posées sur ce point forme ce qu'on appelle l'*instruction* ou la *procédure criminelle*.

Pour exposer méthodiquement cette branche importante

de la législation, nous diviserons notre sujet en sept livres.

Dans le premier, nous poserons les principes généraux qui dominent toute la procédure criminelle.

Dans le second, nous ferons connaître les poursuites préliminaires qui précèdent la mise du prévenu en jugement.

Le troisième nous conduira de la mise en jugement jusqu'à la sentence.

Le quatrième traitera des juridictions extraordinaires auxquelles sont dévolus, par exception, l'instruction ou le jugement de certains crimes ou délits :

Le cinquième, des règlements de juges et des renvois :

Le sixième, des demandes en nullité, en cassation et en révision :

Le septième, enfin, de l'exécution de la sentence et de la prescription de la peine.

Puissions-nous, en parcourant une carrière aussi longue et qui présente souvent des pas difficiles, ne point nous égarer trop souvent !

LIVRE PREMIER.

Principes généraux sur la procédure criminelle.

Avant d'indiquer les divers objets dont nous devons nous occuper dans ce livre, il est à propos de fixer le sens de certaines expressions qui reviennent sans cesse dans les matières dont nous avons à traiter.

Par *matières criminelles* d'abord, on entend, dans un sens large, toutes les affaires qui donnent lieu à l'application de quelque peine dans un intérêt social, et on les oppose alors aux matières civiles, commerciales ou administratives. C'est aussi, dans ce sens générique, que le Code que nous entreprenons d'expliquer, est appelé *Code d'instruction criminelle*. Mais, dans un sens plus restreint, on oppose les affaires *criminelles* aux affaires *correctionnelles* ou de *simple police*, et dans cette acception, les affaires criminelles ne comprennent plus que celles qui sont jugées régulièrement par les cours d'assises, et qui peuvent donner lieu à des peines afflictives ou infamantes. Ces affaires correspondent alors à ce qu'on appelait autrefois *grand criminel*, par opposition aux affaires correctionnelles ou de police, qu'on appelait *petit criminel*.

L'individu, soupçonné d'avoir commis l'infraction poursuivie, se nomme tantôt inculpé, tantôt prévenu, tantôt accusé. L'*inculpé* est celui que n'atteignent que des soupçons vagues, et vis-à-vis duquel la chambre du conseil du tribunal de première instance n'a pas encore décidé qu'il y a lieu à suivre. Le *prévenu*, dans le sens propre du mot, c'est celui contre lequel s'élèvent des soupçons plus sérieux, et dont la procédure pour cette cause a été transmise par la chambre du conseil à la chambre des mises en accusation de la cour royale, ou bien encore, celui qui est traduit directement ou par renvoi, devant les tribunaux de police simple ou correctionnelle. L'*accusé*, enfin, est celui sur lequel planent au sujet de quelque crime, des soupçons de culpabilité si graves, qu'il a été renvoyé, par la chambre des mises en accusation de la cour royale, devant la cour d'assises. Le mot *prévenu* s'emploie très souvent pour celui d'*inculpé* ; quelquefois aussi, celui d'*inculpé*, au moins dans les matières de simple police, est employé pour celui de *prévenu* ; mais la dénomination d'*accusé* ne désigne jamais que l'individu traduit aux assises par arrêt de renvoi de la chambre des mises en accusation.

L'adversaire direct de l'inculpé, du prévenu ou de l'accusé, c'est le ministère public, appelé souvent *partie publique ;* mais à la partie publique vient s'adjoindre parfois une *partie civile.* On désigne, sous ce dernier nom, la personne lésée par l'infraction, qui réclame des dommages devant la juridiction criminelle.

Ces points fixés, nous donnerons d'abord dans ce livre quelques notions historiques sur la justice et la procédure criminelles. Nous parlerons, en 2e lieu, de l'action publique exercée par le ministère public ; en 3e lieu, de l'action civile exercée par la partie lésée, et de l'influence de l'action publique sur l'action civile et réciproquement ; en 4e lieu, des conditions préalables auxquelles peut être soumise l'une ou l'autre action ; en 5e lieu, des diverses manières dont chacune de ces actions peut s'éteindre. Ce sera le sujet d'autant de chapitres.

CHAPITRE PREMIER.

Notions historiques sur la justice et la procédure criminelles.

Dans l'ancienne jurisprudence française, les juridictions criminelles étaient aussi nombreuses que les juridictions civiles. Elles se divisaient, comme celles-ci, en juridictions ordinaires et juridictions extraordinaires.

Les premières comprenaient les juges de seigneur, dont les uns, les bas ou moyens justiciers, ne pouvaient infliger que des amendes, mais dont les autres, savoir, les hauts justiciers, pouvaient prononcer des peines corporelles, voire des peines capitales, sauf, dans les derniers temps, la confirmation des cours de parlement ; puis, parmi les juges royaux, les prévôts et châtelains, les lieutenants criminels, et les cours de parlement ou conseils souverains.

Les juridictions extraordinaires étaient encore beaucoup plus nombreuses. Elles comprenaient notamment les officiaux ou juges ecclésiastiques, les conseils de guerre ou tribunaux militaires, les amirautés ou tribunaux maritimes, les présidiaux, les prévôts des maréchaux et lieutenants criminels de robe-courte, les cours des aides et des monnaies, les tables de marbre, etc. (1).

Durant plusieurs siècles, la procédure, observée dans ces diverses juridictions, n'était guère réglée que par des usages qui changeaient souvent de province à province, mais partout cette procédure se faisait dans l'ombre; le jour de la publicité ne venait jamais l'éclairer.

Les ordonnances de nos rois qui commencèrent à introduire dans cette procédure quelque uniformité, laissèrent subsister ce caractère mystérieux, et l'ordonnance de 1670 elle-même, la plus complète et aussi la plus célèbre de toutes, et désignée souvent par ce motif sous le seul nom d'*ordonnance criminelle*, maintint en ce point les traditions des âges précédents. Le même secret enveloppait les informations préliminaires, l'interrogatoire de l'accusé, sa confrontation avec les témoins, la torture, le jugement. Cette absence complète de publicité laissait aux juges un arbitraire effrayant. Heureusement, dans ces temps, la foi religieuse,

---

(1) Voy. Jousse, dans ses *Prolégomènes sur l'ordonnance de 1670*, tit. 2, § 1.

par l'autorité qu'elle conservait sur les âmes, remédiait presque toujours aux vices des institutions : peu de juges, en effet, osaient abuser de leur pouvoir, parce que peu d'esprits alors étaient assez téméraires pour oser révoquer en doute le compte redoutable que les puissants de la terre doivent rendre un jour au Maître du monde.

Peut-être même, grâce à ces idées, la procédure secrète était celle qui convenait le mieux aux temps dont nous parlons, car bien des criminalistes la considèrent comme le moyen le plus sûr d'arriver à la découverte de la vérité, quand le juge est affranchi de toute partialité et dégagé de toute prévention.

Mais ce que l'humanité ne saurait excuser, dans l'ancienne procédure criminelle, c'est l'usage de la torture que l'ordonnance de 1670 avait conservé aussi.

Ce n'est pas que la torture soit une institution aussi déraisonnable qu'elle est cruelle. On peut remarquer, en effet, qu'elle a promené ses chevalets et sa robe ensanglantée chez presque tous les peuples anciens ou modernes ; et, comme la lumière de la raison éclaire depuis long-temps les hommes, on peut affirmer avec certitude qu'une institution aussi générale ne peut pas être complètement destituée de raison.

La torture, en effet, si hideuse qu'elle nous paraisse aujourd'hui, repose sur une idée parfaitement belle ; c'est que l'homme, quand il ne suit que la pente de sa nature, dit toujours la vérité, et que, pour la déguiser, il a besoin de faire sur lui un effort. Or, la torture avait précisément pour but de rendre l'accusé incapable de cette contention d'esprit, et le législateur cherchait ainsi à obtenir la manifestation de la vérité par la douleur, comme on essaie encore quelquefois de surprendre un secret en plongeant celui qui en est dépositaire dans l'ivresse ou dans un sommeil magnétique (1).

_____

(1) Nous avons lu quelque part qu'un bandit italien, pendant qu'on lui infligeait la torture, murmurait de temps en temps ces mots : *io ti*

La torture s'infligeait du reste, tantôt à un individu déjà condamné qu'on voulait contraindre à révéler ses complices, tantôt à un accusé contre lequel s'élevaient de graves soupçons de culpabilité et à qui l'on voulait arracher l'aveu du crime dont on le supposait coupable. La première torture s'appelait *question préalable*, parce qu'elle précédait l'exécution de la condamnation proprement dite; la seconde se nommait *question préparatoire*.

Celle-ci était évidemment la plus odieuse; car il arrivait fréquemment que les malheureux qui y étaient soumis étaient innocents. Aussi, fut-elle abolie la première par une déclaration du roi du 24 août 1780. L'abolition de la seconde fut prononcée par l'assemblée constituante dans son décret du 9 octobre 1789.

La même assemblée refondit complètement tout le système judiciaire, et substitua à l'ancienne organisation si compliquée une organisation nouvelle beaucoup plus simple. Par sa loi célèbre du 16-24 août 1790, elle déclara qu'à l'avenir les affaires criminelles seraient jugées publiquement avec le concours de jurés, et elle confia aux corps municipaux le jugement des contraventions de police municipale.

Une seconde loi du 19-22 juillet 1791 organisa des tribunaux de police correctionnelle pour le jugement des délits plus graves que les simples contraventions, mais passibles pourtant seulement d'emprisonnement ou d'amende, et elle régla en même temps la procédure à suivre, tant en police municipale qu'en police correctionnelle. C'étaient les juges de paix, qui dans le système de cette loi servaient à constituer le tribunal correctionnel.

Une troisième loi du 16-29 septembre 1791 créa dans

---

vedo, je te vois; renvoyé, faute de preuves et grâce à la persistance de ses dénégations, il révéla lui-même plus tard que, pour avoir la force de cacher la vérité, il se figurait la potence dressée, et que c'est elle qu'il avait en vue quand il répétait : *io ti vedo.* Cela prouve combien il est difficile de mentir dans la souffrance.

chaque département un tribunal criminel, chargé de la répression des crimes, et détermina la procédure à observer dans cette grave matière. D'après cette loi, deux jurys différens concouraient à l'administration de la justice criminelle. L'un, appelé *jury d'accusation*, statuait sur le point de savoir s'il y avait contre un prévenu des indices de culpabilité assez graves pour le traduire devant le tribunal criminel : le second, nommé *jury de jugement*, statuait définitivement sur la question de culpabilité.

Le 29 septembre-21 octobre 1791, l'assemblée constituante fit elle-même une instruction destinée à faciliter l'exécution de la loi.

Par suite des diverses lois précitées, les juridictions criminelles ordinaires se trouvèrent réduites à trois; aux corps municipaux pour la police simple, aux tribunaux correctionnels pour la police correctionnelle, aux tribunaux criminels pour les crimes.

Les juridictions extraordinaires furent pareillement bien simplifiées, car l'assemblée constituante ne soumit à des tribunaux particuliers que les crimes et délits des militaires et des marins.

Ces bases subsistèrent jusqu'à la loi du 3 brumaire an 4, sans aucune modification considérable, au moins pour les crimes et délits ordinaires; car c'est dans l'intervalle que fut établi, pour le jugement des accusés politiques, le tribunal de sanglante mémoire, désigné d'abord sous le nom de *tribunal criminel extraordinaire*, et plus tard, sous celui de *tribunal révolutionnaire*, qu'il porta jusqu'à sa suppression décrétée le 12 prairial an 3.

Le 3 brumaire an 4, fut promulguée la grande loi à laquelle la Convention donna le nom de *Code des délits et des peines*, et qui, rapportant les dispositions des lois antérieures, régla de nouveau la procédure à suivre, tant dans les matières de police simple ou correctionnelle que dans les matières criminelles proprement dites. Cette loi enleva aux corps municipaux la connaissance des contraventions de police municipale qu'elle attribua aux juges de paix : mais, d'un autre côté, ces derniers juges ne servirent plus à former les tribunaux correctionnels; il fut établi pour cela des tribunaux particuliers, dont le nombre, suivant les départemens, pouvait varier de trois à six.

La loi du 27 ventôse an 8 supprima les tribunaux correctionnels qu'avait établis la loi de l'an 4, et attribua aux tribunaux civils d'arrondissement qu'elle créait, la connaissance des délits correctionnels.

Vint enfin le Code d'instruction criminelle qui fut promulgué dans ses diverses parties en novembre et décembre 1808, mais pour devenir seulement exécutoire comme le Code pénal, à dater du 1er janvier 1811.

Les changemens les plus notables qu'apporta le Code à la legislation précédente furent relatifs aux affaires de grand criminel. Le jury d'accusation fut supprimé et ses attributions dévolues à une des chambres de la cour d'appel; la composition de la liste générale des jurés de jugement fut confiée exclusivement aux préfets; et les cours d'assises ne siégeant que temporairement, furent substituées aux anciens tribunaux criminels.

La loi du 20 avril 1810 mit l'organisation des cours d'appel en rapport avec les nouvelles attributions que le Code d'instruction criminelle leur conférait.

Depuis lors, l'organisation judiciaire en matière criminelle et la procédure qui la régit, n'ont pas éprouvé des changemens bien considérables. Quelques lois postérieures méritent pourtant d'être signalées.

La Charte de 1814 abolit, d'abord, implicitement les cours spéciales auxquelles le Code d'instruction criminelle avait confié la répression de certains crimes.

Une loi du 2 mai 1827 élargit les listes du jury, et restreignit les pouvoirs des préfets pour la composition des listes de service.

Une autre loi du 4 mars 1831 réduisit à trois le nombre des magistrats des cours d'assises, qui précédemment était de cinq.

Une troisième beaucoup plus importante, en date du 28

avril 1832, réforma le Code sur bien des points. Elle exigea notamment les deux tiers des voix pour les déclarations de culpabilité, et elle conféra aux jurés le droit de déclarer dans toutes les affaires des circonstances atténuantes, ce qui a pour résultat nécessaire de faire descendre la peine au moins d'un degré. Il fut fait, en conséquence de cette loi, une nouvelle édition du Code où les modifications qu'il avait reçues depuis sa promulgation furent ramenées.

Enfin, à la suite de l'attentat inouï, commis par le Corse Fieschi, le 28 juillet 1835, et qui joncha de cadavres l'un des boulevarts de la Capitale, une des lois du 9 septembre de la même année, voulant donner à la justice criminelle plus de force, et aux jurés timides plus de courage, déclara que les sentences affirmatives du jury se formeraient désormais à la simple majorité, et que le vote des jurés aurait lieu au scrutin secret.

Bien d'autres lois encore ont apporté au Code d'instruction criminelle quelques modifications de détail; mais ces modifications ont trop peu d'importance pour mériter d'être mentionnées ici; il suffira de les indiquer en leur lieu.

CHAPITRE II.

De l'action publique et des fonctionnaires qui peuvent l'exercer.

Tout fait contraire aux lois de la morale ou aux prescriptions de l'autorité, ne donne pas lieu nécessairement à des peines criminelles, lors même qu'il cause du dommage à autrui. La loi ne frappe de ses rigueurs que les actes répréhensibles qui sont de nature à nuire à la société tout entière dont ils compromettent l'existence, la sûreté ou le bon ordre. Ces actes se divisent, suivant leur degré de gravité, en trois classes, et constituent, tantôt une simple contravention, tantôt un délit, tantôt un crime.

Aux termes de l'art. 1er du Code pénal, l'infraction que les lois punissent de peines de simple police, savoir, d'une amende de quinze francs au plus, ou d'un emprisonnement de cinq jours au plus, est une *contravention*. L'infraction punie de peines correctionnelles, c'est-à-dire, d'un emprisonnement de plus de cinq jours, ou d'une amende de plus de quinze francs, est un *délit* dans le sens propre du mot (1). L'infraction enfin, punie de peines afflictives ou infamantes, telles que la mort, les travaux forcés à perpétuité ou à temps, la déportation, la détention, la réclusion, le bannissement et la dégradation civique, est un *crime*.

Cette division a été souvent critiquée. On a dit que les faits criminels devraient être distingués par leurs caractères propres, et non point d'après la peine que le législateur juge à propos de leur infliger. La critique serait fondée, si dans l'application de la peine on n'avait égard qu'aux dispositions de l'agent. On devrait alors distinguer seulement les faits répréhensibles qui résultent de la négligence ou de l'imprudence, et ceux qui supposent nécessairement l'intention de nuire. Les premiers constitueraient de simples contraventions; les autres, des crimes; et le mot *délit* serait alors l'expression générique qui désignerait les uns et les autres.

Mais les peines criminelles, ayant principalement pour but de rassurer la société alarmée, en effrayant par le châtiment exemplaire du coupable quiconque serait tenté de commettre la même infraction, il est indispensable de prendre en considération pour la fixation de la peine l'inquiétude plus ou moins grande que le fait répréhensible cause à la cité.

Qu'un individu, par exemple, entre dans un champ pour y manger un fruit ou pour le détacher de l'arbre ou de la terre; qu'il emporte quelques fruits déjà détachés par le propriétaire, mais que celui-ci n'a pas encore recueillis; que, pour atteindre le fruit qu'il aura emporté, il ait escaladé un mur ou franchi une haie; la culpabilité intrinsèque

---

(1) Dans un sens large, le mot *délit* embrasse tous les faits criminels.

de l'acte ne diffère pas notablement dans les trois cas. Mais, dans le premier, les propriétaires ne s'inquiètent guère parce que le fait ne peut jamais être bien dommageable; dans le second, ils s'alarment, parce que le préjudice peut devenir beaucoup plus sérieux; dans le troisième, leurs craintes sont au comble, parce qu'ils commencent à redouter de ne pouvoir plus rien conserver en sûreté. La loi, pour les rassurer suivant leur inquiétude, doit donc graduer la peine pour les trois cas, appliquer seulement au premier des peines de simple police (C. pén., 471, n. 9, et 475, n. 15); au second, une peine correctionnelle (C. pén. 388); au troisième, une peine criminelle (C. pén. 384).

De même, qu'un domestique dérobe un objet à son maître, en morale il n'est pas plus coupable qu'un étranger qui pénètre dans la maison pour commettre le même larcin. Cependant, pour rassurer les maîtres et balancer, par la sévérité de la peine, la facilité que trouve le domestique à commettre de semblables soustractions, il a fallu punir toujours le vol domestique d'une peine criminelle (C. pén., 386, n. 3), quand souvent le même vol, commis par un étranger, n'est passible que d'une peine correctionnelle.

Cette nécessité de combiner sans cesse pour la fixation de la peine, la perversité de l'agent et le préjudice causé à la société, rendait, nous le croyons, impossible, toute autre classification que celle suivie par les auteurs du Code pénal.

Quoi qu'il en soit, c'est principalement dans la procédure criminelle que l'importance de cette distinction se fait sentir. Les contraventions, en effet, sont jugées par les tribunaux de simple police; les délits, par les tribunaux de police correctionnelle; les crimes, par les cours d'assises. L'instruction criminelle diffère aussi souvent, suivant que l'acte rentre dans l'une ou l'autre de ces trois classes.

En toute hypothèse, l'action pour l'application de la peine n'appartient qu'aux fonctionnaires établis par la loi (C. Inst. 1). Jamais elle ne peut être exercée par un simple particulier.

A Rome, le principe était tout différent. On y distinguait,

il est vrai, des délits privés et des délits publics. Mais, la seule différence qui séparait ces deux genres de délits, c'est que la répression des premiers ne pouvait être poursuivie que par la personne qui avait éprouvé le préjudice, tandis que tout citoyen avait le droit de poursuivre les seconds.

Ce système présentait de graves inconvéniens. Personne en effet, n'étant spécialement chargé de la poursuite des délits publics, il en résultait qu'un grand nombre restaient impunis, sans qu'on pût imputer à personne en particulier cette impunité; et, plus le coupable était puissant, plus il avait de chances d'échapper à la peine qu'il méritait, en effrayant ou en achetant les citoyens qui auraient voulu se porter ses accusateurs.

Chez les anciens Germains, le système de répression était plus défectueux encore. Il semble, en effet, que pour tous les crimes commis contre des particuliers, la victime du crime ou sa famille pouvaient seules se plaindre, et le coupable n'avait à craindre aucun châtiment, dès qu'il avait payé à son adversaire ou à ses représentans la composition réglée par la loi (1). Tout homme en état de payer la composition parvenait ainsi fréquemment à se soustraire à toute peine corporelle.

Ce système grossier se maintint pourtant jusque sous la seconde race de nos rois.

L'établissement de la féodalité produisit sous ce rapport un grand bien. Les seigneurs les plus puissans s'emparèrent alors, comme on sait, de la justice, qu'ils exploitèrent comme un patrimoine, en s'attribuant le profit des amendes et des confiscations. Ils eurent, dès-lors, intérêt à faire poursuivre d'office par leurs juges tous les crimes qui se commettaient sur leur territoire, quoique les parties lésées gardassent le silence. Telle fut, nous n'en doutons point, la première origine du ministère public, car Dieu qui fait servir

_____

(1) Montesquieu, *Esprit des lois*, liv. 30, ch. 19.

toute chose à ses fins, fait jaillir, quand il lui plaît, de sentimens étroits et égoïstes, de grandes institutions.

Mais, le nouveau système dut présenter bientôt l'inconvénient contraire à celui du précédent. Sous celui-ci, bien des coupables n'étaient pas poursuivis. Désormais, au contraire, les juges ayant intérêt à la répression des crimes, devaient désirer rencontrer des coupables, et ce désir pouvait les aveugler souvent, et entraîner des erreurs fatales. Pour tempérer ce mal, on dut naturellement être amené à confier à des magistratures différentes la poursuite du crime et sa punition.

A partir de Philippe-le-Bel, la magistrature chargée de la poursuite des crimes, fut en effet soigneusement distinguée des juges chargés d'appliquer les peines, et dès-lors, s'introduisirent dans le droit français deux grandes règles; la première, que l'application des peines ne peut être requise que par les magistrats du ministère public; la seconde, que ces magistrats doivent se borner à des réquisitions, et ne peuvent par eux-mêmes, non-seulement prononcer aucune peine, mais même en principe ordonner aucune mesure d'instruction, ce qui est réservé aux juges proprement dits.

La première de ces règles est formellement consacrée par l'art. 1er du Code d'instruction criminelle. Seulement, au lieu de dire que l'action pour l'application des peines n'appartient qu'aux magistrats du ministère public, ce texte porte qu'elle n'appartient *qu'aux fonctionnaires établis par la loi*, parce qu'indépendamment des magistrats du ministère public proprement dit, c'est-à-dire, des procureurs généraux et du roi et de leurs substituts, il est quelques autres fonctionnaires auxquels la loi confie en certains cas l'action publique. Ce sont, en matière de contravention, les commissaires de police, et dans les communes où il n'y en a point, les maires ou adjoints; et en matière forestière, certains agens forestiers.

Les fonctionnaires chargés de requérir l'application des peines, ne sont point du reste, obligés de poursuivre toutes les contraventions et tous les délits, ni même tous les crimes peu graves dont ils peuvent acquérir connaissance.

Les art. 47, 53 et 54 du Code disposent pourtant que le procureur du roi, instruit de l'existence d'un crime ou d'un délit, *est tenu* d'en donner lui-même connaissance au juge d'instruction, et de requérir qu'il en soit informé. Mais, ces textes ne doivent pas être pris à la rigueur. Ce qui le prouve manifestement, c'est que, dans une circulaire du 16 août 1842, tendant à diminuer autant que possible les frais de justice criminelle qui sont pour l'Etat une charge si lourde, le ministre de la justice lui-même recommande aux magistrats du ministère public de ne poursuivre d'office que les délits dont la répression intéresse véritablement la vindicte publique.

Les textes précités doivent donc être entendus en ce sens que le procureur du roi est tenu de saisir le juge d'instruction, toutes les fois que les instructions ou les ordres de ses supérieurs naturels, c'est-à-dire, du procureur-général ou du ministre de la justice, n'y font pas obstacle. C'est donc aux procureurs généraux et au ministre de la justice à apprécier dans quelles circonstances l'intérêt même de la société commande de s'abstenir des poursuites, et ces circonstances, pour les choses surtout qui tiennent à la politique, sont de nature à se produire assez fréquemment.

CHAPITRE III.

De l'action civile, et de son influence sur l'action publique ou réciproquement.

Il est des infractions punies par les lois pénales qui ne donnent lieu qu'à une seule action, l'action publique; ce sont celles qui ne blessent que la société en général, sans qu'aucun de ses membres en soit lésé d'une manière particulière. Tels sont la plupart des crimes et délits contre la sûreté de l'Etat et contre la Charte constitutionnelle.

Mais, dès que l'infraction a causé un préjudice particulier à une personne déterminée, elle donne naissance à une seconde action, appelée *action civile*, parce que cette action ne tend, en effet, qu'à faire obtenir à la personne lésée des réparations civiles, tout-à-fait distinctes de la peine proprement dite.

L'action civile, aux termes de l'art. 1er du Code, peut être exercée par tous ceux à qui le crime, le délit ou la contravention, a causé quelque dommage ; et dans les principes de notre droit, elle se transmet toujours aux héritiers ou successeurs universels de la personne lésée. Quelquefois même elle peut être exercée par des personnes qui ne sont pas héritières, mais à qui la mort de la victime, qui a été la conséquence du crime, a occasionné pourtant un préjudice évident. Une veuve, par exemple, que la mort de son mari laisse sans ressources, peut, sans nul doute, exercer l'action civile contre le meurtrier de son mari, quoiqu'elle ne soit pas héritière de celui-ci.

« L'action civile, aux termes de l'art. 3, peut être poursuivie en même temps, et devant les mêmes juges, que l'action publique. » La partie lésée n'a pour cela qu'à former sa plainte et à se constituer partie civile dans la forme indiquée par les art. 31, 65 et 66 du Code. En matière de contravention ou de délit, elle peut même saisir directement le tribunal de police municipale ou celui de police correctionnelle, par simple citation donnée à l'auteur du dommage. En matière criminelle, il en est autrement : si le ministère public refuse de poursuivre, la partie lésée ne peut point saisir elle-même la cour d'assises; elle doit alors s'adresser aux juges civils.

La partie lésée peut, du reste, toujours, s'adresser à la juridiction civile de préférence à la juridiction criminelle. L'art. 3 ajoute, en effet, que l'action civile *peut aussi être exercée séparément*, et ce principe, posé d'une manière absolue, ne saurait fléchir qu'en présence d'un texte formel de loi, qui consacrerait une exception pour quelque cas particulier.

2

Nous avons donc peine à comprendre comment, dans ces dernières années, on a présenté comme une difficulté sérieuse le point de savoir si un fonctionnaire, diffamé dans une feuille publique, peut porter son action en dommages-intérêts devant les juges civils. L'affirmative, dans l'état de la législation, n'est pour nous susceptible d'aucun doute (1).

La loi du 8 octobre 1830, qui attribue au jury le jugement des délits de la presse, ne déclare point déroger à l'art. 3 du Code, et elle en aurait plutôt fortifié le principe. C'est en effet, dans le cas où ces délits devraient être jugés par les tribunaux correctionnels, qu'on pourrait dire avec quelque avantage à la partie lésée : Pourquoi vous adressez-vous aux tribunaux civils, quand la juridiction naturelle, celle des tribunaux correctionnels, vous est ouverte ?

Depuis, au contraire, que les délits de la presse ne sont justiciables que des cours d'assises, il y a un motif de plus pour permettre à la partie lésée de se pourvoir devant les juges civils, puisqu'elle ne peut pas saisir elle-même la cour d'assises, et qu'il serait injuste de lui interdire toute réclamation, par cela seul que le ministère public, dans un intérêt politique peut-être, qui ne doit jamais nuire aux particuliers, jugerait à propos de ne pas agir.

Mais, lorsque l'action civile n'est point portée devant les mêmes juges que l'action publique, quelle est celle de ces actions qui doit obtenir la priorité ? Cette question se rattache à celle de l'influence que la décision rendue au civil peut exercer au criminel, et réciproquement. Plusieurs auteurs (2) ont traité longuement de cette influence d'une juridiction sur l'autre, et ont vu de grandes difficultés pour la régler. Il nous semble pourtant que cela peut se réduire

---

(1) Elle est consacrée, du reste, par plusieurs arrêts de la cour de cassation, notamment par ceux du 4 août 1841 et du 21 février 1843.

(2) M. Merlin notamment, *Répertoire*, v° *Non bis in idem*, et M. Toullier, t. 8, n. 30 et suiv., et t. 10, n. 240 et suiv.

Pour l'état de la jurisprudence, V. le *Dictionnaire* de M. A. Dalloz, v° *Chose jugée*, art. 3 et 4.

à quelques points assez simples, qui peuvent se résoudre par la seule application des principes généraux sur l'autorité de la chose jugée.

Il faut, pour bien exposer cette théorie, distinguer trois cas : celui où l'action civile a été jugée avant que l'action publique fût engagée ; celui où l'action publique et l'action civile sont concomitantes, en ce sens que l'une est formée avant que l'autre soit jugée ; celui enfin où l'action civile n'est engagée qu'après le jugement de l'action publique.

1ᵉʳ CAS. *L'action civile a été définitivement jugée avant que l'action publique fût engagée.*

Ce premier cas offre peu de difficulté.

Il est clair d'abord que le ministère public ne peut jamais être lié par la décision rendue au civil sur la demande de la partie lésée, car il est sensible qu'un particulier ne peut jamais représenter la société, et, par conséquent, ce qui a été jugé avec ce particulier ne peut jamais être opposé au ministère public qui est l'organe de la société. Mais, si ce premier point est certain, il en résulte nécessairement que le ministère public ne peut jamais non plus se prévaloir du jugement civil qui a accueilli les demandes de la partie lésée ; car une sentence ne peut pas plus profiter qu'elle ne peut nuire, à un tiers qui n'y a pas été représenté.

Mais, en supposant que la décision criminelle soit contraire au jugement civil, fait-elle de plein droit tomber cette dernière sentence ? Nous ne le pensons pas. Les deux sentences, quoique rendues en sens divers, peuvent n'être pas contradictoires. Si la décision criminelle a été plus favorable au prévenu ou à l'accusé, c'est peut-être parce qu'on a supposé qu'il avait agi sans intention de nuire, ou parce que le fait ne constituait pas un délit puni par la loi, ce qui n'exclut pas nécessairement l'idée d'une responsabilité civile ; et si, à l'inverse, le prévenu qui avait été relaxé par les tribunaux civils vient à être condamné par la juridiction criminelle, il se peut qu'il n'y ait pas encore contrariété nécessaire entre les deux sentences, parce que l'action civile de la partie lésée a pu être écartée par quelque fin de non-recevoir, résultant d'une renonciation ou d'une transaction.

Il est des cas pourtant où la sentence rendue au criminel peut démontrer avec évidence, que le jugement civil n'a été déterminé que par une allégation mensongère de la partie qui se prétendait lésée, ou à l'inverse, par une dénégation mensongère de celle à qui le fait était imputé. La sentence civile peut-elle alors être attaquée par quelque voie? Nous pensons qu'elle peut l'être par la voie de l'appel, nonobstant l'expiration du délai ordinaire, si la sentence n'a été rendue qu'en premier ressort; et, dans le cas contraire, par la requête civile, en fondant le moyen d'appel ou de requête civile, tantôt sur la rétention frauduleuse de quelque pièce décisive, tantôt sur le dol personnel de l'adversaire.

Posé, par exemple, qu'un individu actionné devant un tribunal civil, comme ayant soustrait certains objets, nie la soustraction et soit relaxé de la demande; qu'ensuite, il ait été condamné au criminel comme voleur, parce qu'on aura retrouvé en sa possession quelques-uns des objets volés, le moyen d'appel ou de requête civile, basé sur la découverte d'une pièce décisive, retenue par le fait de l'adversaire, existerait certainement dans ce cas et autoriserait la rétractation de la sentence rendue sur l'action civile. Or, serait-il raisonnable que le voleur pût échapper à cette rétractation, parce qu'il se serait hâté de se défaire des objets volés! N'est-il pas de principe, en droit, qu'on est censé posséder encore tout ce qu'on n'a cessé de posséder que par dol!

D'un autre côté, si un voleur, démontré tel par jugement criminel, ne saurait empêcher la rétractation du jugement qu'il aurait surpris au civil, comment comprendre qu'un meurtrier ou un assassin pût se faire de cette sentence un rempart inexpugnable vis-à-vis de la partie lésée!

On objecterait vainement qu'en voyant dans la simple

allégation ou dénégation mensongère d'un fait, un dol personnel autorisant la requête civile, ou l'appel après l'expiration du délai ordinaire, la plupart des décisions souveraines ou passées en chose jugée, qui jugent des points de fait, pourraient être attaquées pour cette cause. Il est aisé en effet de répondre, que le point jugé ne doit pas, il est vrai, être remis en question, quand on n'allègue pour prouver l'existence du dol, que des témoignages ou des écrits d'une valeur douteuse : mais il est juste de revenir sur ce qui a été jugé, quand une décision nouvelle, rendue avec plus de garanties et de solennité, démontre l'erreur commise dans la première.

Le délai de l'appel ou de la requête civile devrait courir en cas pareil à compter de la sentence rendue par le tribunal criminel.

2e CAS. — *L'action publique et l'action civile sont concomitantes, en ce sens que l'une a été formée avant que l'autre fût jugée.*

L'art. 3 du Code accorde alors la priorité à l'action publique, même quand elle n'a été engagée que la seconde. Il dispose, en effet, que l'exercice de l'action civile, formée séparément, doit être suspendu tant qu'il n'a pas été prononcé définitivement sur l'action publique, intentée avant ou *pendant* la poursuite de l'action civile. Il arrive pourtant quelquefois, comme en matière de suppression d'état (C. C. 337), que le procès civil doit être jugé avant le procès criminel, mais ces exceptions sont rares.

Pourquoi, du reste, la loi veut-elle que l'action civile demeure suspendue jusqu'après le jugement de l'action publique ? C'est que la décision civile pourrait exercer sur les juges criminels une influence fâcheuse. A la vérité, d'après ce que nous avons dit sur le cas précédent, un jugement civil ne peut jamais lier les juges criminels, mais il n'en formerait pas moins un préjugé de nature à altérer cette absence complète de préventions, qu'on doit désirer dans tout juge, chargé de statuer sur la vie ou la liberté d'un citoyen.

Mais l'exercice de l'action civile n'est que *suspendu*, ce qui indique que cette action peut être continuée dès que le procès criminel est jugé, à moins que la partie lésée ne se soit constituée partie civile devant le tribunal criminel, auquel cas, elle serait censée s'être désistée de l'action qu'elle avait engagée devant le tribunal civil et ne pourrait plus la reprendre.

Mais, supposé que la personne lésée se soit abstenue d'intervenir dans le procès criminel, le jugement criminel peut-il lui profiter ou lui nuire? C'est ce que nous devons maintenant examiner.

Il faut distinguer l'hypothèse de la condamnation, de celle de l'acquittement, ou du relaxe prononcé par la chambre du conseil ou par la chambre des mises en accusation.

Si le prévenu ou l'accusé a été condamné, il a été jugé contre lui, vis-à-vis de la société tout entière, qu'il est coupable, et la partie lésée faisant partie de la société, elle a été virtuellement représentée par le ministère public. Le condamné ne peut donc plus remettre sa culpabilité en question. Il serait d'ailleurs trop fâcheux, qu'un jugement civil, en déclarant la non-culpabilité de l'homme précédemment condamné par les juges criminels, pût affaiblir l'autorité morale de la décision criminelle et faire naître dans l'esprit des peuples de déplorables incertitudes. Le condamné dès-lors ne peut qu'opposer à la partie plaignante un défaut de qualité, ou bien débattre la quotité du dommage.

Il en est autrement, si c'est un acquittement qui ait été prononcé, soit qu'il s'agisse d'un crime, d'un délit ou d'une contravention.

Et d'abord, en matière de crime, il est sensible que, nonobstant l'acquittement de l'accusé, la partie lésée peut toujours continuer l'action qu'elle avait engagée devant les tribunaux civils. Le jury, en effet, aux termes de l'art. 337 du Code, doit être interrogé d'une manière complexe sur le point de savoir si l'accusé est *coupable* du crime qui lui est imputé par l'acte d'accusation. Or, la culpabilité ne peut exister qu'autant que trois conditions se trouvent réunies, savoir : 1° qu'il existe un corps de délit, 2° que l'accusé en est l'auteur ou le complice, 3° qu'il l'a commis ou y a participé dans l'intention de nuire. Quand le jury déclare que l'accusé n'est pas coupable, on ignore donc nécessairement, si c'est parce que le corps du délit lui a semblé ne pas exister, ou parce que l'accusé lui a paru n'en être ni l'auteur ni le complice, ou enfin, parce qu'il a supposé que le fait avait eu lieu sans intention de nuire. Or, comme dans cette dernière hypothèse, l'absence d'intention criminelle n'empêche point la responsabilité civile, et que la partie lésée est toujours en droit de supposer que c'est seulement cette absence d'intention criminelle qui a déterminé la déclaration de non-culpabilité, il en résulte que son action en dommages précédemment engagée peut toujours être continuée.

A plus forte raison, en matière de délit ou de contravention, l'action civile peut-elle se poursuivre, quand le tribunal de police simple ou correctionnelle n'a motivé le relaxe du prévenu, que sur l'absence d'intention criminelle, ou sur ce que le fait allégué ne constituait ni contravention ni délit.

Mais il peut y avoir doute, quand le tribunal de police a fondé le relaxe sur ce que le fait matériel imputé au prévenu n'existait pas, ou sur ce que le prévenu n'en était pas l'auteur. Le prévenu pourrait alors objecter à la partie civile ce que nous disions tout à l'heure, savoir, qu'elle a été représentée virtuellement par le ministère public, et que si elle peut se prévaloir de la condamnation obtenue par la partie publique, il est juste, dans le cas contraire, qu'on puisse lui opposer la sentence d'acquittement.

La position n'est pourtant pas exactement la même dans les deux cas. Quand le prévenu ou l'accusé a été condamné, la partie civile peut lui dire : si vous avez été condamné malgré mon silence devant la juridiction criminelle, à plus forte raison, l'auriez-vous été si vous aviez eu un adversaire de plus? Au contraire, quand le prévenu ou l'accusé a été acquitté, la partie lésée peut dire : Vous n'avez été acquitté, que parce qu'on a peut-être négligé de vous opposer, devant la juridiction criminelle, des moyens ou des raisons par lesquels j'aurais pu prouver votre culpabilité, si je m'étais constituée partie civile.

Ajoutons que, lorsque des juges civils voient un délit ou une contravention là où les juges criminels n'en avaient point vu, la foi des peuples à la justice criminelle n'est pas ébranlée comme elle le serait dans le cas inverse. Cela ne peut que prouver, au contraire, l'extrême circonspection des juges criminels, et dissiper la crainte qu'on pourrait avoir que ces juges ne condamnent trop souvent des innocents.

Nous inclinons donc à penser que l'action civile survit toujours à l'action publique, quels que soient les termes dans lesquels le tribunal de police ait motivé le relaxe du prévenu.

A plus forte raison, n'hésitons-nous pas à décider que la reprise de l'action civile n'est nullement empêchée par une déclaration de non-lieu de la chambre du conseil ou de la chambre des mises en accusation.

Mais, nous le répétons, si la partie lésée qui n'avait d'abord engagé son action qu'au civil, s'est jointe ensuite à la partie publique devant le tribunal criminel, elle est censée avoir renoncé à la première action, et ne peut plus la reprendre, quand même il ne serait intervenu qu'une ordonnance ou un arrêt de non-lieu. Dans ce dernier cas, il est vrai, la découverte de nouvelles charges peut autoriser de nouvelles poursuites, mais seulement, nous le croyons, par la voie criminelle ; car il nous semble qu'il n'est pas juste que des décisions même provisoires, rendues dans une procédure où la partie civile a figuré, ne puissent avoir aucune autorité vis-à-vis de celle-ci. Cela paraît d'autant plus inadmissible, que l'arrêt de non-lieu, rendu par la chambre des mises en accusation, peut avoir condamné la partie civile à des dommages-intérêts.

3ᵉ Cas. — *Le jugement criminel a été rendu avant que l'action civile ait été engagée.*

On pourrait douter qu'en cas pareil, l'action en dommages devant les juges civils fût encore recevable, au moins après une sentence rendue par la juridiction criminelle proprement dite. Le doute viendrait de ce que l'art. 359 du Code dispose que la partie civile est tenue, à peine de déchéance, de former sa demande en dommages-intérêts avant la sentence de la cour d'assises. Mais il est clair que ce texte n'entend parler que de la partie qui figurait déjà dans le procès criminel, car c'est l'idée qu'emporte l'expression de *partie civile*, dont l'acception sous ce rapport est bien différente de celle de partie lésée.

La disposition de l'art. 359 étant ainsi écartée, il en résulte que l'action civile doit, dans ce dernier cas, être réglée exactement comme dans le cas précédent, c'est-à-dire, qu'elle sera toujours recevable, quelles que soient les décisions favorables que le prévenu ou l'accusé ait obtenues des juges criminels.

CHAPITRE. IV.

Des conditions auxquelles l'action publique et l'action civile sont soumises.

Il est des cas où l'action publique, et quelquefois aussi l'action civile, ne peuvent être exercées qu'à certaines conditions. Ce sont ces cas que nous devons faire connaître ici, en commençant par l'action publique.

Il est de règle d'abord, que l'action publique ne peut s'exercer qu'à raison de faits commis en France, ou sur des navires français, ou dans les colonies françaises. Quant aux actes commis à l'étranger, ils ne peuvent, en principe, donner lieu à aucunes poursuites criminelles en France.

Ce principe n'admet aucune exception pour les contraventions et les délits, mais pour les crimes, il en reçoit
deux notables, indiquées dans les articles 5, 6, et 7 du
Code.

La première exception concerne le cas où le fait criminel,
commis à l'étranger, est dirigé contre la France, dont il
tend à compromettre la sûreté ou la richesse.

« Tout français, porte l'art. 5, qui se sera rendu coupable
hors du territoire de France, d'un crime attentatoire à la
sûreté de l'état, de contrefaction du sceau de l'état, de
monnaies nationales ayant cours, de papiers nationaux, de
billets de banques autorisées par la loi, pourra être poursuivi, jugé et puni en France, d'après les dispositions des
lois françaises. — Cette disposition, ajoute l'art. 6, pourra
être étendue aux étrangers, qui, auteurs ou complices des
mêmes crimes, seraient arrêtés en France, ou dont le
gouvernement obtiendrait l'extradition. » Il faut donc, pour
qu'un étranger puisse être poursuivi en France, à raison
de ces crimes, qu'il soit arrêté sur notre sol, ou que le
gouvernement ait obtenu son extradition, tandis que le
français peut, pour les mêmes crimes, être poursuivi sans
qu'il soit encore rentré en France, et être condamné par
contumace.

On doit entendre, par crimes *attentatoires à la sûreté de
l'état*, tous ceux dont il est question dans le chap. 1er du tit. 1er
du liv. 3e du Code pénal. Mais lorsque des actes de cette
nature ont été commis par des étrangers, appartenant à une
nation qui est en guerre avec la France, ils ne peuvent donner lieu à des poursuites contre leurs auteurs, quand même
ceux-ci viendraient à être arrêtés en France, soit après la
paix, soit même durant la guerre, mais par suite d'un
accident de force majeure, tel qu'un naufrage, à moins
que ces faits ne fussent condamnés par les règles du droit
des gens. L'étranger, en effet, a fait preuve de patriotisme
en servant de son mieux son pays, et la justice française
ne saurait, sans inhumanité, jeter dans les fers, l'homme
qui, dans sa patrie, méritait peut-être une couronne civique.

Quant aux règles de l'extradition, elles sont fixées par les traités diplomatiques, et font, dès lors, partie du droit des gens; elles ne sauraient donc trouver leur place ici.

L'article 7 s'occupe en général des crimes commis à l'étranger, par un français, contre un autre français.

« Tout français, porte ce texte, qui se sera rendu coupable, hors du territoire du royaume, d'un crime contre un français, pourra, à son retour en France, y être poursuivi et jugé, s'il n'a pas été poursuivi et jugé en pays étranger, et si le français offensé rend plainte contre lui. »

Pour que l'exception établie par l'article 7 se réalise, il faut donc, comme on voit, la réunion de cinq circonstances : 1° que le crime ait été commis par un français ; 2° contre un français ; 3° que le coupable soit de retour en France ; 4° qu'il n'ait pas été poursuivi et jugé en pays étranger ; 5° que le français offensé rende plainte contre lui.

Les deux dernières circonstances nécessitent seules quelques explications.

Pour que l'auteur présumé du fait puisse se soustraire à la juridiction des tribunaux criminels français, il ne suffit pas qu'il ait été poursuivi en pays étranger, il faut qu'il y ait été jugé. Si donc, au moment où il est trouvé en France, aucun tribunal étranger n'a encore statué sur le fait qui lui est imputé, quoique des poursuites aient été faites, il ne peut décliner la juridiction française. Mais, il le peut, dès qu'il a été jugé, quel que soit le caractère du jugement, qu'il soit contradictoire ou par contumace, qu'il ait prononcé une condamnation ou un acquittement, car l'article ne distingue pas.

La cinquième circonstance exigée par l'art. 7, c'est que le français lésé porte plainte. Il ne suffirait donc pas qu'il fît une simple dénonciation, il faut qu'il forme une plainte, c'est-à-dire, qu'il se désigne comme la victime du méfait ; mais la loi n'exige pas qu'il se porte partie civile.

La plainte peut, du reste, être formée, non seulement par la victime elle-même, mais encore par ses héritiers, conformément aux principes généraux que nous avons précédemment posés.

Au demeurant, quoique les cinq circonstances indiquées dans l'art. 7 soient réunies, le ministère public peut encore se dispenser d'agir, puisque la loi est conçue en termes facultatifs.

Mais, quand le ministère public a commencé des poursuites, l'auteur de la plainte peut-il les arrêter en se désistant? Ce n'est pas notre sentiment. A la vérité, dans la plupart des cas, le magistrat du ministère public fera sagement de s'arrêter, surtout quand le plaignant offre de rembourser à l'état tous les frais qui ont été avancés; mais, ce magistrat, s'il le juge à propos, peut continuer les poursuites. Le ministère public, en effet, n'agit jamais dans un intérêt privé; l'intérêt social est le seul qui le dirige. Dès l'instant donc, que la plainte exigée par la loi l'a mis en droit de commencer des poursuites, il ne convient pas que la partie lésée puisse, suivant son caprice, entraver la marche du procès criminel; et quand il s'agit d'un crime grave, dont les preuves peut-être sont déjà acquises, l'intérêt de la société s'oppose à ce qu'un désistement, obtenu souvent à prix d'argent, ait pour résultat nécessaire de faire rendre la liberté à un voleur audacieux, ou à un homme couvert de sang (1).

Une observation générale qui s'applique à tous les méfaits commis en pays étranger, c'est que les dispositions des art. 5, 6, et 7, ne s'appliquent qu'aux crimes, et non pas aux simples délits. Le projet du Code parlait, en effet, des crimes et des délits, mais le mot *délit* fut ensuite supprimé; et s'il est resté dans l'art. 24, qui parle de la compétence des procureurs du roi, ce n'a été, sans doute, que par inadvertance (2).

A l'égard des crimes ou délits, commis en France, il

---

(1) L'opinion contraire est pourtant enseignée par M. Carnot, t. 1, p. 127, et par M. Mangin, *Traité de l'action publique*, n. 70.

(2) Cass. 26 septembre 1839. Il y a pourtant des autorités et des arrêts en sens contraire.

en est certains aussi, pour lesquels l'action du ministère public est subordonnée à la plainte des parties lésées.

Ainsi, d'après l'art. 357 du Code pénal, le ravisseur qui a épousé la fille qu'il avait enlevée, ne peut être poursuivi que sur la plainte des personnes, qui, d'après le Code civil, ont le droit de demander la nullité du mariage, et condamné qu'après que la nullité du mariage a été prononcée.

Ainsi encore, d'après les art. 336 et 339 du même Code, l'adultère de la femme ne peut être poursuivi que sur la plainte du mari; celui du mari, que sur la plainte de la femme. On admet pourtant généralement ici, que le désistement du mari empêche toujours la condamnation de la femme, par la raison, qu'en reprenant celle-ci, le mari peut même arrêter, dès qu'il le veut, l'effet de la condamnation prononcée. Mais cette raison ne pouvant pas s'appliquer au complice, nous n'admettons pas qu'à son égard le désistement du mari arrête, au moins nécessairement, les poursuites du ministère public (1). Le désistement à l'égard de la femme s'explique par un sentiment de tendresse conjugale, qu'une infidélité ne fait pas toujours disparaître; vis-à-vis du complice, il pourrait avoir des causes moins honorables, auxquelles il ne faut pas donner une prime d'encouragement.

Il est à remarquer aussi que, quoique l'action criminelle obtienne en général la priorité sur l'action civile, le contraire a lieu pourtant quelquefois. Nous venons de voir, par exemple, que dans le cas d'un rapt suivi du mariage, le ravisseur ne peut être condamné, qu'après que le mariage a été déclaré nul. De même aussi, d'après l'art. 327 du Code

---

(1) La jurisprudence de la cour de cassation est contraire; V. arrêts des 17 août 1827, 28 juin et 27 septembre 1839. Cette cour décide aussi que le décès du mari, survenu depuis la plainte et avant le jugement, éteint l'action publique (arrêt du 29 août 1840). Nous ne sommes pas non plus de cet avis. Dès que le mari a formé sa plainte, l'obstacle que rencontrait l'action publique est levé, et cette action doit recouvrer toute sa liberté.

civil, l'action criminelle contre un délit de suppression d'état ne peut commencer qu'après le jugement définitif sur la question d'état.

Une autre condition essentielle à laquelle est soumise en certains cas l'action publique, c'est l'autorisation du gouvernement. Voici ce que porte à cet égard l'art. 75 si souvent cité de la constitution du 22 frimaire an 8 : « Les agents du gouvernement autres que les ministres ne peuvent être poursuivis pour des faits relatifs à leurs fonctions, qu'en vertu d'une décision du Conseil d'état : en ce cas, la poursuite a lieu devant les tribunaux ordinaires. »

Nous n'entreprendrons pas de faire connaître en détail toutes les personnes qui peuvent se prévaloir de la disposition de cet article; ce détail appartient plutôt au droit administratif. Il suffit donc de renvoyer aux ouvrages qui traitent d'une manière spéciale de cette matière (1).

Nous devons dire seulement que, d'après une ordonnance du Conseil d'état du 2 février 1821, l'autorisation du gouvernement doit précéder sans doute la mise en jugement, mais qu'une instruction préparatoire peut avoir lieu et doit même en général être faite avant l'autorisation, puisque c'est précisément d'après cette instruction qui doit lui être envoyée, que le Conseil d'état apprécie s'il y a lieu ou non d'autoriser les tribunaux à juger le fonctionnaire. Toutefois, aucun mandat d'arrestation ne doit être décerné contre ce dernier, qu'après que l'autorisation a été accordée.

Parlons maintenant des conditions préalables requises pour l'exercice de l'action civile.

Cette action est affranchie de la plupart des conditions auxquelles est soumise l'action publique.

Ainsi d'abord, la circonstance que le crime, le délit ou la contravention, ont eu lieu en pays étranger, n'empêche pas que l'auteur du dommage ne puisse être actionné par la

_____

(1) V. notamment Cormenin, 5ᵉ édition, t. 2, p. 338, et le Dictionnaire de M. Armand Dalloz, vᵒ *Fonctionnaire public*, n. 208 et suiv.

partie lésée devant les tribunaux civils français, dans les cas indiqués par les art 14 et 15 du Code civil.

Bien plus, l'action en dommages ne laisse pas d'être recevable quand même elle aurait été déjà soumise à un tribunal étranger. La règle est en effet que les jugemens rendus en pays étranger n'ont point force de chose jugée en France, et l'exception, que l'art 7 précité du Code apporte à cette règle, ne s'applique évidemment qu'à l'action publique.

D'un autre côté, l'action civile doit sans doute, en principe, être suspendue, quand l'action publique est intentée avant qu'elle ne soit jugée, mais elle n'est jamais subordonnée à des poursuites préalables du ministère public.

Seulement, en ce qui concerne les actes faits par les fonctionnaires publics dans l'exercice de leurs fonctions, l'action civile pas plus que l'action publique ne peut être jugée qu'autant que le Conseil d'état l'a autorisée. C'est ce qui résulte des termes généraux employés par l'art. 75 de la constitution de l'an 8, et ce qui est reconnu par la majorité des auteurs (1).

CHAPITRE V.

De l'extinction de l'action publique et de l'action civile.

L'action publique et l'action civile ont des causes d'extinction qui sont spéciales à chacune d'elles, et d'autres qui leur sont communes. Nous allons parler d'abord des premières.

§ 1er. *Des causes d'extinction particulières à l'action publique.*

Ces causes sont l'amnistie et la mort du prévenu.

L'amnistie est un acte de clémence du souverain qui in-

---

(1) La jurisprudence de la cour de cassation est également en ce sens. V. arrêts des 10 janvier 1827 et 31 juillet 1839. Quelques cours royales jugent pourtant en sens contraire. V. le Dictionnaire de M. A. Dalloz, v° *Fonctionnaire public*, n. 205 et 206.

terdit toutes poursuites contre les auteurs de certains crimes, ou plus souvent de certains délits ou contraventions,
commis antérieurement. Elle s'accorde ordinairement à
l'occasion de la fête du monarque, ou de quelque autre événement heureux survenu dans sa famille, tel que la naissance ou le mariage d'un prince ou d'une princesse.

On agita dans la presse, il y a quelques années, la question de savoir si le roi a le droit d'amnistie : l'affirmative ne
nous a jamais semblé douteuse. Le droit de grâce emporte
évidemment celui d'amnistie. Il serait étrange, en effet, que
celui qui peut faire tomber les fers d'un condamné, ne pût
pas faire cesser la détention d'un prévenu, ou dissiper les
craintes de poursuites qui l'assiégent à son foyer. Mais il est
sensible que le bienfait du monarque ne doit jamais nuire
à autrui ; l'amnistie laisse donc subsister l'action civile.

La mort du prévenu, d'après l'art. 2 du Code, éteint
aussi l'action publique. La loi humaine doit respecter la paix
des tombeaux : elle semble empiéter sur la justice divine
quand elle remue la cendre des morts. Aussi, avant nos
lois nouvelles, l'histoire avait-elle déjà flétri tous les procès
faits à des cadavres, quand ces procès ne paraissaient inspirés que par des sentimens de vengeance.

Mais si l'on peut, sans manquer de respect aux morts,
disséquer leurs cadavres dans l'intérêt de la science, la loi
peut, à plus forte raison, permettre de poursuivre la mémoire de certains coupables et d'attacher une marque
d'ignominie à leurs restes, quand l'intérêt des vivans qu'on
veut préserver de crimes semblables commande cette rigueur.

Plutarque rapporte que, dans une circonstance, quelques
vierges de Milet s'étant donné la mort, la manie de s'ôter
la vie s'empara des jeunes filles de cette ville, et que chaque jour on avait à déplorer quelque suicide nouveau. Pour
arrêter le mal, le sénat ordonna qu'à l'avenir les vierges
qui se tueraient seraient traînées nues dans les rues et sur
les places de la ville; et, dès ce moment, le sentiment de la
pudeur, plus puissant que l'instinct de la vie, arrêta la con-

tagion (1). Le sénat milésien, loin de faire preuve de barbarie, fit donc un acte de grande sagesse.

Platon voulait de même que les suicidés ne reçussent
qu'une sépulture ignominieuse (2); et l'Église catholique
dont les lois et la discipline sont la sagesse même, refuse
aussi la sépulture ecclésiastique aux suicidés volontaires,
qui n'ont pu donner aucune marque de repentir.

L'ordonnance criminelle de 1670, consacrant en ce point
les règles du droit canonique, prononçait pareillement des
peines contre les suicidés, et nous regrettons vivement
que nos lois nouvelles ne contiennent aucune disposition,
pour tâcher d'arrêter un mal qui fait dans notre société
d'effrayants ravages (3).

Quoi qu'il en soit, dans l'état actuel de la législation, le
principe qui fait cesser l'action publique à la mort du prévenu, ne souffre aucune exception. Mais l'action civile
continue de subsister, et peut être exercée contre les représentants du prévenu, comme le dispose expressément
l'art. 2 du Code. Les représentants du prévenu sont ses héritiers ou successeurs universels.

§ II. — Des causes d'extinction particulières à l'action civile.

Ces causes sont la transaction faite avec la partie lésée,
ou la renonciation expresse ou tacite de cette partie.

L'art. 2046 du Code civil dispose d'abord qu'on peut transiger sur l'intérêt civil qui résulte d'un délit, mais il ajoute
que la transaction n'empêche point la poursuite du mini-

---

(1) Plutarque, *Des faits vertueux des femmes*, à l'article des Milé-
siennes.

(2) *Lois*, liv. IX.

(3) Tout au moins faudrait-il frapper le testament du suicidé volontaire, de caducité. On ne conçoit pas que la société exécute avec respect
les volontés d'un homme qui a brisé violemment tous les liens qui l'unissaient à elle. C'est récompenser un soldat qui a eu la lâcheté de quitter
son poste et de déserter son drapeau.

stère public. L'art. 4 du Code d'instruction criminelle dispose de même que la renonciation à l'action civile ne peut arrêter ni suspendre l'exercice de l'action publique; mais il suppose manifestement que cette renonciation, quand elle est faite par une personne majeure et capable, éteint au moins l'action civile.

L'art. 249 du Code de procédure veut pourtant qu'aucune transaction, sur une poursuite de faux incident, ne puisse être exécutée, si elle n'a été homologuée en justice après avoir été communiquée au ministère public, lequel peut faire, à ce sujet, telles réquisitions qu'il juge à propos. Cette exception est fondée sur ce que les preuves matérielles du faux peuvent être détruites avec plus de facilité que celles d'aucun autre crime, et qu'il importe à la société de prévenir autant que possible cette destruction.

La renonciation à l'action civile peut être expresse ou tacite. Ainsi, dans notre opinion, la partie lésée qui dépose en témoignage devant les juges criminels sans faire aucune réserve, est censée par là renoncer à toute action en dommages. C'est, du reste, un point sur lequel nous reviendrons dans la suite.

Mais, nous ne pensons pas que la déclaration, même publique, d'une personne homicidée, qu'elle pardonne à son meurtrier, puisse empêcher ses héritiers d'exercer l'action civile. Ce pardon est l'expression d'une âme grande et chrétienne, qui repousse, à l'exemple du divin Maître, tout sentiment de vengeance; mais s'il ne s'y joint pas des circonstances particulières, il est impossible de l'envisager comme l'abandon d'un droit. Autre chose est remettre l'offense; autre chose, remettre la dette (1).

La cause d'extinction résultant de la renonciation, comme celle résultant de la transaction, est particulière à l'action civile. En effet, la renonciation d'un magistrat du ministère public, fût-ce du procureur général, ne peut jamais par elle-même éteindre l'action publique. C'est un simple

---

(1) Arrêt de Caen, du 13 décembre 1816. Sirey, 18, 2, 187.

abandon des poursuites, qui peuvent toujours être reprises quand il survient de nouveaux indices, quels que soient les termes dans lesquels la renonciation a été faite.

Ainsi, toutes les fois que le prévenu ou l'accusé est devant ses juges, il peut, quoique le ministère public déclare se désister, demander pourtant jugement, pour être certain de n'être pas recherché de nouveau dans la suite. Il y a plus, quand même le prévenu déclarerait accepter le désistement du ministère public, cela n'empêcherait pas le tribunal saisi de statuer (1). Aussi, dans la pratique journalière des assises, la déclaration faite par l'organe du ministère public qu'il abandonne l'accusation, n'empêche pas le jury de rendre son verdict.

§ III. — *Des causes d'extinction communes à l'action publique et à l'action civile.*

Ces causes sont encore au nombre de deux : 1º le jugement souverain rendu sur l'une ou sur l'autre action ; 2º la prescription.

La première de ces causes est écrite, en ce qui concerne l'action publique, dans l'art. 360 du Code qui dispose : « Toute personne acquittée légalement ne pourra plus être reprise, ni accusée à raison du même fait. » C'est la consécration de la célèbre maxime, *non bis in idem*. La loi n'a pas voulu qu'un homme qui a subi jusqu'à la fin les transes, souvent bien terribles, d'un procès criminel, fût exposé durant de longues années à être recherché de nouveau, et que la joie d'un acquittement pût être empoisonnée par la crainte d'une condamnation possible dans l'avenir.

Si la loi, d'ailleurs, n'avait pas posé cette limite, le ministère public pourrait reproduire indéfiniment son action jusqu'à ce qu'il eût obtenu une sentence de condamnation, ce qui serait aussi contraire à la raison qu'à l'humanité ;

(1) *Cass.* 17 décembre 1824 et 29 février 1828. D. P. 25. 1. 119. et 28. 1. 154.

car il serait à la fois déraisonnable et cruel de donner à la sentence qui aurait condamné, plus d'autorité qu'à celle qui avait prononcé d'abord l'acquittement. Aussi, quoique l'art. 360 se trouve placé au titre des *cours d'assises*, sa disposition doit être généralisée, et s'applique sans difficulté aux contraventions et aux délits comme aux crimes.

La partie lésée ne peut pas non plus reproduire une seconde fois l'action civile sur laquelle il a déjà été statué par jugement souverain. L'art. 1351 du Code civil, relatif à l'autorité de la chose jugée, y fait obstacle. Elle peut seulement se pourvoir quelquefois par requête civile, dans le cas notamment dont nous avons parlé dans un des chapitres précédents (1).

La seconde cause d'extinction commune aux deux actions, c'est la prescription. Elle leur est commune, non-seulement en ce sens que chacune d'elles peut se prescrire, mais encore en ce sens que le délai de la prescription est le même pour toutes deux, et que l'une ne peut pas en général survivre à l'autre. L'art. 2 du Code annonce déjà cette corrélation dans sa disposition finale, ainsi conçue : » L'une et l'autre action s'éteignent par la prescription, ainsi qu'il est réglé au livre 2, tit. 7, ch. 5 *de la prescription.* » Mais les art. 637, 638 et 640, la consacrent d'une manière encore plus explicite.

Le premier de ces articles dispose : « *L'action publique et l'action civile*, résultant d'un crime de nature à entraîner la peine de mort ou des peines afflictives perpétuelles, ou de tout autre crime emportant peine afflictive ou infamante (2), se prescriront après dix années révolues, à compter du jour où le crime aura été commis, si dans cet intervalle il n'a été fait aucun acte d'instruction ni de poursuite. — S'il a été fait, dans cet intervalle, des actes d'ins-

---

(1) V. ci-dessus, pag. 20.

(2) Il était plus simple de dire : « L'action publique et l'action civile résultant de tout fait emportant peine afflictive ou infamante, etc. » Toute redondance dans la loi est un défaut.

truction ou de poursuite non suivis de jugement, *l'action publique et l'action civile* ne se prescriront qu'après dix années révolues, à compter du dernier acte, à l'égard même des personnes qui ne seraient pas impliquées dans cet acte d'instruction ou de poursuite. »

« Dans les deux cas exprimés en l'article précédent, ajoute l'art. 638, et suivant les distinctions d'époques qui y sont établies, la durée de la prescription sera réduite à trois années révolues, s'il s'agit d'un délit de nature à être puni correctionnellement. »

L'art. 640 dispose enfin : « *L'action publique et l'action civile*, pour une contravention de police, seront prescrites après une année révolue à compter du jour où elle aura été commise, même lorsqu'il y aura eu procès-verbal, saisie, instruction ou poursuite, si dans cet intervalle, il n'est point intervenu de condamnation ; s'il y a eu un jugement définitif de première instance, de nature à être attaqué par la voie de l'appel, *l'action publique et l'action civile* se prescriront après une année révolue, à compter de la notification de l'appel qui en aura été interjeté. »

Ces prescriptions sont basées sur diverses considérations. 1° Au bout d'un certain temps, l'auteur d'un crime ou d'un délit a expié en partie sa faute, par ses continuelles anxiétés. 2° Les peines sont principalement établies pour l'exemple, et elles présentent peu d'utilité, quand elles se rapportent à des faits tombés dans l'oubli. 3° Après un certain laps de temps, les preuves des infractions disparaissent, et c'est en vain qu'on poursuivrait les présumés coupables, quand l'insuffisance des preuves ne laisserait plus l'espoir de les convaincre.

Cette dernière considération est la principale. Ce qui le prouve, c'est qu'en matière de crimes ou de délits, toutes les fois qu'il est fait un acte de poursuite, la prescription est interrompue même à l'égard des individus qui ne sont pas impliqués dans cet acte, ce qui tient évidemment à ce que cet acte a ordinairement pour effet d'empêcher la disparition des preuves. Or, la considération relative au dépérissement des preuves est la même pour l'action civile que pour l'action publique. Partant, il est indubitable qu'en principe, la prescription éteint également les deux actions.

La conséquence ultérieure qui s'induit de l'assimilation de l'action civile à l'action publique sous le rapport de la prescription, c'est que la minorité ou l'interdiction de la partie lésée, qui ne suspend pas le cours de celle-ci, ne peut pas suspendre non plus le cours de celle-là.

Quelques autres difficultés peuvent s'élever encore, 1° sur le point de départ de la prescription; 2° sur les actes qui peuvent l'interrompre; 3° sur le cas où l'action publique seule a été jugée.

Pour bien fixer d'abord le point de départ de la prescription, il faut savoir qu'en matière criminelle, on distingue ce qu'on appelle des crimes ou délits *successifs*. Ce sont des crimes ou des délits, qui ne s'accomplissent pas en un seul instant et par un seul acte, mais qui se prolongent, au contraire, tant que subsiste l'état qu'ils ont amené. Le crime de séquestration de personne, par exemple, est un délit successif, parce qu'il se continue tant que la personne séquestrée reste privée de sa liberté. Il y a beaucoup d'autres faits criminels, qui présentent le même caractère.

Il est évident, que dans ces sortes de crimes ou de délits, la prescription ne court pas à dater du jour où le crime ou le délit a été commis, mais seulement à dater du jour où il a cessé de se commettre.

Quant à l'interruption de la prescription, elle résulte en matière de crimes ou de délits de tous actes d'instruction ou de poursuite faits par des officiers de police judiciaire (1), et ces actes étant faits par des personnes qui agissent dans l'intérêt général de la société, ils profitent virtuellement à la partie lésée, en sorte que la prescription de l'action civile

---

(1) Les procès-verbaux dressés par des sous-officiers de gendarmerie, ou de simples gendarmes, n'interrompent point la prescription, puisqu'il n'y a que les officiers de gendarmerie qui soient officiers de police judiciaire.

ne doit se calculer qu'à partir du dernier de ces actes, quoique l'action publique ait été abandonnée.

Mais, à l'inverse, les poursuites faites par la partie lésée devant une juridiction civile interrompent-elles aussi la prescription de l'action publique ? Nous ne le pensons pas. On comprend fort bien qu'un acte fait dans un intérêt social profite virtuellement à un particulier, mais il n'est pas aussi naturel qu'un acte fait dans un intérêt particulier profite à la société.

L'instruction et les poursuites dont parle l'art. 637 sont donc taxativement, à notre avis, l'instruction ou les poursuites criminelles : mais on doit considérer comme poursuites criminelles toutes celles faites devant la juridiction criminelle quoiqu'elles aient eu lieu à la requête de la partie civile, par la raison qu'on ne peut pas scinder les actes de la même instance (1).

Disons aussi, que si l'action civile a été valablement engagée devant le tribunal civil, elle ne peut plus s'éteindre que par les causes ordinaires d'extinction des instances civiles. Le Code d'instruction criminelle règle la prescription de l'*action civile*, mais non point l'extinction de l'*instance civile* engagée séparément.

Que décider enfin, dans le cas où l'action publique a été jugée sans que l'action civile eût été engagée ? Cette dernière action continue-t-elle alors d'être soumise aux prescriptions spéciales aux matières criminelles, ou n'est-elle plus soumise qu'à la prescription ordinaire ?

Nous pensons que la prescription ordinaire est seule applicable, quand l'action publique a été suivie d'une sentence de condamnation. Il serait déraisonnable, qu'une personne dont la culpabilité se trouve légalement attestée par un jugement criminel, pût se prévaloir d'une pres-

_____

(1) *Cass.* 18 janvier 1822. D. P. 22. 1. 70. M. Mangin, toutefois, n 352 et 353, enseigne que les poursuites de la partie civile ne peuvent jamais profiter au ministère public.

cription basée principalement sur la difficulté de rapporter des preuves suffisantes de l'infraction (1).

Si, au contraire, l'action publique a été suivie d'un acquittement, les prescriptions spéciales continuent d'être applicables à l'action civile; car, si les preuves ont paru déjà insuffisantes lors du jugement criminel, à plus forte raison devraient-elles le paraître trois ans ou dix ans après.

Il peut s'élever aussi quelques difficultés pour savoir quelle est celle des prescriptions spéciales aux matières criminelles qu'il faut appliquer.

Il faut toujours à cet égard, s'attacher au caractère intrinsèque de l'acte, et non pas à la peine qui doit être appliquée, ni au tribunal qui doit en faire l'application.

Toutes les fois par exemple, qu'un meurtrier est déclaré excusable pour l'une des causes indiquées dans les art. 321, 322 et 324 du Code pénal, il ne doit subir, aux termes de l'art. 326 du même Code, que des peines correctionnelles. Mais, il ne pourrait pas échapper à l'application de ces peines, en opposant qu'on avait laissé passer plus de trois ans sans poursuites, car le fait en lui-même ne constituait pas moins un crime. De même, quoique l'individu âgé de moins de seize ans, qui a commis un crime, ne puisse jamais subir des peines criminelles proprement dites, et doive même, en général, être jugé par les tribunaux correctionnels, il ne peut pas, non plus, se prévaloir de la prescription triennale, relative aux délits (2).

A l'inverse, s'il résulte de la déclaration du jury qu'un homme accusé de meurtre n'avait commis qu'un homicide par imprudence, la peine correctionnelle, encourue pour ce fait, ne devrait pas être appliquée, s'il était demeuré trois

---

(1) La cour de cassation a pourtant jugé le contraire, par arrêt du 3 août 1841. D. P. 41. 1. 318; et c'est aussi l'avis de Mangin, n. 355. Mais il existe dans notre sens un arrêt de Grenoble du 13 juin 1839. D. P. 40. 2. 153.

(2) La cour de cassation a rendu, le 22 mai 1841 (D. P. 41. 1. 405.), un arrêt en sens contraire, qui ne doit pas être suivi.

ans impoursuivi, car il ne doit pas dépendre du ministère public d'échapper à une prescription accomplie, en attribuant à un fait un caractère qu'il n'a pas.

L'art. 640 prévoit le cas où un jugement de simple police a été attaqué par la voie de l'appel, et il déclare le jugement non avenu et l'action éteinte, si l'appel n'a pas été jugé dans l'année.

Un cas analogue peut se présenter pour les jugements de police correctionnelle, lesquels sont aussi susceptibles d'appel, et il doit être résolu d'après les mêmes principes, c'est-à-dire que, si l'appel demeure impoursuivi durant trois ans, la condamnation est réputée non avenue, et l'action civile comme l'action publique est éteinte (1), tandis qu'en matière civile la péremption de l'appel a, au contraire, pour effet de donner au jugement attaqué force de chose jugée. Seulement, en matière de contravention, la prescription, conformément à l'art. 640, court toujours à dater de l'appel interjeté, quoiqu'il ait été fait des actes ultérieurs de poursuite, tandis qu'en matière de délit la prescription, en appel comme en première instance, ne peut courir qu'à dater des dernières poursuites, conformément aux art. 637 et 638 combinés.

L'art. 643 déclare enfin que les dispositions du chapitre de la prescription ne dérogent point aux lois particulières, relatives à la prescription de certains délits ou de certaines contraventions.

Il existe en effet un grand nombre de ces prescriptions particulières.

Ainsi, les délits ruraux se prescrivent par un mois. (L. 28 septembre-8 décembre 1791, tit. 1, sect. 7, art. 8.)

Les délits de pêche, par un mois, à compter du jour où les délits ont été constatés, lorsque les prévenus sont désignés dans les procès-verbaux, et dans le cas contraire, par trois mois, à compter du même jour. (Loi sur la pêche fluviale du 15 avril 1829, art. 82.)

---

(2) *Cass.* 18 janvier 1822 D. P. 22. 1. 70.

Les délits de chasse, par trois mois, à compter du jour du délit. (Loi sur la chasse du 3 mai 1844, art. 29.)

Les délits ou contraventions en matière forestière, par trois ou six mois, suivant que le prévenu est, ou non, désigné dans le procès-verbal. (C. forestier, art. 185 et 189.)

Les délits de la presse, par six mois, à compter de la publication, ou s'il a été commencé des poursuites, par un an, à compter du dernier acte. (Loi du 26 mai 1819, art. 29.)

Nous nous écarterions du plan de notre livre, si nous entrions dans le détail de toutes ces prescriptions spéciales.

Nous ajouterons seulement, avant de quitter cette matière, que les prescriptions criminelles, à la différence des prescriptions civiles, doivent être déclarées d'office par le juge, quand elles ne sont pas invoquées par le prévenu (1).

---

(1) *Cass.* 1er janvier 1837. D. P. 37. 1. 530, et divers arrêts de cour royale.

LIVRE SECOND.

_____

De la procédure préparatoire qui précède la mise en jugement.

En matière de contravention et de délit, les art. 145 et 182 du Code permettent au ministère public et à la partie lésée, de saisir directement le tribunal de police municipale ou celui de police correctionnelle, par une simple citation donnée à l'auteur présumé de l'infraction. En matière de crime, il n'en est plus ainsi, et l'on sent aisément la raison de la différence. Imputer à quelqu'un une contravention ou même un délit, ce n'est pas, en général, porter à sa réputation un préjudice grave, tandis que la seule imputation d'un crime a quelque chose de déshonorant pour la personne qui en est l'objet.

Les crimes donnent donc toujours lieu à une instruction préparatoire, destinée à éclairer toutes les démarches de la justice, et cette instruction peut aussi, du reste, être employée pour les délits. Quant aux contraventions, elles ne font jamais l'objet d'une instruction préparatoire proprement dite, mais toutefois elles sont souvent constatées au préalable par des procès-verbaux.

Tous les actes préparatoires en matière de crime, de délit ou de contravention, sont l'objet de la police judiciaire. Nous allons donc, dans ce livre, donner d'abord quelques notions générales sur la police judiciaire et les officiers qui l'exercent, comme aussi sur les maisons d'arrêt et de justice, et sur l'inviolabilité du domicile : nous traiterons, en second lieu, de l'instruction préparatoire en matière de crimes; en troisième lieu, de l'instruction préparatoire en matière de délit; en quatrième lieu, de la constatation préalable des contraventions. Ce sera le sujet d'autant de titres séparés.

TITRE I.

NOTIONS GÉNÉRALES SUR LA POLICE JUDICIAIRE, ET SUR LES MAISONS D'ARRÊT ET DE JUSTICE.

§ I. — *De la police judiciaire.*

On distingue deux espèces de police; la police administrative, et la police judiciaire.

La police administrative tend à assurer le bon ordre et à empêcher toute infraction à la loi, par l'emploi de mesures préventives. Son rôle est fini, quand l'infraction est consommée.

La police judiciaire, au contraire, ne s'éveille que lorsque l'infraction est commise. Elle recherche alors le crime, le délit ou la contravention, en rassemble les preuves et en livre les auteurs aux tribunaux chargés de les punir (art. 8 du Code).

Il est un moment pourtant où la police administrative et la police judiciaire concourent. C'est lorsqu'un crime, un délit ou une contravention, se commet, ou vient de se commettre, mais n'est pas encore tout-à-fait consommé. Ainsi, arrêter le meurtrier avant qu'il ait achevé sa victime, saisir le voleur avant qu'il ait célé l'objet volé, c'est une obligation commune aux agents de la police administrative et à ceux de la police judiciaire. Dans ce cas, en effet, les simples citoyens eux-mêmes doivent prêter leur concours dès qu'il peut être utile; et, s'ils s'en abstiennent, l'opinion, à défaut de la loi, flétrit leur indifférence ou leur lâcheté.

La police administrative est exercée principalement par les commissaires et agents de police, sous la direction des maires, des sous-préfets et des préfets, et sous l'autorité des ministres, particulièrement du ministre de l'intérieur.

Elle constitue une des branches les plus importantes du gou
vernement, et sort tout-à-fait du cadre des lois criminelles :
aussi notre Code n'en fait-il aucune mention.

La police judiciaire est exercée, sous la surveillance des
procureurs généraux et l'autorité des cours royales, par
les procureurs du roi et leurs substituts, les juges d'instruction, les juges de paix, les officiers de gendarmerie, les
commissaires de police, les maires et adjoints, les gardes
champêtres et les gardes forestiers (art. 9 et 279).

La mission des gardes champêtres et forestiers se borne
à la constatation des contraventions ou délits ruraux ou
forestiers. Celle des commissaires de police, maires et adjoints de maire, a pour principal objet la constatation des
contraventions ordinaires. Celle enfin des procureurs du
roi, des juges de paix, des officiers de gendarmerie et des
juges d'instruction, s'applique aux délits et aux crimes, et
les commissaires de police, maires, et adjoints de maire, concourent également pour cet objet avec les juges de paix
et les officiers de gendarmerie, comme officiers de police
auxiliaires du procureur du roi.

Les préfets des départements et le préfet de police à
Paris, peuvent aussi faire personnellement ou requérir les
officiers de police judiciaire, chacun en ce qui le concerne,
de faire tous actes nécessaires à l'effet de constater les crimes, délits et contraventions, et d'en livrer les auteurs aux
tribunaux (art. 10).

Mais ils usent rarement de cette faculté, et lorsqu'ils
en usent, ils restent tout-à-fait indépendants du procureur
général, tandis que, d'après l'art. 279 du Code, ce dernier
magistrat étend sa surveillance sur les maires, les adjoints
de maire, et les commissaires de police, pour tout ce qui
concerne la police judiciaire.

Le procureur général peut, à titre de peine disciplinaire,
donner aux officiers de police judiciaire, qu'il reconnaît
coupables de négligence dans leurs fonctions, un avertissement qu'il consigne sur un registre tenu à cet effet (art.
280).

En cas de récidive, il doit les dénoncer à la cour, qui peut lui permettre de les faire citer devant elle. La cour peut ensuite enjoindre à ces officiers d'être plus exacts à l'avenir, et les condamner aux frais, tant de la citation que de l'expédition et de la signification de l'arrêt (art. 281).

Il y a récidive, quand le fonctionnaire est repris, pour quelque affaire que ce soit, avant l'expiration d'une année, à compter du jour de l'avertissement consigné sur le registre (art. 282).

Il est rare, du reste, que les officiers de police judiciaire donnent lieu à l'application de ces mesures disciplinaires.

§ II. — *Des maisons d'arrêt et de justice, et de l'inviolabilité du domicile.*

Si l'homme avait toujours usé sagement de sa liberté, le malheur n'eût point fait sa funeste entrée dans le monde. La vie de tous les enfants d'Adam eût commencé dans la joie, eût fini comme une fête, et le mot de douleur n'eût existé dans aucune langue.

Tous les maux de l'humanité ne viennent donc que d'un abus de la liberté, et comme il est naturel de punir le coupable par où il a péché, la prison, qui n'est qu'une privation partielle de la liberté, est la plus générale et en même temps la plus utile de toutes les peines.

Souvent pourtant, la détention d'un individu n'a lieu que par mesure préventive ; c'est lorsqu'il est seulement soupçonné d'avoir commis un crime ou un délit, et qu'on veut empêcher son évasion jusqu'à ce que les tribunaux criminels aient pu rendre leur jugement.

On conçoit combien il serait injuste de confondre ces détenus, dont on peut par la suite reconnaître l'innocence, avec les hommes coupables qu'une sentence a condamnés à garder prison.

Aussi, quoique dans la langue usuelle, l'on confonde sous le nom de prison tous les lieux d'arrestation et de détention, dans le sens légal et technique, on distingue les maisons d'arrêt, les maisons de justice, et les prisons proprement dites.

L'art. 603 du Code porte en effet : « Indépendamment des *prisons* établies pour peines, il y aura dans chaque arrondissement, près du tribunal de première instance, une *maison d'arrêt* pour y retenir les prévenus ; et, près de chaque cour d'assises, une *maison de justice* pour y retenir ceux contre lesquels il aura été rendu une ordonnance de prise de corps ; » et l'art. 604 ajoute : « Les maisons d'arrêt et de justice seront entièrement distinctes des prisons établies pour peines (1). »

Les articles qui suivent prescrivent diverses mesures dans l'intérêt des prisonniers ou des personnes détenues. L'une des plus importantes, c'est la visite des divers lieux de détention que doivent faire certains fonctionnaires à des époques déterminées.

Ainsi le juge d'instruction est tenu de visiter, au moins une fois par mois, les personnes retenues dans la maison d'arrêt de l'arrondissement. Une fois au moins dans le cours de chaque session de la cour d'assises, le président de cette cour est tenu de visiter les personnes retenues dans la maison de justice. Le préfet est tenu de visiter, au moins une fois par an, toutes les maisons de justice et prisons et tous les prisonniers du département (art. 611). Les maires enfin doivent visiter chaque mois, toutes les maisons d'arrêt, maisons de justice ou prisons qu'ils peuvent avoir dans leur commune (art. 612).

Il est fâcheux que ces visites soient trop souvent négligées,

---

(1) Outre les maisons d'arrêt, il y a dans la plupart des municipalités, auprès de la Maison commune, une espèce de lieu de détention, vulgairement appelé *violon*. C'est là que doivent être retenus, provisoirement, tous les prévenus non domiciliés ou surpris en flagrant délit, en attendant que le juge d'instruction puisse les interroger. A Paris, c'est à la Préfecture de police que se trouve cette prison municipale ; on l'appelle le *dépôt*.

car elles adouciraient la détention préventive qui peut atteindre quelquefois des innocents, et favoriseraient sensiblement l'amendement des condamnés.

On fonde aujourd'hui beaucoup d'espoir sur l'emprisonnement cellulaire, qui consiste à isoler complètement chaque condamné dans une étroite cellule. Plus d'une fois pourtant cet emprisonnement solitaire, en abrutissant les facultés de l'esprit ou en laissant prendre un effrayant empire à d'infâmes penchants, a justifié cette parole terrible de l'*Ecclésiaste* : Malheur à l'homme qui vit seul, *væ soli*. Pour améliorer un homme dépravé, il faut sans doute le séparer des méchants, mais il faut de plus le mettre en contact fréquent avec les bons. Un malade ne se guérit guère sans médecin, et l'hygiène qui suffit pour conserver la santé ne suffit pas toujours pour la ramener.

La loi, dans les art. 616 et suivants du Code, prend aussi des précautions multipliées pour qu'aucun citoyen ne puisse être privé arbitrairement de sa liberté. Elle menace des peines de la détention arbitraire tout juge de paix, tout officier chargé du ministère public, et tout juge d'instruction, qui, dès qu'il est averti, ne fait pas mettre sur-le-champ en liberté une personne illégalement détenue, comme aussi tout gardien ou geôlier qui écrouerait une personne sans se faire représenter le mandat ou la sentence qui autorise sa détention, ou qui ne représenterait pas un détenu à tout officier public qui est en droit de demander son exhibition.

L'art. 184 du Code pénal prononce aussi des peines contre tout fonctionnaire ou officier de police, qui s'introduit dans le domicile d'un citoyen contre le gré de celui-ci, hors les cas prévus par la loi. La règle est que les officiers de police ou les agents de la force publique ne peuvent pénétrer dans le domicile d'un citoyen, durant le jour qu'en cas de flagrant délit ou en vertu d'un mandat du juge d'instruction, et durant la nuit qu'en cas de réclamation ou de cris venant de l'intérieur (1). Tout officier de police judiciaire ou exécuteur

_____

(1) V. L. du 28 germ an 6, art. 131, et L. du 11 frim. an 8, art. 76.

de mandements de justice, qui arrive durant la nuit auprès d'une maison où il veut faire quelques perquisitions, ou dans laquelle il suppose que se trouve le prévenu, doit donc se borner à la faire cerner jusqu'à ce que le jour paraisse.

Heureusement, du reste, les peines prononcées contre les auteurs ou les complices de détentions arbitraires, ou de violations de domicile, peuvent être comparées à certaines armes utiles que l'on conserve dans les arsenaux, mais qu'on n'est presque jamais dans la nécessité d'en tirer.

Nous n'insisterons donc pas plus long-temps sur ces mesures générales et règlementaires qui ne peuvent pas soulever des difficultés bien sérieuses, et nous nous hâtons d'arriver à l'exposé des règles importantes que doivent suivre dans leurs investigations les divers officiers de police judiciaire.

TITRE II.

DE L'INSTRUCTION PRÉPARATOIRE EN MATIÈRE DE CRIMES.

Il est bien des contraventions et même des délits que le ministère public s'abstient avec raison de poursuivre, parce que l'État n'en ressent pas un grand préjudice. Mais quand un crime est commis, la société reçoit une plaie profonde, et l'intérêt de sa conservation oblige les magistrats chargés de sa défense à demander vengeance. Avec quelle circonspection pourtant ces magistrats ne doivent-ils pas agir, quelle prudence ne doivent-ils pas déployer, quand on songe que des poursuites inconsidérées peuvent imprimer à un innocent une tache qu'un acquittement ultérieur ne fait pas toujours disparaître!

L'instruction préparatoire a donc un double but; d'une part, constater le fait matériel du crime, de l'autre, empêcher que la justice ne s'égare et ne laisse échapper le coupable en s'attachant, par une fatale méprise, à la poursuite d'un innocent. La loi a pensé que, pour atteindre une fin aussi désirable, ce n'était pas trop d'exiger, pour les premières poursuites, le concours de deux magistrats, tous deux d'un

4

ordre élevé, c'est-à-dire, du procureur du roi et du juge d'instruction, et de faire apprécier ensuite successivement, par un tribunal et par une cour', les indices de culpabilité, avant qu'un prévenu pût être traduit devant la grande justice du pays.

Nous avons donc à exposer maintenant les fonctions diverses des procureurs du roi et des juges d'instruction, et les attributions des chambres du conseil et des chambres des mises en accusation. Mais, avant tout, il faut indiquer par quelles voies les procureurs du roi et les juges d'instruction peuvent être avertis de l'existence des crimes dont ils doivent poursuivre ou préparer la répression.

CHAPITRE Ier.

Des voies par lesquelles s'acquiert la connaissance des crimes.

Les procureurs du roi et les juges d'instruction peuvent acquérir quelquefois par eux-mêmes la connaissance de certains crimes, comme lorsqu'une pièce qui passe sous leurs yeux présente des indices saillants de faux. Mais ce cas est rare. En général, ces magistrats ne sont avertis que par la rumeur publique, par des dénonciations ou par des plaintes. Les dénonciations peuvent être formées par toute personne qui a connaissance du méfait; les plaintes ne peuvent émaner que des parties lésées. Les unes et les autres sont soumises à des règles importantes que nous allons exposer brièvement.

SECTION Ire. — *Des dénonciations.*

Les dénonciations doivent régulièrement être adressées aux procureurs du roi, et l'on en distingue de deux espèces, la dénonciation faite par des personnes publiques, et celle faite par des personnes privées. Le code de brumaire an IV appelait la première, *dénonciation officielle*, la seconde, *dénonciation civique*.

L'art. 29 du Code s'occupe de la dénonciation officielle. « Toute autorité constituée, y est-il dit, tout fonctionnaire ou officier public, qui, dans l'exercice de ses fonctions, acquerra la connaissance d'un crime ou d'un délit, sera tenu d'en donner avis sur-le-champ au procureur du roi, près le tribunal dans le ressort duquel le crime ou le délit aura été commis ou dans lequel le prévenu pourra être trouvé, et de transmettre à ce magistrat tous les renseignemens, procès-verbaux et actes qui y sont relatifs. » Quand c'est un tribunal ou une cour qui acquiert la connaissance d'un crime, c'est l'officier chargé du ministère public, ou bien le président du tribunal ou de la cour, qui doit transmettre les pièces au procureur du roi compétent. Cela résulte de l'art. 462 du Code qui applique au crime de faux, en particulier, le principe général posé par l'art. 29 précité. Mais s'il s'agit d'un crime ou délit flagrant, commis à l'audience d'un tribunal ou d'une cour, nous verrons dans la suite, que le tribunal ou la cour peut souvent juger le coupable incontinent.

L'art. 30 est relatif à la dénonciation civique. « Toute personne, dit-il, qui aura été témoin d'un attentat, soit contre la sûreté publique, soit contre la vie ou la propriété d'un individu, sera pareillement tenue d'en donner avis au procureur du roi, soit du lieu du crime ou délit, soit du lieu où le prévenu pourra être trouvé. » L'article entend évidemment parler des témoins *de visu*; mais si la loi n'impose pas aux personnes qui ont seulement entendu parler du crime l'obligation de le dénoncer, ce n'est pas à dire que la dénonciation de ces personnes ne doive pas être reçue : nulle part, en effet, la loi n'établit de semblable restriction.

Par *attentat contre la sûreté publique*, il faut entendre toute entreprise criminelle de nature à troubler la tranquillité générale, et par *attentat contre la vie ou la propriété d'un individu*, toute attaque violente contre sa personne ou contre ses biens, ce qui exclut les délits qui ne sont que le résultat de la fraude, tels que l'escroquerie, l'abus de confiance, etc. Mais ce n'est pas à dire que ces derniers délits ne puissent aussi être dénoncés, quoique la loi n'en impose pas l'obligation.

Il y a, entre la dénonciation officielle et la dénonciation civique, trois différences importantes.

La première, c'est que l'officier public qui ne ferait pas la dénonciation dans le cas de l'article 29 encourrait des peines disciplinaires, parfois même une destitution, tandis que l'obligation imposée par l'art. 30 aux simples citoyens est dépourvue de sanction. Le Code pénal de 1810, dans ses art. 103 à 107, punissait, il est vrai, la non-révélation des crimes qui compromettent la sûreté intérieure ou extérieure de l'Etat, comme constituant elle-même un crime; mais ces articles ont été abrogés par la loi du 28 avril 1832.

La seconde différence, c'est que la dénonciation officielle se fait par correspondance et n'est soumise à aucune formalité particulière. La dénonciation civique, au contraire, est assujettie à certaines formes indiquées dans l'art. 31 du Code, ainsi conçu : « Les dénonciations seront rédigées par les dénonciateurs, ou par leurs fondés de procuration spéciale, ou par le procureur du roi s'il en est requis; elles seront toujours signées par le procureur du roi à chaque feuillet, et par les dénonciateurs ou par leurs fondés de pouvoir. — Si les dénonciateurs ou leurs fondés de pouvoir ne savent ou ne veulent pas signer, il en sera fait mention. — La procuration demeurera toujours annexée à la dénonciation, et le dénonciateur pourra se faire délivrer, mais à ses frais, une copie de sa dénonciation. » Le dénonciateur peut désirer une copie de sa dénonciation, pour s'assurer qu'on n'y a rien ajouté ni retranché.

Ces formalités de la dénonciation civique ont pour but de mettre le prévenu acquitté, à même de connaître son dénonciateur et d'obtenir contre lui des dommages, conformément à l'art. 358 du Code, et ceci nous mène à la troisième différence entre la dénonciation civique et la dénonciation officielle. La cour d'assises en effet ou le tribunal correctionnel peuvent, quand le prévenu est acquitté, prononcer sur-le-champ une condamnation à des dommages contre son dénonciateur, si c'est un particulier, tandis que le fonctionnaire qui a fait une dénonciation officielle ne pourrait être condamné à des dommages, qu'après avoir été poursuivi et condamné comme coupable de forfaiture.

Les dénonciations, avons-nous dit, doivent régulièrement être adressées au procureur du roi ; elles ne laissent pas cependant d'être valables quand elles ont été remises à ses officiers auxiliaires, tels que les juges de paix, officiers de gendarmerie, commissaires de police, etc., mais ces officiers doivent les transmettre sans délai au procureur du roi (art. 54). Le procureur général, quand il reçoit des dénonciations, les transmet aussi au procureur du roi (art. 275).

Section II. — *Des plaintes.*

La plainte diffère de la dénonciation sous trois rapports principaux :

1° La dénonciation peut être faite par toute personne ; la plainte ne peut venir que de la partie lésée.

2° La dénonciation précède en général toutes les poursuites et en est le premier mobile ; la plainte peut être formée en tout état de cause.

3° La dénonciation doit régulièrement être adressée au procureur du roi ; la plainte se forme plus régulièrement devant le juge d'instruction. L'art. 63 du Code dispose en effet : « Toute personne qui se prétendra lésée par un crime ou délit, pourra en rendre plainte et se constituer partie civile devant le juge d'instruction, soit du lieu du crime ou délit, soit du lieu de la résidence du prévenu, soit du lieu où il pourra être trouvé. » Si le juge d'instruction auquel la plainte a été adressée n'est compétent sous aucun des trois rapports qu'on vient d'indiquer, il doit, aux termes de l'art. 69, renvoyer la plainte devant le juge d'instruction qui doit en connaître ; et si deux ou trois juges d'instruction sont également compétents, il doit la transmettre à celui qui paraît le plus à même de faire utilement les poursuites.

La plainte peut pourtant aussi être remise au procureur du roi ou à ses officiers de police auxiliaires. Si elle est adressée au procureur du roi, il doit la remettre sans retard au juge d'instruction avec son réquisitoire. Si elle est présentée aux officiers auxiliaires de police, elle doit être envoyée par eux au procureur du roi qui la transmet au juge d'instruction, aussi avec son réquisitoire (art. 64).

L'art. 65 rend communes aux plaintes, les formalités prescrites pour les dénonciations civiques.

La plainte ne produit pas plus d'effet que les simples dénonciations, quand le plaignant ne se constitue pas partie civile; mais s'il prend cette dernière qualité, elle entraîne des conséquences importantes, les unes à l'avantage, les autres au désavantage du plaignant, comme on va le voir dans la section suivante.

SECTION III. — *Des cas où le plaignant se constitue partie civile.*

Nous devons exposer ici: 1° dans quels cas le plaignant est réputé partie civile; 2° jusqu'à quelle époque la partie lésée peut prendre cette qualité; 3° les conséquences qu'elle entraîne; 4° s'il est permis de s'en désister après l'avoir prise, et quels sont les effets du désistement.

I. Le plaignant, aux termes de l'art. 66, n'est réputé partie civile qu'autant qu'il le déclare expressément, soit par la plainte, soit par un acte subséquent, ou qu'il prend par l'un ou par l'autre des conclusions en dommages-intérêts. Dès l'instant donc qu'il déclare se porter partie civile, il jouit des prérogatives et est soumis aux charges inhérentes à cette qualité, quoiqu'il n'ait pas encore demandé des dommages-intérêts; et d'autre part, s'il demande des dommages, il se rend par-là même virtuellement partie civile, quoiqu'il ne s'en soit pas formellement exprimé.

II. L'art. 67 autorise le plaignant à se porter partie civile en tout état de cause jusqu'à la clôture des débats. Il peut donc se porter partie civile non seulement durant l'instruction préparatoire qui précède le renvoi du prévenu devant la cour d'assises, mais encore devant cette dernière cour tant que les débats ne sont pas clos.

On peut demander toutefois si cette faculté de se porter partie civile jusqu'à la clôture des débats peut être exercée par la partie lésée, quand elle n'a formé aucune plainte antérieure. Ce qui pourrait faire naître un doute, c'est que l'art. 67 parle du *plaignant*; or, pourrait-on dire, on n'est plaignant que lorsqu'on a déjà formé une plainte. Cependant, comme la loi n'a fixé aucune époque passé laquelle la plainte ne serait plus admissible, il faut en conclure que le mot *plaignant* dans l'art. 67 est synonyme de partie lésée; et d'ailleurs, grammaticalement, il est vrai de dire qu'on est plaignant, à l'instant même où l'on sollicite la réparation d'un préjudice éprouvé.

La loi, au surplus, dans l'art. 67, a eu seulement pour but d'indiquer, que l'état plus ou moins avancé de l'instruction, ne peut point par lui-même faire obstacle à ce que la partie lésée se constitue partie civile. Mais ce n'est pas à dire que cette partie ne puisse être écartée par une fin de non-recevoir prise d'une autre cause : la loi a entendu laisser ces autres fins de non-recevoir sous l'empire du droit commun.

Il est évident, par exemple, que si la partie lésée avait déjà transigé sur son intérêt civil ou renoncé formellement à son action, elle ne pourrait plus se porter partie civile.

Il en est de même, si elle a déposé comme témoin devant le jury. Il est en effet, de principe fondamental, admis dans tous les pays, qu'on ne peut pas être témoin et partie dans la même cause : ces deux qualités s'excluent réciproquement, comme celles de partie et de juge. De même donc que le plaignant qui s'est constitué partie civile ne doit pas être entendu comme témoin, de même celui qui a déposé comme témoin ne peut plus se constituer partie civile (1).

Mais la fin de non-recevoir n'existe que contre la partie qui a déposé devant le jury : elle ne peut pas être opposée à celle qui n'a déposé que devant le juge d'instruction, parce que la procédure préliminaire faite devant ce juge, n'étant pas mise sous les yeux des jurés, ne peut exercer aucune influence sur leur esprit (2).

III. Le plaignant, en se portant partie civile, acquiert l'avantage de pouvoir obtenir des dommages contre l'auteur du fait incriminé. Il acquiert aussi le droit de s'opposer à certains actes qui sont de nature à nuire à ses intérêts. Si, par exemple, la chambre du conseil vient à ordonner la mise en liberté du prévenu, l'art. 135 permet à la partie civile de s'y opposer et de saisir par là la chambre des mises en accusation. S'il vient à être formé une demande en règlement de juges, ou en renvoi devant un autre tribunal, la partie civile, aux termes des art. 535 et 552, doit aussi être avertie pour qu'elle puisse contester s'il y a lieu, etc...

Mais, pour jouir pleinement de ces derniers avantages, la partie civile qui ne demeure pas dans l'arrondissement communal où se fait l'instruction, est tenue d'y élire domicile par acte passé au greffe du tribunal. Faute par elle d'avoir fait cette élection de domicile, elle ne peut se prévaloir du défaut de signification des actes qui en principe doivent lui être notifiés (art. 68).

Nous pensons aussi, quoique le Code ne s'en exprime pas, que la partie civile, au moment où elle prend cette qualité, doit en donner connaissance au prévenu par une notification. Le prévenu, en effet, n'est pas tenu de s'informer à tout instant auprès du juge d'instruction s'il s'est présenté quelque partie civile. Il est donc en droit de suppo-

---

(1) C'est aussi l'avis de M. Carnot, sur l'art. 67. Mais la cour de cassation a rendu trois arrêts en sens contraire, les 24 novembre 1807, 17 novembre 1836, et 27 novembre 1840.

(2) *Cass.* 27 décembre 1811. Dalloz, rép., t. 11, p. 219, n. 2.

ser qu'il n'y en a point et peut agir en conséquence, tant qu'il n'a pas été légalement averti.

Si la partie civile retire de cette qualité d'assez grands avantages, elle lui impose en retour une obligation considérable, relativement aux frais de la procédure. Si le prévenu en effet vient à être acquitté par la cour d'assises, la partie civile doit être condamnée à tous les frais, même à ceux faits par l'Etat (art. 368).

Avant la loi du 28 avril 1832, son obligation était même beaucoup plus onéreuse. L'art. 157 du décret sur le tarif criminel du 18 juin 1811 disposait en effet : « Ceux qui se seront constitués parties civiles, soit qu'ils succombent *ou non*, seront personnellement tenus des frais d'instruction, expédition et signification des jugements, sauf leur recours contre les prévenus ou accusés qui seront condamnés. » Cette obligation de supporter les frais en cas d'insolvabilité du condamné, cas si fréquent devant les juridictions criminelles, empêchait souvent les parties lésées de se porter parties civiles, même pour des crimes atroces, ce qui augmentait les chances d'impunité des coupables. Aussi, l'art. 268 du Code révisé dispose-t-il, que dans les affaires soumises au jury, la partie civile qui n'a pas succombé n'est jamais tenue des frais.

IV. Voyons enfin si la partie civile peut se désister de la qualité qu'elle a prise, et quelles sont les conséquences de son désistement.

L'art. 66 dispose à cet égard que la partie civile peut se départir dans les vingt-quatre heures, et qu'en ce cas elle n'est pas tenue des frais depuis que son désistement a été signifié, sans préjudice, néanmoins, des dommages-intérêts des prévenus, s'il y a lieu.

Le délai doit se compter *de horâ ad horam*, si l'heure a été indiquée dans l'acte où la qualité de partie civile a été prise : sinon, le désistement peut être valablement fait tout le jour suivant. Mais si ce jour suivant est férié, le délai doit-il être prorogé au lendemain? La brièveté du délai et la circonstance que les greffes et parquets sont fermés les jours fériés rendent l'affirmative probable (1).

En quelle forme au surplus doit être fait le désistement ? C'est ce que la loi n'exprime pas bien clairement.

Il est certain d'abord qu'il peut être valablement fait par exploit notifié au procureur du roi, ou par une déclaration directe faite à ce magistrat et reçue par lui dans les formes prescrites pour les dénonciations.

Mais est-ce à dire en premier lieu qu'il ne puisse être fait que dans cette forme ? Ne peut-il pas être fait entre les mains de tout autre officier de police judiciaire ayant qualité pour recevoir les dénonciations ou les plaintes ? Nous estimons que tout officier de police judiciaire a, en effet, qualité pour recevoir le désistement, surtout quand la plainte constatant de la part du plaignant la volonté de se porter partie civile a été reçue par lui, et ce désistement, fait dans les vingt-quatre heures, suffit pour mettre la partie à l'abri de la déchéance que l'art. 66 prononce. Le plaignant toutefois, doit en outre signifier ultérieurement son désistement au procureur du roi, puisque ce magistrat pourrait, dans l'ignorance qu'il a été fait, continuer les poursuites, et ce n'est qu'à dater de cette signification ou de tout autre acte constatant officiellement que le procureur du roi a eu connaissance du désistement, que la partie qui s'est désistée cesse d'être responsable des frais.

Faut-il aussi que le désistement soit signifié au prévenu ? Cela est prudent sans doute ; mais si cela n'a pas été fait, la partie qui s'est désistée n'est exposée, par cette omission, qu'à supporter le surcroît de frais que l'ignorance du désistement aurait occasionné au prévenu, les frais par exemple des diverses significations qui auraient été faites par celui-ci

---

(1) On cite à l'appui de l'opinion contraire un arrêt de la cour de cassation, du 27 août 1807, qui décide qu'en matière criminelle, on est dispensé d'observer les jours fériés ; mais il n'en est pas moins vrai que, de fait, tous les greffes et parquets sont fermés ces jours-là.

à cette même partie, dans la croyance qu'elle était encore partie civile.

Il est à remarquer, au surplus, que, dans le cas même où le désistement a été fait en temps utile, le plaignant ne laisse pas d'être responsable de tous les frais déjà exposés, même de ceux faits avant sa plainte. Cela résulte clairement de l'art. 66. Le législateur a présumé sans doute, que les premières poursuites avaient pu avoir lieu à l'instigation du plaignant, quoiqu'il ne se fût porté partie civile que plus tard.

Mais une difficulté importante, et que le silence de la loi rend fort grave, est celle de savoir si le désistement de la partie civile emporte de sa part renonciation à toutes poursuites ultérieures, soit devant la juridiction criminelle, soit même devant la juridiction civile.

Il a été décidé d'abord, et nous croyons, avec raison, que la partie civile peut reprendre ultérieurement sa qualité devant la juridiction criminelle, quand elle a déclaré ne se désister que *quant à présent et sauf à reprendre* (1). Une pareille réserve est exclusive de toute renonciation implicite.

Si la partie n'a pas fait de réserve semblable, les anciens et les modernes criminalistes décident également, par application de quelques lois romaines, notamment de la L. 6, au Code, *qui accusare non possunt*, et de la L. 4, aussi au Code, *de pactis*, que cette partie ne peut pas se représenter de nouveau devant la juridiction criminelle, et il serait téméraire de ne pas céder devant une réunion d'autorités aussi imposante, bien que les lois romaines citées ne paraissent pas complètement décisives dans un système de procédure criminelle tout différent de celui des Romains.

Mais tout au moins la partie conserve-t-elle alors le droit

(1) V. arrêts du parlement de Paris du 8 avril 1685, et de la cour de Bruxelles du 28 décembre 1822, cités dans le Dictionnaire d'A. Dalloz, v° *Action civile*, n. 124.

de demander des dommages devant les juges civils (1). Tout ce qu'on peut induire de l'abandon qu'elle a fait de la voie criminelle, c'est qu'elle a reconnu que le prévenu n'avait pas agi avec l'intention de nuire, mais ce n'est pas à dire qu'elle ait renoncé à demander la réparation du préjudice matériel qu'elle a éprouvé. Les renonciations, en effet, surtout les renonciations implicites, doivent s'interpréter toujours dans le sens le plus étroit et le moins onéreux pour le renonçant, par application de la maxime, *nemo facile præsumitur juri suo renonciare*.

Si la partie civile ne s'est pas désistée dans les vingt-quatre heures, un désistement ultérieur ne peut être pour elle d'aucune utilité, car elle ne laisse pas d'être responsable de tous les frais exposés postérieurement, au moins quand l'accusé vient à être acquitté. Mais si cette partie ne peut tirer aucun avantage de son désistement tardif, il semblerait juste de l'autoriser à le rétracter pour former ou pour reproduire une demande en dommages, au moins quand le désistement paraîtrait n'avoir eu d'autre cause, que la fausse espérance d'échapper à tout événement aux frais ultérieurs de la procédure. Quant à porter ultérieurement sa demande en dommages devant les tribunaux civils, la partie civile doit y renoncer en ce cas, parce qu'à défaut de désistement dans les vingt-quatre heures, elle est censée engagée et mêlée, pour ainsi parler, dans le procès criminel, de manière à ne pouvoir plus s'en détacher.

La disposition finale de l'art. 67 appelle une dernière observation. — « En aucun cas, y est-il dit, le désistement après le jugement ne peut être valable, quoiqu'il ait été donné dans les vingt-quatre heures de la déclaration, par laquelle on s'est porté partie civile. » Avant la révision du Code, cette disposition n'était point sans importance. Comme la partie civile était alors responsable des frais envers l'État, même en cas de condamnation de l'accusé, elle indiquait

---

(1) *Contrà*, Carnot, sur l'art. 66.

que la partie civile, en se désistant après le jugement, ne pouvait se soustraire en aucun cas, aux frais d'expédition et de signification de la sentence. Aujourd'hui que le principe a été changé, pour les matières criminelles, par la loi du 28 avril 1832, la disposition précitée ne conserve d'importance que pour les matières correctionnelles.

CHAPITRE II.

Des attributions du procureur du roi et de ses officiers de police auxiliaires.

Jusqu'ici la justice criminelle n'a été qu'avertie de l'existence du crime ; elle n'a point encore commencé ses investigations. C'est en général le procureur du roi qui doit provoquer les recherches, et donner ainsi aux procès criminels leur première impulsion.

Nous allons donc exposer maintenant : 1° les attributions du procureur du roi dans les cas ordinaires ; 2° ses attributions exceptionnelles dans les cas de flagrant délit ; 3° celles de ses officiers de police auxiliaires.

Section Ire. — *Des attributions du procureur du roi dans les cas ordinaires.*

Les procureurs du roi sont chargés de la recherche et de la poursuite de toutes les infractions dont la connaissance appartient aux cours d'assises (art. 22).

Pour assurer autant que possible la poursuite et la punition des coupables, la loi attribue à la fois compétence au procureur du roi du lieu du crime, à celui de la résidence du prévenu, enfin à celui du lieu où le prévenu peut être saisi (art. 23). S'il s'agit de crimes commis hors du territoire français, dans les cas où les art. 5, 6 et 7 permettent de poursuivre les coupables en France, la poursuite appartient à la fois au procureur du roi de la résidence du prévenu, à celui du lieu où il peut être trouvé, ou bien enfin à celui de sa dernière résidence connue (art. 24).

Il peut se faire, que plusieurs procureurs du roi aient provoqué des poursuites contre le même prévenu. Quand nous arriverons aux règlemens de juges, nous indiquerons de quelle manière doivent être réglés ces conflits.

Le procureur du roi, en cas d'empêchement, doit être remplacé par son substitut, ou, s'il a plusieurs substituts, par le plus ancien (art. 16). « S'il n'a pas de substitut, ajoute l'article, il sera remplacé par un juge commis à cet effet par le président. » Mais, d'après l'art. 20 du décret du 18 août 1810, c'est le tribunal et non pas seulement le président, qui doit désigner le juge chargé de remplacer les magistrats du ministère public, et ce même article permet de désigner indifféremment un juge titulaire ou un suppléant. Nous pensons que c'est cette disposition qu'il faut suivre, et c'est apparemment par simple inadvertance que, lors de la révision de 1832, on a omis de rectifier l'art. 26 du Code d'après l'article précité du décret.

Le procureur du roi n'est pas simplement soumis à la surveillance du procureur général comme tous les officiers de police judiciaire; il est de plus sous les ordres immédiats de ce haut fonctionnaire dont il doit exécuter toutes les prescriptions. Aussi, d'après l'art. 27 du Code, les procureurs du roi sont-ils tenus, dès qu'un fait criminel vient à leur connaissance, d'en donner avis au procureur général près la cour royale, et *d'exécuter ses ordres relativement à tous actes de police judiciaire.* Le procureur du roi ne pourrait se soustraire à cette obligation qu'en offrant sa démission. Mais ce devoir de subordination n'existe que pour les actes d'instruction que le procureur général prescrit au procureur du roi de faire, ou dont il lui commande de s'abstenir : quand il s'agit de conclure au fond, le procureur du roi ne doit jamais obéir qu'au cri de sa conscience.

En général, le procureur du roi ne peut point faire par lui-même des actes d'instruction; il doit se borner à requérir le juge d'instruction, d'informer de tel fait, ou de faire tel acte particulier (art. 47). On a craint que ce magistrat, porté à la rigueur par la nature de ses fonctions, ne dirigeât pas les informations avec assez d'impartialité, et que ses actes ne fussent inspirés, à son insu, par le désir de trouver toujours une victime sur laquelle le glaive de la loi pût s'appesantir. Mais, dès que le juge d'instruction a prescrit une mesure, c'est le procureur du roi qui doit pourvoir à l'envoi, à la notification et à l'exécution de son ordonnance (art. 28).

Il ne fallait pas pourtant que, pour obtenir dans l'instruction une plus grande impartialité, la société, qu'un crime vient d'alarmer, fût exposée au dépérissement de preuves importantes, qu'il est aisé de recueillir au moment même du crime, mais que le moindre retard peut faire disparaître. Tel est le but des attributions exceptionnelles du procureur du roi dans les cas dont nous allons maintenant parler.

SECTION II. — *Des attributions du procureur du roi en matière de flagrant délit.*

Dans les cas de flagrant délit, le procureur du roi peut faire par lui-même la plupart des actes qui, d'ordinaire, ne peuvent émaner que du juge d'instruction. Avant de parcourir ces divers actes, il faut préciser d'abord ce que la loi entend par *flagrant délit*.

L'art. 41 du Code dispose à cet égard : « Le délit qui se commet actuellement, ou qui vient de se commettre, est un flagrant délit. — Seront aussi réputés flagrant délit, le cas où le prévenu est poursuivi par la clameur publique, et celui où le prévenu est trouvé saisi d'effets, armes, instrumens ou papiers faisant présumer qu'il est auteur ou complice, pourvu que ce soit dans un temps voisin du délit. »

Ainsi, d'après ce texte, il y a quatre cas de flagrant délit :

1° Quand le délit se commet actuellement, comme lorsque la justice accourt au moment même où l'homme qu'on dérobe ou qu'on assassine, crie *au voleur* ou *à l'assassin !*

2° Quand le délit vient de se commettre, comme lorsque le cadavre de l'homme assassiné gît encore sur le sol baigné de son sang, ou qu'une porte brisée, une clôture renversée, un meuble forcé, indiquent le passage récent des voleurs.

Il importe peu, dans ces deux premiers cas, que rien encore n'indique les auteurs du méfait.

3° Quand le prévenu est poursuivi par la clameur publique. Pour que ce cas se distingue des précédens, il faut supposer que le crime s'est commis peut-être depuis quelque temps, et qu'au bout de ce temps un homme qui s'était d'abord caché venant à reparaître, une clameur générale s'élève contre lui et le signale comme l'auteur du crime. Cette clameur, suivant la maxime antique, *vox populi vox Dei*, fait planer sur la tête de cet homme de terribles soupçons, et suffit pour autoriser une instruction immédiate contre lui, quand même le fait matériel du crime n'aurait pas encore été juridiquement constaté.

4° Quand le prévenu est trouvé saisi d'objets, tels que vêtemens ou armes ensanglantés, valeurs dérobées, etc., qui le signalent comme auteur ou complice du crime, *pourvu*, dit la loi, *que ce soit dans un temps voisin du délit*, c'est-à-dire, pourvu que le crime n'ait pas encore cessé d'occuper l'attention publique, et ne soit pas tombé dans l'oubli.

L'art. 46 assimile aussi au flagrant délit, le cas où un crime même non flagrant ayant été commis dans l'intérieur d'une maison, le chef de cette maison requiert le procureur du roi de le constater. Posé, par exemple, qu'un propriétaire, absent de sa maison depuis quelques mois, s'aperçoive à son retour qu'on a commis un vol durant son absence, quoique ce vol remonte peut-être à une époque éloignée, et ne pût plus sous ce rapport être considéré comme un flagrant délit, le procureur du roi peut pourtant, sur la demande du propriétaire, faire tous les actes d'instruction qu'il est autorisé à faire dans les cas de flagrant délit proprement dit.

Mais, voyons maintenant en quoi consistent ces actes d'instruction.

Ils se réfèrent, 1° à la constatation du corps du délit ; 2° aux précautions à prendre pour s'assurer de la personne des auteurs ou des complices présumés du crime ; 3° à la recherche des pièces de conviction.

La première chose à faire, c'est donc de s'assurer du fait matériel du crime, car peut-être n'y a-t-il sur ce point que des soupçons vagues, qu'un examen un peu attentif fera disparaître. S'il s'agit, par exemple, d'une mort violente ou dont la cause est inconnue et suspecte, le procureur du roi, aux termes de l'art. 44, doit se faire assister d'un ou deux officiers de santé qui, après avoir prêté en ses mains le serment de donner leur avis en leur honneur et conscience, font leur rapport sur les causes de la mort et sur l'état du cadavre (1). Ce rapport démontre-t-il que la mort a été le résultat d'un suicide ou d'une cause naturelle qui exclut toute idée de crime, le procureur du roi n'a pas à passer outre et ne doit pas joindre aux larmes d'une famille désolée d'autres angoisses et d'autres douleurs.

Le crime, au contraire, paraît-il constant, le procureur du roi doit, aux termes de l'art. 32, se transporter sur le lieu sans aucun retard, pour y dresser les procès-verbaux nécessaires à l'effet de constater le corps du délit, son état, l'état des lieux, et pour recevoir les déclarations des personnes qui auraient été présentes ou qui auraient des renseignements à donner. Il doit, d'après le même article, donner avis de son transport au juge d'instruction, mais il n'est pas tenu de l'attendre pour procéder.

« Le procureur du roi, ajoute l'art. 33, pourra aussi appeler à son procès-verbal les parens, voisins ou domestiques, présumés en état de donner des éclaircissements sur le fait ; il recevra leurs déclarations qu'ils signeront : les

_____

(1) D'après la loi du 19 ventôse an XI, art. 19, on ne doit recourir aux simples officiers de santé qu'à défaut de docteurs en médecine ou en chirurgie.

5

déclarations reçues en conséquence du présent article et de l'article précédent seront signées par les parties, ou, en cas de refus, il en sera fait mention. »

Quand le procureur du roi soupçonne que les coupables ne sont pas éloignés, il doit prendre des précautions pour empêcher qu'ils ne s'échappent s'ils sont sur le lieu même, ou, dans le cas contraire, qu'une personne affidée n'aille les avertir de fuir en toute hâte. C'est pourquoi l'art. 34 lui permet de défendre que qui que ce soit sorte de la maison ou s'éloigne du lieu, jusqu'après la clôture de son procès-verbal. « Tout contrevenant à cette défense, ajoute l'article, sera, s'il peut être saisi, déposé dans la maison d'arrêt : la peine encourue pour la contravention sera prononcée par le juge d'instruction sur les conclusions du procureur du roi, après que le contrevenant aura été cité et entendu, ou par défaut, s'il ne comparaît pas, sans autre formalité ni délai, et sans opposition ni appel. — La peine ne pourra excéder dix jours d'emprisonnement et cent francs d'amende.» La violation de la défense peut aussi quelquefois fournir contre le contrevenant un indice de participation au crime.

Des soupçons graves de culpabilité planent-ils sur un individu déterminé, le procureur du roi doit le faire saisir s'il est présent ; dans le cas contraire, il doit rendre, à l'effet de le faire comparaître, une ordonnance appelée *mandat d'amener* ; et dès qu'il l'a fait saisir et qu'on l'a amené devant lui, il doit l'interroger sur-le-champ (art. 40). La loi, du reste, avertit le procureur du roi que la dénonciation seule ne constitue pas une présomption suffisante pour décerner un mandat d'amener contre un individu ayant domicile, ce qui ne doit s'entendre que de la dénonciation civique ; et puisque la loi ne parle que des individus ayant domicile, il en résulte que la dénonciation civique elle-même peut suffire à l'égard des individus sans domicile connu, quand elle émane d'une personne recommandable.

Si le prévenu, contre lequel a été décerné un mandat d'amener, parvient à se disculper entièrement, le procureur du roi peut le faire relâcher aussitôt. On ne voit pas pourquoi ce prévenu devrait être traité avec plus de rigueur que celui qui, étant présent, a été interrogé sur-le-champ (1).

Il faut enfin empêcher la disparition des *pièces de conviction*, c'est-à-dire, de tout ce qui peut servir à prouver le crime et à reconnaître ses auteurs. C'est à quoi pourvoient les art. 35 et suivants, jusqu'à l'art. 39 inclusivement.

Le procureur du roi doit se saisir d'abord, sur le théâtre du crime, des armes et de tout ce qui paraît avoir servi ou avoir été destiné à le commettre, de tout ce qui paraît en avoir été le produit, et généralement de tout ce qui peut servir à la manifestation de la vérité. Il doit interpeller le prévenu de s'expliquer sur les choses saisies qui lui sont représentées, et dresser du tout un procès-verbal qui doit être signé par le prévenu, ou mentionner son refus (art. 35).

Le procureur du roi doit ensuite se transporter du théâtre du crime au domicile du prévenu, s'il espère y trouver des papiers ou autres objets de nature à constater le crime, à l'effet d'en faire la perquisition ; et, dès qu'il trouve dans ce domicile des objets pouvant servir ou à conviction ou à décharge, il doit s'en saisir et en dresser procès-verbal (art. 36 et 37).

Les articles qu'on vient d'analyser autorisent seulement le procureur du roi à se transporter *dans le domicile du prévenu*. Il ne peut donc pas s'introduire dans le domicile d'un tiers sous prétexte d'y faire des perquisitions ; ce droit est réservé exclusivement au juge d'instruction, par l'art. 88. Il peut, toutefois, se transporter dans le domicile de toutes les personnes qu'il soupçonne de complicité, puisque ces personnes rentrent aussitôt dans la classe des prévenus, et par là, il peut aisément empêcher toute soustraction de piè-

---

(1) M. Carnot, sur l'art. 40, enseigne que le prévenu ne peut être relâché que par ordre de la chambre du conseil ; il se fonde sur ces termes impératifs de l'art. 45 : *Le prévenu restera sous la main de la justice en état de mandat d'amener ;* mais cela ne peut s'entendre que de l'individu sur lequel continuent de planer quelques soupçons, car celui qui s'est complètement disculpé cesse d'être *prévenu.*

ces de conviction qui paraîtrait imminente, sans contrevenir aux principes de légalité dont un magistrat doit se montrer toujours religieux observateur.

Les objets saisis doivent être clos et cachetés si faire se peut; et s'ils ne sont pas susceptibles de recevoir des caractères d'écriture, ils doivent être mis dans un vase ou dans un sac, sur lequel le procureur du roi attache une bande de papier qu'il scelle de son sceau (art. 38). Ces précautions ont pour but d'empêcher tout détournement ou altération des objets saisis.

« Les opérations prescrites par les articles précédens, ajoute l'art. 39 (c'est-à-dire, toutes celles relatives à la saisie ou perquisition des pièces de conviction), seront faites en présence du prévenu s'il a été arrêté ; et s'il ne veut ou ne peut y assister, en présence d'un fondé de pouvoir qu'il pourra nommer. Les objets lui seront présentés à l'effet de les reconnaître et de les parapher s'il y a lieu ; et, au cas de refus, il en sera fait mention au procès-verbal. »

Les art. 42 et 43 contiennent quelques dispositions communes à toutes les opérations faites par le procureur du roi dans les cas de flagrant délit.

« Les procès-verbaux du procureur du roi, porte l'art. 42, seront faits et rédigés en la présence et revêtus de la signature du commissaire de police de la commune dans laquelle le crime aura été commis, ou du maire, ou de l'adjoint du maire, ou de deux citoyens domiciliés dans la même commune. — Pourra néanmoins le procureur du roi dresser les procès-verbaux sans assistance de témoins, lorsqu'il n'y aura pas possibilité de s'en procurer tout de suite. — Chaque feuillet du procès-verbal sera signé par le procureur du roi et par les personnes qui y auront assisté : en cas de refus ou d'impossibilité de signer de la part de celles-ci, il en sera fait mention. » Ces formalités ont toutes pour but de garantir que le procureur du roi a opéré avec une entière impartialité. Leur observation n'est, du reste, protégée par aucune sanction.

« Le procureur du roi, ajoute l'art. 43, se fera accompagner au besoin d'une ou de deux personnes, présumées, par leur état ou profession, capables d'apprécier la nature et les circonstances du crime : » et ces personnes doivent prêter en ses mains le serment de donner leur avis en honneur et conscience (art. 44). C'est principalement en matière d'empoisonnement, de meurtre, d'infanticide et d'autres crimes semblables, que le procureur du roi se fait ainsi assister de gens de l'art.

Dès que les pièces de conviction ont été saisies et le prévenu arrêté s'il y a lieu, toute urgence cesse. L'instruction doit donc reprendre sa marche ordinaire, c'est-à-dire, que les actes ultérieurs ne peuvent plus être faits que par le juge d'instruction. A cet effet, le procureur du roi doit transmettre au juge d'instruction tous les procès-verbaux qu'il a dressés, ainsi que les pièces et objets dont il s'est saisi, et le prévenu reste en attendant sous la main de la justice en état de mandat d'amener (art. 45), c'est-à-dire qu'il doit être seulement gardé à vue, jusqu'à ce qu'il puisse être interrogé par le juge d'instruction (1).

SECTION III. *Des attributions des officiers de police auxiliaires du procureur du roi.*

Nous avons déjà fait connaître ces officiers. Ce sont les juges de paix, les officiers de gendarmerie (2), les commissaires généraux de police, les maires, adjoints de maire et commissaires de police (art. 48 et 50).

Tous ces officiers étant également, en ce qui concerne la police judiciaire, sous les ordres du procureur du roi, ce

---

(1) M. Legraverend, t. 1er, p. 327, suppose qu'il peut être déposé en prison. C'est une erreur, suivant nous, à moins que cet auteur n'ait voulu parler de cette espèce de prison municipale, appelée violon.

(2) Les devoirs des officiers de gendarmerie, relativement à la police judiciaire, sont indiqués dans la loi du 28 germinal an VI, et dans l'ordonnance du 29 octobre 1820.

dernier, dans tous les cas réputés flagrant délit par les art. 32 et 46 du Code, peut, s'il le juge nécessaire ou utile, charger un d'entre eux de tout ou partie des actes de sa compétence (art. 52).

Toutes les fois même que ces officiers sont plus rapprochés que le procureur du roi du lieu où le crime s'est passé, et plus à portée, par conséquent, de le constater et de saisir les coupables, ils peuvent, dans le même cas de flagrant délit, dresser sans ordre préalable tous procès-verbaux, recevoir les déclarations des témoins, et faire les visites et autres actes de la compétence des procureurs du roi, en se conformant aux mêmes règles (art. 49).

Les officiers de police auxiliaires usent même plus souvent que les procureurs du roi de ces attributions exceptionnelles, et la raison en est simple. Le procureur du roi ayant sa résidence dans une ville où se trouve nécessairement aussi un juge d'instruction, celui-ci peut se transporter ordinairement, aussitôt que celui-là, sur le théâtre du crime, et chacun de ces magistrats rentre dès-lors dans ses attributions naturelles; pour l'un, celles de réquérir, pour l'autre, celles d'ordonner toutes les mesures utiles. On conçoit, au contraire, que hors de la ville où siégent ces deux magistrats, il importe que l'officier de police judiciaire qui habite la localité où s'est accompli le méfait puisse, en cas de flagrant délit, prendre immédiatement toutes les mesures commandées par les circonstances, sans quoi le procureur du roi comme le juge d'instruction, n'arriveraient le plus souvent que lorsque les preuves du crime ou la personne du coupable auraient disparu.

Les officiers de police auxiliaires doivent ensuite envoyer sans délai les procès-verbaux et autres actes qu'ils ont faits au procureur du roi, qui est tenu d'examiner sans retard les procédures, et de les transmettre avec les réquisitions qu'il juge convenables au juge d'instruction (art. 53).

S'il y a concurrence pour le même crime entre le procureur du roi, et l'un de ses officiers de police auxiliaires, la prévention appartient naturellement au premier; et, dans le cas même où il a été devancé, il peut, à son choix, ou continuer la procédure, ou autoriser l'officier qui l'a commencée, à la suivre (art. 51). Mais il ne doit pas en principe confier la suite de la procédure à un autre officier de police judiciaire, parce qu'il semblerait par là suspecter l'impartialité de celui qui l'a commencée, ce qui pourrait porter atteinte à la considération de ce dernier.

CHAPITRE III.

Du juge d'instruction.

Nous arrivons devant le magistrat qui exerce dans la poursuite des crimes, les fonctions les plus importantes et les plus délicates. L'œil du procureur du roi est quelquefois troublé par la sollicitude même de ce fonctionnaire pour les intérêts de la société, qu'il croit entendre sans cesse réclamer une vengeance. Le juge d'instruction reste toujours calme. Il sait que la précipitation peut causer souvent des méprises déplorables, et, loin de guérir la plaie qu'un crime a faite à la société, lui causer une plaie nouvelle et plus profonde encore, en appelant des soupçons flétrissants, ou une détention préventive cruelle, ou même une condamnation injuste, sur une tête innocente.

Il y a, dans chaque arrondissement communal, un juge d'instruction. Il est choisi par le roi parmi les juges du tribunal civil pour trois ans, mais il peut être renommé. Il conserve séance au jugement des affaires civiles, suivant le rang de sa réception (art. 55).

« Il sera, dit l'art. 56, établi un second juge d'instruction dans les arrondissements où il sera nécessaire ; ce juge sera membre du tribunal civil. — Il y aura, à Paris, six juges d'instruction. »

D'après l'art. 11 du décret du 18 août 1810, il doit y avoir deux juges d'instruction auprès de tous les tribunaux qui comptent trois chambres. A Paris, le nombre des juges d'instruction s'est successivement accru jusqu'à seize, chiffre fixé par la loi du 23 avril 1841. Cet accroissement est un des symptômes effrayants des progrès qu'a faits l'immoralité dans la Capitale depuis trente ans, et fournit un triste sujet de méditations à l'homme de bien dont la sollicitude s'étend sur les générations à venir.

Les juges d'instruction ayant plus d'occupation que les autres juges jouissent d'une augmentation dans le traitement, et le tarif criminel leur accorde en outre des indemnités, lorsque l'instruction des affaires les oblige à se déplacer.

Dans les villes où il n'y a qu'un juge d'instruction, s'il est absent, malade ou autrement empêché, le tribunal de première instance doit désigner un de ses membres pour le remplacer (art. 58). La désignation du tribunal ne doit porter sur un suppléant que lorsque tous les juges titulaires sont empêchés (art. 51 du décret du 30 mars 1808). S'il y a plusieurs juges d'instruction, ils doivent se suppléer mutuellement, et ce n'est qu'en cas d'empêchement simultané que le tribunal doit pourvoir à leur service.

Le juge d'instruction doit toujours être assisté du greffier ou d'un commis-greffier (art. 25 du décret du 18 août 1810). Le cas même de flagrant délit ne paraît pas faire exception à la règle. Mais si le greffier ne se rendait pas au lieu que le juge lui aurait indiqué, celui-ci pourrait désigner pour le remplacer, tout citoyen apte à remplir ces fonctions, c'est-à-dire, âgé de vingt-cinq ans.

« Les juges d'instruction, porte l'art. 57, seront, quant aux fonctions de police judiciaire, sous la surveillance du procureur général. » Mais cet article n'ajoute pas, comme le fait l'art. 27 pour les procureurs du roi, que le juge d'instruction est tenu, relativement aux actes de police judiciaire de sa compétence, d'exécuter les ordres du procureur général. Il résulte de cette différence notable de rédaction entre les deux articles, que le juge d'instruction, quand il ne remplit que les fonctions ordinaires de sa charge, conserve toute l'indépendance du juge, et que nulle, autorité ne peut lui intimer des ordres (1). On ne peut donc jamais, par exemple, lui enjoindre de décerner un mandat de dépôt ou d'arrêt, contre une personne sur laquelle ne pèse à ses yeux aucun indice grave de culpabilité. Mais peut-il, à l'inverse, continuer des poursuites quand le ministère public déclare se désister, ou en commencer quand le ministère public ne veut pas agir? C'est un point délicat sur lequel nous reviendrons incessamment.

Auparavant, nous allons indiquer les attributions exceptionnelles du juge d'instruction en matière de flagrant délit; nous expliquerons ensuite ses attributions ordinaires.

SECTION I. — *Des attributions exceptionnelles du juge d'instruction dans les cas de flagrant délit.*

Nous avons déjà vu que, dans les cas de flagrant délit, le procureur du roi et ses officiers de police auxiliaires peuvent faire plusieurs actes qui, en règle générale, ne sont que de la compétence du juge d'instruction.

Réciproquement, le juge d'instruction qui, en principe, ne peut faire aucun acte d'instruction ou de poursuite sans avoir donné communication de la procédure au procureur du roi, n'est pas soumis à cette règle en matière de flagrant délit. Il peut alors, d'après l'article 59, faire *directement et par lui-même*, tous les actes attribués au procureur du roi, en se conformant, dit l'article, aux règles établies au *chapitre du procureur du roi*, ce qui indique qu'alors le juge d'instruction n'est pas simplement soumis à la surveillance du procureur général, mais qu'il se place sous ses ordres, et qu'il doit lui donner immédiatement avis du crime comme doit le faire le procureur du roi d'après l'art. 27 (2).

---

(1) Cette doctrine est, du reste, celle de tous les criminalistes, notamment de MM. Bourguignon, Legraverend et Carnot.

(2) Le juge d'instruction peut aussi procéder, avant toute réquisition, en cas de plainte d'un chef de maison dans le cas de l'art. 46; il y a même raison de décider que pour le flagrant délit proprement dit. Voy. Dictionnaire d'A. Dalloz, v° *Instruction criminelle*, n. 156 : *Contrà*, Legraverend, t. 1, p. 188, et M. Dalloz aîné, *Répertoire*, t. 9, p. 494.

Le juge d'instruction n'est pas obligé d'attendre le procureur du roi pour se transporter sur les lieux. L'art 59 lui permet toutefois de requérir sa présence, mais dans ce cas-là même, il n'est pas obligé d'attendre son arrivée pour commencer les opérations. Le procureur du roi obtempère-t-il à la réquisition ou survient-il pendant les opérations, les deux magistrats reprennent alors chacun leur rôle propre, l'un requiert, l'autre instruit.

Lorsque le flagrant délit a déjà été constaté, et que le procureur du roi a transmis les actes et pièces au juge d'instruction, celui-ci est tenu de faire sans délai l'examen de la procédure, et il peut refaire les actes ou ceux des actes qui ne lui paraîtraient pas complets ou réguliers (art. 60). Le droit de refaire les actes n'emporte pas du reste celui d'en prononcer l'annulation.

SECTION II. — *Des fonctions du juge d'instruction dans les cas ordinaires.*

Nous parlerons ici successivement, 1° de la nature des pouvoirs du juge d'instruction; 2° de la recherche des pièces de conviction; 3° de l'audition des témoins; 4° des mandats à décerner contre les prévenus.

§ 1. — *De la nature des pouvoirs du juge d'instruction.*

Il est de règle, dans notre législation civile et criminelle, que la justice ne se saisit pas elle-même des procès, et qu'elle ne rend pour ainsi parler ses oracles, que lorsqu'on va les demander dans son temple. Cette règle, hors le cas de flagrant délit, qui, comme on vient de le voir, est gouverné par des principes exceptionnels, s'applique à la justice qui informe comme à celle qui juge.

Il résulte de là, à notre avis, que le juge d'instruction, dans les cas ordinaires, ne peut commencer aucune instruction criminelle, s'il n'en est requis par le ministère public ou par une partie plaignante. La loi, en effet, en disposant d'une part que la plainte doit être formée devant le juge d'instruction, et d'autre part que les dénonciations doivent être adressées au procureur du roi, indique clairement, ce nous semble, qu'une plainte suffit pour saisir le juge d'instruction, tandis que la dénonciation qui lui serait adressée ne produirait pas le même effet, et n'autoriserait des poursuites qu'autant qu'elles seraient requises par le procureur du roi.

Cette différence s'explique, du reste, aisément. Le plaignant agissant dans son intérêt propre, peut demander justice par lui-même; le dénonciateur n'agissant que dans l'intérêt de la société, ne peut la demander que par l'organe du représentant de la société, c'est-à-dire, du ministère public.

Mais, la plainte suffit-elle pour que le juge d'instruction puisse exercer immédiatement des poursuites? L'art. 70 dit bien que le juge d'instruction compétent pour connaître de la plainte, doit en ordonner la communication au procureur du roi pour être par lui requis ce qu'il appartiendra; mais il ne dit pas d'une manière explicite si, avant cette communication, le juge d'instruction peut se livrer à quelques poursuites.

La solution de la question se trouve dans l'art. 61, ainsi conçu : « Hors les cas de flagrant délit, le juge d'instruction ne fera aucun acte d'instruction et de poursuite, qu'il n'ait donné communication de la procédure au procureur du roi. Il la lui communiquera pareillement lorsqu'elle sera terminée, et le procureur du roi fera les réquisitions qu'il jugera convenables, sans pouvoir retenir la procédure plus de trois jours. — Néanmoins, le juge d'instruction délivrera, s'il y a lieu, le mandat d'amener, et même le mandat de dépôt, sans que ces mandats doivent être précédés des conclusions du procureur du roi. »

Il résulte de ce texte que, pour empêcher la fuite du prévenu, le juge d'instruction, sur une simple plainte et avant toute communication au procureur du roi, peut décerner contre ce prévenu un mandat d'amener ou de dépôt.

Mais, à cela près, il ne peut faire aucun autre acte de poursuite, ni se transporter sur les lieux, ni entendre des témoins, ni décerner un mandat d'arrêt (1), sans qu'il ait communiqué la plainte, et l'interrogatoire du prévenu, s'il a déjà eu lieu, au procureur du roi, et mis celui-ci en mesure de donner ses conclusions.

Mais, est-il nécessaire que chaque acte particulier du juge d'instruction soit l'objet d'une communication préalable au procureur du roi? Nous ne le pensons pas. L'art. 61 du Code est conçu en termes moins explicites que l'art. 12 de la loi du 7 pluviôse an IX, qui semblait exiger une communication nouvelle à chaque acte de la procédure, et sa disposition, quoique un peu louche, paraît ne prescrire la communication qu'à deux époques, savoir, 1° quand l'instruction commence, 2° quand elle est terminée. Entre ces points extrêmes, une communication nouvelle à l'occasion de chaque acte particulier ne semble pas exigée par la loi.

Le procureur du roi peut pourtant toujours la demander, et il est même à propos que le juge d'instruction la donne d'office, quand il a fait quelque acte auquel le procureur du roi n'a pas assisté. Si, par exemple, depuis la première communication de la plainte, le juge d'instruction a interrogé le prévenu en l'absence du procureur du roi, il doit donner connaissance de l'interrogatoire à ce dernier avant de passer outre. Mais si, au contraire, il n'a été fait dans l'intervalle que des actes auxquels le procureur du roi a

---

(1) Peut-il décerner un mandat de comparution? Ce qui favorise l'affirmative, c'est que le mandat de comparution, comme on le verra, est beaucoup moins sévère que celui d'amener ou de dépôt, et qu'en général, quand on peut le plus on peut le moins. Mais ce qui rend la négative plus probable, c'est que, s'il n'y a lieu véritablement qu'à un mandat de comparution, la communication préalable au procureur du roi ne peut pas avoir d'inconvénient, puisqu'il ne saurait y avoir grande urgence, tandis que si le fait avait les caractères d'un crime, le mandat de comparution, intempestivement lancé, deviendrait apparemment le signal de la fuite du prévenu. — *Contrà*, Carnot, sur l'art. 61, n. 5.

assisté, il n'y aurait aucune utilité, et à raison des retards que cela pourrait causer, il y aurait, au contraire, de graves inconvénients, à réitérer la communication de la procédure à chaque acte nouveau.

Nous avons déjà dit que le juge d'instruction, dans la sphère ordinaire de ses attributions, ne peut recevoir d'injonctions de personne, pas même du procureur général. Partant, de cela seul que le procureur du roi requiert une mesure, le juge d'instruction n'est pas tenu de l'ordonner, s'il la croit injuste ou intempestive, ou simplement inutile. Il n'est tenu de déférer à la réquisition du procureur du roi, qu'autant qu'un texte spécial de loi paraît lui en faire un devoir. L'art. 87, par exemple, disant impérativement que le juge d'instruction *se transportera*, s'il en est requis, dans le domicile du prévenu, pour y faire la perquisition des papiers de celui-ci, nous ne pensons pas que ce juge pût jamais refuser le transport demandé par le ministère public.

Mais, quand le juge refuse d'obtempérer aux réquisitions du procureur du roi, son refus peut-il être considéré comme souverain ? Nous ne le pensons pas. Il serait contraire à toute raison que la partialité ou l'erreur de ce juge, pût élever un obstacle insurmontable contre les poursuites criminelles les mieux fondées.

La difficulté consiste seulement à savoir à quelle autorité le procureur du roi doit s'adresser. Est-ce simplement à la chambre du conseil, est-ce à la chambre des mises en accusation ? Si le juge d'instruction n'était qu'un délégué de la chambre du conseil, on pourrait croire que le procureur du roi pourrait porter son appel devant cette dernière chambre, conformément à l'ancienne maxime du droit canonique, *de delegato appellatur ad delegantem*. Mais il n'en est pas ainsi ; le juge d'instruction tient directement ses pouvoirs du roi ; il exerce donc une juridiction propre, et partant ses décisions ne peuvent être déférées qu'à une magistrature supérieure, et cette magistrature ne peut être que celle de la chambre des mises en accusation. C'est, du reste, ce que la cour de cassation a décidé par divers arrêts (1).

Si le juge d'instruction en principe n'est pas obligé d'ordonner les poursuites que le procureur du roi sollicite, il n'est pas non plus obligé d'arrêter celles qu'il a commencées, par cela seul que le procureur du roi le demande. Quand il n'y a pas de partie plaignante, le juge d'instruction, il est vrai, ne peut comme on l'a vu se mettre en marche que sur la réquisition du ministère public. Mais cette réquisition faite, ou bien par le seul fait de la plainte, il est saisi de l'information, et il n'est dit nulle part que le désistement du procureur du roi ait pour effet de le dessaisir. Il y aurait d'ailleurs danger, nous le croyons, à faire dépendre ainsi la continuation des procédures criminelles de la seule volonté du procureur du roi. Si donc ce dernier magistrat veut empêcher des actes ou poursuites que le juge d'instruction a ordonnés, il doit, comme dans le cas précédent, se pourvoir devant la chambre des mises en accusation.

Enfin, et c'est la dernière question que nous devons examiner, si le procureur du roi et le juge d'instruction sont également d'avis qu'il ne doit pas être donné suite à la procédure, le juge d'instruction peut-il rendre là-dessus une décision? Ce n'est pas notre sentiment. L'art. 128 indique d'abord clairement que le prévenu arrêté ne peut être mis en liberté qu'en vertu d'une ordonnance de la chambre du conseil. Mais, dans le cas même où aucune arrestation n'a été faite, le consentement du procureur du roi ne saurait affranchir le juge d'instruction de l'obligation que l'art. 127 lui impose, de rendre compte à la chambre

---

(1) V. 4 août 1820, 1·ʳ août 1822, et 10 avril 1829. La pratique est conforme à ces décisions. Seulement, dans certains tribunaux, le juge d'instruction et le procureur du roi conviennent à l'amiable de s'en rapporter, dans les cas de dissentiment, à la chambre du conseil, et cette espèce d'arbitrage a l'avantage d'entretenir le bon accord de ces deux magistrats, si nécessaire pour la sage direction des poursuites criminelles.

du conseil de toutes les affaires dont l'instruction lui a été dévolue.

De tout ce qui précède, il résulte : 1° que, hors le cas de flagrant délit, le juge d'instruction ne peut commencer régulièrement des poursuites, que sur la réquisition du procureur du roi ou sur une plainte ; 2° qu'une fois saisi par une de ces voies, il a une pleine liberté d'action, et n'est pas tenu d'obtempérer aux réquisitions du procureur du roi, sauf les cas particuliers où la loi lui en fait un devoir ; 3° que, dans le cas où il refuse d'accueillir les réquisitions du procureur du roi, celui-ci peut se pourvoir devant la chambre des mises en accusation ; 4° que la mission du juge d'instruction se borne à informer, et qu'il ne peut rendre sur le fait de la prévention aucune sentence proprement dite ; qu'il peut sans doute, quand le procureur du roi et la partie civile se taisent, et qu'aucun prévenu n'est arrêté, laisser les poursuites sommeiller, mais qu'il ne peut, même avec l'assentiment du procureur du roi, rétracter un mandat d'arrêt ni rendre une ordonnance de non-lieu, sans empiéter sur les attributions de la chambre du conseil (1).

Nous venons d'indiquer les difficultés les plus délicates que présentent les attributions des juges d'instruction. Ce qui nous reste à dire, à part le caractère et les effets du mandat de dépôt qu'il n'est pas aisé de déterminer, est d'une grande simplicité, et se rattache exclusivement à trois objets ; audition de témoins, recherche des pièces de conviction, mandats à décerner contre les prévenus. C'est dans cet ordre que les mesures à prendre et les actes à faire par le juge d'instruction sont exposés dans la loi. Ce n'est pas à dire pourtant que le juge d'instruction procède toujours ainsi. L'ordre qu'il suit varie suivant la nature de l'affaire. Tantôt les mandats contre les prévenus précèdent toute autre opération, tantôt c'est la recherche des pièces de conviction, tantôt l'audition des témoins.

---

(1) La cour de cassation a rendu plusieurs arrêts dans ce sens. Voir notamment un arrêt du 10 avril 1829. D. P. 29. 1 218.

L'existence du crime est-elle incertaine, il faut éclairer d'abord ce point par des témoignages, et si les témoignages prouvent seulement le corps du délit, sans fournir encore d'indication sur la personne du coupable, il y a lieu de rechercher ensuite, dans tous les lieux où le juge croira pouvoir en trouver, des pièces de conviction. La personne de l'auteur présumé du fait ne pouvant être connue qu'après ces recherches, les mandats n'arrivent qu'en dernier lieu.

Le corps du délit est-il certain, mais son auteur présumé est-il tout-à-fait inconnu, le transport sur les lieux est ordinairement le premier acte à faire ; puis viennent l'audition des témoins ou les mandats, suivant que le transport sur les lieux a fourni ou non des indices suffisants sur la personne des présumés coupables.

Le corps du délit enfin est-il certain et des soupçons graves s'élèvent-ils dès l'abord contre une personne déterminée, le juge s'assure d'abord de la personne du prévenu, et ce n'est qu'ensuite qu'il entend les témoins et qu'il recherche les pièces de conviction.

Ces diverses procédures enfin peuvent être entre-mêlées, et c'est même le cas le plus ordinaire. Ainsi, le juge n'ayant d'abord que des soupçons assez vagues contre une personne, aura débuté par un simple mandat de comparution ou d'amener qui n'aura pas eu de suite ; mais puis, l'audition des témoins ayant augmenté les soupçons, le juge peut décerner un nouveau mandat d'amener ou un mandat d'arrêt. Il peut aussi entendre plusieurs fois des témoins, effectuer plusieurs transports successifs.

L'ordre à suivre en un mot pour les divers actes de l'instruction, est entièrement abandonné à la prudence du magistrat instructeur, qui marche sans cesse entre deux écueils, d'une part, le danger de laisser échapper le coupable, de l'autre, celui d'employer contre des innocents des mesures préventives dont il est difficile ensuite de laver la tache. Sous ce point de vue, nous ne croyons pas qu'il y ait dans l'ordre judiciaire aucunes fonctions, qui demandent plus de sagesse et d'habileté que celles des juges d'instruction.

Quoi qu'il en soit, exposons, dans l'ordre même du Code, les règles des divers actes que les juges d'instruction ont à faire.

§ 2. *De l'audition des témoins.*

Les dispositions de la loi, relatives à l'audition des témoins, se rattachent à quatre points : quels sont les témoins qui peuvent être cités, par qui doivent-ils l'être, comment doivent-ils être entendus, comment enfin faut-il procéder à l'égard de ceux qui ne comparaissent pas ?

I. *Quels sont les témoins qui peuvent être cités ?*

L'art. 71 dispose à cet égard : « Le juge d'instruction fera citer devant lui les personnes qui auront été indiquées par la dénonciation, par la plainte, par le procureur du roi *ou autrement*, comme ayant connaissance, soit du crime ou délit, soit de ses circonstances. » Le juge d'instruction peut donc faire citer non-seulement les témoins indiqués par la partie publique ou par la partie civile, mais encore ceux indiqués par le prévenu ; car c'est principalement au prévenu que se rapportent ces mots de l'article, *ou autrement*. Mais il est de son devoir de faire citer tous les témoins indiqués par le procureur du roi, tandis qu'il ne doit faire citer, parmi ceux indiqués par la partie civile, ou par le prévenu, que ceux qu'il suppose pouvoir donner quelques renseignements sur les faits qui donnent lieu aux poursuites, car il ne doit pas dépendre de la partie civile ou du prévenu d'occasionner à l'État des frais inutiles, dont il court grand risque de n'être pas remboursé.

Comme il ne s'agit devant le juge d'instruction, que de rechercher des indices, ce juge peut, sans nul doute, faire citer les personnes que l'art. 322 du Code déclare incapables de déposer devant le jury. Les enfants, aux termes de l'art. 79, peuvent aussi être cités devant le juge d'instruction, dès qu'ils ont atteint l'âge de raison.

Quant aux princes et aux autres grands dignitaires, le

6

juge d'instruction doit se conformer aux art. 510 et suivants du Code.

II. *Comment les témoins doivent-ils être cités ?*

« Les témoins, porte l'art. 72, seront cités par un huissier ou par un agent de la force publique, à la requête du procureur du roi. » Par *agents de la force publique*, il faut entendre les gendarmes déjà désignés comme tels, et à raison du même fait, par la loi du 5 pluviôse an XIII. Il est plus avantageux pour l'Etat, de recourir à ces agents, par la raison qu'ils n'ont droit à aucune indemnité pour les significations dont ils sont chargés (T. crim. art. 72), tandis que les huissiers reçoivent un salaire.

Les huissiers ne peuvent du reste jamais instrumenter hors du canton de leur résidence, sans un mandement exprès (décret du 14 juin 1813, art. 29).

III. *Comment les témoins doivent-ils être entendus ?*

La manière dont les témoins doivent être entendus est réglée par les art. 73 et suivants. Les formalités prescrites par ces articles, ont du reste peu d'importance, puisque leur inobservation n'emporte jamais nullité; mais elle peut fournir plus tard à l'accusé, des moyens de combattre avec avantage devant le jury les dépositions des témoins qui, dans l'instruction préliminaire, auraient été entendus irrégulièrement.

Les témoins, d'après l'art. 73, doivent être entendus séparément, et hors la présence du prévenu, par le juge d'instruction assisté de son greffier.

Puisque le prévenu ne peut assister aux dépositions, la partie civile ne doit pas y assister non plus. Mais nous ne pensons pas qu'il en soit de même du procureur du roi. L'art. 80, en disposant que l'amende doit être prononcée contre le témoin défaillant sur les conclusions du procureur du roi, et l'art. 81, en ajoutant que l'amende ne peut être rétractée que sur les conclusions de ce même magistrat, supposent, ce nous semble, qu'il est présent ou du moins qu'il peut être présent aux dépositions (1).

Avant d'être entendus, les témoins doivent représenter la citation qui leur a été donnée pour déposer, et il doit en être fait mention dans le procès-verbal (art. 74). Le juge d'instruction ne doit donc entendre que les personnes qu'il a fait citer; toute personne qui se présenterait spontanément devant lui pour fournir un témoignage, serait suspecte et devrait être écartée.

« Les témoins, ajoute l'art. 75, prêteront serment de dire toute la vérité, rien que la vérité; le juge d'instruction leur demandera leurs nom, prénoms, âge, état, profession, demeure, s'ils sont domestiques, parents ou alliés des parties et à quel degré : il sera fait mention de la demande, et des réponses des témoins. » Les enfants de l'un et de l'autre sexe, au-dessous de l'âge de quinze ans, peuvent pourtant être entendus par forme de déclaration et sans prestation de serment (art. 79); mais il est loisible au juge d'instruction de leur faire prêter serment, s'il le juge convenable.

Sous l'empire de la loi du 3 brumaire an IV, les témoins entendus par le directeur du jury n'étaient point assujettis à la formalité du serment, et la cour de cassation, dans un arrêt du 3 thermidor an XI, en avait conclu qu'en cas de fausse déclaration, ces témoins ne pouvaient pas encourir les peines du faux témoignage. Nous pensons avec M. Carnot, qu'il doit en être de même aujourd'hui, quoique ces témoins soient soumis au serment. L'art. 361 du Code pénal, en effet, ne déclare coupable de faux témoignage en matière criminelle, que l'individu qui a faussement déposé, soit contre *l'accusé*, soit en sa faveur. Mais devant le juge d'instruction il n'y a pas d'accusé, puisque ce nom est exclusivement réservé au prévenu renvoyé devant la cour d'assises. Ce n'est donc que le faux témoignage devant le

_____

(1) M. Carnot, sur l'art. 73, est d'un avis contraire.

jury que l'article précité punit, et il y aurait, en effet, de graves inconvénients à ce qu'un témoin qui aurait faussement déposé devant le juge d'instruction, ne pût pas changer sa déposition devant le jury, sans s'exposer d'une manière qui semblerait inévitable aux peines du faux témoignage. Nous pensons seulement, que si la fausse déposition du témoin avait eu pour but de faire diriger des poursuites criminelles contre un innocent, le témoin pourrait encourir les peines prononcées par l'art. 373 du Code pénal, contre la dénonciation calomnieuse.

Les dépositions doivent être signées du juge, du greffier et du témoin, après que lecture en a été faite à celui-ci et qu'il a déclaré y persister ; si le témoin ne veut ou ne peut signer, il doit en être fait mention : chaque page du cahier d'information doit être signée par le juge et par le greffier (art. 76). Aucun interligne ne peut être fait, et les ratures ou renvois doivent être approuvés et signés par le juge d'instruction, par le greffier et par le témoin : les interlignes, comme aussi les ratures et renvois non approuvés, sont nuls (art. 78). Cette règle est au surplus applicable à tous les actes de la procédure criminelle (1).

Les formalités prescrites par les art. 74, 75, 76 et 78, qu'on vient d'analyser, c'est-à-dire, toutes celles relatives à la représentation de la citation, à la prestation de serment, et à la demande des noms, prénoms, etc., à la signature des dépositions et à la manière dont elles doivent être écrites, doivent être remplies, à peine de cinquante francs d'amende contre le greffier, même, s'il y a lieu, de prise à partie contre le juge d'instruction (art. 77). Le greffier encourt de plein droit l'amende, parce que c'est lui principalement qui doit veiller à la régularité matérielle des dépositions, et le receveur de l'enregistrement peut décerner contre lui une contrainte, parce que c'est le mode ordinaire suivi en matière fiscale pour le recouvrement des amendes

(1) *Cass.* 13 décembre 1838. D. P. 39. 1. 398.

résultant de contraventions matérielles. Quant au juge d'instruction, il n'est responsable qu'en cas de dol, et il ne peut être poursuivi qu'en employant les formalités prescrites, pour les prises à partie, par les art. 510 et suivants du Code de procédure.

Chaque témoin qui demande une indemnité doit être taxé par le juge d'instruction (art. 82). Il n'est donc accordé d'indemnité au témoin que sur sa demande. Cette indemnité est réglée par les art. 90 et suivants du tarif criminel du 18 juin 1811, dont quelques dispositions pourtant ont été modifiées par un décret du 7 avril 1813. Si le témoin ne peut faire l'avance des frais de son déplacement, l'art. 135 du tarif permet de lui accorder un mandat provisoire, dont il peut demander le paiement au receveur de l'enregistrement de sa localité.

IV. *Comment faut-il procéder à l'égard des témoins qui ne comparaissent pas ou qui refusent de déposer?*

L'homme n'étant créé que pour servir Dieu, doit honorer d'un culte égal tous les attributs divins, la beauté, la grandeur, la justice, la vérité. Toutes les fois donc qu'il est interpellé, il est obligé de proclamer la vérité, comme il est obligé de rendre à Dieu, quand la circonstance l'exige, un culte extérieur et solennel. Aussi la loi prononce-t-elle des peines contre les témoins qui refusent de comparaître ou de déposer.

L'art. 80 dispose en effet : « Toute personne citée pour être entendue en témoignage sera tenue de comparaître et de satisfaire à la citation : sinon, elle pourra y être contrainte par le juge d'instruction, qui, à cet effet, sur les conclusions du procureur du roi, sans autre formalité ni délai, et sans appel, prononcera une amende qui n'excèdera pas cent francs, et pourra ordonner que la personne citée sera contrainte par corps à venir donner son témoignage. »

Si le juge d'instruction suppose que le témoin n'a pas pu

comparaître, il ordonne sa réassignation sans amende : dans le cas contraire, il le condamne en outre à l'amende, et peut, suivant les circonstances, le faire comparaître de force en décernant contre lui un mandat d'amener. Mais si le témoin se présente sur la seconde citation et produit des excuses légitimes, il peut être déchargé de l'amende sur les conclusions du procureur du roi (art. 81). Si, au contraire, le juge d'instruction rejette les excuses, sa décision sur ce point ne peut être attaquée par aucune voie.

Le témoin cité qui serait exposé à être arrêté pour dettes, peut demander au juge d'instruction un sauf-conduit, qui doit être délivré dans la forme indiquée par l'art. 782 du Code de procédure.

Si c'est un état de maladie qui met le témoin hors d'état de comparaître, il doit envoyer au juge d'instruction un certificat d'un officier de santé constatant ce fait, et le juge doit alors, d'après l'art. 83, se transporter lui-même dans la demeure du témoin, s'il habite dans le canton. S'il habite hors du canton, mais dans l'arrondissement, le juge d'instruction peut encore se transporter lui-même dans sa demeure, mais il peut aussi commettre le juge de paix de la localité à l'effet de recevoir la déposition, et il doit envoyer à ce juge des notes ou instructions, pour lui indiquer sur quoi le témoin doit déposer (même art. 83). Enfin, si le témoin réside hors de l'arrondissement, c'est le juge d'instruction de son arrondissement qui doit être requis de se transporter auprès de lui; et, s'il n'habite pas le canton de ce juge, celui-ci peut, à son tour, se transporter lui-même ou commettre le juge de paix du domicile du témoin (art 84).

Dans tous les cas, le juge commis pour recevoir les dépositions, doit les envoyer closes et cachetées au juge d'instruction du tribunal saisi de l'affaire (art. 85). Si donc c'est un juge de paix d'un autre arrondissement qui a reçu la déposition, il ne doit pas employer, pour l'envoyer, l'intermédiaire du juge qui l'a nommé; cela pourrait occasionner des retards fâcheux.

Si le témoin, auprès duquel le juge s'est transporté, ne paraît pas avoir été dans l'impossibilité de se rendre sur la la citation qu'il avait reçue, le juge, même quand c'est un juge de paix, doit décerner contre lui et contre l'officier de santé qui a délivré le certificat de maladie, un mandat de dépôt. Le témoin et l'officier de santé sont ensuite condamnés par le juge d'instruction de leur arrondissement, sur la réquisition du procureur du roi, à l'amende portée en l'art. 80 (art. 86).

Si c'est un juge d'instruction qui s'est transporté chez le témoin, il peut en attendant recevoir sa déposition ; mais si c'est un juge de paix, il doit, ce semble, s'abstenir, parce qu'il n'avait reçu de délégation que pour un cas d'impossibilité qui n'existe pas. Le mandat de dépôt doit conserver son effet jusqu'à ce que la condamnation à l'amende ait été prononcée, et que le témoin ait été entendu.

Il est des cas où une personne citée en témoignage doit s'abstenir de répondre, c'est lorsqu'elle n'a eu connaissance des faits qu'à raison du ministère qu'elle remplit ou de la profession qu'elle exerce, et que ce ministère ou cette profession commandent le secret.

Mais hors ces cas, tout témoin cité devant le juge d'instruction qui refuserait de répondre, encourrait la même amende que le témoin défaillant. M. Carnot, sur l'art. 80, prétend, il est vrai, que la loi ne punit ici que le témoin qui refuse de comparaître ; mais cette allégation est inexacte. L'art. 80 porte en effet : « Toute personne citée pour être entendue en témoignage sera tenue de comparaître *et de satisfaire à la citation*, etc. » Le témoin n'est donc pas seulement tenu de comparaître, il est tenu aussi de satisfaire à la citation, c'est-à-dire, évidemment, de répondre aux questions du juge, sous les peines que l'article prononce.

§ III. — *De la recherche des pièces de conviction.*

Le juge d'instruction doit rechercher avec soin toutes les preuves matérielles du crime, pour en empêcher la destruction. L'art. 87 dispose en conséquence : « Le juge d'instruction se transportera, s'il en est requis, et pourra même se transporter d'office dans le domicile du prévenu, pour y faire la perquisition des papiers, effets, et généralement de tous les objets qui seront jugés utiles à la manifestation de la vérité. » La loi disant impérativement que le juge d'instruction *se transportera* s'il en est requis, il ne peut se refuser d'obtempérer à la réquisition qui lui serait adressée par le procureur du roi (1). Il doit aussi se rendre en ce point à la demande de la partie civile ou du prévenu, à moins que la recherche qu'ils sollicitent ne lui semble évidemment inutile.

Nous avons vu que, dans le cas de flagrant délit, le procureur du roi ne peut s'introduire que dans le domicile du prévenu ou de ses complices présumés. Quant au juge d'instruction, la loi, comptant sur son extrême prudence, lui permet de pénétrer, s'il le croit utile, dans le domicile d'un tiers. L'art. 88 dispose en effet : « Le juge d'instruction pourra pareillement se transporter dans les autres lieux, où il présumerait qu'on aurait caché les objets dont il est parlé dans l'article précédent. » Mais ici la disposition de la loi est purement facultative, d'où il résulte que le juge d'instruction n'est pas obligé d'accueillir les conclusions du procureur du roi, tendant à faire faire des perquisitions chez un tiers.

L'art. 89 ajoute : « Les dispositions des art. 35, 36, 37, 38 et 39, concernant la saisie des objets dont la perquisition peut être faite par le procureur du roi, dans les cas de flagrant délit, sont communes aux juges d'instruction. » Les articles cités sont relatifs aux précautions à prendre pour la conservation des objets saisis, et au droit du prévenu d'assister en personne ou par procureur fondé aux opérations : ils ont été expliqués précédemment.

Si les papiers ou les effets dont il y a lieu de faire la perquisition sont hors de l'arrondissement du juge d'instruc-

_____

(1) *Cass.* 30 septembre 1826. D. P. 27. 1. 27.

tion, il doit requérir le juge d'instruction du lieu où l'on peut les trouver, de procéder à leur recherche (art. 90). Mais la recherche des pièces de conviction étant une opération beaucoup plus importante et plus délicate que l'audition d'un témoin malade ou éloigné, le juge d'instruction, saisi de la poursuite, pas plus que le juge d'instruction requis dans le cas de l'art. 90, ne peut, lors même que l'opération doit se faire hors de son canton, déléguer pour cela un juge de paix (1).

Toutes les fois que le juge d'instruction se transporte sur les lieux, il doit, aux termes de l'art. 62, être accompagné, non-seulement du greffier ou d'un commis-greffier, mais encore du procureur du roi, à part le cas de flagrant délit. Ce dernier magistrat peut avoir, en effet, à signaler bien des mesures utiles. Aussi, faut-il décider sans hésitation que le juge d'instruction, requis dans le cas de l'art. 90, doit, aussi bien que celui saisi de la poursuite, être assisté du procureur du roi. Si toutefois celui-ci a été prévenu assez tôt du jour du transport, et qu'il ait manqué de se rendre, le juge d'instruction peut procéder en son absence.

Il résulte aussi de la combinaison des art. 39 et 89 que le prévenu peut, comme on l'a fait déjà remarquer pour le cas de flagrant délit, assister aux opérations par lui-même ou par un fondé de pouvoir. Il peut donc demander d'être extrait de la prison pour être conduit sur les lieux, au moins quand l'opération doit se faire dans l'arrondissement où il est détenu ; car si elle doit avoir lieu dans un autre arrondissement, nous penserions qu'à raison des difficultés et des dangers de la translation, le prévenu devrait être réputé dans l'impossibilité d'y assister en personne.

§ IV. — *Des mandats à décerner contre les inculpés.*

Vainement aurait-on réuni toutes les pièces de convic-

____

(1) Carnot, sur l'art. 90. — *Contrà* , Cass. 6 mars 1841. D. P. 41. 1. 395.

tion, si le coupable pouvait échapper par la fuite aux peines qu'il a encourues. Le juge d'instruction doit donc prendre les mesures nécessaires, pour empêcher la disparition des inculpés qu'il soupçonne d'avoir participé au crime; c'est l'objet des mandats que la loi l'autorise à décerner.

On distingue quatre espèces de mandats: le mandat de comparution, celui d'amener, celui de dépôt, et celui d'arrêt.

Le *mandat de comparution* n'est employé que dans les matières correctionnelles; c'est une simple citation qui n'est accompagnée d'aucun moyen coercitif.

Le *mandat d'amener*, comme le mot l'indique, est celui par lequel le juge d'instruction enjoint à l'agent chargé de le signifier, d'amener l'inculpé devant lui en l'y contraignant au besoin par la force.

Le *mandat de dépôt* est celui par lequel le juge d'instruction ordonne que le prévenu sera déposé provisoirement dans la maison d'arrêt, jusqu'à ce qu'il ait détruit par ses explications les soupçons élevés contre lui.

Le *mandat d'arrêt* enfin, est celui par lequel le prévenu qui n'a pu parvenir à se disculper entièrement, est écroué dans la maison d'arrêt, jusqu'à ce qu'une ordonnance de non-lieu de la chambre du conseil, ou un arrêt de non-lieu de la chambre des mises en accusation, ou une décision favorable de la cour d'assises, vienne lui rendre la liberté.

Il est aisé de voir par là, que le mandat de comparution est le plus doux, que le mandat d'amener est plus rigoureux, celui de dépôt plus rigoureux encore, et qu'enfin le mandat d'arrêt est le plus redoutable.

Ces mandats ont des règles communes et des règles particulières à chacun d'eux. Exposons d'abord les premières.

Il ne peut être décerné aucun mandat pour les matières de simple police, excepté contre les témoins défaillants (1).

Tous les mandats doivent être datés: la loi ne s'en explique pas, mais c'est la règle générale pour tous les actes.

_____

(1) *Cass.* 19 avril 1806. Dal., *Répertoire*, t. 9, p. 513.

Ils doivent tous aussi être signés par celui qui les a décernés et munis de son sceau : le prévenu doit y être nommé ou désigné le plus clairement possible (art. 95 et 96).

Si les noms du prévenu, sa profession et sa demeure sont connus, cette désignation est évidemment la meilleure ; mais on peut également procéder contre un inconnu, dont on a un signalement assez précis pour qu'il soit aisé de le reconnaître. Si on ne peut pas donner un signalement pareil, il faut, avant de décerner aucun mandat, prendre de plus amples informations, et c'est avec raison que la cour de cassation annula une procédure dirigée contre des *quidams*, chasseurs ou dragons, auteurs de certaines voies de fait (1). Des mandats aussi vagues pourraient occasionner l'arrestation des citoyens les plus honorables.

Les mandats doivent être notifiés par un huissier ou par un agent de la force publique, c'est-à-dire, par un gendarme : ils doivent être exhibés au prévenu, à qui il doit en être laissé copie, quand même il serait déjà détenu (art. 97). Ils sont exécutoires dans toute l'étendue du royaume (art. 98), et sont seulement soumis, en certains cas, à des visa de la part de certains officiers de police judiciaire de la localité, ainsi qu'on le verra bientôt.

L'inobservation des formalités communes ou spéciales aux divers mandats, est toujours punie d'une amende de cinquante francs, au moins, contre le greffier ; et, s'il y a lieu, d'injonctions au juge d'instruction et au procureur du roi, même de prise à partie s'il y échet (art. 112). Mais, outre ces peines, l'inobservation de quelque formalité essentielle peut vicier complètement le mandat ; et, suivant les cas, autoriser la résistance du prévenu, ou le refus de quelque officier de police judiciaire d'apposer son visa, ou le refus du geôlier de recevoir la personne arrêtée dans la maison d'arrêt (2). On doit ranger parmi les formalités essentielles la signature du juge et l'apposition du sceau.

---

(1) Arrêt du 9 pluviôse an X. S. 2. 2. 378.
(2) V. Dictionnaire de M. A. Dalloz, vᵒ *Mandat d'exécution*, n. 67 et 69.

Passons maintenant aux règles spéciales à chaque mandat.

I. — *Du mandat de comparution.*

Quand un citoyen domicilié n'est prévenu que d'un délit, il n'est guère à présumer que la seule crainte d'une peine correctionnelle, suffise pour lui faire abandonner sa famille et ses affaires. Voilà pourquoi l'art. 91 autorise le juge d'instruction à ne décerner qu'un mandat de comparution, lorsque ces deux conditions sont réunies, c'est-à-dire, que le prévenu est domicilié, et qu'il s'agit seulement d'une matière correctionnelle; car l'une ou l'autre venant à manquer, il faut procéder par mandat d'amener.

Le mandat de comparution, avons-nous dit, est une simple citation. Il n'autorise donc jamais l'emploi de la force, et l'inculpé se transporte librement devant le juge d'instruction; mais si l'inculpé fait défaut, il doit être décerné contre lui un mandat d'amener, parce que ce défaut rend sa culpabilité plus probable (art. 91). S'il comparaît, le juge d'instruction l'interroge; et si l'interrogatoire n'augmente pas les soupçons, le juge le laisse en liberté. Dans le cas contraire, le juge, aux termes du même art. 91, peut convertir le mandat de comparution *en tel autre mandat qu'il appartiendra*, c'est-à-dire, en mandat de dépôt ou en mandat d'arrêt, car il n'y a jamais lieu de décerner un mandat d'amener contre un prévenu présent.

Le mandat de comparution doit naturellement indiquer le jour et l'heure où l'inculpé sera entendu. Celui-ci doit donc être interrogé à l'heure marquée (art. 93); et quand cette heure est pleinement écoulée, il est en droit de se retirer sans qu'on puisse le considérer comme défaillant, c'est-à-dire, que si le juge d'instruction n'a pas entendu abandonner la poursuite, il doit se borner à décerner un second mandat de comparution.

II. — *Du mandat d'amener.*

Toutes les fois qu'il s'agit d'un fait de nature à entraîner une peine afflictive ou infamante, c'est-à-dire, d'un crime, le juge d'instruction ne doit pas se borner à un mandat de comparution, car cet avertissement serait presque toujours le signal de la fuite du coupable. Il faut donc s'assurer, tout d'abord, de la personne de l'inculpé, en lançant contre lui un mandat d'amener.

L'art. 91 dit qu'en pareil cas, il doit être décerné mandat d'amener contre toute personne, *de quelque qualité qu'elle soit*, ce qui veut dire seulement qu'il n'y a ici nulle distinction à faire entre les inculpés domiciliés et ceux qui ne le sont pas; car l'art. 91 ne déroge, ni aux règles constitutionnelles relatives à l'inviolabilité, sauf certaines restrictions, de la personne des ministres, des pairs, ou des députés, ni à l'art. 75 de la constitution de l'an 8, qui ne permet de poursuivre les agents du gouvernement qu'après une autorisation préalable du Conseil d'Etat, ni aux prérogatives accordées aux membres de l'ordre judiciaire par les art. 479 et suiv. du Code (1).

« Il peut aussi, ajoute l'art. 92, être décerné des mandats d'amener contre les témoins qui refusent de comparaître sur la citation à eux donnée, conformément à l'art. 80, et sans préjudice de l'amende portée en cet article. » Mais il faut sous-entendre pareillement ici, que ce mode coercitif ne peut être employé contre le témoin, qu'autant que la dignité dont il est revêtu n'y fait pas obstacle.

Le porteur du mandat d'amener ne doit pas s'entourer, tout d'abord, de la force publique. Cet appareil, que la loi n'autorise pas, l'exposerait aux peines prononcées par l'art. 198 du Code pénal, contre tout exécuteur de mandements de justice qui emploie des violences inutiles, et de plus à des dommages vis-à-vis de l'inculpé qui serait reconnu innocent.

Le porteur du mandat ne peut pas non plus employer

---

(1) Ces inviolabilités ou prérogatives souffrent, en général, exception dans les cas de flagrant délit.

sur-le-champ contre le prévenu des mesures de rigueur. Ce n'est que lorsque celui-ci refuse d'obéir, ou qu'après avoir déclaré qu'il est prêt à obéir, il tenterait de s'évader, qu'il doit être contraint (art. 99). Le porteur du mandat, ajoute l'article, peut alors, au besoin, employer la force publique du lieu le plus voisin, qui est tenue de marcher sur la réquisition contenue dans le mandat.

Tout individu saisi en vertu d'un mandat d'amener, doit régulièrement être conduit devant l'officier qui a délivré le mandat, et, d'après l'art. 4 du tarif criminel, il doit être conduit à pied par la gendarmerie, de brigade en brigade, à moins qu'il ne soit dans l'impossibilité de marcher ou qu'il ne prenne une voiture à ses frais.

On sent qu'une manière aussi triste de voyager peut devenir d'une rigueur extrême, quand le prévenu est saisi à une grande distance, et qu'il aurait, pour se présenter devant le juge qui a décerné le mandat, un long espace à parcourir. Aussi la loi autorise-t-elle en cas pareil une exception à la règle, en faveur des inculpés contre lesquels ne s'élèvent pas des indices frappants de culpabilité.

« Néanmoins, porte l'art. 100, lorsqu'après plus de deux jours, depuis la date du mandat d'amener, le prévenu aura été trouvé hors de l'arrondissement de l'officier qui a délivré ce mandat, et à une distance de plus de cinq myriamètres du domicile de cet officier, ce prévenu pourra n'être pas contraint de se rendre au mandat ; mais alors le procureur du roi de l'arrondissement où il aura été trouvé, et devant lequel il sera conduit, décernera un mandat de dépôt en vertu duquel il sera retenu dans la maison d'arrêt. — Le mandat d'amener devra être pleinement exécuté, si le prévenu a été trouvé muni d'effets, de papiers, ou d'instruments, qui feront présumer qu'il est auteur ou complice du délit pour raison duquel il est recherché, quels que soient le délai et la distance dans lesquels il aura été trouvé. »

Il faut donc, pour appliquer l'exception dont parle l'art. 100, la réunion de quatre conditions : 1° que le prévenu soit saisi hors de l'arrondissement ; 2° qu'il soit saisi à plus de cinq myriamètres ; 3° qu'il soit arrêté plus de deux jours depuis la date du mandat, car s'il l'est plutôt, il est naturel de penser qu'il était en fuite, ce qui augmente les soupçons de culpabilité qui planent sur lui ; 4° enfin qu'il ne soit porteur d'aucun objet qui fasse présumer qu'il a pris part au crime.

Du reste, dans le cas même où ces conditions se trouvent réunies, le prévenu peut encore demander à être conduit devant l'officier qui a délivré le mandat, s'il espère se disculper facilement devant lui : il ne doit être conduit devant le procureur du roi et déposé dans la maison d'arrêt de l'arrondissement où il se trouve, qu'autant qu'il en manifeste ou qu'on lui en suppose le désir. En ce dernier cas, le procureur du roi qui a délivré le mandat de dépôt, doit, dans les vingt-quatre heures, en donner avis, et transmettre les procès-verbaux, s'il en a été dressé, à l'officier qui a décerné le mandat d'amener (art. 101).

Si l'officier qui a lancé le mandat n'est pas un juge d'instruction, car il arrive quelquefois, notamment dans le cas de flagrant délit, que des mandats d'amener sont décernés par le procureur du roi ou par des officiers de police auxiliaires, cet officier doit communiquer à son tour l'avis et transmettre les pièces qu'il a reçues, dans un pareil délai de vingt-quatre heures, au juge d'instruction près duquel il exerce (art. 102). « Ce juge, ajoute l'article, se conformera aux dispositions de l'art. 90. »

L'art. 90 dispose, comme on l'a vu précédemment, que si les effets dont il y a lieu de faire perquisition sont hors de l'arrondissement du juge d'instruction, ce magistrat doit requérir le juge d'instruction du lieu où l'on peut les trouver, de procéder à leur recherche. Quelques auteurs ont supposé que l'art. 90 avait été indiqué ici par erreur : c'est une supposition dont rien ne prouve l'exactitude. Le renvoi à l'art. 90 paraît au contraire utile, pour indiquer que le juge d'instruction du lieu où le prévenu a été déposé, ne doit procéder à son interrogatoire, qu'après avoir reçu toutes les pièces relatives au délit, tant de la part du juge d'instruction qui doit faire des recherches en vertu de la réquisition, que de la part de celui qui avait été le premier saisi.

L'art. 103 dispose en effet : « Le juge d'instruction, saisi de l'affaire directement, ou par renvoi en exécution de l'art. 90, transmettra sous cachet au juge d'instruction du lieu où le prévenu a été trouvé, les pièces, notes et renseignements relatifs au délit, afin de faire subir l'interrogatoire à ce prévenu. — Toutes les pièces seront ensuite également renvoyées, avec l'interrogatoire, au juge saisi de l'affaire. »

Ce texte prouve, du reste, que le juge d'instruction, premier saisi, ne peut pas ordonner immédiatement que le prévenu sera amené devant lui, et que le premier interrogatoire doit toujours être subi devant le juge de l'arrondissement où le prévenu a été arrêté.

Mais, dès que le juge d'instruction premier saisi a lu cet interrogatoire, il a un moyen légal de faire transférer le prévenu dans la maison d'arrêt de son arrondissement pour lui en faire subir, s'il le juge à propos, un nouveau : il n'a pour cela qu'à lancer contre lui un mandat d'arrêt dans lequel il indiquera cette translation. L'art. 104 porte en effet que si, dans le cours de l'instruction, le juge saisi de l'affaire décerne un mandat d'arrêt, il peut ordonner par ce mandat que le prévenu sera transféré dans la maison d'arrêt du lieu où se fait l'instruction. Mais il faut que l'ordre soit exprès : sinon, le prévenu doit rester dans la maison d'arrêt où il a été déposé, jusqu'à ce qu'il ait été statué sur son sort par la chambre du conseil (art. 104).

« Si le prévenu contre lequel il a été décerné un mandat d'amener ne peut être trouvé, porte l'art. 105, ce mandat sera exhibé au maire ou à l'adjoint, ou au commissaire de police de la commune de la résidence du prévenu. — Le maire, l'adjoint, ou le commissaire de police, mettra son visa sur l'original de l'acte de notification. »

Le porteur du mandat peut s'adresser indifféremment au maire, ou à l'adjoint, ou au commissaire de police, la loi ne disant pas qu'il doit s'adresser au premier avant de passer au second, et au second avant d'aller chez le troisième. La loi veut qu'il parle à l'un de ces trois fonctionnaires, parce qu'il peut en obtenir des indications utiles sur le lieu où se trouve le prévenu; et si celui à qui le visa est demandé, est convaincu que le porteur du mandat n'a pas cherché à exécuter sa mission, il doit refuser ce visa : il devrait même, s'il supposait quelque fraude, en avertir le procureur du roi.

III. *Du mandat de dépôt.*

Des quatre mandats que reconnaît la loi, celui de dépôt est le plus difficile à caractériser. Le Code, en effet, contient seulement quelques exemples de cas où ce mandat doit être décerné, mais il n'indique pas s'il est d'autres circonstances où on puisse l'employer, et nulle part il n'exprime en quoi ses effets diffèrent de ceux du mandat d'arrêt. Il importe donc de rechercher avec soin les principes qui le régissent.

Ce serait, d'abord, une erreur de penser que le mandat de dépôt ne peut être employé taxativement, que dans les cas où la loi l'a formellement autorisé (1). Il y a lieu évidemment de le décerner, toutes les fois qu'un individu en état de mandat d'amener, doit rester sous la main de la justice, sans pourtant qu'un mandat d'arrêt puisse encore être lancé contre lui; et ce cas peut se réaliser fréquemment.

L'art. 94 dispose, en effet, que le mandat d'arrêt ne peut être décerné, que lorsque le prévenu a été entendu et que le procureur du roi a donné ses conclusions. Mais, d'une part, il peut se faire que le prévenu, pour cause d'extrême fatigue, de saisissement ou de maladie, soit dans l'impossibilité de subir un interrogatoire dans les vingt-quatre heures

---

(1) Ces cas particuliers sont indiqués dans les art. 86, 193, 248 et 486.

7

de l'exécution du mandat d'amener ; et, d'autre part, la procédure peut n'avoir pas été communiquée encore au procureur du roi, qui, d'après l'art. 61, a trois jours pour en prendre connaissance.

Que faire alors ? Prolonger l'effet du mandat d'amener au-delà de vingt-quatre heures, ce serait illégal : décerner immédiatement le mandat d'arrêt, est chose impossible : relâcher le prévenu, ce serait presque toujours se mettre dans l'impossibilité de le ressaisir. Il faut donc nécessairement recourir au mandat de dépôt, qui seul peut autoriser le geôlier de la maison d'arrêt à recevoir et à garder le prévenu.

Le mandat de dépôt n'est donc qu'une mesure provisoire, une sorte de passage, souvent nécessaire, du mandat d'amener au mandat d'arrêt.

Mais quelle utilité, peut-on dire, y a-t-il à distinguer le mandat de dépôt du mandat d'arrêt, puisque, dans les deux cas, c'est dans la maison d'arrêt que le prévenu doit être détenu ? Cette utilité existe sous plus d'un rapport.

La présomption d'innocence est d'abord plus forte à l'égard du prévenu qui est seulement en état de mandat de dépôt, qu'à l'égard de celui qui est sous le coup d'un mandat d'arrêt. Il est dès-lors certainement dans le vœu de la loi que le premier, dans l'intérieur de la maison d'arrêt, soit traité avec plus de ménagements que le second ; et, d'un autre côté, si le mandat de dépôt n'a pas été converti ultérieurement en mandat d'arrêt, la détention du prévenu forme un préjugé moins défavorable pour lui, quand la chambre du conseil ou celle des mises en accusation sont appelées à statuer sur son sort.

Mais cette première différence entre les deux mandats n'est pas la principale, et il faut même reconnaître qu'on n'y fait guère, quoiqu'à tort, aucune attention dans la pratique. Nous pensons donc qu'il en existe une autre bien plus importante, qui n'est pas écrite formellement dans la loi, mais qui s'induit suffisamment de son esprit et de l'ensemble de ses dispositions,

Quand le mandat d'arrêt a été décerné, le prévenu, comme on l'a dit ailleurs, ne peut plus être mis en liberté qu'en vertu d'une ordonnance de non-lieu de la chambre du conseil, ou d'un arrêt favorable de la chambre des mises en accusation. Le juge d'instruction ne peut pas, de sa seule autorité, anéantir les effets de ce mandat, quand même le procureur du roi y consentirait. Quant au mandat de dépôt, nous croyons, au contraire, que le juge d'instruction peut le mettre à néant, dès que le prévenu s'est à ses yeux suffisamment justifié.

Nous fondons cette doctrine sur trois raisons principales. La première, c'est la nature du mandat de dépôt dont le nom même indique une mesure transitoire, c'est-à-dire, une sorte de moyen terme entre l'arrestation proprement dite et la mise en liberté. La seconde, c'est que le juge d'instruction pouvant, d'après l'art. 61, décerner le mandat de dépôt avant d'avoir communiqué la procédure au procureur du roi, il est juste qu'il puisse, quand il a pris l'avis de ce dernier magistrat, rétracter sur-le-champ une mesure qu'il avait prise peut-être sans motifs assez sérieux. La troisième enfin, est un argument puissant qui s'induit de la combinaison de l'art. 93 avec l'art. 100.

Il s'agit, comme on sait, dans l'art. 100, d'un prévenu saisi hors de l'arrondissement du juge d'instruction qui a décerné le mandat d'amener, et à plus de cinq myriamètres; et ce prévenu, comme on l'a vu, peut en général, à son choix, se faire conduire devant le juge qui a décerné le mandat, ou rester en état de mandat de dépôt dans la maison d'arrêt de l'arrondissement où il a été trouvé. S'il opte pour le premier parti, le juge qui a décerné le mandat ne doit y donner aucune suite quand le prévenu parvient à se disculper, et celui-ci recouvre aussitôt sa liberté. Pourquoi donc, quand le prévenu a mieux aimé rester, en attendant, dans la maison d'arrêt du lieu où il a été saisi, pourquoi, si son interrogatoire l'a entièrement disculpé, le juge qui a donné lieu à sa détention, ne pourrait-il pas le rendre immédiatement à la liberté? Il serait impossible de l'expliquer, et il impliquerait qu'une mesure qui n'est autorisée que dans l'intérêt du prévenu dût, en cas pareil, tourner nécessairement à son détriment.

Si la différence qu'on vient d'indiquer est fondée, on voit combien les juges d'instruction de certains tribunaux ont tort d'employer indifféremment le mandat de dépôt ou le mandat d'arrêt.

Quant au mode d'exécution, le mandat de dépôt ne diffère plus du mandat d'arrêt. Il autorise l'emploi immédiat de la force publique (art. 108), et il oblige le gardien de la maison d'arrêt à recevoir le prévenu (art. 111). Nous reviendrons sur ces points, en parlant du mandat d'arrêt.

L'art. 98 contient aussi une disposition, commune au mandat de dépôt et à celui d'arrêt. Il veut que le prévenu saisi hors de l'arrondissement de l'officier qui a délivré l'un de ces mandats, soit conduit devant le juge de paix ou son suppléant, et à leur défaut, devant le maire, ou l'adjoint du maire, ou le commissaire de police du lieu, qui doit viser le mandat après s'être assuré de l'identité du prévenu. Cet article pourtant ne peut être que d'une application bien rare pour le mandat de dépôt ; car ce mandat n'est en général décerné que contre des prévenus présents, et c'est pour ce motif sans doute, que l'art. 71 du tarif criminel n'accorde aux huissiers chargés de son exécution, qu'un salaire inférieur, non-seulement à celui que procure le mandat d'arrêt, mais encore à celui du mandat d'amener. Il peut arriver cependant quelquefois, notamment dans les cas prévus par les art. 86 et 193 du Code, que l'individu contre lequel le mandat de dépôt est décerné ne soit pas présent, et c'est dans ces cas que l'art. 98 doit être appliqué.

IV. — *Du mandat d'arrêt.*

Le mandat d'arrêt ne doit atteindre que l'individu sur lequel planent de graves soupçons, et il est, à raison de sa rigueur, soumis à plusieurs règles particulières.

1° Il ne peut, d'après l'art. 94, être décerné qu'*après que le procureur du roi a été ouï* ; car , quoique le procureur du roi puisse à notre avis assister aux interrogatoires (1), il est évident pourtant que ce n'est pas pour lui une obligation , et qu'il peut s'en tenir à des conclusions écrites. Il est à propos, dans tous les cas, d'exprimer dans le mandat même qu'il a été entendu.

2° En règle générale, le mandat d'arrêt ne peut non plus être décerné qu'après l'interrogatoire du prévenu. « Le juge d'instruction, porte l'art. 94 , pourra, *après avoir entendu les prévenus*, décerner, etc. » Cette règle pourtant n'est applicable que lorsque le prévenu a obéi au mandat d'amener; car s'il s'est soustrait à ce dernier mandat, il mérite certainement moins de faveur que le prévenu qui s'y est soumis, et il peut dès-lors, comme l'art. 109 le suppose manifestement, être contraint par mandat d'arrêt. L'art. 94 doit donc être entendu en ce sens seulement que le mandat d'amener doit précéder le mandat d'arrêt.

3° Outre les formalités communes à tous les mandats, celui d'arrêt, aux termes de l'art. 96 , doit contenir de plus, l'énonciation du fait pour lequel il est décerné, et la citation de la loi qui déclare que ce fait est un crime ou un délit (2).

Quoique le prévenu soit déjà détenu , il doit lui être laissé copie du mandat d'arrêt (art. 97). S'il n'est pas encore saisi, l'officier chargé de l'exécution du mandat doit se faire accompagner d'une force suffisante pour qu'il ne puisse se

---

(1) M. Bourguignon , sur l'art. 93 , et M. Dalloz aîné , *Répertoire* , t. 9 , p. 502 , n. 11 , sont d'un avis contraire. L'ordonnance de 1670 , dans l'art. 6 du tit. 14 , défendait , il est vrai , aux procureurs du roi , d'assister aux interrogatoires; mais alors l'interrogatoire était beaucoup plus important qu'aujourd'hui, puisqu'il n'y avait pas de débats publics, et c'est apparemment à raison de cette différence, que les auteurs du Code d'instruction criminelle n'ont pas reproduit la disposition de l'ordonnance , qui ne leur était certainement pas inconnue.

(2) Cette indication est substantielle , et son omission rend le mandat nul. *Cass.* 5 sept. 1817. S. 17. 1. 329.

soustraire à la loi. Cette force doit être prise dans le lieu le plus à portée de celui où le mandat doit s'exécuter, et elle est tenue de marcher sur la réquisition directement faite au commandant, et contenue dans le mandat (art. 108).

Le prévenu doit être conduit sans délai dans la maison d'arrêt indiquée par le mandat (art. 110); et si le mandat ne contient à cet égard aucune désignation, dans celle de l'arrondissement où il a été trouvé, jusqu'à ce que la chambre du conseil ait statué sur son sort (anal. de l'art. 104).

Toutes les fois du reste qu'une personne est arrêtée hors de l'arrondissement du juge qui a lancé le mandat, elle doit, avant tout, être conduite devant le juge de paix ou son suppléant, et à leur défaut, devant le maire, ou l'adjoint du maire, ou le commissaire de police du lieu, lequel, dit l'art. 98, visera le mandat *sans pouvoir en empêcher l'exécution.*

Ces précautions sont commandées par la loi, pour empêcher toute méprise. Le magistrat à qui le visa est demandé doit donc le refuser, quand il est convaincu que le porteur du mandat s'est mépris. Il doit le refuser aussi, si le mandat lui paraît contenir dans la forme quelque vice substantiel. La défense que l'art. 98 fait à ce magistrat, *d'empêcher l'exécution du mandat,* ne peut s'entendre qu'en ce sens qu'il ne peut jamais ordonner le relaxe du prévenu, sous le prétexte qu'il a été incriminé sans motif. Interpréter autrement l'art. 98, ce serait faire du visa qu'il exige une formalité complètement inutile.

Dès que l'exécuteur du mandat a conduit le prévenu à la maison d'arrêt, il le remet au geôlier qui doit lui en donner décharge. Il porte ensuite au greffe du tribunal correctionnel les pièces relatives à l'arrestation, et en prend une reconnaissance; puis, il exhibe ces décharge et reconnaissance au juge d'instruction, qui doit mettre sur l'une et sur l'autre son vu, daté et signé (art. 111). Ces formalités ont pour but de prouver l'accomplissement fidèle du mandat, et de mettre le juge d'instruction à même d'interroger le prévenu le plutôt possible.

Si le prévenu ne peut être saisi, le mandat d'arrêt doit être notifié à sa dernière habitation, et il doit être dressé un procès-verbal de perquisition, en présence des deux plus proches voisins du prévenu, que le porteur du mandat peut trouver. Ces voisins doivent signer le procès-verbal, ou, s'ils ne savent ou ne veulent pas signer, il doit en être fait mention ainsi que de l'interpellation qui leur a été faite. Le porteur du mandat fait ensuite viser son procès-verbal par le juge de paix ou son suppléant, ou, à leur défaut, par le maire, l'adjoint, ou le commissaire de police du lieu, et lui en laisse copie. Le mandat d'arrêt et le procès-verbal sont ensuite remis au greffe du tribunal (art. 109).

Toutes ces formalités tendent à constater que l'exécution du mandat d'arrêt a été réellement impossible.

L'art. 77 du tarif criminel impose à l'huissier chargé de l'exécution du mandat, une autre obligation; c'est d'adresser une copie en forme du mandat au commandant de la gendarmerie, et à Paris au préfet de police, lesquels doivent donner aussitôt à leurs subordonnés l'ordre d'assister l'huissier dans ses recherches, et de l'aider de leurs renseignements.

Le même article porte dans sa disposition finale : « Lorsque des gendarmes ou agents de police, *porteurs de mandements de justice*, viendront à découvrir, hors de la présence des huissiers, les prévenus, accusés ou condamnés, ils les arrêteront, et les conduiront devant le magistrat compétent; et dans ce cas le droit de capture leur sera dévolu ».

Il résulte de ce texte que les gendarmes et les agents de police ne peuvent en général procéder à une arrestation, qu'autant qu'ils sont porteurs de *mandements de justice*. Mais ce principe reçoit exception, 1° à l'égard de tout individu qui voyage hors de son département sans être muni d'un passeport régulier; 2° à l'égard de tout prévenu poursuivi par la clameur publique (art. 106), et l'on doit considérer comme tel, tout prévenu qui s'est enfui de son domicile, et dont l'autorité judiciaire ou administrative a fait parvenir aux gendarmes ou agents de police le signalement, quand même ce prévenu serait porteur d'un passeport en bonne forme. Le prévenu, en ce dernier cas, doit, conformément à l'art. 106, être conduit devant le procureur du roi, qui ordonne son dépôt dans la maison d'arrêt du lieu, en attendant qu'un mandat d'arrêt régulier autorise, s'il y échet, sa translation.

§ V. — *Des mesures non prévues par la loi que le juge d'instruction peut ordonner, et des monitoires.*

Quand le juge d'instruction a entendu les témoins, qu'il a recherché et saisi les pièces de conviction, et qu'il a interrogé le prévenu ou que celui-ci a échappé à toutes ses recherches, son rôle de magistrat instructeur est en général fini, et il n'a plus qu'à rendre compte à la chambre du conseil, ainsi qu'il sera expliqué dans le chapitre suivant. Ce n'est pas à dire toutefois que sa mission soit bornée aux actes dont la loi a tracé les règles. Il est de principe, au contraire, que le juge d'instruction peut prescrire toutes les mesures qu'il juge utiles pour l'information, quand aucun texte spécial n'y fait obstacle.

Dans le cas d'empoisonnement présumé, par exemple, le juge d'instruction peut ordonner l'exhumation du cadavre pour le faire examiner par des gens de l'art, quoique la terre ait reçu depuis long-temps le cercueil de l'infortuné qu'on suppose avoir péri par le poison.

En matière de faux, il peut enjoindre au prévenu de faire un corps d'écriture (1).

Il peut aussi faire mettre le prévenu au secret, c'est-à-dire, défendre qu'il communique avec personne. Les juges d'instruction ne doivent pourtant prescrire cette mesure que pour des motifs graves, et une circulaire du garde-des-sceaux, du 10 février 1819, leur recommande de faire connaître sans retard ces motifs à la chambre du conseil.

---

(1) Cass. 31 mars 1831. D. P. 31. 1. 190.

D'un autre côté, le juge d'instruction, dans l'intérêt d'un prévenu qui n'aurait point de quoi couvrir sa nudité et de quoi faire face aux frais de sa défense, peut ordonner qu'une partie des effets ou de l'argent saisis sur sa personne ou à son domicile lui soit rendue, si ces objets ne paraissent pas avoir d'importance comme pièces de conviction, et semblent appartenir au prévenu.

Il serait inutile de multiplier les exemples de ce pouvoir discrétionnaire, qu'exerce le juge d'instruction dans tous les cas que la loi n'a point prévus.

Mais, ce juge peut-il, comme cela se pratiquait autrefois, ordonner un *monitoire ?* — Dans l'ancienne jurisprudence, on désignait sous ce nom un mandement de l'official adressé à un curé, pour avertir tous les fidèles de venir à révélation sur les faits y mentionnés, sous peine d'excommunication ; et l'official qui refusait de délivrer le monitoire, ou le curé qui refusait de le publier, pouvaient y être contraints par la saisie de leur temporel.

Que l'autorité séculière puisse encore avoir recours à ce levier puissant que fournit la religion sur les âmes croyantes, quand l'autorité ecclésiastique consent à lui prêter son concours, c'est ce qui nous semble tout-à-fait licite. Mais, si l'autorité ecclésiastique refuse, il n'y a aucun moyen de la contraindre. Depuis que l'Eglise est entièrement séparée de l'Etat, le prêtre, dans le temple, ne doit jamais parler qu'au nom de Dieu, et aucun magistrat ne peut lui intimer des ordres au nom de la loi (1).

CHAPITRE IV.

Des ordonnances de la chambre du conseil.

Nous allons exposer d'abord les attributions de la chambre

---

(1) M. Bourguignon, sur l'art. 90, cite un décret du 10 septembre 1806, comme ayant rétabli les monitoires ; mais ce décret, qui n'a pas été inséré au bulletin des lois, ne saurait par là même avoir aucune autorité.

du conseil ; nous verrons ensuite la manière dont peuvent être attaquées ses ordonnances.

§ I. — *Des attributions de la chambre du conseil.*

« Le juge d'instruction, porte l'art. 127, sera tenu de rendre compte, au moins une fois par semaine, des affaires dont l'instruction lui est dévolue. — Le compte sera rendu à la chambre du conseil, composée de trois juges au moins, y compris le juge d'instruction ; communication préalablement donnée au procureur du roi, pour être par lui requis ce qu'il appartiendra. »

Dans les tribunaux civils qui n'ont qu'une chambre, c'est le tribunal tout entier qui constitue la chambre du conseil. Dans ceux qui ont plusieurs chambres, ces attributions sont dévolues à l'une des chambres, et en général à une chambre civile, de préférence à la chambre correctionnelle. Il peut se faire, en effet, que le prévenu ne soit poursuivi que pour un délit, et qu'alors il doive être renvoyé devant la chambre correctionnelle. Or, quoiqu'en principe, comme on le verra dans la suite, les mêmes juges qui ont connu de la prévention en chambre du conseil, puissent ensuite juger le délit, il est plus convenable toutefois, autant que cela peut se faire, que ce soient des juges différents.

Quand il n'y a pas un assez grand nombre de juges pour constituer la chambre du conseil, on appelle des suppléants.

A prendre l'art. 127 à la lettre, il semblerait que le juge d'instruction devrait, toutes les semaines, entretenir la chambre du conseil de l'état de chaque affaire dont l'instruction lui est dévolue. Tel n'est pas pourtant le sens de la loi, et la rubrique même du chapitre IX du livre 1er du Code, indique clairement que le juge d'instruction n'est obligé de faire son rapport, que lorsque la procédure, dans son sentiment, est *complète*. A quoi bon, en effet, entretiendrait-il ses collègues de faits à l'égard desquels il n'a pu lui-même asseoir encore aucune opinion !

Toutefois, il n'est pas douteux qu'avant de compléter la procédure, il peut consulter la chambre du conseil toutes les fois qu'il le croit utile, et il convient même qu'il le fasse quand il se trouve en dissentiment avec le procureur du roi. Seulement, celui-ci ne peut jamais par lui-même saisir la chambre du conseil, et si le juge d'instruction refuse expressément d'obtempérer à ses réquisitions, il doit, comme on l'a dit ailleurs, se pourvoir devant la chambre des mises en accusation.

Le juge d'instruction tenant directement ses pouvoirs du roi, il est certain aussi que la chambre du conseil ne peut les lui retirer pour en charger un autre juge.

Mais, à cela près, il est reconnu par tous les criminalistes, que la chambre du conseil peut ordonner toutes les mesures qu'elle juge indispensables ou utiles. Ainsi, elle peut ordonner un plus ample informé quand les informations faites lui paraissent insuffisantes; elle peut enjoindre au juge d'instruction de décerner les mandats de dépôt ou d'arrêt, quand ce juge a négligé cette précaution, etc. (1).

Seule aussi, la chambre du conseil peut rendre des décisions sur les incidents qui s'élèvent dans le cours de l'instruction, prononcer des jonctions ou disjonctions de procédures, statuer sur des questions de prescription, de chose jugée, etc. Le juge d'instruction, en effet, n'a que le mandat d'instruire, il n'a pas celui de juger (2).

De cela, du reste, que nous ne reconnaissons pas au procureur du roi le droit de saisir directement la chambre du conseil de ses réclamations, quoique l'art. 127 l'autorise à faire sur le rapport du juge d'instruction toutes les réquisitions qu'il juge convenables, à plus forte raison n'admettons-nous pas que la partie civile ou le prévenu puissent former

_____

(1) Voir les nombreuses autorités citées par M. A. Dalloz, dans son Dictionnaire; v° *Instruction criminelle*, n° 203.

(2) L'art. 539 du Code semble lui reconnaître toutefois le droit de statuer sur sa compétence.

aucune demande directe devant cette chambre; seulement,
le juge d'instruction doit faire connaître, dans son rapport,
les divers moyens que ces parties ont proposés, et s'il tar-
dait trop à faire ce rapport, il pourrait, en certains cas,
être accusé de déni de justice, et pourrait, à ce titre, être pris
à partie.

Le procureur du roi peut-il, au surplus, se présenter à
la chambre du conseil pour y exposer verbalement ses conclusions et les raisons sur lesquelles il les appuie ? Nous estimons qu'il a cette faculté, et qu'il n'est pas obligé de s'en
tenir à une réquisition écrite. Seulement, dès que le procureur général, d'après l'art. 224 du Code, ne peut pas
assister à la délibération de la chambre des mises en accusation, le procureur du roi ne peut pas non plus assister à
la délibération de la chambre du conseil. Mais ce n'est pas à
dire qu'il ne puisse pas assister au rapport du juge d'instruction (1). Le rapport, en effet, fait partie de l'instruction, et non de la délibération; ce qui le prouve, c'est que,
dans les affaires qui se traitent à l'audience, le rapport doit
se faire publiquement. Le procureur du roi a d'ailleurs intérêt, dans le cas surtout où il serait en dissentiment sur
quelque point avec le juge d'instruction, à s'assurer que le
rapport est exact et complet.

L'art. 224 précité, dit aussi que le greffier ne doit pas
assister aux délibérations de la chambre des mises en accusation. Doit-il en être de même pour la chambre du conseil ? Le Code ne s'en explique pas. On ne saurait toutefois
douter raisonnablement que les décisions de la chambre du
conseil ne doivent être écrites par un greffier; car la règle
est qu'un juge, à plus forte raison un tribunal, ne peut se
passer de l'assistance d'un greffier que lorsqu'un texte précis
l'en dispense. Mais nous pensons que les délibérations de la

---

(1) La cour de cassation, il est vrai, l'a décidé ainsi par arrêt du 19
septembre 1839. D. P. 40. 1. 372. Mais cet arrêt n'ébranle pas notre
conviction, qui est aussi celle de M. Carnot, sur l'art. 127, et de M.
Dalloz aîné, *Répertoire*, t. 9, p. 505, n 5.

chambre du conseil, comme celles de la chambre des mises
en accusation, doivent être aussi secrètes que possible; partant, que le greffier doit se retirer après le rapport et ne
rentrer que lorsque la décision est prise.

Les décisions de la chambre du conseil sont prises en général, à la majorité des suffrages, et même, s'il y a partage,
conformément au principe admis en matière criminelle,
c'est l'avis le plus favorable au prévenu, qui doit prévaloir.

L'art. 133 contient pourtant une exception remarquable
à cette règle. D'après cet article, il suffit qu'un seul des juges
estime que le fait est de nature à être puni de peines criminelles et que la prévention contre l'inculpé est suffisamment établie, pour que la chambre des mises en accusation
soit appelée à statuer, et pour empêcher la mise en liberté
du prévenu, s'il a déjà été arrêté.

Cette disposition a été souvent critiquée : il nous semble
que c'est à tort. Si l'avis de la majorité suffisait en ce cas
pour arrêter les poursuites, il serait à craindre que les prévenus appartenant à des familles influentes de la contrée, ne
parvinssent avec trop de facilité à se soustraire à la vengeance
des lois; car la chambre du conseil n'étant le plus souvent
composée que de trois juges, il suffirait que deux de ses
membres cédassent à des sentiments de commisération, dont
les hommes même les plus recommandables ont quelquefois
peine à se défendre, quand ils voient l'honneur et la considération de familles entières exposés à souffrir une cruelle
atteinte par le méfait d'un de leurs membres. Dès l'instant
donc qu'un juge, résistant à l'avis de ses collègues, estime
qu'il y a des indices suffisants de culpabilité contre le prévenu, il convient que ces indices soient pesés dans la balance d'une magistrature plus élevée, et, par cela même,
plus indépendante.

Quoi qu'il en soit, voyons les diverses décisions que peut
prendre la chambre du conseil, quand elle se croit suffisamment éclairée pour statuer.

Il peut se présenter cinq cas qu'on va examiner successivement.

1er CAS. — Les juges sont d'avis que le fait ne présente ni crime, ni délit, ni contravention. Ils doivent alors déclarer qu'il n'y a pas lieu à poursuivre ; et si l'inculpé a été arrêté, il doit être mis en liberté (art. 128). Il doit en être de même, si le crime, le délit, ou la contravention, paraissent couverts par la prescription ou par une amnistie, ou que l'action publique manque d'une de ses conditions essentielles, de la plainte, par exemple, de la partie lésée, dans les cas d'exception où elle est indispensable.

2e CAS. — Les juges sont d'avis qu'il n'existe *aucune charge* contre l'inculpé. Ils statuent alors comme dans le cas précédent, c'est-à-dire, qu'ils déclarent qu'il n'y a pas lieu à suivre, et qu'ils ordonnent la mise en liberté de l'inculpé s'il est détenu (même art. 128).

Mais, pour statuer ainsi, il faut, d'après le texte formel de l'article, qu'il n'existe *aucune charge*, c'est-à-dire, aucun indice grave contre l'inculpé.

Toutes les fois donc que la procédure contient quelques indices de culpabilité, que les explications du prévenu, ou sa moralité bien connue, n'ont pas pu détruire, cela doit suffire pour que la chambre du conseil donne suite à l'affaire ; et, pour formuler dès à présent la différence qui existe entre la mission de la chambre du conseil, celle de la chambre des mises en accusation, et celle du jury, on peut dire que la chambre du conseil doit donner suite à l'affaire toutes les fois qu'il existe contre l'inculpé des *indices sérieux* de culpabilité, que la chambre des mises en accusation ne doit le renvoyer devant la cour d'assises que lorsqu'il existe contre lui des *charges considérables*, que le jury enfin ne doit le condamner que sur des *preuves convaincantes*. En d'autres termes, pour amener une décision défavorable de la chambre du conseil, il suffit que, d'après la procédure, on puisse *raisonnablement suspecter* le prévenu ; pour le mettre en accusation, il faut que sa culpabilité soit *vraisemblable*; pour le condamner, il faut qu'elle paraisse *certaine*.

3ᵉ CAS. — Les juges estiment que l'inculpé peut être l'auteur du fait, mais que ce fait n'est qu'une contravention de police. Ils ordonnent alors son renvoi au tribunal de police, et l'inculpé doit être remis en liberté s'il est arrêté (art. 129). Les simples contraventions, en effet, n'autorisent jamais de détention préventive, même quand elles peuvent donner lieu à l'emprisonnement.

La juridiction du tribunal de simple police, étant du reste tout-à-fait indépendante de celle du tribunal de première instance de l'arrondissement, la chambre du conseil ne peut pas enjoindre à l'inculpé de se présenter devant ce tribunal à jour marqué. L'inculpé doit donc être appelé ultérieurement devant le tribunal de simple police, par citation du ministère public ou de la partie civile.

4ᵉ CAS. — Il existe encore des indices sérieux contre l'inculpé, mais le fait paraît n'avoir que le caractère d'un délit. Le prévenu doit alors être renvoyé en police correctionnelle (art. 130). Mais, en attendant, doit-il être relâché, s'il est détenu?

Il faut distinguer. Si le délit peut entraîner la peine d'emprisonnement, le prévenu doit demeurer en arrestation (art. 130), sauf à lui à demander sa liberté provisoire moyennant caution, ce qu'il peut faire, comme nous le verrons plus tard, en tout état de cause. Si, au contraire, le délit ne peut entraîner la peine de l'emprisonnement, et n'est passible que d'une peine pécuniaire, le prévenu doit être mis en liberté, à la charge de se représenter, *à jour fixe*, devant le tribunal compétent (art. 131).

La chambre du conseil, en ce dernier cas, peut désigner d'avance le jour où le prévenu devra se représenter devant le tribunal correctionnel. Cette chambre, en effet, et le tribunal correctionnel ne constituent que le même tribunal, quoique leurs attributions soient différentes, et le renvoi fait d'avance épargne les frais d'une citation. La disposition de l'art. 131 n'est pourtant guère observée dans la pratique, et elle serait, en effet, d'une application difficile dans les tribunaux composés de plusieurs chambres, quand la chambre du conseil, comme cela arrive d'ordinaire, est composée d'autres juges que la chambre correctionnelle. Quoi qu'il en soit, à défaut de renvoi à jour fixe, le prévenu n'est obligé de se représenter que sur une citation régulière, à lui donnée par le ministère public ou par la partie lésée.

M. Carnot, sur l'art. 131, enseigne que les vagabonds et les repris de justice ne peuvent pas jouir du bénéfice de cet article, par la raison que l'art. 115 les déclare incapables d'obtenir la liberté provisoire sous caution, et que la mise en liberté autorisée par l'art. 131, n'est qu'une liberté provisoire, puisqu'elle entraîne l'obligation de se représenter. Cette doctrine peut être admise à l'égard des vagabonds, par la raison que le vagabondage est par lui-même un délit passible d'emprisonnement. Mais elle paraît inadmissible à l'égard des repris de justice, vu que l'ordonnance de la chambre du conseil prouve alors que le mandat avait été mal-à-propos lancé (1).

Si le prévenu relâché ne se représente pas au jour fixé d'avance par la chambre du conseil, ou indiqué postérieurement dans une citation régulière, la conséquence naturelle de sa désobéissance est que le jugement rendu contre lui devra être réputé contradictoire.

« Dans tous les cas de renvoi, soit à la police municipale, soit à la police correctionnelle, le procureur du roi est tenu d'envoyer, dans les vingt-quatre heures au plus tard, au greffe du tribunal qui doit prononcer, toutes les pièces, après les avoir cotées (art. 131).

Disons du reste, que le renvoi devant le tribunal de police simple ou de police correctionnelle, prononcé par la chambre du conseil, n'est qu'indicatif et non pas attributif de

---

(1) V. M. Bourguignon, sur l'art. 131, et M. Dalloz aîné, *Répertoire*, t. 9; p. 506, n. 10.

juridiction, c'est-à-dire que, nonobstant ce renvoi, le tribunal de police peut, et même doit, s'il se croit incompétent, déclarer son incompétence (1). C'est alors un conflit négatif, et nous indiquerons, quand nous parlerons des règlements de juges, la manière de le faire cesser.

Disons aussi que, toutes les fois que la chambre du conseil ordonne la mise en liberté d'un inculpé détenu, sa décision sur ce point, aux termes de l'art. 129, 2e alinéa, n'est pas souveraine, et que la partie publique, et même la partie civile, peuvent s'opposer à l'élargissement devant la chambre des mises en accusation, dans le délai qu'on indiquera bientôt.

5e CAS. — Les juges, ou, comme on l'a dit déjà, un seul des juges, estiment que le fait constitue un véritable crime, et que la prévention contre l'inculpé est suffisamment établie. Les pièces d'instruction, le procès-verbal constatant le corps du délit, et un état des pièces servant à conviction, doivent alors être transmis sans délai par le procureur du roi au procureur général près la cour royale, pour être procédé ainsi qu'il est dit au chapitre des *mises en accusation*. Quant aux pièces de conviction, elles doivent rester provisoirement au tribunal d'instruction, et ne peuvent en être retirées qu'après l'arrêt de renvoi à la cour d'assises, à moins que la chambre des mises en accusation n'ordonne expressément, comme l'art. 228 du Code lui en donne le pouvoir, que ces pièces soient produites devant elle (art. 133).

« La chambre du conseil, ajoute l'art. 134, décernera dans ce cas contre le prévenu une ordonnance de prise de corps, qui sera adressée avec les autres pièces au procureur général. — Cette ordonnance contiendra le nom du prévenu, son signalement, son domicile, s'ils sont connus, l'exposé du fait et la nature du délit. »

Un dissentiment s'est élevé ici entre MM. Merlin et Legraverend, qui enseignent que l'ordonnance de prise de

---

(1) La jurisprudence de la cour de cassation est constante en ce sens. V. notamment arrêts des 12 mars et 4 septembre 1813 et 3 juin 1825.

8

corps doit, en attendant, être notifiée au prévenu et être exécutée contre lui, s'il n'est pas encore détenu, et MM. Carnot et Bourguignon qui enseignent la doctrine contraire. Nous sommes de l'avis des derniers (1). Quand le juge d'instruction n'a pas lancé spontanément de mandat d'arrêt, et que la chambre du conseil ne lui a pas intimé non plus l'ordre de le décerner, ce qu'elle a le droit de faire d'après ce qui a été dit précédemment, c'est une preuve que les indices de culpabilité sont peu graves, et il ne conviendrait pas qu'un seul juge, en émettant l'avis que le fait constitue un crime et qu'il existe quelques indices contre le prévenu, rendît l'arrestation de celui-ci inévitable.

Si donc la loi exige que l'ordonnance de prise de corps soit décernée en attendant par la chambre du conseil, quoiqu'elle ne puisse être d'aucun usage jusqu'à ce que la chambre des mises en accusation ait statué, c'est sans doute parce que les juges de la localité sont plus à même que les juges supérieurs, de bien indiquer les noms, domicile et signalement du prévenu. Il est à remarquer d'ailleurs que l'art. 71 du tarif criminel ne passe aux huissiers aucune taxe pour la notification de l'ordonnance de prise de corps, ce qui prouve de plus en plus que, dans le vœu du législateur, cette ordonnance ne doit être notifiée qu'avec l'arrêt de mise en accusation, en supposant que la mise en accusation soit prononcée.

§ II. — *Par quelle voie les ordonnances de la chambre du conseil peuvent-elles être attaquées ?*

Le Code n'a consacré qu'un seul texte, l'art. 135, à ce point important. Aussi ne l'a-t-il réglé que d'une manière bien insuffisante, et dans bien des cas la doctrine en est réduite à des conjectures.

L'art. 135 est ainsi conçu : « Lorsque la mise en liberté

_____

(1) V. dans le même sens, *Cass.* 29 avril 1830. D. P. 30-1-257.

des prévenus sera ordonnée conformément aux art. 128, 129 et 131 ci-dessus, le procureur du roi ou la partie civile pourra s'opposer à leur élargissement. L'opposition devra être formée dans un délai de vingt-quatre heures, qui courra contre le procureur du roi, à dater *du jour* de l'ordonnance de mise en liberté, et contre la partie civile, à compter *du jour* de la signification à elle faite de ladite ordonnance au domicile par elle élu dans le lieu où siège le tribunal. L'envoi des pièces sera fait ainsi qu'il est dit à l'art. 132. — Le prévenu gardera prison jusqu'après l'expiration du susdit délai. »

Ainsi, toutes les fois que la chambre du conseil ordonne l'élargissement du prévenu, soit parce que le fait ne lui paraît présenter les caractères ni d'un crime, ni d'un délit, ni d'une contravention, soit parce qu'elle ne trouve dans la procédure aucun indice grave contre l'inculpé, soit parce que le fait ne lui semble constituer qu'une contravention, soit enfin parce que le fait ne constitue à ses yeux qu'un délit passible d'une simple peine pécuniaire, le procureur du roi et la partie civile ont également le droit d'attaquer son ordonnance.

Ils ont pour cela un délai de vingt-quatre heures, mais le point de départ de ce délai est différent. Pour le procureur du roi, le délai court à compter du jour de l'ordonnance, parce qu'il peut avoir connaissance de cette ordonnance sur-le-champ, tandis que pour la partie civile il ne court qu'à dater du jour de la notification qui lui en est faite au domicile par elle élu. Mais, l'art. 135 faisant courir dans les deux cas le délai, non pas à partir de l'heure, mais seulement à partir *du jour* de la date de l'ordonnance ou de sa signification, il en résulte que le délai ne doit jamais se compter *de horâ ad horam*, quand même l'heure se trouverait indiquée dans l'acte qui en fixe le point de départ, ce qui revient à dire que l'opposition peut être formée utilement durant tout le jour qui suit celui où l'ordonnance a été rendue, ou signifiée, suivant les cas.

Si la partie civile n'a pas fait d'élection de domicile dans le lieu où siége le tribunal, et qu'elle soit domiciliée hors de l'arrondissement, le délai, conformément à l'art. 68, court contre elle aussi bien que contre le procureur du roi, du jour même de l'ordonnance. Si elle est domiciliée dans l'arrondissement, le délai ne peut courir qu'à dater de la notification faite à son domicile réel; mais nous ne pensons pas qu'il doive subir aucune augmentation quand même cette partie serait domiciliée à plus de trois myriamètres, l'art. 1033 du Code de procédure ne s'appliquant pas de plein droit aux matières criminelles, et le prévenu éprouvant un assez grand désagrément d'être obligé de faire signifier l'ordonnance à un domicile éloigné.

L'art. 135 n'indique pas d'une manière précise où l'opposition doit être portée et jugée. Il n'y a pourtant aucun doute sur ce point, car l'art. 217 du Code prouve clairement que c'est devant la chambre des mises en accusation. Aussi, tous les auteurs reconnaissent-ils que l'art. 135, en déclarant que l'envoi des pièces sera fait ainsi qu'il est dit à l'art. 132, contient une erreur de chiffre, et qu'il a voulu indiquer l'art. 133, qui est celui qui ordonne l'envoi des pièces au procureur général pour être soumises à la chambre des mises en accusation, dès que quelqu'un des juges voit dans la procédure des indices sérieux de culpabilité contre le prévenu.

La chambre des mises en accusation ayant, du reste, seule compétence pour réformer les ordonnances de la chambre du conseil, il en résulte que c'est devant elle qu'il faut se pourvoir, même quand le procureur du roi ou la partie civile se bornent à soutenir que le fait à raison duquel le prévenu est poursuivi est un délit passible d'emprisonnement; et c'est à tort qu'on saisirait en cas pareil la chambre correctionnelle de la cour.

Mais le Code garde un silence absolu, et par conséquent bien embarrassant, sur deux points, essentiels pourtant sur la manière dont l'opposition doit être formée, et sur le point de savoir si cette voie est admissible dans d'autres cas que ceux qu'il a prévus.

Comment d'abord doit être faite l'opposition? Est-ce par exploit notifié au prévenu, est-ce par une simple déclaration au greffe ?

En matière civile, il est de règle que les recours se forment par exploit, toutes les fois que la loi n'a pas indiqué un autre mode. Mais, en matière criminelle, le principe est différent : les recours se forment en général par déclaration au greffe, comme le prouvent les art. 203 et 373 du Code.

D'après cela, et vu l'extrême brièveté du délai de vingt-quatre heures, nous pensons qu'une déclaration au greffe suffit aussi dans le cas de l'art. 135 (1). Mais nous valide-rions pareillement une opposition faite par exploit signifié au prévenu (2); car nous ne considérons comme essentielles que les formalités que la loi elle-même a tracées, et, dans son silence, les deux modes nous paraissent également bons. Le plus sûr est de les employer tous deux.

Le second point sur lequel le Code est également muet, est celui de savoir si les décisions de la chambre du conseil ne peuvent être attaquées que dans les cas que l'art. 135 a prévus. La jurisprudence a décidé à cet égard, que l'art. 135 n'est point limitatif, et que les ordonnances de la chambre du conseil peuvent, par exemple, être déférées à la chambre des mises en accusation, soit lorsque le prévenu n'est pas détenu, soit lorsqu'étant détenu il est simplement renvoyé devant le tribunal de police correctionnelle, alors que le procureur du roi ou la partie civile le **prétendaient** justiciable de la cour d'assises (3).

Mais, dans ces cas, quel est le délai de l'opposition ? Quel-ques criminalistes, M. Carnot notamment, enseignent que

---

(1) *Cass.* 18 juillet 1833. D. P. 33-1-289.

(2) La cour de cassation, par arrêt du 17 août 1839, a même déclaré suffisante, l'opposition notifiée par la partie civile au procureur du roi. Mais c'est aller trop loin Il implique qu'on puisse opposer au prévenu un acte qui n'a été signifié qu'à son adversaire principal.

(3) V. notamment arrêts de la cour de cassation, des 25 octobre 1811 et 29 octobre 1815.

c'est le délai de trois jours fixé pour les recours en cassation par l'art. 373. S'il fallait, pour régler ce délai, sortir de la matière qui nous occupe, nous aimerions mieux dire que le délai doit être celui de dix jours fixé pour l'appel par les art. 174 et 203; car l'opposition aux ordonnances de la chambre du conseil a beaucoup plus de rapport avec l'appel qu'avec le recours en cassation. Mais il est plus naturel d'appliquer ici le délai même fixé par l'art. 135, puisqu'il y a même raison de décider (1). Si vingt-quatre heures en effet, suffisent pour déclarer l'opposition quand le prévenu est détenu, vingt-quatre heures suffisent également quand il n'est pas en état de détention; elles suffisent surtout dans notre système, qui autorise l'opposition par simple déclaration au greffe.

On peut demander encore si le prévenu peut aussi se pourvoir contre les ordonnances de la chambre du conseil, et si le procureur général a ce droit durant un plus long espace de temps que le procureur du roi. La négative nous paraît certaine pour les deux cas. Quant au prévenu d'abord, les ordonnances de la chambre du conseil ne peuvent lui faire grief, puisqu'elles laissent intacts tous ses moyens de défense (2); et quant au procureur général, aucun texte ne proroge en sa faveur le délai de l'opposition pour le cas qui nous occupe, car l'art. 205 ne concerne que les appels dirigés contre les sentences des juges de police correctionnelle.

L'opposition faite en temps utile par le procureur du roi profite évidemment à la partie civile. Réciproquement, celle faite par la partie civile doit profiter au procureur du roi, car celui-ci n'a omis peut-être de former une opposition que parce qu'il savait que la partie civile avait déjà fait la sienne. Aussi, a-t-il été jugé, et suivant nous bien jugé, que le désistement ultérieur de la partie civile n'empêche

---

(1) *Cass.* 13 août 1840. **D. P.** 40-1-339.
(2) *Cass.* 30 décembre 1813. et 7 novembre 1816.

pas le ministère public de donner suite à une opposition dont le bénéfice lui était acquis (1).

« La partie civile qui succombera dans son opposition, porte l'art. 136, *sera condamnée* aux dommages-intérêts envers le prévenu. » Cette disposition étant conçue en termes impératifs et absolus, nous pensons que la chambre des mises en accusation peut condamner la partie civile à des dommages, quoique le prévenu n'ait pas formé de demande à cette fin (2). Mais quoique, en principe, les arrêts de la chambre des mises en accusation ne soient pas susceptibles d'opposition, l'équité nous semblerait rendre cette voie admissible dans ce cas particulier (3).

Il ne doit du reste être accordé de dommages au prévenu, qu'autant que la partie civile paraît avoir agi avec mauvaise foi ou précipitation; car, en thèse générale, il n'y a qu'une faute ou une imprudence qui puisse donner lieu à des dommages.

Si l'ordonnance de la chambre du conseil n'est pas attaquée dans le délai légal, elle acquiert force de chose jugée, non-seulement à l'égard du ministère public, mais encore à l'égard de la partie civile. Toutefois, si le prévenu n'a été relâché que parce qu'il n'existait pas contre lui des indices suffisants de culpabilité, la découverte de nouvelles charges autorise la reprise des poursuites. Il y a même raison de décider, que pour l'arrêt de non-lieu rendu par la chambre des mises en accusation, et les art. 246 et suivants du Code doivent être appliqués dès-lors par analogie (4).

---

(1) *Cass.* 10 mars 1827. S. 27-1-357.

(2) *Cass.* 6 novembre 1823, et Limoges, 2 mai 1842.

(3) C'est aussi l'avis de M. Bourguignon, t. 1ᵉʳ, p. 310, et de M. A. Dalloz, Dictionnaire, vᵒ *Instruction criminelle*, n. 239. L'opposition devrait être formée dans les cinq jours de la signification de l'arrêt, par analogie des art. 187 et 208.

(4) *Cass.* 31 août et 22 novembre 1821, et 14 mai 1829.

CHAPITRE V.

De l'arrêt de mise en accusation.

Les bancs des assises communiquent ordinairement à ceux qui sont obligés de s'y asseoir, une souillure qu'un acquittement ultérieur n'efface point. Aussi, la loi ne permet-elle, en général, d'amener sur ces bancs, que des prévenus contre lesquels s'élèvent de graves indices de culpabilité. Avant le Code, c'était un jury particulier, appelé *jury d'accusation*, qui pesait ces charges : aujourd'hui, l'appréciation souveraine en est confiée à une chambre de la cour royale, appelée pour ce motif *chambre des mises en accusation*.

Il existe dans chaque cour royale une chambre des mises en accusation. Le décret du 6 juillet 1810 permet, par son art. 3, d'en établir deux au besoin dans la même cour. Il permet aussi, dans l'art. 12, d'établir une chambre temporaire pour le même objet; et le procureur général, d'après l'art. 3, peut requérir la réunion des deux chambres, ou s'il n'y en a qu'une, l'adjonction de la chambre des appels de police correctionnelle, lorsque la gravité des circonstances ou le grand nombre de prévenus lui semblent l'exiger. Mais ces dispositions sont rarement appliquées dans la pratique.

L'art. 2 du décret fixe le nombre des magistrats qui doivent siéger à la chambre des mises en accusation; il ne peut pas être moindre de cinq.

La chambre des mises en accusation, d'après le Code, peut être saisie de deux manières, tantôt au second degré après une décision préliminaire de la chambre du conseil (1), tantôt directement au moyen d'une sorte d'évocation. Nous

---

(1) Elle peut aussi, comme on l'a vu précédemment, être saisie par appel de quelque décision rendue par le juge d'instruction; mais c'est un point sur lequel nous n'avons pas à revenir.

allons nous occuper de ces deux modes dans des sections distinctes, en commençant par le premier qui est le plus ordinaire. Nous verrons, dans une troisième section, les diverses manières dont la chambre des mises en accusation peut statuer; dans une quatrième, nous nous occuperons des crimes et délits connexes; dans une cinquième enfin, des recours ouverts contre les arrêts de la chambre des mises en accusation.

SECTION 1re. — *Du cas où la chambre des mises en accusation n'est saisie qu'après une décision de la chambre du conseil.*

La chambre des mises en accusation peut alors être saisie de deux manières : ou par la décision même de la chambre du conseil conformément à l'art. 133, quand quelqu'un des juges a été d'avis qu'il existe contre le prévenu des indices suffisants d'avoir commis un crime, ou, si la décision de la chambre du conseil a été favorable au prévenu, par l'opposition du procureur du roi ou de la partie civile, qu'autorise l'art. 135.

Dans les deux cas, le procureur général est tenu de mettre l'affaire en état, dans les cinq jours de la réception des pièces, que les art. 133 et 135 chargent le procureur du roi de lui transmettre, puis, de faire son rapport dans les cinq jours suivants au plus tard (art. 217).

« Pendant ce temps, ajoute l'art. 217, la partie civile et le prévenu peuvent fournir tels mémoires qu'ils estiment convenables, sans que le rapport puisse être retardé. » Ce texte, comme on voit, ne distingue pas entre le prévenu détenu et celui qui ne l'est pas; d'où il résulte, que celui même qui est en fuite peut présenter à la chambre des mises en accusation un mémoire justificatif, qu'elle est tenue d'examiner.

Mais le droit de présenter des mémoires n'emporte pas celui d'obtenir communication des pièces de la procédure, qui doivent rester secrètes, jusqu'à ce que la chambre des mises en accusation ait statué (1).

L'art. 217 disant que le procureur général doit faire son rapport dans les dix jours de la réception des pièces *au plus tard*, on est porté naturellement à en conclure qu'il peut le faire plutôt. Cette conclusion n'est vraie pourtant, que lorsque le prévenu et la partie civile ont déjà fourni leurs mémoires, car il ne serait pas juste qu'un rapport trop hâté les privât de ce droit important.

La chambre des mises en accusation est tenue de se réunir, au moins une fois par semaine, dans la chambre du conseil, pour entendre le rapport du procureur général et statuer sur ses réquisitions (art. 218).

Quand la chambre est réunie, le greffier doit donner aux magistrats qui la composent, en présence du procureur général ou de son substitut, lecture de toutes les pièces du procès. Ces pièces sont ensuite laissées sur le bureau, ainsi que les mémoires que la partie civile et le prévenu ont pu fournir (art. 222).

La partie civile, le prévenu, les témoins, ne paraissent point (art. 223). La chambre ne saurait, sous aucun prétexte, autoriser leur audition. Mais l'art. 228 permet d'ordonner, si elle le juge utile, l'apport des pièces servant à conviction, qui sont restées déposées au greffe du tribunal de première instance ; ce qui doit se faire alors dans le plus court délai, pour que la détention préventive de l'inculpé ne soit pas inutilement prolongée.

Le procureur général peut faire son rapport verbalement ; mais il doit toujours, aux termes de l'art. 224, déposer sur le bureau sa réquisition écrite et signée. Cela fait, le même article veut qu'il se retire, ainsi que le greffier, afin que les juges conservent toute leur liberté et ne restent exposés à aucune influence du dehors.

Le président, d'après l'art. 219, est tenu de faire pro-

---

(1) Circulaire du garde-des-sceaux, rapportée par Dalloz, 32-2 68

noncer la chambre, au plus tard, dans les trois jours du rapport du procureur général. L'art. 225 dispose d'un autre côté : « Les juges délibéreront entre eux sans désemparer, et sans communiquer avec personne. »

Ces deux textes paraissent, au premier abord, en opposition ; ils sont pourtant aisés à concilier. L'art. 225 veut que la délibération une fois commencée ne puisse plus être interrompue, mais il ne dit point qu'elle commencera, c'est-à-dire, que les juges iront aux opinions, immédiatement après le rapport et la lecture des pièces. Le rapport soulève en effet quelquefois des questions de droit ou d'autres difficultés délicates, auxquelles les juges peuvent vouloir réfléchir, et ils peuvent alors retarder leur délibération jusqu'au deuxième ou troisième jour. C'est à ce cas que s'applique l'art. 229, qui n'offre plus dès-lors aucune antinomie avec l'art. 225.

Les arrêts doivent être signés par chacun des juges qui y ont pris part, et il doit y être fait mention, *à peine de nullité*, tant de la réquisition du ministère public que du nom de chacun des juges (art. 234). Mais la nullité ne saurait résulter du défaut de signature de quelqu'un des juges quand la majorité a signé, car il ne peut pas dépendre de la minorité de vicier à son gré la sentence par un refus répréhensible.

Non-seulement, du reste, l'arrêt doit mentionner les réquisitions du ministère public, mais il doit encore statuer, au moins d'une manière implicite, sur chacune de ces réquisitions, et en motiver le rejet, sans quoi le procureur général pourrait en demander la cassation.

SECTION II. — *Du cas où la chambre des mises en accusation est saisie par évocation.*

Il se rencontre parfois des circonstances où, à raison de la position élevée ou du grand nombre des coupables, les juges inférieurs pourraient manquer, dans l'instruction préparatoire, d'indépendance ou de courage. Parfois aussi, les divers actes criminels qu'il s'agit de réprimer, et qui se rattachent visiblement les uns aux autres, ont été commis dans des arrondissements différents, et il est utile cependant, pour la manifestation de la vérité, qu'une même instruction les embrasse tous. Dans de semblables conjonctures, les cours royales peuvent évoquer l'instruction.

Cette évocation peut avoir lieu de trois manières. Elle peut être ordonnée par les chambres assemblées de la cour ; elle peut être prononcée d'office par la chambre des mises en accusation ; elle peut enfin être requise par le procureur général.

Le premier mode est réglé par l'art. 11 de la loi du 20 avril 1810, ainsi conçu : « La cour royale pourra, toutes les chambres assemblées, entendre les dénonciations qui lui seraient faites par un de ses membres, de crimes ou de délits. Elle pourra mander le procureur général, pour lui enjoindre de poursuivre à raison de ces faits, ou pour entendre le compte que le procureur général lui rendra des poursuites qui seraient commencées. »

Quand un conseiller veut provoquer une assemblée générale des chambres pour cet objet, il doit, d'après l'art. 64 du décret du 6 juillet 1810, s'adresser au premier président pour la demander. Si celui-ci refuse, le conseiller qui a demandé la convocation, peut en exposer les motifs à la chambre à laquelle il appartient ; et si la chambre, après en avoir délibéré, demande l'assemblée, le premier président est obligé de la convoquer.

La chambre des mises en accusation peut aussi, avons-nous dit, se saisir d'office elle-même (1). Ce droit résulte pour elle de l'art. 235 du Code, qui parle, il est vrai, de *la cour royale* en général ; mais il est visible qu'il entend désigner par là la chambre des mises en accusation en par-

---

(1) *Cass.* 12 février 1835. D. P. 35 1-180.

liculier. Chaque chambre, en effet, dans le cercle de ses attributions, représente la cour tout entière; et quand le même texte dit que l'évocation peut avoir lieu tant que *la cour* n'a pas statué sur la mise en accusation, il est clair qu'il faut entendre par la cour la chambre des mises en accusation, qui, seule, a le droit de statuer sur ce point.

Au demeurant, l'art. 235 est ainsi conçu : « Dans toutes les affaires, les cours royales, tant qu'elles n'auront pas décidé s'il y a lieu de prononcer la mise en accusation, pourront, d'office, soit qu'il y ait ou non une instruction commencée par les premiers juges, ordonner des poursuites, se faire apporter les pièces, informer ou faire informer, et statuer ensuite ce qu'il appartiendra. »

Le procureur général, enfin, peut aussi provoquer l'évocation. L'art. 276 du Code l'autorise, en effet, à faire auprès de la cour toutes les réquisitions qu'il juge utiles, et ce texte ajoute que la cour est tenue de lui en donner acte *et d'en délibérer*. Ce magistrat peut, du reste, à son choix, saisir de sa demande la cour tout entière dont il a le droit de provoquer la réunion, ou s'adreser simplement à la chambre des mises en accusation.

Le droit d'évocation est soumis, dans les trois cas, aux mêmes conditions.

Il faut, 1° qu'il s'agisse de crimes, ou au moins de délits. Les contraventions sont des faits trop peu importants pour exciter la sollicitude de compagnies aussi élevées que le sont les cours. Régulièrement, d'ailleurs, elles ne peuvent donner lieu à une instruction préparatoire.

2° Il faut qu'il n'ait pas encore été statué sur la mise en accusation. L'évocation est donc impossible, soit à l'égard des prévenus déjà traduits aux assises, soit à l'égard de ceux vis-à-vis desquels un arrêt de la chambre des mises en accusation a déclaré précédemment qu'il n'y avait pas lieu de suivre, à moins, dans ce dernier cas, qu'il ne soit survenu de nouvelles charges.

3° Il faut aussi qu'il n'ait pas été rendu par la chambre

du conseil une décision *passée en chose jugée*, qui rende toute poursuite impossible. Si la chambre du conseil, en effet, avait décidé que le fait ne présentait ni crime, ni délit, ni contravention, ou que l'action publique était prescrite, et que sa décision n'eût pas été attaquée, le prévenu, d'après ce qui a été dit précédemment, ne pourrait plus être repris.

Mais, quand ces trois conditions se trouvent réunies, l'évocation, d'après l'art. 235, peut s'exercer, à quelque point que la poursuite soit parvenue devant les premiers juges; et, en matière de délits, nous penserions qu'elle pourrait s'exercer, même après citation donnée devant le tribunal correctionnel, pourvu que ce tribunal n'eût pas encore statué.

Toutes les fois que les cours royales usent du droit d'évocation, c'est un des membres de la chambre des mises en accusation qui doit faire les fonctions de juge instructeur (art. 236). Il peut être désigné par la cour assemblée, quand l'évocation est prononcée en réunion générale des chambres : sinon, il doit être désigné par la chambre des mises en accusation, et tous les juges d'instruction du ressort sont désormais sans pouvoir, pour procéder à aucune instruction sur les faits qui ont donné lieu à l'évocation. Les actes qu'ils auraient faits, dans l'ignorance de l'évocation, pourraient donc seuls être maintenus.

Les fonctions du juge instructeur sont clairement indiquées dans l'art. 237. « Le juge, porte ce texte, entendra les témoins, ou commettra, pour recevoir leurs dépositions un des juges du tribunal de première instance dans le ressort duquel ils demeurent, interrogera le prévenu, fera constater par écrit toutes les preuves ou indices qui pourront être recueillis, et décernera, suivant les circonstances, les mandats d'amener, de dépôt, ou d'arrêt. »

Il est donc certains actes d'instruction que le conseiller instructeur doit faire nécessairement par lui-même; il en est d'autres pour lesquels, quand il ne les fait pas lui-même, il ne peut désigner qu'un juge du tribunal de première instance; il en est enfin pour lesquels il peut déléguer tout officier de police judiciaire du ressort.

Il doit interroger lui-même le prévenu, qu'il peut faire transférer à cet effet de la maison d'arrêt où il est détenu dans celle qui est au siège de la cour; et les mandats d'amener, de dépôt ou d'arrêt, doivent aussi être décernés directement par lui.

Pour l'audition des témoins, il doit y procéder lui-même, s'ils sont domiciliés dans l'arrondissement où siège la cour; sinon, il peut commettre pour cela un des juges du tribunal de première instance dans le ressort duquel ils demeurent, sans être obligé de faire tomber son choix sur le juge d'instruction.

Enfin, la loi lui donnant d'une manière générale le droit de faire constater par écrit toutes les preuves ou indices qui peuvent être recueillis, il peut déléguer cette partie de ses fonctions à tout officier de police judiciaire du ressort, ayant qualité pour dresser des procès-verbaux sur des faits du même genre.

Au demeurant, dans les divers actes d'instruction auxquels le conseiller instructeur se livre, il doit suivre les mêmes règles que le juge d'instruction, vu que l'art. 240 commande l'observation de toutes les règles générales auxquelles il n'est pas spécialement dérogé (1).

Le procureur général par lui-même ou par son substitut, remplit donc, auprès du conseiller instructeur, les mêmes fonctions qu'exercent les procureurs du roi auprès des juges d'instruction. La procédure doit donc lui être communiquée, toutes les fois qu'il le requiert; il doit être averti quand le conseiller instructeur veut se transporter sur les lieux, pour qu'il puisse l'accompagner s'il le juge à propos; il doit être entendu avant que le mandat d'arrêt puisse être décerné, etc.

_____

(1) *Cass.* 12 février 1835. D. P. 35-1-180.

D'un autre côté, la chambre des mises en accusation exerce sur le conseiller instructeur la même autorité que sur les juges d'instruction, ou même une autorité plus grande; car le premier de ces magistrats ne tenant ses pouvoirs que d'elle, n'a aucune juridiction propre, et peut être révoqué si la cour le juge nécessaire.

La cour peut donc enjoindre au conseiller instructeur de procéder à une information qu'il n'a point faite, de lancer un mandat qu'il n'a point décerné, etc.; et, s'il n'a pas déféré à quelqu'une des réquisitions du procureur général, celui-ci, comme l'a très-bien décidé un arrêt de la cour de cassation du 2 novembre 1821 (1), ne peut pas se pourvoir en cassation contre son ordonnance, parce qu'il peut en demander la réformation à la chambre des mises en accusation.

Quand le juge instructeur a terminé les informations qu'il croit utiles, il transmet les pièces par la voie du greffe au procureur général, qui doit faire son rapport dans les cinq jours de la remise qui lui est faite (art. 238). A la différence donc de ce qui se pratique en pareil cas à la chambre du conseil, ce n'est pas le conseiller instructeur, mais bien le procureur général ou son substitut, qui fait le rapport de l'affaire.

Le rapport doit être fait à la chambre des mises en accusation, quand même l'évocation aurait été prononcée par l'assemblée générale des chambres. Autrement, il deviendrait impossible de constituer ultérieurement la cour d'assises, puisque, d'après l'art. 257, aucun des membres de la cour royale qui ont voté sur la mise en accusation ne peut y siéger.

La chambre des mises en accusation, d'après l'art. 239, doit prononcer directement le relaxe des prévenus, ou leur renvoi, soit devant la cour d'assises, soit devant toute autre juridiction qu'elle indique, sans qu'elle ait à rendre une

---

(1) M. Dalloz, *Répertoire*, t. **9**, p. 509, n. 1.

décision préliminaire, analogue à celles de la chambre du conseil. Aussi, aux termes du même art. 239, ne peut-elle décerner par préalable aucune ordonnance de prise de corps : les mandats de dépôt ou d'arrêt suffisent jusqu'à l'accusation prononcée, pour s'assurer de la personne des prévenus.

A part, au surplus, les différences qu'on a indiquées, toutes les autres formalités auxquelles la chambre d'accusation est soumise dans les cas ordinaires, s'appliquent sans difficulté au cas où elle est saisie par évocation. C'est ce qui résulte du renvoi général, prononcé par l'art. 240 déjà cité.

SECTION III. — *Des diverses décisions que peut rendre la chambre des mises en accusation.*

Quelle que soit la manière dont la chambre des mises en accusation a été saisie, elle doit suivre pour la décision les mêmes règles.

Les juges doivent vérifier d'abord si l'affaire est de la compétence de la juridiction criminelle ordinaire; et si elle paraît du nombre de celles qui sont réservées exclusivement à la chambre des pairs ou à la cour de cassation, ils doivent sur les conclusions du procureur général ou d'office se dessaisir, et prononcer le renvoi devant la juridiction compétente (art. 220). Il faut statuer de même, quand l'affaire est de la compétence d'un tribunal militaire ou maritime, ou de toute autre juridiction criminelle extraordinaire.

La chambre des mises en accusation doit examiner ensuite si la prescription, la chose jugée, ou tout autre moyen préjudiciel ne fait pas obstacle aux poursuites, car elle doit au besoin suppléer ces moyens d'office (1).

Quand la chambre se reconnaît compétente et que la

_____

(1) *Cass.* 8 novembre 1811. Dallez, *Répertoire*, t. 3. p. 432.

9

prescription ou tout autre moyen semblable ne s'oppose pas aux poursuites, elle doit passer à l'examen des pièces relatives à la prévention.

Il peut se faire que les informations faites lui paraissent insuffisantes. Elle peut alors en ordonner de nouvelles (art. 228), mais elle doit en indiquer l'objet précis, car un *plus ample informé* prononcé d'une manière vague, et qui aurait pour résultat de retenir indéfiniment le prévenu dans les fers ou sous le coup d'un mandat d'arrêt, serait une mesure cruelle et un déni de justice.

Si la chambre ne croit pas de nouvelles informations nécessaires, elle doit donc statuer sur le sort du prévenu, et elle peut, comme la chambre du conseil, ordonner son relaxe pur et simple, ou son renvoi devant la police municipale ou correctionnelle, ou enfin son renvoi devant la cour d'assises.

Mais il y a entre la manière de statuer de la chambre du conseil et celle de la chambre des mises en accusation, deux différences essentielles, et qu'il est à propos de rappeler, quoiqu'elles aient été déjà indiquées ailleurs.

1° On n'a pas oublié que, devant la chambre du conseil, le principe d'après lequel les décisions se rendent à la majorité des suffrages, souffre une exception importante, quand un des juges est d'avis que le fait poursuivi constitue un crime et qu'il existe contre le prévenu des indices sérieux. Cet avis isolé suffit, en effet, pour que la chambre des mises en accusation soit appelée à prononcer. Mais, devant cette dernière chambre, le principe ne reçoit aucune exception pareille, et s'il y a partage, c'est toujours l'opinion favorable au prévenu qui prévaut.

2° Pour que les juges de première instance laissent aller l'affaire devant la chambre des mises en accusation, il n'est pas nécessaire que la culpabilité du prévenu paraisse vraisemblable; il suffit qu'il s'élève contre lui des indices sérieux. La cour, au contraire, ne doit mettre le prévenu en accusation, que lorsque les preuves ou indices qui s'élèvent contre lui sont assez graves pour faire présumer sa culpabilité. C'est ce qui résulte clairement de l'art. 221 du Code (1).

Cela dit, revenons aux diverses manières dont la chambre des mises en accusation peut statuer sur le fond.

I. La première est réglée par l'art. 229 ainsi conçu : « Si la cour n'aperçoit aucune trace d'un délit prévu par la loi, ou si elle ne trouve pas des indices suffisants de culpabilité, elle ordonnera la mise en liberté du prévenu, ce qui sera exécuté *sur-le-champ* s'il n'est retenu pour autre cause. — Dans le même cas, lorsque la cour prononcera sur une opposition à la mise en liberté du prévenu prononcée par les premiers juges, elle confirmera leur ordonnance ; ce qui sera exécuté comme il est dit au précédent paragraphe. »

La loi, comme on voit, assimile ici deux cas, celui où la cour n'aperçoit aucune trace d'un délit prévu par la loi, et celui où il n'existe pas d'indices suffisants de culpabilité contre le prévenu. Les deux cas pourtant ne doivent pas toujours être régis exactement par les mêmes principes. Dans le second, en effet, la cour statue toujours en fait. Dans le premier, elle statue, tantôt en fait, tantôt en droit. Elle statue en fait, quand elle décide, par exemple, qu'il n'y a nulle trace d'un corps de délit, ou que l'auteur du fait n'est point responsable parce qu'il a été contraint par force majeure, ou parce qu'il était en état de démence ou dans le cas de légitime défense. Elle statue en droit, quand elle déclare que le fait sur lequel reposait la prévention, ne présente en lui-même les caractères d'aucun crime, délit ou contravention.

Or, il existe entre le cas où la chambre des mises en

---

(1) **Mais** elle ne peut pas relaxer le prévenu, par le motif que les preuves ne seraient pas *décisives;* car ce n'est que pour prononcer une condamnation, que les preuves doivent avoir ce caractère. *Cass.* 27 février 1812 et 2 août 1821.

accusation statue en fait et celui où elle statue en droit, deux différences importantes.

Si elle statue en fait, son arrêt ne peut être l'objet d'un pourvoi en cassation.

Si elle statue en droit, sa décision peut, au contraire, être déférée à la cour de cassation par le procureur général. M. Carnot, sur l'art. 229, enseigne même qu'en ce cas le pourvoi du procureur général empêche la mise en liberté du prévenu, mais sur ce point nous ne saurions tomber d'accord avec lui, et il semble précisément que la loi ait voulu mettre en opposition ce cas-ci avec celui de l'appel formé envers l'ordonnance de la chambre du conseil. L'art. 135 dit en effet pour ce dernier cas que l'appel, ou pour parler le langage inexact de la loi, l'opposition du procureur du roi ou de la partie civile, empêche la mise en liberté du prévenu ; mais l'art. 229 déclare, au contraire, que l'arrêt de la chambre des mises en accusation, ordonnant la mise en liberté, doit toujours être exécuté *sur-le-champ*.

Quoi qu'il en soit, il existe une autre différence non moins importante entre le cas où la chambre des mises en accusation statue en fait et celui où elle statue en droit, et tandis que, sous le point de vue qu'on a signalé d'abord, il est plus avantageux pour le prévenu que la décision ait été rendue en fait, sous celui dont on va s'occuper maintenant il est préférable pour lui que l'arrêt ait été rendu en droit.

En effet, quand l'arrêt statue en droit, s'il n'est pas attaqué dans le délai légal ou que la cour suprême rejette le pourvoi, il demeure souverainement et irrévocablement jugé que le fait imputé au prévenu ne tombait sous l'application d'aucune loi pénale, et celui-ci ne peut plus être recherché de nouveau pour ce fait, quoi qu'il arrive.

Si, au contraire, l'arrêt n'a statué qu'en fait, le prévenu doit sans doute conserver sa liberté tant qu'il ne survient pas contre lui de nouveaux indices, car on ne peut pas sans motif remettre en question ce qui a déjà été jugé, mais il peut être poursuivi de nouveau, quand des circonstances nouvellement découvertes viennent fortifier les soupçons qui avaient antérieurement plané sur lui.

L'art. 246 dispose en effet : « Le prévenu à l'égard duquel la cour royale aura décidé qu'il n'y a pas lieu au renvoi à la cour d'assises, ne pourra plus y être traduit à raison du même fait, *à moins qu'il ne survienne de nouvelles charges.* » Ce texte s'exprime même d'une manière générale, mais il n'est pas douteux pourtant que sa disposition doit être restreinte au cas où la chambre des mises en accusation a statué en fait, car la découverte de nouvelles charges ne peut fournir aucunes lumières nouvelles pour la décision d'un point de droit.

Pour empêcher, du reste, des recherches indiscrètes, l'art. 247 a pris soin de définir ce qu'il faut entendre par nouvelles charges. « Sont considérées, dit-il, comme charges nouvelles, les déclarations des témoins, pièces et procès-verbaux, qui *n'ayant pu être soumis à l'examen de la cour royale,* sont cependant de nature, soit à fortifier les preuves que la cour aurait trouvées trop faibles, soit à donner aux faits de nouveaux développements utiles à la manifestation de la vérité. »

Il résulte clairement de ce texte, qu'on ne peut pas considérer comme des charges nouvelles, les déclarations de témoins, pièces ou procès-verbaux, antérieurs à la mise en accusation, qui n'auraient pas été mis sous les yeux de la cour royale. Il ne saurait dépendre en effet du ministère public, en retenant quelque pièce du procès, de se ménager un moyen de remettre en question ce qui a été jugé, et il y a faute de sa part, quand il n'a pas suffisamment veillé à ce que le dossier transmis à la cour fût complet.

Des aveux, échappés au prévenu depuis l'arrêt de la chambre des mises en accusation, peuvent, sans nul doute, être considérés comme des charges nouvelles. Il est bien vrai qu'en matière criminelle l'aveu du prévenu ne fait jamais preuve complète contre lui ; mais la loi n'exige pas des preuves décisives pour qu'on puisse reprendre les poursuites, elle se contente d'indices considérables.

Une simple dénonciation, au contraire, ne peut pas être considérée comme une charge nouvelle, à moins que le dénonciateur, qui n'aurait pas été entendu comme témoin dans la première procédure, n'affirme avoir une connaissance personnelle des faits. Encore même faut-il alors qu'il soit désintéressé dans le procès, car nous ne pensons pas que la partie lésée puisse, par une plainte tardive, raviver une procédure qu'une décision prise en connaissance de cause a assoupie.

Les charges nouvelles doivent-elles se produire spontanément, ou peuvent-elles être recherchées d'office ? Notre avis que quelqu'une au moins doit se produire spontanément ; car si le procureur du roi n'a pas requis ou que le juge d'instruction n'ait pas ordonné l'audition de quelques témoins qu'il était aisé de faire entendre, s'il n'a pas été effectué quelque transport utile, etc., ces fautes ne doivent pas tourner au détriment du prévenu. La doctrine contraire offrirait aux magistrats du ministère public et aux juges instructeurs une facilité trop grande, et dont ils pourraient abuser. Ces magistrats, il est vrai, peuvent feindre avoir été provoqués par la rumeur publique, qui suffit certainement pour autoriser la reprise des poursuites; mais on ne doit pas supposer que des fonctionnaires d'un ordre aussi élevé puissent se permettre un mensonge pour couvrir une violation de la loi.

Les juges inférieurs ayant, du reste, été dessaisis par le renvoi qui avait été fait à la chambre des mises en accusation, c'est d'autorité de la cour que doit être faite l'instruction nouvelle, et c'est la cour qui doit en apprécier directement les résultats. L'art. 248 dispose à ce sujet : « L'officier de police judiciaire ou le juge d'instruction adressera sans délai copie des pièces et charges au procureur général près la cour royale; et, sur la réquisition du procureur général, le président de la section criminelle (c'est-à-dire, de la chambre des mises en accusation) indiquera le juge devant lequel il sera, à la poursuite du ministère public, procédé à une nouvelle instruction, conformément à ce qui a été prescrit. — Pourra toutefois le juge d'instruction décerner, s'il y a lieu, sur les nouvelles charges, et avant leur envoi au procureur général, un mandat de dépôt contre le prévenu qui aurait déjà été mis en liberté d'après les dispositions de l'art. 229. »

Le président de la chambre des mises en accusation peut, de sa seule autorité, et sans être obligé de consulter la chambre au préalable, autoriser l'instruction nouvelle, et il peut commettre à son choix, un juge de la chambre ou un juge de première instance, sans que, dans ce dernier cas, il soit obligé de désigner le juge d'instruction, dont la négligence a peut-être été la cause des résultats peu satisfaisants de la première procédure.

L'instruction nouvelle finie, le procureur général doit faire son rapport à la chambre, dans la forme ordinaire. Si cette fois les indices paraissent d'une gravité suffisante, le prévenu est renvoyé devant la cour d'assises; sinon, il doit être relaxé de nouveau en supposant qu'il eût été repris.

La loi peut-être eût bien fait de dire que le prévenu relaxé une seconde fois ne pourrait pas, même à raison de charges nouvelles, être poursuivi une troisième. Mais la doctrine ne saurait sur ce point suppléer à son silence, et le prévenu par ainsi ne peut être en parfaite sûreté qu'après la prescription de l'action.

II. Passons à la seconde manière dont la chambre des mises en accusation peut statuer.

« Si la cour, porte à cet égard l'art. 230, estime que le prévenu doit être renvoyé à un tribunal de simple police ou à un tribunal de police correctionnelle, elle prononcera le renvoi, et *indiquera le tribunal qui doit en connaître*. — Dans le cas de renvoi à un tribunal de simple police, le prévenu sera mis en liberté. »

Il résulte de ces mots de l'article, *indiquera le tribunal qui doit en connaître*, que la cour, en cas pareil, peut renvoyer le prévenu devant tel tribunal de police simple ou correctionnelle de son ressort qu'elle juge à propos de désigner, quoique ce tribunal ne fût point compétent d'après les règles ordinaires. Cette latitude laissée à la cour royale, présente surtout de l'utilité, en matière de délit. L'ordonnance rendue par les premiers juges en chambre du conseil, peut en effet avoir révélé des dispositions peu favorables au prévenu, et la décision que ces mêmes juges peut-être auraient à rendre comme tribunal de police correctionnelle, pourrait dès-lors à bon droit être suspectée.

L'art. 230 se borne à ordonner la mise en liberté du prévenu renvoyé devant le tribunal de simple police, d'où il semblerait résulter, *à contrario*, que le prévenu renvoyé devant le tribunal de police correctionnelle doit, dans tous les cas, rester en prison jusqu'au jugement. Il est naturel toutefois de suppléer ici la distinction que font les art. 130 et 131 pour le renvoi analogue, prononcé par la chambre du conseil. Si le délit est de nature à entraîner l'emprisonnement, le prévenu doit garder prison jusqu'au jugement; sinon, il doit être mis en liberté, à la charge de se représenter au jour qui lui sera indiqué par une citation ultérieure. Encore même, dans le premier cas, le prévenu, comme on le verra incessamment, est-il admissible à demander sa liberté provisoire sous caution.

Le renvoi fait par la chambre des mises en accusation à un tribunal de police simple ou correctionnelle n'est, comme celui fait par la chambre du conseil, qu'indicatif de juridiction. Si donc le tribunal saisi, à la suite de l'arrêt de renvoi, ne voit pas dans le fait qui lui est soumis les caractères d'une contravention ou d'un délit, ou y reconnaît, au contraire, un caractère plus grave, il doit se déclarer incompétent, et il y a lieu dès-lors à règlement de juges, comme on le verra dans la suite.

Ajoutons que la chambre des mises en accusation n'est pas obligée de renvoyer le prévenu devant un tribunal de police, si rien n'indique dans la procédure qu'il soit l'auteur de la contravention ou du délit; elle doit, au contraire, en ce cas, prononcer son relaxe pur et simple. Mais, d'autre part, pour renvoyer le prévenu en police simple ou correctionnelle, il doit suffire qu'il existe contre lui quelques indices sérieux, car ce n'est que pour le renvoi devant la cour d'assises qu'on doit exiger des charges considérables.

III. Ce renvoi devant la cour d'assises est la troisième manière de statuer qui doit nous occuper.

« Si le fait, porte à ce sujet l'art 231, est qualifié crime par la loi, et que la cour trouve des charges suffisantes pour motiver la mise en accusation, elle ordonnera le renvoi du prévenu aux assises. »

La cour ne peut donc se dispenser de renvoyer l'affaire aux assises, dès que le fait qui lui est soumis présente les caractères d'un crime, quand même le prévenu invoquerait quelque excuse légale : ces excuses ne peuvent être appréciées que par la cour d'assises (1).

« Si le délit, continue l'art. 231 (c'est-à-dire, le fait), a été mal qualifié dans l'ordonnance de prise de corps, la cour l'annulera et en décernera une nouvelle. — Si la cour, en prononçant l'accusation du prévenu, statue sur une opposition à sa mise en liberté, elle annulera l'ordonnance des premiers juges, et décernera une ordonnance de prise de corps : » et l'art. 132 ajoute : « Toutes les fois que la cour décernera des ordonnances de prise de corps, elle se conformera au second paragraphe de l'art. 134 : » c'est-à-dire, que l'ordonnance de prise de corps doit contenir, outre l'exposé du fait et la nature du délit, le nom et le domicile de l'accusé, ou du moins un signalement tel qu'il soit aisé de le reconnaître, et qu'on ne soit pas exposé à exécuter cette ordonnance contre des personnes autres que l'accusé.

L'ordonnance de prise de corps, soit qu'elle ait été rendue par les premiers juges, soit qu'elle l'ait été par la cour, doit être insérée dans l'arrêt de mise en accusation, qui doit contenir en outre l'ordre de conduire l'accusé dans la maison de

---

(1) *Cass.* 6 novembre 1812, et 25 février 18:3.

justice établie près la cour d'assises où il est renvoyé
(art. 233).

L'arrêt qui renvoie le prévenu devant une cour d'assises est
attributif de juridiction en faveur de cette cour. Partant,
s'il n'a pas été attaqué, la cour d'assises doit statuer sur le
fait incriminé, quand même ce fait ne présenterait qu'un
délit (1), ou que le prévenu aurait été justiciable de quelque
tribunal exceptionnel, tel qu'un tribunal militaire ou maritime (2). Mais si la chambre des mises en accusation a mal
qualifié le fait incriminé, cela ne peut pas empêcher la cour
d'assises, en statuant sur ce fait, de lui rendre son véritable
caractère, et de lui appliquer la peine qui lui est propre
quand même la chambre des mises en accusation en aurait
indiqué une autre (3).

SECTION IV. — *Des cas de connexité.*

L'art. 226 du Code accorde à la chambre des mises en
accusation un droit important, c'est celui de statuer par un
seul et même arrêt, sur les délits connexes dont les pièces
sont produites en même temps devant elle, et l'art. 227 indique en ces termes les divers cas de connexité : « Les délits sont connexes, soit lorsqu'ils ont été commis en même
temps par plusieurs personnes réunies, soit lorsqu'ils ont
été commis par différentes personnes, même en différents
temps et en divers lieux, mais par suite d'un concert formé
à l'avance entre elles, soit lorsque les coupables ont commis les uns pour se procurer les moyens de commettre les
autres, pour en faciliter, pour en consommer l'exécution,
ou pour en assurer l'impunité. »

---

(1) *Cass.* 29 avril 1825, et 13 juillet 1827.
(2) *Cass.* 25 avril 1816, et 5 février 1819
(3) *Cass.* 21 avril 1814, 19 juin 1817, 5 février 1819.

Il y a donc, d'après l'art. 227, quatre cas de connexité.

Le premier, c'est lorsque les délits ont été commis en même temps par plusieurs personnes réunies, comme lorsque des malfaiteurs pillent une maison tandis que d'autres y mettent le feu ou en assassinent les habitants.

Le second, c'est lorsque les délits ont été commis par différentes personnes, même en différents temps et en divers lieux, mais par suite d'un concert formé à l'avance ; comme lorsqu'il s'agit de meurtres ou de vols divers, commis par des brigands faisant partie de la même bande.

Le troisième se réalise, quand un crime a été commis pour en préparer, en faciliter ou en consommer un autre ; comme lorsque des voleurs ont employé des violences, des menaces ou des tortures, pour préparer, faciliter ou consommer leur vol.

Le quatrième enfin, c'est lorsqu'un nouveau crime a été commis pour assurer l'impunité d'un précédent, comme si quelque témoin du premier méfait a été tué pour empêcher sa déposition.

M. Carnot, sur l'art. 227, cite également comme exemple de ce dernier cas, un fait singulier, qui contrarie un peu la maxime qu'il y a un certain droit des gens entre les brigands, et qui prouve au contraire à quels excès peuvent se porter des hommes en qui l'habitude du crime a étouffé tous les sentiments humains.

Des malfaiteurs s'étaient réunis pour commettre un vol dans un magasin. Au moyen d'une ouverture qu'ils avaient pratiquée, l'un d'eux introduit son bras pour enlever les barres de la devanture, mais il se trouve pris aussitôt dans un nœud coulant dont il ne peut plus se dégager. En laissant leur camarade dans cette position, les autres voleurs couraient le risque d'être dénoncés par lui, ou d'être reconnus par les liaisons qui les unissaient. Ils le poignardent alors froidement, lui coupent la tête et l'emportent, ne laissant qu'un tronc sanglant qu'ils supposent ne pouvoir plus fournir aucun indice à la justice. « Cet assassinat, ajoute avec raison l'auteur cité, était bien certainement un crime connexe avec la tentative du vol, puisqu'il avait eu pour objet d'en assurer l'impunité. »

Mais on a remarqué qu'aux termes de l'article 226, la cour ne peut statuer, par un seul et même arrêt, sur des crimes connexes, qu'autant que les pièces relatives aux divers crimes se trouvent produites en même temps devant elle.

Elle ne pourrait donc, quand un seul des crimes est soumis à son examen, retarder sa décision jusqu'à ce que l'instruction commencée par le juge inférieur sur l'autre crime connexe fût terminée. Ce serait causer un trop grand préjudice aux prévenus du premier crime, qui ont intérêt à ce que leur détention préventive ne dure pas trop long-temps. Mais la cour pourrait, en cas pareil, user du droit d'évocation, et trouver là un moyen légal de comprendre les crimes connexes dans un même arrêt de renvoi.

Toutes les fois du reste qu'il y a connexité, il peut s'élever des difficultés graves sur le point de savoir devant quelle juridiction l'affaire doit être renvoyée, quand chaque crime ou chaque prévenu serait, d'après les règles ordinaires, justiciable de tribunaux différents. Mais l'examen de ces difficultés serait ici prématuré ; nous en reparlerons quand nous traiterons des règlements de juges.

SECTION V. — *Des voies ouvertes contre les arrêts de la chambre des mises en accusation.*

La loi n'autorise expressément qu'un seul recours, contre les arrêts de la chambre des mises en accusation : c'est le recours en cassation dont elle trace les règles et les délais dans les art. 296 et suiv., sur lesquels nous reviendrons plus tard.

M. Carnot, sur l'art. 217, enseigne toutefois que le prévenu peut se pourvoir par opposition, quand l'ordonnance de la chambre du conseil ne lui a pas été notifiée, et qu'il n'a point fourni devant la cour le mémoire qu'il était en droit de produire. Cette opinion, quoiqu'elle paraisse d'abord assez équitable, ne nous semble pas devoir être suivie. Le prévenu en effet a à s'imputer de n'avoir pas remis, dès le principe, au juge d'instruction ou au greffe de première instance, un mémoire justificatif qui eût été joint aux pièces, et dont la chambre des mises en accusation aurait eu dès-lors nécessairement connaissance.

Nous n'admettons la voie de l'opposition que dans un seul cas, dont il a été déjà question; c'est lorsque la partie civile, à la suite d'une opposition envers l'ordonnance de la chambre du conseil, a été condamnée envers le prévenu, à des dommages-intérêts dont elle n'a pas été mise à même de débattre le chiffre.

Cette différence de position entre l'accusé et la partie civile, paraît, au premier aspect, un renversement des principes; car en général, les recours sont plus facilement ouverts au prévenu qu'à la partie civile. Elle s'explique pourtant par cette raison, que l'arrêt de mise en accusation laisse tous les moyens de défense de l'accusé intacts, tandis que l'arrêt qui condamne la partie civile à des dommages, statue d'une manière définitive, et ne peut être attaqué par aucune autre voie que celle de l'opposition. Il est à remarquer d'ailleurs que, pour les ordonnances de la chambre du conseil, la voie de l'opposition est également fermée à l'accusé, tandis qu'elle est ouverte à la partie civile.

TITRE III.

DE L'INSTRUCTION PRÉLIMINAIRE EN MATIÈRE DE DÉLITS.

CHAPITRE PREMIER.

Règles générales.

En matière de délits, l'instruction préparatoire n'est pas indispensable comme elle l'est pour les crimes. Le tribunal de police correctionnelle peut, en effet, aux termes de l'art. 180, être saisi directement par une citation donnée au prévenu, à la requête du ministère public ou de la partie civile : toutefois une instruction préparatoire peut aussi avoir lieu pour les délits, sauf quelques cas d'exception qu'on indiquera ultérieurement, et cette instruction se fait alors de la même manière que pour les crimes, à part quelques différences dont on va indiquer les principales.

1° La partie civile qui ne justifie pas de son indigence doit, aux termes de l'art. 160 du tarif criminel et avant toutes poursuites, déposer au greffe ou entre les mains du receveur de l'enregistrement, la somme présumée nécessaire pour les frais de la procédure, et, d'après l'art. 157 qui n'a pas été abrogé en ce point, elle est tenue des frais envers l'État, même dans le cas où le prévenu est condamné, sauf son recours contre ce dernier.

2° Quoique le délit soit flagrant, le procureur du roi, d'après l'art. 40, n'a le droit de faire aucun acte d'instruction, si ce délit ne peut entraîner qu'une peine pécuniaire. Mais nous pensons qu'il en est autrement quand le fait est passible d'emprisonnement, et que le procureur du roi peut alors commencer l'instruction comme s'il s'agissait d'un crime. Quand on voit en effet l'art. 16 du Code enjoindre aux gardes champêtres et forestiers, d'arrêter tout individu surpris en flagrant délit ou poursuivi par la clameur publique, si le délit est de nature à emporter la peine d'emprisonnement, on ne peut pas raisonnablement contester aux procureurs du roi et à leurs officiers auxiliaires un droit analogue, et ce droit suppose qu'ils peuvent commencer l'instruction (1).

La seule différence que nous établissons dans le dernier cas entre le crime et le délit, et la seule en effet qui résulte nécessairement du texte de l'art. 32, c'est que pour le crime flagrant, le procureur du roi ou ses officiers auxiliaires sont *tenus* de commencer sur-le-champ l'instruction, tandis que pour le délit, ils n'y sont pas obligés et en ont simplement la faculté.

3° Le juge d'instruction peut ne décerner qu'un mandat de comparution contre les personnes domiciliées prévenues d'un simple délit, tandis qu'en matière de crime il doit toujours procéder par mandat d'amener.

4° Le renvoi au tribunal de police correctionnelle est prononcé directement par la chambre du conseil, sans qu'il y ait lieu de saisir la chambre des mises en accusation. Ce n'est que par exception que cette dernière chambre prononce des renvois devant le tribunal correctionnel, comme lorsqu'elle avait évoqué l'instruction, ou qu'elle réforme une ordonnance de la chambre du conseil, qui avait vu mal à propos dans la prévention les caractères d'un crime.

5° Le prévenu arrêté pour délit peut demander sa mise en liberté provisoire moyennant caution.

Ce dernier point seul nécessite des explications spéciales qui vont faire l'objet du chapitre suivant. Dans un troisième chapitre, nous parlerons des délits ruraux et forestiers, et des contraventions fiscales dévolues aux tribunaux correctionnels.

---

(1) M. Legraverend, t. 1er, p. 181 et suiv., et M. Bourguignon, sur l'art. 32, émettent l'avis contraire; mais leur opinion n'est pas suivie dans la pratique. V. le Dictionnaire de M. A. Dalloz, v° *Instruction criminelle*, n 98.

CHAPITRE II.

De la liberté provisoire moyennant caution.

Les auteurs du Code du 3 brumaire an IV avaient donné au principe de la liberté provisoire moyennant caution, une bien grande extension. D'après l'art. 222 de ce Code, tout prévenu d'un fait qui n'était passible que de peines correctionnelles ou infamantes, avait *le droit* de réclamer sa mise en liberté provisoire moyennant un cautionnement de trois mille francs.

Le Code d'instruction criminelle s'est montré moins large.

D'après l'art. 113 d'abord, la liberté provisoire ne peut jamais être accordée au prévenu, lorsque le titre de l'accusation emporte une peine afflictive ou infamante. Par *titre d'accusation*, il faut entendre le mandat d'arrêt décerné par le juge d'instruction; et s'il n'y a pas eu de mandat d'arrêt, c'est à la chambre du conseil à déterminer elle-même le caractère du fait.

Quant aux délits, l'art. 114 dispose : « Si le fait n'emporte pas une peine afflictive ou infamante, mais seulement une peine correctionnelle, la chambre du conseil *pourra*, sur la demande du prévenu, et sur les conclusions du procureur du roi, ordonner que le prévenu sera mis provisoirement en liberté, moyennant caution solvable de se représenter à tous les actes de la procédure et pour l'exécution du jugement, aussitôt qu'il en sera requis. — La mise en liberté provisoire avec caution *pourra* être demandée et *accordée* en tout état de cause. »

La question la plus importante de toute la matière, est celle de savoir si la liberté provisoire doit nécessairement être accordée par cela seul que le prévenu la demande, pourvu que ce prévenu ne soit pas du petit nombre de ceux que la loi déclare dans tous les cas indignes de l'obtenir.

La cour de cassation, dans un arrêt du 16 décembre 1811, avait décidé d'abord la question négativement. Puis, par un grand nombre d'arrêts, elle avait jugé l'affirmative. Enfin, par un arrêt récent, du 23 février 1844, rendu en audience solennelle, elle est revenue à sa première jurisprudence, et a décidé qu'il est facultatif pour les juges d'accueillir ou de repousser suivant les cas la demande du prévenu.

Nous approuvons pleinement cette dernière doctrine. Jamais, que nous sachions, ces mots de notre langue, *pourra ordonner*, *pourra accorder*, qu'on trouve employés dans les deux dispositions de l'art. 114, n'ont été synonymes de ceux-ci, *devra ordonner*, *devra accorder*. Si cela n'était pas évident de soi, cela le deviendrait par le rapprochement de l'art. 114 avec l'art. 222 de la loi de brumaire qui était conçu en termes impératifs, et dont les auteurs du Code d'instruction criminelle ont affecté, pour ainsi dire, de changer la rédaction.

La gradation établie par les art. 113 et 114 du Code s'explique dès-lors naturellement. Les deux articles sont également restrictifs de la législation précédente. Le premier prohibe absolument la liberté provisoire, si le fait peut entraîner une peine infamante; le second, d'obligée qu'elle était, la rend seulement facultative, si le fait est passible d'emprisonnement.

Le système que la cour de cassation avait adopté avant son dernier arrêt pouvait entraîner des résultats immoraux. Autoriser par exemple un homme opulent, prévenu peut-être d'un délit honteux, à recouvrer sa liberté, c'est-à-dire, à se procurer tous les moyens de s'enfuir, moyennant un léger sacrifice de cinq cents francs, c'était donner aux riches une prime d'impunité; c'était revenir vers ces temps grossiers de Rome antique, où un riche Romain, pour mal-traiter et injurier tout à son aise quiconque avait la disgrâce de lui déplaire, se faisait accompagner d'un esclave porteur d'une bourse, qui payait sur-le-champ à l'offensé la composition modique fixée par la loi.

En matière fiscale, il est vrai, et en matière de presse,

10

quelques textes particuliers portent que la liberté provisoire *doit* être accordée au prévenu moyennant caution; mais c'est le cas de dire que l'exception confirme la règle.

Quoi qu'il en soit, l'art. 114 permet au prévenu de demander sa mise en liberté provisoire, non-seulement dans la période de l'instruction préparatoire, c'est-à-dire, avant que la chambre du conseil ait rendu son ordonnance, mais encore postérieurement et *en tout état de cause*, partant, même sur l'appel ou après le pourvoi en cassation.

Nous allons parler des deux cas successivement. Mais avant tout, il est à propos de faire remarquer que la liberté provisoire peut être demandée, aussi bien par le prévenu qui n'a pas été arrêté et qui veut éviter de l'être, que par celui qui a déjà été arrêté et qui veut sortir de prison, et les règles à suivre sont les mêmes dans les deux hypothèses (1).

§ 1. *Du cas où la liberté provisoire est demandée avant l'ordonnance de la chambre du conseil.*

Ce cas est le plus ordinaire; aussi est-ce celui dont les auteurs du Code se sont particulièrement occupés.

Pour bien exposer leur théorie sur ce point, il convient d'examiner successivement, quels sont les prévenus qui ne peuvent pas demander la mise en liberté provisoire, de quelle manière la demande doit être formée, comment la chambre du conseil doit statuer et quel est le caractère de sa décision, comment le cautionnement doit être fourni, quels sont enfin les effets du cautionnement.

I. D'après les art. 115 et 116 du Code, il est trois classes de personnes qui ne peuvent jamais obtenir leur mise en liberté provisoire.

---

(1) *Cass.* 22 avril 1841. D. P. 41-1 288.

Ce sont : 1° *les vagabonds.* L'art. 270 du Code pénal donne ce nom à tout individu qui n'a ni domicile certain, ni moyen de subsistance, et qui n'exerce habituellement ni métier ni profession; et, pour que la liberté provisoire lui soit refusée, il n'est pas nécessaire qu'il ait été condamné précédemment comme vagabond, il suffit qu'au moment de son arrestation il fût en état de vagabondage.

2° *Les repris de justice.* Dans l'ancienne jurisprudence, on désignait sous ce nom les individus qui avaient été condamnés à des peines afflictives ou au moins infamantes, et il ne paraît pas que les auteurs du Code aient voulu changer l'acception de ce mot. Une condamnation correctionnelle ne suffit donc pas pour imprimer au condamné le titre ignominieux de repris de justice (1).

3° Les prévenus mis une première fois en liberté provisoire, qui auraient laissé contraindre leur caution au paiement. Par cette déloyale conduite, ils se sont rendus indignes d'obtenir de nouveau la liberté provisoire, soit dans la même affaire, soit pour un fait postérieur, car l'art. 126 ne distingue pas.

II. La demande du prévenu doit être adressée à la chambre du conseil, mais rien n'empêche qu'elle soit remise au juge d'instruction.

Elle doit nécessairement être communiquée au procureur du roi, puisque, d'après l'art. 114, la mise en liberté provisoire ne peut être prononcée que sur les conclusions de ce magistrat.

Elle doit de plus, aux termes de l'art. 216, être notifiée à la partie civile, à son domicile réel ou à celui qu'elle a élu; mais si cette partie n'était pas domiciliée dans l'arrondissement et qu'elle eût négligé de faire l'élection de domicile prescrite par l'art. 68, le prévenu serait dispensé de lui notifier sa demande.

----

(1) *Cass.* 26 mai 1838. D. P. 38 1-297.

III. La chambre du conseil statue à huis clos, suivant sa coutume, sans pouvoir entendre ni le prévenu, ni la partie civile, dont elle peut seulement lire les mémoires. Sa décision est prise à la majorité des suffrages. Si toutefois un des juges refuse la mise en liberté provisoire, en se fondant sur ce que le fait présente à ses yeux les caractères d'un crime, dont le prévenu lui semble pouvoir être à bon droit suspecté, cela doit suffire pour écarter la demande, puisque le renvoi à la chambre des mises en accusation devient dès-lors obligé d'après l'art. 133.

Mais, quel est le caractère de la décision de la chambre du conseil, soit qu'elle refuse l'autorisation, soit qu'elle l'accorde? Cette décision est-elle souveraine, ou peut-elle être attaquée par la voie de l'appel? La cour de cassation a jugé, le 15 avril 1837, que la décision de la chambre du conseil peut être attaquée par appel, de la part du prévenu dont elle a rejeté la demande. Tel est aussi notre sentiment; mais par réciprocité, il faut reconnaître que le procureur du roi ou la partie civile ont aussi le droit d'appeler, quand la demande du prévenu est accueillie.

L'appel doit être porté devant la chambre des mises en accusation. Le prévenu paraît avoir dix jours pour l'interjeter. Quant au ministère public et à la partie civile, il semble qu'il faudrait faire une distinction. Si leur appel est fondé sur ce que le fait qui donne lieu à la prévention emporte peine afflictive ou infamante, cet appel, à raison de la grande analogie que ce cas présente avec celui réglé par l'art. 135, paraîtrait devoir être interjeté dans les vingt-quatre heures; et formé dans ce délai, il aurait un effet suspensif. Dans tout autre cas, il pourrait, comme celui du prévenu, être formé dans les dix jours, par application de l'art. 203, mais il n'aurait pas d'effet suspensif, vu qu'en général l'effet suspensif ne s'applique pas aux matières provisoires.

Si la décision de la chambre du conseil qui refuse la liberté provisoire demandée par le prévenu, est fondée sur des faits qui ne sont pas sujets à se modifier par la suite, sur ce que, par exemple, le prévenu serait du nombre des individus que la loi déclare dans tous les cas indignes d'obtenir cette grâce, cette décision passerait en chose jugée faute d'avoir été attaquée dans les délais, et la demande ne pourrait plus être reproduite. Si au contraire la décision n'est basée que sur l'état actuel de l'instruction; comme cet état peut changer, et l'affaire diminuer de gravité, le prévenu, quoiqu'il n'eût pas interjeté d'appel, semblerait recevable à réitérer sa demande, soit devant la chambre du conseil, soit devant la juridiction correctionnelle s'il avait déjà été renvoyé devant celle-ci.

IV. Le prévenu dont la demande a été accueillie par la chambre du conseil doit, avant d'être élargi, fournir le cautionnement réglé par la loi (1).

« Le cautionnement, porte l'art. 119, ne pourra être au-dessous de cinq cents francs. — Si la peine correctionnelle était à la fois l'emprisonnement et une amende dont le double excèderait cinq cents francs, le cautionnement ne pourrait pas être exigé d'une somme plus forte que le double de cette amende. — S'il avait résulté du délit un dommage civil appréciable en argent, le cautionnement sera triple de la valeur du dommage, ainsi qu'il sera arbitré, pour cet effet seulement, par le juge d'instruction, sans néanmoins que dans ce cas le cautionnement puisse être au-dessous de cinq cents francs. »

Il résulte de ces derniers termes de l'article, que le chiffre du cautionnement doit être fixé par le juge d'instruction. L'attribution faite à ce juge n'est pourtant fondée, ce nous semble, que sur un motif de célérité; et nous penserions par cette raison que la chambre du conseil peut fixer elle-même le chiffre du cautionnement, quand elle a dès l'abord toutes les données nécessaires.

_____

(1) La mise en liberté provisoire ne peut jamais être autorisée sans caution *Cass.* 30 novembre 1832. D. P. 33-1-344.

Le cautionnement ne peut jamais descendre au-dessous de cinq cents francs, mais il ne peut pas non plus être exigé d'une somme plus forte, quand le fait ne peut donner lieu ni à une amende dont le *maximum* doublé dépasse ce chiffre, ni à des dommages civils dont le triple surpasse cette même somme.

Si le double du *maximum* de l'amende encourue dépasse cinq cents francs, le cautionnement *peut* être exigé d'une somme égale à ce *maximum* doublé, mais la loi ne défend pas de se contenter en ce cas du cautionnement de cinq cents francs, quand même l'amende simple pourrait excéder cette somme. Dans les cas, par exemple, prévus par les art. 413, 414, 419 et 420 du Code pénal, quoique le *maximum* de l'amende puisse s'élever à trois mille, dix mille, et même vingt mille francs, le juge d'instruction peut n'exiger qu'un cautionnement de cinq cents francs, sans violer la loi.

Si, au contraire, le délit a causé un dommage civil *appréciable en argent*, il faut nécessairement que le cautionnement soit égal au triple de ce dommage; l'art. 119 est impératif en ce point. Mais on ne peut prendre en considération que le dommage causé aux biens de la personne lésée. Les atteintes portées à la réputation ou à l'honneur de cette personne peuvent bien aussi donner lieu à une réparation pécuniaire; mais on ne doit pas tenir compte de la somme qui pourra être accordée à ce titre, pour fixer le chiffre du cautionnement; autrement, ces mots de la loi, *appréciable en argent*, seraient vides de sens.

Nous pensons aussi que le juge d'instruction ne doit prendre en considération le dommage même matériel causé par le délit, qu'autant que la personne qui l'a souffert s'est portée partie civile : la loi ne protége que les hommes qui veillent à leurs intérêts, *vigilantibus jura subveniunt* (1).

L'appréciation du dommage, faite par le juge d'instruc-

---

(1) *Contrà*, M. Legraverend, t. 1er, p. 368

tion, n'est au demeurant que provisoire, et ne peut lier le tribunal correctionnel dans l'appréciation ultérieure qu'il devra en faire; la loi s'en exprime formellement.

Si les auteurs du Code ont donné au juge d'instruction le droit de fixer de sa seule autorité le chiffre du cautionnement, c'est sans doute, comme on l'a déjà dit, pour prévenir le retard qu'occasionnerait une nouvelle décision de la chambre du conseil. Ce motif d'urgence nous fait penser que l'ordonnance du juge d'instruction doit être exécutée par provision; mais nous la croyons susceptible d'appel devant la chambre des mises en accusation, soit de la part du prévenu, soit de la part du ministère public ou de la partie civile. L'appel en effet est de règle, quand la loi ne l'a pas formellement prohibé.

Le cautionnement, aux termes des art. 117 et 118, peut être fourni par le prévenu lui-même ou par un tiers. Il peut être fourni en espèces, et alors il suffit d'en verser le montant à la caisse des consignations. Il peut aussi être fourni en immeubles; mais il faut que les immeubles offerts soient libres, non-seulement pour le montant du cautionnement, mais encore pour une moitié en sus, par la raison que l'évaluation des immeubles pourrait avoir été trop forte, et que les frais de justice qu'exigent les ventes judiciaires diminuent toujours sensiblement le gage. Dans ce dernier cas, la suffisance des immeubles doit être fixée, contradictoirement avec le procureur du roi et la partie civile, par le juge d'instruction, dont l'ordonnance paraît devoir être exécutée par provision, mais toujours sauf l'appel. Quand le prévenu a fourni les sûretés nécessaires, il doit encore observer deux formalités avant qu'il puisse être élargi.

1° Aux termes de l'art. 120, il faut que le prévenu ou sa caution, suivant que le cautionnement est fourni par le prévenu lui-même ou par un tiers, fasse sa soumission, soit au greffe du tribunal, soit devant notaires, de payer entre les mains du receveur de l'enregistrement le montant du cautionnement, en cas que le prévenu soit constitué en défaut de se représenter. « Cette soumission, ajoute l'article, entraînera la contrainte par corps contre la caution : une expédition en forme exécutoire en sera remise à la partie civile, avant que le prévenu ne soit mis en liberté provisoire. » Une grosse peut aussi être exigée par le procureur du roi.

En vertu de cette soumission et de l'ordonnance du juge d'instruction qui a reconnu la suffisance des immeubles, le procureur du roi et la partie civile peuvent prendre une inscription hypothécaire, sans attendre le jugement définitif; et l'inscription prise par l'un ou par l'autre profite à tous les deux (art. 121).

2° Le prévenu, d'après l'art. 124, doit aussi, avant d'être élargi, élire domicile dans le lieu où siége le tribunal correctionnel, par un acte reçu au greffe de ce tribunal. Cette élection de domicile est exigée par la loi, pour qu'on puisse y faire au prévenu toutes les significations que la suite de la procédure peut nécessiter.

V. Quand le prévenu a été rendu à la liberté, quels sont les effets du cautionnement ? C'est le dernier point qui nous reste à traiter, et ce n'est pas le moins délicat.

Pour bien déterminer ces effets, il faut partir de ce principe, que la caution, d'après l'art. 114, a pour unique but d'obliger le prévenu à se représenter à tous les actes de la procédure et pour l'exécution du jugement, aussitôt qu'il en est requis.

De là, s'induisent de nombreuses conséquences.

La première et la plus importante, c'est que si le prévenu se représente exactement toutes les fois qu'il en est requis, la caution est complètement dégagée et ne doit absolument rien, quand même le prévenu serait condamné; car ce n'est pas son innocence qu'elle a garantie, c'est seulement son exactitude à se représenter (1). Les espèces consignées peu-

_____

(1) *Cass.* 1er août 1843. D. P. 43-1-391.

vent donc aussi, en ce cas, être retirées, sauf la saisie-arrêt que l'Etat ou la partie civile peuvent pratiquer, si le versement a été fait par le prévenu.

Dès l'instant, au contraire, que le prévenu ne se représente pas à une audience pour laquelle il a été régulièrement cité, sans d'ailleurs proposer des excuses valables, le montant du cautionnement peut être exigé, quoique le jugement n'ait pas encore été rendu.

« Le juge d'instruction, porte à cet égard l'art. 122, rendra, le cas arrivant, sur les conclusions du procureur du roi ou sur la demande de la partie civile, une ordonnance pour le paiement de la somme cautionnée. » Cette ordonnance, comme toutes les autres, nous semble susceptible d'appel devant la chambre des mises en accusation, mais sans que l'appel arrête son exécution.

« Le paiement, ajoute l'article, sera poursuivi à la requête du procureur du roi, et à la diligence du directeur de l'enregistrement. Les sommes recouvrées seront versées dans la *caisse de l'enregistrement*, sans préjudice des poursuites et des droits des parties intéressées. » Quoique ce texte n'ait pas été retouché en 1832, le versement doit pourtant se faire à la caisse des dépôts et consignations d'après l'ordonnance du 3 juillet 1816.

Le prévenu peut en outre, d'après l'art. 125, être saisi et écroué de nouveau dans la maison d'arrêt, en exécution d'une ordonnance du juge d'instruction.

Mais, de ce que le prévenu a été une fois en faute de se représenter, le montant du cautionnement est-il irrévocablement acquis à l'Etat, quoi qu'il puisse arriver par la suite ? La loi n'a consacré nulle part un principe aussi absolu, et l'équité suggère plusieurs distinctions.

1° Si le prévenu, quoiqu'il ne se soit pas présenté à quelque audience, vient à être acquitté, le cautionnement doit être rendu, puisqu'il demeure prouvé par là, que la détention préventive avait eu lieu sans cause; et, bien loin que l'Etat puisse en cas pareil rien demander au prévenu, c'est plutôt celui-ci qui serait fondé à demander une réparation, si l'Etat pouvait en être tenu. Ce principe a été formellement consacré par la cour suprême dans l'affaire *Cauchois-Lemaire*, le 19 octobre 1821 (1).

2° Il peut se faire que le prévenu qui a fait défaut à quelque audience soit condamné, mais qu'il se représente pour l'exécution du jugement dès qu'il en est requis. Dans ce cas encore, nous penserions que le cautionnement doit être restitué, car la détention préventive ne tend qu'à mettre le prévenu hors d'état de se soustraire à la peine qui pourra être prononcée contre lui. La société n'a donc pas à se plaindre, quand le prévenu, aussitôt qu'il a été condamné, vient tendre ses mains aux chaînes.

3° Enfin, le prévenu n'est pas exact à se représenter pour l'exécution du jugement lorsqu'il en est requis. Alors, quoiqu'il se représente ou soit saisi dans la suite, le cautionnement est définitivement acquis à l'Etat; car la peine n'atteint pleinement son but que lorsqu'elle suit de près la sentence, et le condamné, en ne venant pas subir sur-le-champ sa condamnation, a causé par là à la société un préjudice, dont le cautionnement est la juste réparation.

Comment du reste, le montant du cautionnement se distribue-t-il entre l'Etat et la partie civile, quand il est insuffisant pour les désintéresser tous deux ?

L'art. 121 dispose à cet égard : « Les espèces déposées, et les immeubles servant de cautionnement, seront affectés par privilège : 1° au paiement des réparations civiles et des frais avancés par la partie civile; 2° aux amendes; le tout néanmoins sans préjudice du privilège du trésor public, à raison des frais faits par la partie publique : » c'est-à-dire, que le trésor public conserve son privilège pour les frais

---

(1) S. 21-1-397. La cour suprême a rendu un autre arrêt dans le même sens, le 13 mai 1837. D. P. 37-1-524. L'Etat, en cas pareil, peut seulement retenir sur le cautionnement les frais extraordinaires que l'absence du prévenu a pu occasionner.

sur les autres biens du condamné, si le cautionnement était insuffisant pour les payer. En cas d'insuffisance du cautionnement, les réparations civiles passent donc avant les amendes; ce n'est là du reste que l'application d'un principe général, écrit dans l'art. 54 du Code pénal.

Il peut arriver, au contraire, que paiement fait des frais, des amendes et des réparations civiles, il reste encore un excédant sur le cautionnement. Ce résidu doit-il alors être rendu soit à la caution, soit au condamné ? L'affirmative paraît incontestable, quand le prévenu n'a été condamné qu'à des peines pécuniaires. Mais, s'il a été condamné à l'emprisonnement, le résidu doit rester à l'Etat comme réparation du préjudice que la société éprouve, avons-nous dit, quand une peine n'est pas subie incontinent.

Il est essentiel, au surplus, de remarquer que, si le prévenu mis en liberté sous caution ne se représente pas à quelqu'une des audiences indiquées, cela ne confère à l'Etat d'autre droit que celui d'exiger immédiatement le montant du cautionnement. La sentence rendue par défaut contre le prévenu ne laisse donc pas d'être susceptible d'opposition dans le délai ordinaire. Quand les dispositions de la loi sont déjà protégées par une sanction, il n'est pas permis d'établir une sanction d'un autre ordre que la loi n'a point consacrée (1).

Nous ajouterons, en terminant ce paragraphe, que l'art. 123 du Code, relatif à la contrainte à décerner contre la caution d'un individu mis sous la surveillance du gouvernement, quand celui-ci commet un crime ou un délit, est devenu sans objet, depuis que l'art. 44 du Code pénal, révisé en 1832, ne soumet plus les individus renvoyés sous la surveillance du gouvernement, à fournir caution.

---

(1) V. l'arrêt précité du 19 octobre 1821.

§ II. *Du cas où la mise en liberté est demandée après l'ordonnance de la chambre du conseil.*

Que la demande de mise en liberté continue en cas pareil d'être recevable, même durant l'instance d'appel ou le pourvoi en cassation, c'est ce dont il n'est pas permis de douter, en présence de la disposition finale de l'art. 114, qui permet d'accorder la liberté provisoire en tout état de cause.

Mais le difficile est de déterminer devant quelle autorité le prévenu doit alors porter sa demande.

Pour résoudre cette difficulté sur laquelle la loi est complètement muette, il faut partir de ce principe, ce nous semble, fort raisonnable, que la demande doit être portée devant l'autorité qui est le plus à même de l'apprécier promptement et en connaissance de cause.

Parcourons donc les trois hypothèses qui peuvent se présenter.

1re *Hypothèse.* Le prévenu a été renvoyé par la chambre du conseil devant le tribunal correctionnel, mais ce tribunal n'a pas encore statué.

Est-ce alors le tribunal, ou la chambre du conseil, qui doit être saisi de la demande ? La question offre de l'intérêt, quand la chambre correctionnelle est composée d'autres juges que ceux de la chambre du conseil. C'est, suivant nous, la chambre du conseil qu'il faut saisir, parce que cette chambre où les faits ont déjà été exposés et dans laquelle siége toujours le juge d'instruction, est généralement plus à même de décider que le tribunal correctionnel.

2me *Hypothèse.* Le tribunal correctionnel a déjà rendu son jugement, mais ce jugement est attaqué par appel.

D'après l'art. 207 du Code, les pièces doivent alors être envoyées au tribunal supérieur, et le prévenu doit aussi être transféré dans la maison où siége ce dernier tribunal.

C'est donc lui qui est plus à même de statuer sur la demande, et lui, par conséquent, qui en connaîtra (1).

Les fonctions du juge d'instruction, relatives à la fixation du chiffre du cautionnement, à l'admission de la caution, etc., sont remplies alors par un juge que désigne le tribunal supérieur, car nous ne pensons pas qu'il soit nécessaire de revenir pour cela devant le juge d'instruction de première instance.

3ᵐᵉ *Hypothèse*. Le tribunal supérieur a rendu aussi son jugement, mais ce jugement a été déféré à la cour de cassation.

Le prévenu ne peut alors évidemment s'adresser à la cour de cassation, qui généralement est beaucoup trop éloignée, et qui d'ailleurs, en principe, ne statue pas sur des questions de fait. Il doit donc porter sa demande, non pas devant la chambre du conseil qui est depuis long-temps dessaisie, mais devant le tribunal qui a statué sur l'appel, par la raison que les souvenirs des juges de ce tribunal sont beaucoup plus récents, et que c'est dans la maison d'arrêt du lieu où ils siégent que le prévenu doit être actuellement détenu.

Il est temps de passer aux dernières réflexions que nous avons à faire, au sujet de la constatation préalable de certains délits d'une nature spéciale.

CHAPITRE III.

Des délits ruraux et forestiers, et des contraventions fiscales jugées par les tribunaux correctionnels.

§ Iᵉʳ. *Des délits ruraux et forestiers.*

Tous les officiers de police judiciaire ont également qualité pour constater les délits ruraux et forestiers, et les dé-

---

(1) *Cass* 24 août 1811. Dalloz, *Répertoire*, t. 9. p. 786.

r

noncer au procureur du roi ou aux autres fonctionnaires ayant qualité pour les poursuivre; mais ce soin est confié d'une manière plus particulière aux gardes champêtres pour les délits ruraux, et aux gardes forestiers pour les délits commis dans les forêts.

Les gardes forestiers se divisent en deux classes, gardes de l'Etat, des communes ou des établissements publics, et gardes des particuliers.

Les gardes champêtres se divisent également en deux classes, ceux des communes et ceux des particuliers.

Tout particulier en effet peut, aux termes de l'art. 117 du code forestier, faire agréer par le sous-préfet, un garde forestier pour la conservation de ses bois, et la loi du 20 messidor an 3, art. 4, l'autorise aussi à faire agréer un garde champêtre par le même fonctionnaire pour la conservation de ses propriétés rurales.

Les gardes forestiers doivent prêter serment devant le tribunal de première instance, d'après les art. 5 et 117 du Code forestier; les gardes champêtres prêtent le leur devant le juge de paix, aux termes de l'art. 5, tit. 1er, de la loi du 28 septembre 1791. Ils ne peuvent entrer en fonctions qu'après avoir rempli cette formalité.

L'art. 16 du Code fait connaître en détail les attributions de ces officiers.

« Les gardes champêtres et les gardes forestiers, porte cet article, considérés comme officiers de police judiciaire, sont chargés de rechercher, chacun dans le territoire pour lequel ils auront été assermentés, les délits et les contraventions de police qui auront porté atteinte aux propriétés rurales et forestières. — Ils dresseront des procès-verbaux à l'effet de constater la nature, les circonstances, le temps, le lieu des délits et des contraventions, ainsi que les preuves et les indices qu'ils auront pu en recueillir. — Ils suivront les choses enlevées, dans les lieux où elles auront été transportées, et les mettront en séquestre : ils ne pourront néanmoins s'introduire dans les maisons, ateliers, bâ-

timents, cours adjacentes et enclos, si ce n'est en présence,
soit du juge de paix, soit de son suppléant, soit du commissaire de police, soit du maire du lieu, soit de son adjoint ;
et le procès-verbal qui devra en être dressé sera signé par
celui en présence duquel il aura été fait. — Ils arrêteront et
conduiront devant le juge de paix ou devant le maire, tout
individu qu'ils auront surpris en flagrant délit ou qui sera
dénoncé par la clameur publique, lorsque ce délit emportera la peine d'emprisonnement ou une peine plus forte. —
Ils se feront donner, pour cet effet, main-forte par le
maire ou par l'adjoint du maire du lieu, qui ne pourra s'y
refuser. »

Les devoirs des gardes se rapportent, comme on voit, à
trois objets, à la rédaction des procès-verbaux constatant le
délit, à la saisie des objets enlevés, enfin à l'arrestation des
délinquants.

I. Les art. 165 et 170 du Code forestier indiquent les formalités auxquelles sont soumis à peine de nullité les procès-
verbaux des gardes forestiers. Ces procès-verbaux doivent
être écrits en entier par le garde, sauf le cas d'empêchement, et dans tous les cas, signés par lui ; puis et le lendemain de leur clôture au plus tard, ils doivent être affirmés
par-devant le juge de paix du canton ou l'un de ses suppléants, ou par-devant le maire ou l'adjoint, soit de la
commune de leur résidence, soit de celle où le délit a été
commis ou constaté ; puis enfin, enregistrés dans les quatre
jours de leur affirmation.

Les procès-verbaux des gardes champêtres doivent aussi,
d'après l'art. 11 de la loi du 28 floréal an X, être affirmés
devant le juge de paix, et cela dans le délai de vingt-quatre
heures d'après l'art. 10 de la loi du 28-30 avril 1790, dont la
disposition ne paraît pas avoir été abrogée en ce point. Mais
la première de ces lois ne permet au garde champêtre de
s'adresser aux suppléants du juge de paix qu'à défaut de
celui-ci, et au maire ou à l'adjoint, qu'à défaut du juge de

paix et de ses suppléants, sans du reste prononcer la peine de nullité si l'empêchement n'est pas mentionné.

Les procès-verbaux des gardes forestiers de l'État, des communes, et des établissements publics, font foi en général jusqu'à inscription de faux ; ceux des gardes forestiers des particuliers et des gardes champêtres ne font foi que jusqu'à preuve contraire. C'est un point sur lequel on reviendra plus tard.

II. La seconde obligation imposée aux gardes par l'art. 16, c'est de suivre les objets enlevés pour les mettre en séquestre ; mais ils ne peuvent aller rechercher ces objets dans des habitations ou propriétés closes, sans être assistés d'un des fonctionnaires que l'article précité indique (1). L'art. 161 du Code forestier reproduit la même disposition pour les gardes forestiers en particulier. Mais aucun de ces textes ne prononçant la peine de nullité, la cour de cassation en conclut que le garde peut s'introduire seul dans la maison ou propriété close, quand l'accès ne lui en est pas refusé, sans que son procès-verbal puisse être annulé pour cette cause (2).

III. La troisième obligation des gardes concerne l'arrestation des délinquants. Ils doivent arrêter et conduire devant le juge de paix ou devant le maire tout individu surpris en flagrant délit, lorsqu'il peut être passible d'emprisonnement ou d'une peine plus forte, quand même ce ne serait pas un délit rural ou forestier, car la loi ne fait pas de distinction.

L'art. 16 du Code ne fait pas non plus d'exception pour les personnes domiciliées. Mais, au premier abord, on pourrait croire que sa disposition a été modifiée en ce point par l'art. 163 du Code forestier qui porte : « Les gardes arrê-

---

(1) Ces fonctionnaires doivent, du reste, déférer sur-le-champ à la réquisition des gardes, sous peine d'être destitués et traduits devant les tribunaux (arrêté du Gouvernement du 4 nivôse an V).

(2) *Cass.* 1er février 1822, 2 janvier 1827, 12 juin 1829.

teront et conduiront devant le juge de paix ou devant le maire tout *inconnu* qu'ils auront surpris en flagrant délit. » Les deux textes pourtant peuvent aisément se combiner. Celui du Code doit être appliqué au cas où le délit peut donner lieu à l'emprisonnement ou à une peine plus forte ; celui du Code forestier, au cas où le délit n'est passible que de peines pécuniaires.

L'art. 16 du Code a pourtant été modifié par le Code forestier, dans la disposition qui ne permettait pas aux gardes forestiers de requérir directement la force publique. L'art. 164 C. for. porte en effet : « Les agents et les gardes de l'administration des forêts ont le droit de requérir directement la force publique pour la répression des délits et contraventions en matière forestière, ainsi que pour la recherche des bois coupés en délit, vendus ou achetés en fraude. »

Les procès-verbaux une fois affirmés et enregistrés, s'il y a lieu, doivent être transmis par les gardes à l'autorité supérieure, dans un certain délai. Les gardes forestiers de l'administration, des communes et des établissements publics, doivent les remettre au conservateur, inspecteur ou sous-inspecteur forestier, dans les trois jours de l'enregistrement (art. 16 du Code et 170 C. for. combinés). Ceux des gardes forestiers des particuliers et des gardes champêtres, quand ils sont relatifs à des délits, doivent être transmis au procureur du roi dans le délai d'un mois (art. 20 du Code et 191 C. for. combinés). Aucun de ces délais pourtant n'emporte déchéance.

Le procureur du roi doit aussi être averti par l'officier qui a reçu l'affirmation des procès-verbaux dressés par les gardes forestiers de l'État, des communes et des établissements publics, dans la huitaine de l'affirmation (art. 18 du Code), afin qu'il puisse, s'il le juge à propos, engager lui-même les poursuites.

Pour les délits commis en matière de pêche fluviale, les gardes-pêche sont assimilés aux gardes forestiers par les

11

art. 37 et suiv., 65 et suiv., de la loi sur la pêche fluviale du 15 avril 1829.

En matière de délits ruraux ou forestiers, le tribunal correctionnel est ordinairement saisi par citation directe, et les art. 19 du Code et 171 du Code forestier semblent même interdire aux agents de l'administration forestière de prendre une autre voie. Quant au ministère public et aux particuliers, il ne leur est pas interdit de provoquer une instruction préliminaire comme pour les autres délits; mais on s'en abstient constamment dans la pratique, parce que la voie de la citation directe est plus économique et plus prompte.

§ II. *Des contraventions fiscales déférées aux tribunaux correctionnels.*

Les tribunaux correctionnels connaissent de plusieurs contraventions en matière fiscale, notamment en matière de presse, de contributions indirectes et d'octroi, quelquefois de douanes, etc. La manière de constater ces contraventions et de les poursuivre est réglée par des lois spéciales dont l'explication ne doit point trouver place dans notre livre Il suffit de dire pour notre objet que, dans ces matières, le tribunal correctionnel est saisi ordinairement par citation directe, mais qu'on peut employer aussi la voie de l'instruction préparatoire, toutes les fois que le fait peut donner lieu à un emprisonnement ou à une amende excédant quinze francs, à moins qu'un texte formel n'y fît obstacle.

TITRE IV.

DE LA MANIÈRE DE CONSTATER LES CONTRAVENTIONS DE SIMPLE POLICE.

En matière de contravention proprement dite, il n'y a pas régulièrement d'instruction préparatoire. Le juge de police doit être saisi par une simple citation, donnée au prévenu à la requête du ministère public ou de la partie lésée (1). Il n'y a donc lieu en cette matière à aucune audi_ tion préliminaire de témoins, ni à décerner des mandats. Tout se réduit à constater par des procès-verbaux le fait matériel de la contravention, et les circonstances s'y rattachant dont l'auteur du procès-verbal a été témoin.

Les commissaires de police, et dans les communes où il n'y en a pas, les maires ou adjoints, sont particulièrement chargés du soin de rechercher les contraventions.

L'art. 11 dispose en effet : « Les commissaires de police, et dans les communes où il n'y en a pas, les maires, au défaut de ceux-ci, les adjoints de maire, rechercheront les contraventions de police, même celles qui sont sous la surveillance spéciale des gardes forestiers et champêtres, à l'égard desquels ils auront concurrence et même prévention. — Ils recevront les rapports, dénonciations et plaintes, qui seront relatifs aux contraventions de police. — Ils consigneront, dans les procès-verbaux qu'ils rédigeront à cet effet, la nature et les circonstances des contraventions, le temps et le lieu où elles auront été commises, les preuves et indices à la charge de ceux qui seront présumés coupables. »

Les procès-verbaux des commissaires de police, maires et adjoints, ne sont sujets à aucune affirmation, et font foi, comme nous le redirons plus tard, jusqu'à la preuve contraire.

On voit que, dans l'économie de la loi, les maires et adjoints de maires ne sont appelés qu'à défaut des commissaires de police, à constater les contraventions. La cour de cassation a jugé pourtant le 6 septembre 1838 (2), que dans les communes même où il existe des commissaires de police, les maires ont toujours le droit de procéder au lieu et place

---

(1) Il arrive pourtant quelquefois que la chambre du conseil, ou celle des mises en accusation, renvoient un prévenu devant le juge de simple police, mais c'est parce que le fait avait été d'abord mal qualifié.

(2) D. P. 38 1-476.

du commissaire. Nous admettons cette doctrine à l'égard des contraventions dont le maire est témoin oculaire, alors que le commissaire est absent; car c'est alors comme si celui-ci était empêché, et l'on verra bientôt qu'en cas d'empêchement ses attributions sont dévolues au maire. Mais à part ce cas, la constatation des contraventions nous semble interdite aux maires des lieux où il existe des commissaires de police, comme étant au-dessous de leur dignité. On ne peut que louer les particuliers qui descendent par humilité au-dessous de leur rang, mais il n'est pas permis aux fonctionnaires de déroger, et la maxime *qui peut le plus peut le moins* ne s'applique pas aux matières qui sont gouvernées par les bienséances.

Quoique l'art. 11 dispose d'une manière générale que les commissaires de police, maires ou adjoints, ont prévention sur les gardes forestiers, nous pensons que cela ne doit s'entendre que des gardes forestiers des particuliers; car les procès-verbaux des autres gardes faisant plus de foi que ceux des commissaires de police, maires ou adjoints, il impliquerait que ces derniers officiers eussent prévention dans ce cas.

Dans les communes où il y a plusieurs commissaires de police, ces officiers se distribuent les quartiers; mais cette distribution, faite seulement pour la commodité du service, ne limite nullement leurs pouvoirs, qui s'étendent pour chacun dans toute l'étendue de la commune. Ainsi, non-seulement chacun d'eux peut procéder légalement hors de son quartier, mais il est même obligé de le faire toutes les fois qu'il en est requis, sans pouvoir s'excuser sous le prétexte que l'empêchement de son collègue n'est pas justifié (art. 12 et 13). Avant tout, il faut pourvoir à ce que réclame le bon ordre.

S'il n'y a dans la commune qu'un commissaire de police et qu'il soit empêché, c'est le maire, ou à défaut du maire, l'adjoint, qui le remplace (art. 14); et le maire ou l'adjoint, dans tous les cas urgents, doivent obtempérer provisoirement aux réquisitions qui leur sont faites, quoique l'empêchement du commissaire ne soit pas bien justifié. Si celui-ci survient ensuite, le maire ou l'adjoint peuvent à leur gré continuer eux-mêmes, ou charger le commissaire de continuer la constatation de la contravention.

« Les maires ou adjoints de maire, porte l'art. 15, remettront à l'officier par qui sera rempli le ministère public près le tribunal de police, toutes les pièces et renseignements, dans les trois jours au plus tard, y compris celui où ils ont reconnu le fait sur lequel ils ont procédé. »

Ce texte ne parle pas du commissaire de police, par la raison que c'est lui-même qui remplit les fonctions du ministère public près le tribunal de police. Dans les villes toutefois où il y a plusieurs commissaires de police, comme il n'y en a qu'un attaché au tribunal, les autres doivent lui transmettre leurs procès-verbaux dans le délai fixé par l'art. 15, délai du reste qui n'entraîne aucune déchéance, et dont l'expiration expose seulement l'officier négligent aux reproches de l'autorité supérieure.

Quant aux contraventions rurales et forestières, elles sont constatées de la même façon que les délits de même nature. Il suffit donc de renvoyer pour cet objet à ce qui a été dit dans le titre précédent.

Nous avons maintenant assez étudié les alentours du temple de la justice criminelle. Il est temps d'en franchir le seuil, et de montrer l'accusé ou le prévenu en face des juges qui doivent statuer définitivement sur son sort.

LIVRE TROISIÈME.

De la procédure qui précède immédiatement la sentence, et du jugement.

Les auteurs du Code indiquent d'abord la procédure à suivre devant les tribunaux de police simple, puis celle à observer devant les tribunaux de police correctionnelle, puis enfin celle des cours d'assises.

Nous croyons à propos de renverser cet ordre, et d'exposer d'abord la procédure des cours d'assises, par la raison que cette procédure est réglée d'une manière plus complète que les autres, et que celles-ci empruntent plusieurs de leurs règles à celle-là. Puis, la procédure des tribunaux correctionnels nous a semblé aussi, à cause de sa plus grande importance, devoir obtenir la priorité sur celle des tribunaux de simple police. Nous parlerons donc en premier lieu, des cours d'assises; en 2me lieu, des tribunaux correctionnels; en 3me et dernier lieu, des tribunaux de police simple.

TITRE Ier.

DES COURS D'ASSISES.

Nous aurons à nous occuper dans ce titre : 1° de l'organisation des cours d'assises; 2° de la procédure à observer devant ces cours jusqu'à la sentence; 3° de l'ordonnance d'acquittement, et des arrêts de condamnation ou d'absolution; 4° des règles particulières à la procédure de faux; 5° de la contumace; 6° de quelques affaires dont les cours d'assises peuvent être saisies par citation directe.

Ce sera le sujet d'autant de chapitres.

CHAPITRE Ier.

De l'organisation des cours d'assises.

On comprend souvent, sous le nom de *cour d'assises*, non-seulement les magistrats chargés d'appliquer les peines, mais encore le jury appelé à statuer sur la culpabilité de l'accusé. Mais, dans son sens propre et technique, la dénomination de *cour d'assises* n'embrasse pas le jury, et ne désigne que les magistrats ou officiers qui concourent d'une manière permanente, durant toute la durée des sessions, à préparer ou à rendre les arrêts. Nous allons exposer d'abord l'organisation de la cour proprement dite ; nous parlerons ensuite de la formation du jury.

SECTION 1re. — *De la cour d'assises proprement dite, et des attributions de ses membres.*

Il sera question ici : 1° de la formation de la cour d'assises ; 2° du lieu, des époques et de la durée des sessions ; 3° du mode de remplacement des juges empêchés ; 4° des attributions du procureur général ou de son substitut ; 5° de celles du président ; 6° de celles de la cour. Ce sera l'objet d'autant de paragraphes distincts.

§ 1er. *De la formation de la cour d'assises.*

Les tribunaux français, en matière criminelle comme en matière civile, sont en général sédentaires et permanents, c'est-à-dire, qu'ils rendent la justice toute l'année, sauf en matière civile le temps des vacations, et qu'ils la rendent constamment dans le même lieu.

Les cours d'assises font exception à cette règle. Elles ne tiennent régulièrement de session que tous les trois mois, et le lieu de leur réunion est quelquefois changé, ainsi qu'on le verra dans le paragraphe suivant. Pour le moment, nous n'avons à nous occuper que de la composition de ces cours, et de l'objet pour lequel elles ont été établies.

L'art. 251 porte à ce sujet : « Il sera tenu des assises dans chaque département pour juger les individus que la cour royale y aura renvoyés. »

Il semblerait résulter de ce texte que les cours d'assises ne peuvent jamais juger que les affaires criminelles qui leur sont déférées par les chambres des mises en accusation, et ce principe, en effet, ne souffrait pas d'exception quand le Code d'instruction criminelle fut promulgué ; mais aujourd'hui il existe, pour les crimes ou délits politiques, plusieurs exceptions qu'on fera connaître dans la suite.

Pour bien connaître la formation des cours d'assises, il faut rapprocher des textes du Code plusieurs dispositions de la loi du 20 avril 1810 et du décret du 6 juillet de la même année.

Disons d'abord que, d'après le Code de 1808, la cour d'assises devait se composer de cinq juges, empruntés à la cour royale ou au tribunal civil du lieu où la cour d'assises siégeait. Ces emprunts réduisaient souvent les cours et les tribunaux, à un nombre de membres insuffisant pour le service ordinaire de leurs audiences. Pour diminuer un inconvénient aussi grave, la loi du 4 mars 1831 réduisit à trois le nombre des juges des cours d'assises.

Voici donc comment se composent aujourd'hui ces cours d'après les art. 252 et 253 du Code révisé.

« Dans les départements où siégent les cours royales, porte l'art. 252, les assises seront tenues par trois des membres de la cour, dont l'un sera président. — Les fonctions du ministère public seront remplies, soit par le procureur général, soit par un des avocats généraux, soit par un des substituts du procureur général. — Le greffier de la cour y exercera ses fonctions par lui-même, ou par l'un de ses commis assermentés.

» Dans les autres départements, ajoute l'art. 253, la cour d'assises sera composée : — 1° d'un conseiller de la cour royale délégué à cet effet, et qui sera président de la cour d'assises ; — 2° de deux juges pris, soit parmi les con-

seillers de la cour royale, lorsque celle-ci jugera convenable de les déléguer à cet effet, soit parmi les présidents
ou juges du tribunal de première instance du lieu de la tenue des assises; — 3° du procureur du roi près le tribunal
ou de l'un de ses substituts, sans préjudice des dispositions
contenues dans les art. 265, 271 et 284 (c'est-à-dire, sans
préjudice du droit qu'a le procureur général, d'y aller lui-
même ou d'y envoyer un des avocats généraux ou substituts de la cour); — 4° du greffier du tribunal, ou de l'un
de ses commis assermentés. »

Les cours d'assises, comme on le voit par ces textes,
sont une sorte d'émanation des cours royales, puisque, dans
les départements même où la cour royale ne siège pas, un
conseiller doit toujours être nommé pour les présider, et
qu'on peut, toutes les fois que cela paraît utile, lui donner
pour assesseurs un ou deux autres conseillers.

Les articles précités n'indiquent pas comment doit être
nommé le président des assises. Il faut consulter, à cet égard,
l'art. 16 de la loi du 20 avril 1810, et l'art. 79 du décret
du 6 juillet suivant. Il résulte de ces textes que la nomination du président des assises appartient d'abord au ministre
de la justice, mais que s'il n'a pas fait cette nomination dans
la huitaine au plus tard de la clôture de la session qui vient
de finir, elle doit être faite par le premier président de la
cour royale.

Les assesseurs du président, d'après l'art. 82 du décret,
devraient être nommés de la même manière; mais il résulte
clairement aujourd'hui de l'art. 253 du Code, que ce mode
ne doit être suivi que dans le département où siège la cour,
et que pour les autres, les conseillers assesseurs, s'il y a
lieu d'en nommer, ne peuvent être délégués que par la
cour royale elle-même, qui doit, ce semble, faire la délégation en chambres assemblées (1).

_____

(1) La cour de cassation a pourtant décidé le 4 octobre 1839, D. P.
40-1-375, que le premier président peut encore faire la délégation;
mais son arrêt nous semble en opposition flagrante avec la loi.

La nomination du président des assises faite par le ministre de la justice, ou à son défaut par le premier président de la cour royale, doit, aux termes de l'art. 80 du décret, être déclarée par une ordonnance du premier président, qui contient toujours l'époque fixe de l'ouverture de l'assise, et qui doit être publiée au plus tard le dixième jour de la clôture de l'assise précédente. Nous croyons que ce n'est que par oubli qu'on a, en 1832, laissé subsister la première disposition de l'art. 260 du Code, d'après laquelle le jour de l'ouverture des assises devrait être fixé par le magistrat qui doit les présider.

Les art. 88 et 89 du décret indiquent le mode de publication de l'ordonnance.

L'art. 93 ajoute : « Dans les lieux où réside la cour impériale, la chambre civile que préside le premier président se réunira à la cour d'assises pour le débat et le jugement d'une affaire, lorsque notre procureur général, à raison de la gravité des circonstances, en aura fait la réquisition aux chambres assemblées, et qu'il sera intervenu arrêt conforme à ses conclusions. » Nous ignorons si cette disposition a jamais été appliquée.

Les magistrats qui composent la cour d'assises doivent être libres de toute prévention. L'art. 257 du Code dispose donc : « Les membres de la cour royale qui auront voté sur la mise en accusation ne pourront, *dans la même affaire*, ni présider les assises, ni assister le président, à peine de nullité. — Il en sera de même à l'égard du juge d'instruction. » Ce texte pourtant ne fait pas obstacle à ce que les magistrats qu'il désigne, concourent à la confection de la liste des jurés pour le service de la session. Ce n'est là qu'une mesure générale applicable à toutes les affaires de la session, et l'art. 257 interdit seulement une seconde appréciation *de la même affaire*. La cour de cassation avait pourtant décidé le contraire par deux arrêts des 2 février et 20 octobre 1832; mais dans un arrêt récent, du 3 juin 1843, elle est revenue sur cette jurisprudence trop rigoureuse.

La prohibition portée par l'art. 257 s'étend, du reste, à tout juge qui aurait rempli accidentellement les fonctions de juge d'instruction, par suite d'empêchement du juge d'instruction en titre (1) : mais elle ne s'applique pas au juge délégué par le président des assises, pour procéder à un supplément d'information depuis la mise en accusation (2), ni aux membres de la chambre du conseil qui ont pris part à la délibération, en suite de laquelle le prévenu a été renvoyé à la chambre des mises en accusation (3).

Cette prohibition doit pareillement être restreinte aux cours d'assises, et n'est pas applicable aux tribunaux correctionnels, comme on le redira dans la suite.

§ II. *Du lieu, des époques, et de la durée des sessions.*

I. Voyons d'abord le lieu où se tiennent les assises.

« Les assises, porte l'art. 258, se tiendront ordinairement dans le chef-lieu de chaque département. — La cour royale pourra néanmoins désigner un tribunal autre que celui du chef-lieu. »

Ce texte, depuis la loi du 20 avril 1810, n'est plus tout-à-fait exact. L'art. 17 de cette loi déclare en effet que les assises doivent régulièrement se tenir dans le lieu où siégeaient précédemment les cours criminelles, d'où il résulte que, dans plusieurs départements, dans ceux de Saône-et-Loire par exemple, du Puy-de-Dôme, du Pas-de-Calais, et quelques autres, les assises ne se tiennent pas au chef-lieu du département.

Les assises ne peuvent être convoquées pour un lieu autre que celui où elles doivent se tenir habituellement, qu'en vertu d'un arrêt rendu dans l'assemblée des chambres de la

---

(1) *Cass.* 1er août 1829 et 4 novembre 1830.
(2) *Cass.* 12 juillet 1833 et 24 avril 1840.
(3) *Cass* 26 janvier et 6 juillet 1832, 6 avril 1838.

cour, sur la requête du procureur général (art. 90 du décret du 6 juillet 1810).

II. L'art. 259 du Code indique l'époque des sessions.

« La tenue des assises, porte ce texte, aura lieu tous les trois mois. — Elles pourront se tenir plus souvent, si le besoin l'exige. »

Les assises qui ont lieu dans l'intervalle des sessions ordinaires trimestrielles, sont appelées *assises extraordinaires*. La convocation de ces assises peut être faite par le premier président, sur la demande du procureur général : aucun texte n'exige pour cela un arrêt de la cour (1).

Le président des dernières assises, aux termes de l'art 81 du décret du 6 juillet 1810, est nommé de droit pour les assises extraordinaires.

III. Voyons enfin quelles sont les affaires qui doivent être jugées dans le cours d'une session.

La détention préventive d'un accusé étant toujours une mesure fâcheuse, puisque cet accusé peut en définitive être reconnu innocent, il importe que le jugement soit rendu le plutôt possible. L'art. 260 du Code veut, en conséquence, que les assises ne puissent se clore, que lorsque toutes les affaires, qui étaient en état lors de leur ouverture, y ont été portées, et l'art. 261 ajoute : « Les accusés qui ne seront arrivés dans la maison de justice qu'après l'ouverture des assises, ne pourront y être jugés, que lorsque le procureur général l'aura requis, lorsque les accusés y auront consenti, et lorsque le président l'aura ordonné. — En ce cas, le procureur général et les accusés seront considérés, comme ayant renoncé à la faculté de se pourvoir en nullité contre l'arrêt portant renvoi à la cour d'assises. »

Il faut donc, pour autoriser l'exception dont parle

_____

(1) *Cass.* 18 janvier 1816. D. P 16 1-399.

l'art. 261, les consentements réunis du procureur général, de l'accusé et du président. Le procureur général, en effet, pourrait n'avoir pas préparé suffisamment ses moyens d'attaque, l'accusé, ses moyens de défense, et le président de son côté pourrait craindre que la précipitation du ministère public et de l'accusé ne nuisît à la découverte de la vérité. Mais le consentement de l'accusé, comme celui du procureur général, peut être tacite, et résulter par exemple de ce qu'il a pris part aux débats, et exercé son droit de récusation, sans nulle protestation (1).

Il résulte du rapprochement des art. 260 et 261, qu'une affaire criminelle est présumée en état d'être portée à une session d'assises, dès que l'accusé a été transféré dans la maison de justice avant l'ouverture de la session. Il peut se faire toutefois que le procureur général ou l'accusé n'aient pas eu le temps de faire arriver leurs témoins ; mais l'art. 306 pourvoit à cet inconvénient, en permettant au président de renvoyer l'affaire à une session suivante, dès qu'il le juge convenable.

Quelle que soit, du reste, l'époque où le prévenu est arrivé dans la maison de justice, il ne peut pas être jugé tant qu'il n'a pas été interrogé, ou que le délai du pourvoi contre l'arrêt de la chambre des mises en accusation n'est pas expiré; c'est ce qui résulte clairement de l'art. 301. L'accusé toutefois peut renoncer à se pourvoir contre l'arrêt de mise en accusation, pour être jugé plutôt : mais sa renonciation ne peut être valable qu'après que l'arrêt de renvoi lui a été notifié, parce que ce n'est qu'alors qu'il peut agir en pleine connaissance de cause (2).

§ 3. *Du remplacement du président ou des juges empêchés.*

Le président des assises ou quelqu'un de ses assesseurs peut, à raison de maladie ou de tout autre empêchement,

(1) *Cass.* 5 janvier 1838. D. P. 38-1 435.
(2) *Cass.* 7 janvier 1836 D. P. 36-1-114.

être dans l'impossibilité de remplir ses fonctions, et dès-lors il y a lieu d'examiner comment il peut être pourvu à son remplacement.

Il faut distinguer si la notification que le préfet doit faire à chaque juré, huitaine au moins avant l'ouverture de la session, pour lui annoncer qu'il est porté sur la liste de cette session, a eu lieu, ou non.

Si elle n'a pas eu lieu, le remplacement peut être opéré par l'autorité qui a fait la nomination, c'est-à-dire, par le ministre de la justice, par le premier président, ou par la cour royale, suivant les distinctions précédemment exposées.

Si la notification a été faite, c'est la loi elle-même qui règle le mode de remplacement dans les art. 263 et 264 ainsi conçus : « Si, depuis la notification faite aux jurés en exécution de l'art. 389 du présent Code, le président de la cour d'assises se trouve dans l'impossibilité de remplir ses fonctions, il sera remplacé par le plus ancien des autres juges de la cour royale, nommés ou délégués pour l'assister ; et s'il n'a pour assesseur aucun juge de la cour royale, par le *président du tribunal de première instance* (263). — Les juges de la cour royale seront, en cas d'absence ou de tout autre empêchement, remplacés par d'autres juges de la même cour, et, à leur défaut, par des juges de première instance ; ceux de première instance le seront par des suppléants (264). »

MM. Bourguignon et Legraverend enseignent qu'à défaut du président du tribunal de première instance, un vice-président peut seul remplacer le président de la cour d'assises, et que ce droit n'appartient pas aux simples juges. M. Carnot est d'un sentiment contraire. Nous sommes de l'avis des premiers.

Cet avis est d'abord conforme au texte qui ne parle que du président et non des juges, et de plus il semble fondé en raison. La direction des débats criminels, et le résumé du président qui doit les terminer, exigent en effet plus que de la probité et du savoir : ils demandent un tact et une habitude, que de simples juges sont réputés ne pas posséder à un degré suffisant. Quant aux vice-présidents, comme ils président habituellement une des chambres du tribunal, il n'y aurait aucune raison pour ne pas les assimiler au président, quand celui-ci est empêché.

Si l'empêchement des président et vice-président était de nature à se prolonger, il y aurait donc lieu de renvoyer les affaires à une autre session. Ce serait, nous en convenons, un inconvénient grave, mais qui pourrait être atténué par la convocation immédiate d'une assise extraordinaire (1).

Quant aux assesseurs, à défaut d'autres juges ou de suppléants, ils peuvent être remplacés par des avocats, et, à défaut d'avocats, par des avoués, en suivant l'ordre du tableau ; car les lois qui permettent d'appeler des avocats ou des avoués pour compléter les tribunaux et les cours, s'appliquent par leur généralité aux juridictions criminelles comme aux juridictions civiles (2). Mais on ne peut jamais appeler qu'un avocat ou un avoué pour compléter la cour d'assises, parce que l'élément de la magistrature doit toujours y prédominer.

Il faut, du reste, pour qu'un avocat ou un avoué soit régulièrement appelé, mentionner expressément l'empêchement des juges et des suppléants, et exprimer en outre qu'il a été appelé dans l'ordre du tableau (3) ; tandis que, pour les juges ou suppléants appelés pour compléter, l'empêchement des autres juges est présumé de droit et n'a pas besoin d'être mentionné (4).

---

(1) M. Carnot, dans ses *Nouvelles observations additionnelles* sur l'art. 263, cite, comme ayant consacré son opinion, un arrêt de la cour de cassation du 25 août 1833, que nous n'avons trouvé dans aucun recueil. Si cet arrêt existe, nous en attendrons un second pour nous rétracter.

(2) *Cass.* 27 décembre 1811 et 10 novembre 1832.

(3) *Cass.* 25 avril 1834. D. P. 34-1-37.

(4) *Cass.* 12 décembre 1840. D. P. 41-1-35.

La loi du 20 avril 1810 exigeant, du reste, pour la validité de toute sentence, que les juges qui y ont pris part aient assisté à toutes les audiences de la cause, il est bien entendu que si l'empêchement du président ou de quelque juge survient depuis que l'affaire est commencée, il faut nécessairement recommencer les débats.

Pour prévenir cet inconvénient, une loi du 25 brumaire an 8 permit aux tribunaux criminels de s'adjoindre des suppléants, pour remplacer ceux des juges auxquels il pourrait survenir quelque cause d'empêchement durant les débats, et la cour régulatrice décide avec raison que le principe posé par cette loi est encore en vigueur (1). Les cours d'assises font donc prudemment d'user de ce pouvoir, toutes les fois qu'une affaire leur paraît de nature à occuper un grand nombre d'audiences.

Nous allons passer maintenant, ainsi que nous l'avons annoncé, à l'examen des fonctions ou attributions du procureur général, du président, et de la cour. Nous nous bornerons toutefois, à cet égard, à des aperçus généraux ; car, à vouloir entrer dans le détail, il faudrait, à propos de chacune de ces autorités, passer, pour ainsi dire, en revue, la plupart des articles du Code.

§ IV. *Des fonctions du procureur général ou de son substitut.*

Parmi les fonctionnaires d'un ordre élevé, il en est quelques-uns qui ont sur le procureur général une préséance d'honneur et de dignité, mais il n'en est point dont la mission ait plus d'importance.

Le procureur général est le premier moteur de la justice dans un vaste ressort. Tous les officiers de police judiciaire sont, comme on l'a vu, soumis à sa surveillance, et tous

---

(1) *Cass.* 11 et 24 mai 1833, et 21 août 1835.

les membres du ministère public doivent exécuter ses ordres.

Ce magistrat est comme la providence visible des bons,
par la terreur qu'il inspire aux méchants, dont il doit observer toutes les démarches, semblable en cela aux senti-
nelles des avant-postes, qui regardent toujours l'ennemi.
Tant qu'il veille en effet, les malfaiteurs tremblent, et les
hommes honnêtes travaillent en paix le jour, reposent, en
paix la nuit. Si par malheur il vient à s'endormir, l'audace
des pervers grandit, et les bons citoyens, inquiets et dé-
couragés, ne tardent guère à se plaindre de l'impuissance
des lois.

Mais, c'est surtout dans les affaires criminelles, que ce
magistrat paraît sans cesse sur le premier plan. Seul, il
peut citer un accusé devant les assises, et l'application de
la peine ne peut aussi être requise qu'en son nom. Aucune
tête, par conséquent, ne peut tomber, aucune chaîne ne
peut être rivée, sans que le procureur général, au nom
de la loi et pour protéger la société, n'ait demandé à la justice du pays du sang ou des fers.

Quelle énergie, quelle impartialité, quelle indépendance
de caractère, ne demandent point de pareilles fonctions !
Elles sont moins saintes sans doute, mais elles sont plus
pénibles que celles du prêtre; car le prêtre, qui ne doit
point connaître la haine, peut au moins s'abandonner sans
crainte à la commisération. Le procureur général doit se
préserver des sympathies avec autant de soin que des inimitiés, il ne doit connaître que la justice.

Voici l'aperçu de ses principales attributions en matière
criminelle. Les explications que la plupart de ces attributions
nécessitent, trouveront mieux leur place ailleurs.

Le procureur général doit préparer l'acte d'accusation,
et le faire signifier, avec l'arrêt de renvoi, à l'accusé (art.
241 et 242); faire transférer celui-ci dans la maison de
justice établie près la cour où il doit être jugé (art. 243);
veiller à ce que les pièces du procès et les pièces de conviction soient envoyées incontinent au greffe de cette cour

12

(art. 291); faire assigner les témoins qu'il veut faire entendre, et notifier leurs noms à l'accusé vingt-quatre heures au moins avant l'examen (art. 315); notifier aussi à l'accusé la liste des jurés de service, la veille du jour déterminé pour la formation du tableau (art. 395).

Toutes ces formalités précèdent les débats.

Dès que les débats sont ouverts, le procureur général expose le sujet de l'accusation, et présente la liste des témoins qui doivent être entendus (art. 315). Il assiste ensuite aux débats (art. 273), et tout ce qui serait fait en son absence devrait être annulé, au moins dans l'intérêt de la loi. Après l'audition des témoins, il développe les moyens qui appuient l'accusation, et réplique, s'il y a lieu, à la défense (art. 335). Si le jury rend une déclaration affirmative, il requiert l'application de la peine, et doit être présent à la prononciation de l'arrêt (art. 273). Son absence lors du prononcé a pourtant peu d'importance, et ne pourrait faire annuler l'arrêt, même dans l'intérêt de la loi; l'art. 273 en effet ne prononce pas la peine de nullité, et cette irrégularité n'aurait rien de substantiel.

Enfin, l'arrêt rendu, la condamnation doit encore être **exécutée** par les ordres du procureur général (art. 376).

Indépendamment, du reste, des fonctions ordinaires qu'on vient d'indiquer, le procureur général peut faire au nom de la loi, toutes les réquisitions qu'il juge utiles. La cour est tenue de lui en donner acte, et d'en délibérer (art. 277).

Les réquisitions du procureur général, faites en dehors d'un débat, doivent être signées par lui, avant d'être présentées à la cour. Celles faites dans le cours d'un débat ne sont point soumises à cette formalité préliminaire, qui pourrait occasionner des retards fâcheux : il suffit qu'elles soient mentionnées sur le procès-verbal par le greffier, et que le procureur général les signe ensuite.

Cette différence résulte expressément de l'art. 277, et, d'après ce même article, toutes les décisions auxquelles donnent lieu les réquisitions du procureur général, doivent être signées par le juge qui a présidé et par le greffier. La loi n'exige pas ici, comme pour les arrêts de condamnation, la signature de tous les juges.

La cour n'est pas obligée de déférer aux réquisitions du procureur général, si elles lui paraissent mal fondées; mais elle est au moins obligée d'y statuer, sous peine de nullité de son arrêt (art. 408). Si elle repousse ces réquisitions, l'instruction ni le jugement ne sont arrêtés ni suspendus, sauf après l'arrêt, s'il y a lieu, le recours en cassation par le procureur général (art. 278).

Le procureur général peut, même quand il est présent, déléguer tout ou partie de ses fonctions, à celui de ses avocats généraux ou substituts qu'il lui plaît de choisir. Mais, dans le département où siège la cour royale, les fonctions du procureur général auprès de la cour d'assises, ne peuvent être remplies que par un des membres du parquet de la cour, ou, en cas d'empêchement de tous les membres du parquet, par un conseiller.

Il n'en est pas de même dans les départements où ne siège pas la cour royale. Le procureur général peut toujours, il est vrai, s'y transporter de sa personne, ou y envoyer un des avocats généraux ou substituts de la cour; mais il n'use guère de cette faculté que dans les affaires d'une haute gravité. Dans ces départements donc, les fonctions de procureur général auprès de la cour d'assises, sont remplies habituellement par le procureur du roi du tribunal de première instance, ou par ses substituts.

D'après le Code, c'était un magistrat particulier, désigné dans le langage d'alors, sous le nom de *procureur impérial criminel*, qui représentait le procureur général dans les départements où ne siégeait pas la cour; mais une loi du 25 décembre 1815 supprima cette magistrature, et en attribua les fonctions aux procureurs du roi des tribunaux de première instance des lieux où siègent les cours d'assises, ou à leurs substituts.

L'art. 3 de cette loi ajouta toutefois que les fonctions de surveillance, qui étaient attribuées aux procureurs criminels par le Code et par les règlements postérieurs, seraient exercées directement par les procureurs généraux.

Il résulte de là, que le procureur du roi de l'arrondissement où siège la cour d'assises, n'a aucune suprématie sur les autres procureurs du roi du département, ni aucune autorité sur les officiers de police judiciaire étrangers à son arrondissement; et dès lors, on ne peut guère s'expliquer pourquoi le paragraphe du Code, intitulé *des fonctions du procureur du roi au criminel*, a été conservé sans modification, dans l'édition nouvelle faite en vertu de la loi du 28 avril 1832.

Ajoutons, en finissant, qu'en cas d'absence ou d'empêchement du procureur général, toutes ses attributions, d'après l'art. 50 du décret du 6 juillet 1810, sont dévolues, de plein droit, au plus ancien des avocats généraux.

§ 5. *Des fonctions du président.*

La qualité la plus essentielle d'un procureur général, c'est la fermeté ; celle d'un président d'assises, c'est la prudence.

Nous allons indiquer brièvement les fonctions de ce dernier magistrat, avant, pendant, et après les débats.

I. Avant les débats, le président des assises est chargé : 1° d'interroger l'accusé lors de son arrivée dans la maison de justice; 2° de tirer au sort les noms des jurés qui doivent concourir au jugement (art. 266). Cette partie de ses fonctions est, au surplus, la moins importante ; aussi l'article cité lui permet-il de la déléguer *à l'un des juges*. Mais, par ces mots, *l'un des juges*, il nous semble qu'on ne peut entendre qu'un autre membre des assises, sauf le cas d'empêchement (1). L'art. 303 permet en outre au président,

---

(1) La cour de cassation a pourtant jugé le contraire, pour ce qui regarde l'interrogatoire de l'accusé, par deux arrêts du 21 décembre 1832. D. P. 33-1-260 et 338.

ou au juge qui l'a remplacé pour l'interrogatoire, d'ordonner de nouvelles auditions de témoins. Nous aurons l'occasion, dans la suite, de revenir sur ces formalités.

Les art. 306, 307 et 308 indiquent d'autres mesures que le président peut ordonner avant l'ouverture des débats, quand les circonstances paraissent le demander.

D'après le premier de ces textes, il peut ordonner le renvoi de l'affaire à une autre session, toutes les fois que cela lui paraît utile. L'art. 306 porte en effet : « Si le procureur général ou l'accusé ont des motifs pour demander que l'affaire ne soit pas portée à la première assemblée du jury, ils présenteront au président de la cour d'assises une requête en prorogation de délai. — Le président décidera si cette prorogation doit être accordée; il pourra aussi, d'office, proroger le délai. » Mais l'examen une fois commencé, le renvoi à une autre session ne peut plus être ordonné que par la cour (1).

Les art. 307 et 308 sont relatifs aux jonctions et disjonctions de procédures.

L'art. 307 dispose d'abord : « lorsqu'il aura été formé à raison du même délit, plusieurs actes d'accusation contre différents accusés, le procureur général pourra en réquérir la jonction, et le président pourra l'ordonner, même d'office. » Il a même été décidé que la jonction de deux procédures en état, peut être ordonnée par le président hors du cas prévu par l'art. 307, dont la disposition ne doit pas être considérée comme limitative (2).

Le cas inverse, celui de disjonction, est réglé par l'art. 308 ainsi conçu : « lorsque l'acte d'accusation contiendra plusieurs délits non connexes, le procureur général pourra réquérir que les accusés ne soient mis en jugement, quant à présent, que sur l'un ou quelques-uns de ces délits, et le président pourra l'ordonner d'office. »

---

(1) *Cass.* 4 février 1825 et 25 juin 1840.
(2) *Cass.* 28 décembre 1838 D. P 39-1 486.

Au demeurant, les renvois, jonctions ou disjonctions, ne peuvent être ordonnés que par le président, ou, en cas d'empêchement, par le magistrat appelé par la loi à le remplacer. Aucun texte ne l'autorise à user de délégation pour des points aussi délicats.

II. Mais hâtons-nous d'arriver à l'attribution la plus importante du président des assises, à la direction des débats.

La loi confère à cet égard à ce magistrat les pouvoirs les plus étendus. Elle consacre pour lui cette maxime, que le sage doit conserver une liberté parfaite d'action, parce que sa sagesse même est comme une règle souveraine, auprès de laquelle toutes les autres ne peuvent être qu'inutiles ou nuisibles : *Mitte sapientem, et nihil dicas.* L'homme sage en effet peut, sous ce rapport, être comparé aux grands poètes et aux grands artistes, qui aiment à respecter les règles, mais qui savent que l'intérêt même de l'art commande quelquefois de s'en affranchir.

L'art. 267 charge d'abord le président de diriger les jurés dans l'exercice de leurs fonctions, de leur exposer, s'il y a lieu, l'affaire sur laquelle ils auront à délibérer, de leur rappeler leur devoir toutes les fois qu'il le juge utile, de présider à toute l'instruction, et de déterminer l'ordre entre ceux qui demandent à parler, toutes les fois que la loi ne l'a pas réglé elle-même. Le même article lui donne la police de l'audience, et l'autorise à faire expulser, et au besoin arrêter, les perturbateurs.

Jusque-là, pourtant, les pouvoirs du président des assises ne diffèrent guère de ceux des présidents des autres juridictions. Mais les articles qui suivent lui donnent une autorité bien plus vaste.

« Le président, porte l'art. 268, est investi d'un pouvoir *discrétionnaire*, en vertu duquel il pourra prendre sur lui *tout ce qu'il croira utile pour découvrir la vérité* ; et la loi charge son honneur et sa conscience, d'employer tous ses efforts pour en favoriser la manifestation. »

« Il pourra , ajoute l'art. 269 , appeler dans le cours des débats , même par mandat d'amener , et entendre *toutes personnes* , ou se faire apporter toutes nouvelles pièces qui lui paraîtraient , *d'après les nouveaux développements donnés à l'audience, soit par les accusés , soit par les témoins,* pouvoir répandre un jour utile *sur le fait contesté.* Les témoins ainsi appelés ne prêteront point serment , et leurs déclarations ne seront considérées que comme renseignements. »

« Le président, porte enfin l'art. 270 , devra rejeter tout ce qui tendrait à prolonger les débats, sans donner lieu d'espérer plus de certitude dans les résultats. »

Ces textes confèrent au président , une sorte de royauté qu'il ne lui est pas permis d'abdiquer. Le but de la loi serait manqué, s'il pouvait mettre sa responsabilité à couvert par une décision de la cour. Il y a donc nullité, toutes les fois qu'une mesure rentrant dans le pouvoir discrétionnaire du président, est ordonnée par la cour d'assises (1).

D'un autre côté, le président ne peut pas se lier pour l'avenir, pas plus qu'un législateur ne peut s'interdire de changer sa loi. Il peut donc, par suite de nouvelles impressions, ordonner une mesure qu'il avait d'abord jugée inutile, et à l'inverse, écarter comme inutile, une mesure qu'il avait d'abord ordonnée.

Son pouvoir discrétionnaire ne peut pourtant s'exercer que dans le cercle tracé par la loi, et plusieurs questions peuvent à ce propos s'élever.

Que doit-on entendre d'abord par ces mots de l'art. 269 , *répandre un jour utile sur le fait contesté ?* Est-ce à dire que le président ne puisse faire appeler que les personnes dont on peut attendre des renseignements *directs* sur le fait contesté, et qu'il ne puisse s'enquérir de faits étrangers à

---

(1) Rien n'est plus constant en jurisprudence. V. notamment *Cass.* 30 décembre 1831 , 14 février 1835 , et 27 avril 1837. Et il est à remarquer que le consentement du procureur général et de l'accusé ne couvre pas cette nullité. *Cass.* 13 juin 1839.

l'objet de l'accusation, mais qui peuvent rendre celle-ci plus ou moins vraisemblable ?

Nous ne pensons pas qu'on doive entendre la loi dans un sens aussi restrictif. Des circonstances étrangères au fait incriminé peuvent pourtant répandre *un jour utile* sur le fait contesté, en faisant connaître les habitudes de l'accusé. Si, par exemple, dans une affaire de vol domestique, un témoin allègue avoir ouï dire, que l'accusé avait commis plusieurs infidélités au préjudice d'un précédent maître, il nous semble que l'audition de ce maître, qui viendra confirmer ou démentir l'allégation du témoin, peut contribuer puissamment à former la conviction du jury, sur le vol qui fait l'objet de l'accusation.

Faut-il, d'un autre côté, pour autoriser de nouvelles auditions, que leur utilité ne se fasse sentir que par suite de *nouveaux* développements fournis par l'accusé ou par les témoins, en sorte que si les réponses de l'accusé et les dépositions des témoins sont exactement les mêmes que celles qu'ils ont faites dans l'instruction écrite, le président soit obligé de s'en tenir aux dépositions des témoins cités ?

L'affirmative résulterait, il est vrai, de l'art. 269. Mais cet article ne limite pas, à notre avis, la disposition plus générale de l'art. 268, d'après laquelle le président peut ordonner *tout ce qu'il croit utile pour découvrir la vérité.* S'il s'aperçoit, par exemple, que ni le procureur général, ni l'accusé, n'ont fait citer une personne qui, probablement, a eu connaissance des faits sur lesquels roule l'accusation, nous ne saurions penser qu'il lui soit interdit de l'entendre. *Mille sapientem, et nihil dicas.*

Nous estimons aussi, avec la cour de cassation, que le président peut entendre, en vertu de son pouvoir discrétionnaire, même les parents ou alliés de l'accusé, et les autres personnes que l'art. 322 déclare incapables de fournir un témoignage proprement dit (1) :

-----

(1) Il existe une foule d'arrêts sur ce point. V. Dictionnaire de M. A. Dalloz, vᵒ *Témoin*, n. 196.

Qu'il peut ordonner la lecture de dépositions faites devant le juge d'instruction, par des témoins actuellement décédés ou non comparants, comme aussi les interrogatoires d'autres accusés (1) :

Qu'il peut prescrire, toutes les fois qu'il le juge utile, une vérification par des gens de l'art (2), etc.

C'est le cas de répéter sans cesse : *Mitte sapientem, et nihil dicas.*

Les personnes appelées en vertu du pouvoir discrétionnaire, doivent en principe être entendues sans prestation de serment, et il y aurait nullité si le serment leur était imposé. Toutefois, s'il s'agit de gens de l'art auxquels le président confie quelque opération, ils doivent prêter, non pas, il est vrai, le serment des témoins, mais le serment spécial prescrit pour les experts par l'art. 44 du Code.

Le président peut-il être prié par l'accusé, le procureur général, ou quelqu'un des jurés, d'ordonner quelque mesure rentrant dans son pouvoir discrétionnaire? Cela ne saurait être douteux; mais il n'est pas obligé d'accueillir de pareilles demandes, et il doit s'empresser de les rejeter, quand l'éclaircissement qu'on sollicite lui semble sans utilité. L'art. 270, en effet, lui fait un devoir d'écarter tout ce qui pourrait prolonger les débats, sans faire espérer plus de certitude dans les résultats.

Mais une question délicate se présente ici. Quand le président ordonne une mesure en vertu de son pouvoir discrétionnaire, le procureur général ou l'accusé peuvent-ils s'y opposer, et demander que la cour délibère sur leur opposition ; et à l'inverse, si le président refuse d'ordonner la mesure sollicitée par le procureur général ou par l'accusé, ceux-ci peuvent-ils saisir la cour de leur demande?

Pour la négative, on peut dire que le président ayant la direction suprême des débats et la police de l'audience,

(1) *Cass.* 7 octobre 1825, 6 avril 1838, et 11 avril 1840.
(2) *Cass.* 5 février 1819 et 1er février 1839.

ne peut pas être obligé de soumettre à la cour des appréciations qu'il croit exclusivement de son domaine.

Mais pour l'affirmative, on peut argumenter, avec plus d'avantage, de l'art. 276 du Code, d'après lequel la cour est obligée de délibérer sur toutes les réquisitions du procureur général, quel qu'en puisse être l'objet, et il est juste d'étendre cette disposition à l'accusé, par suite du principe, *nil debet actori licere quod reo non liceat.*

La cour, en cas pareil, doit donc délibérer. Mais avant tout, elle doit examiner si la mesure ordonnée ou refusée, rentre en effet dans le pouvoir discrétionnaire du président; et, dans le cas de l'affirmative, elle doit se borner à déclarer son incompétence; car il y aurait nullité, si elle statuait sur le fond.

En un mot, nous estimons que lorsqu'une des parties prétend qu'un des actes du président excède son pouvoir discrétionnaire, c'est à la cour à vider la question de compétence. Autrement, sous le prétexte de son pouvoir discrétionnaire, le président pourrait violer les droits les plus sacrés, commettre les usurpations les plus criantes, et convertir une autorité tutélaire en une tyrannie odieuse.

III. Les débats terminés, le président a encore une tâche bien importante à remplir, c'est celle de résumer l'affaire, et de poser les questions au jury (art. 336); et si la déclaration du jury est favorable à l'accusé, c'est encore lui qui prononce l'acquittement (art. 358). Nous reviendrons ultérieurement sur ces points.

Mais une observation générale par laquelle nous devons terminer l'exposé que nous venons de faire des pouvoirs du président, c'est qu'en dehors même des cas prévus par la loi, c'est à ce magistrat, ou, s'il n'est pas sur les lieux, au président du tribunal de première instance qui est son représentant, que l'accusé doit adresser toutes les réclamations qui ont un caractère urgent. Si l'on pratique contre lui dans la maison d'arrêt des rigueurs illégales, c'est le président qu'il doit implorer; si les vêtements qui le couvrent tombent en lambeaux, et qu'on ait saisi sur sa personne ou à son domicile des sommes qu'il prétend être sa propriété, c'est au président qu'il doit demander l'autorisation d'en disposer, etc.; et le président ne doit jamais perdre de vue qu'avant la sentence du jury, son autorité vis-à-vis de l'accusé tient plus de celle du père, que de celle du juge.

Toutefois, comme le premier devoir de ce magistrat est de procurer, autant qu'il est en lui, la découverte de la vérité, il peut, à l'inverse, soumettre l'accusé à toutes les mesures qu'il juge utiles, et qui ne peuvent pas gêner la liberté de la défense, ordonner par exemple que, dans l'intérieur de la maison d'arrêt, les divers accusés du même crime n'auront pas de communication entre eux (1).

Ces indications suffisent pour faire comprendre la nature et l'étendue des pouvoirs du président, dans les cas que la loi n'a pas spécialement réglés.

§ 6. *Des attributions de la cour.*

Si la réponse du jury est négative, le président, nous venons de le voir, prononce, de sa seule autorité, l'acquittement. Si elle est affirmative, c'est à la cour seule qu'il appartient d'en apprécier les conséquences. Seule, par conséquent, elle peut rendre des sentences d'absolution, et seule, infliger à l'accusé la peine qu'il a encourue.

Toute condamnation, du reste, quelle qu'elle soit, ne peut être prononcée que par la cour. Elle seule, par conséquent, peut prononcer des amendes contre les témoins ou les jurés non comparants, des peines disciplinaires contre les défenseurs, allouer des dommages-intérêts à l'accusé ou à la partie civile, etc.

C'est encore la cour d'assises qui doit statuer sur tous les incidents, qui ne rentrent pas formellement dans les pouvoirs

---

(1) *Cass.* 11 mars 1841. D. P. 41-1-396.

du président. C'est à elle, par conséquent, qu'il appartient
de statuer sur tous les moyens préjudiciels d'amnistie, de
prescription, de chose jugée, ou autres semblables, que l'accusé peut proposer; d'ordonner, après que les débats sont
ouverts, le renvoi de l'affaire à une autre session; de décider si un témoin est, ou non, incapable de déposer, s'il
a été, ou non, suffisamment désigné par le procureur général à l'accusé, ou par l'accusé au procureur général,
dans la notification préliminaire que prescrit l'art. 315; de
fixer, en cas de contestation, les questions à soumettre au
jury, et la manière de les poser (1); de renvoyer les jurés
dans leur chambre pour expliquer leur déclaration (2), etc.

Réclame-t-on, en un mot, l'exercice d'une faculté accordée par la loi, ou l'application des règles du droit commun,
c'est la cour qui doit statuer. S'agit-il d'une mesure extraordinaire, qui ne peut être autorisée qu'en vertu du pouvoir discrétionnaire, c'est le président; et il y a également
nullité, soit que le président empiète sur les attributions de
la cour, soit que la cour empiète sur les attributions du
président.

Si la cour d'assises ne doit pas s'immiscer dans les attributions du président, elle doit éviter avec le même soin
d'empiéter sur les attributions du jury, auquel il appartient
exclusivement de décider toutes les questions de fait qui
se rattachent à l'objet de l'accusation, et dont la solution
doit influer sur l'application de la peine. Il est, du reste, bien
des circonstances où la ligne de démarcation entre la cour
d'assises et le jury, n'est pas aisée à tracer; mais les difficultés qui peuvent s'élever à ce sujet appartiennent plus
au droit pénal proprement dit, qu'à l'instruction criminelle,
et leur solution ne doit pas dès-lors trouver sa place ici.

Mais nous devons dire, en finissant, que les arrêts de la
cour d'assises sont souverains, c'est-à-dire, qu'ils ne peu-

---

(1) V. les nombreux arrêts cités par M. A Dalloz, v° *Cour d'assises*,
n. 1265 et suiv.

(2) V. aussi Dictionnaire de M. A. Dalloz, *loc. cit.*, n. 1534 et suiv.

vent jamais être attaqués par la voie de l'appel. L'art. 262 dispose en effet : « Les arrêts de la cour d'assises ne pourront être attaqués que par la voie de la cassation et dans les formes déterminées par la loi. » Dans certains cas pourtant, en matière, par exemple, de délits de la presse, les arrêts de la cour d'assises peuvent être attaqués par la voie de l'opposition ; mais ces cas sont rares.

Au demeurant, les notions générales que nous venons d'exposer dans les trois paragraphes qui précédent, sur les attributions du procureur général, du président et de la cour d'assises, se compléteront, à mesure que nous expliquerons la marche de la procédure. Nous allons parler maintenant de la formation du jury.

Section II. — *De la formation du jury.*

Le *jury* est la réunion de douze citoyens, chargés de décider si un accusé est coupable des faits qu'on lui impute. Les membres du jury se nomment *jurés.*

La cour d'assises statue quelquefois sans assistance de jurés, en matière de contumace, par exemple, ou quand il s'agit seulement de constater l'identité d'un individu précédemment condamné. Mais, en règle générale, le jury fait partie intégrante de la cour d'assises, et aucune condamnation contradictoire ne peut être prononcée par ces cours contre des accusés, qu'à la suite d'une déclaration affirmative du jury.

Il serait trop long et assez inutile de rechercher, dans un livre élémentaire, l'origne du jury. Nous nous bornerons à dire que cette institution semble dériver des usages des peuples germains, chez lesquels il était de règle qu'un accusé ne pouvait être jugé que par ses pairs.

Ces usages subsistèrent en France sous les deux premières races de nos rois, et même sous la troisième, dans les premiers temps de la féodalité. Ils ne se perdirent que lorsque la féodalité toucha à son déclin, et qu'à la place des cours féodales, on vit se former peu à peu, dans les diverses provinces, de grandes compagnies de magistrature, qui finirent par absorber presque entièrement tout le pouvoir judiciaire en matière de grand criminel.

En Angleterre, au contraire, le jury qui avait été transporté dans cette contrée par les Normands, en supposant qu'il n'y eût pas été établi plutôt, ne cessa depuis de s'y maintenir, grâce vraisemblablement à l'absence de grands corps de judicature dans ce pays.

Avant la Révolution française, plusieurs écrivains avaient signalé la justice criminelle rendue par nos anciens parlements, comme empreinte de trop de rigueur. A les entendre, les magistrats, par leur contact journalier avec les hommes pervers, étaient naturellement portés à voir dans un accusé un coupable, et, pour employer une expression bien connue, cessaient bientôt d'être des juges, pour devenir des *jugeurs*.

Ces mêmes écrivains exaltaient beaucoup le système anglais, où un citoyen, dégagé de toute prévention, ne venait remplir le redoutable ministère de juge qu'à des intervalles fort rares, apportant de ses habitudes privées des tendances favorables à l'accusé, qui ne pouvaient céder que devant des preuves démonstratives.

Ces idées triomphèrent dans le sein de l'Assemblée Constituante qui, par sa loi célèbre du 16-24 août 1790, déclara qu'à l'avenir la justice criminelle serait rendue en France par des jurés. La constitution du 3 septembre 1791 établit même deux jurys : l'un chargé seulement d'apprécier s'il s'élevait contre un prévenu des indices assez graves pour le mettre en accusation, et qui fut appelé pour ce motif *jury d'accusation* ; l'autre, chargé de statuer définitivement sur le sort de l'accusé, et nommé *jury de jugement*.

L'institution du jury ne répondit pas d'abord aux espérances qu'elle avait fait naître. Si les arrêts des anciens parlements avaient paru quelquefois d'une rigueur voisine de l'inhumanité, les décisions des jurys furent tantôt empreintes d'une molle indulgence, tantôt d'un excès de barbarie que les passions politiques peuvent seules expliquer; et il n'était pas rare de voir les mêmes jurés, qui se montraient avares du sang des assassins, verser à grands flots le sang le plus illustre, et souvent le plus pur de la nation.

A la chute du règne de la Terreur, les décisions du jury prirent un caractère moins odieux, mais les acquittements scandaleux ne furent pas moins fréquents.

Aussi, lorsque le projet du Code d'instruction criminelle fut discuté dans le sein du Conseil d'Etat, la conservation du jury fut-elle mise en question. On s'arrêta cependant à un moyen terme. On convint de supprimer le jury d'accusation, et de conserver celui de jugement ; mais le Code chargea exclusivement les préfets de la désignation des citoyens appelés à faire partie du jury, et le jury ne fut plus dès-lors qu'une sorte de commission nommée par le préfet.

La loi du 2 mai 1827 limita ce pouvoir excessif conféré aux préfets, en les obligeant de dresser annuellement une liste, composée du quart des citoyens aptes à remplir les fonctions du juré, portés sur les listes générales, et en défendant de laisser le même citoyen sur la liste deux ans de suite.

Mais, cette loi laissa peut-être encore à l'administration une trop grande influence ; car, en bonne justice, parmi les personnes qui ont la capacité légale, on ne devrait éloigner des fonctions du jury, que celles qui manquent de probité ou d'une instruction suffisante, et l'on ne doit pas supposer que la moitié des citoyens portés sur les listes générales puisse se trouver dans ce cas. Souvent même, plus de la moitié des jurés de la liste générale se trouvent exclus ; car le nombre total des jurés désignés par le préfet, ne doit jamais, comme on le verra, excéder quinze cents à Paris, et trois cents dans les départements.

Quoi qu'il en soit, nous allons exposer d'abord les conditions nécessaires pour remplir les fonctions de juré ; nous verrons ensuite par quelles réductions successives on arrive à former le jury de jugement ; et nous parlerons, en dernier lieu, des peines encourues par les jurés qui ne se présentent pas ou qui s'absentent sans excuse.

§ 1. *Des conditions requises pour remplir les fonctions de juré.*

Ces conditions sont au nombre de quatre. Il faut : 1° être âgé de trente ans ; 2° jouir des droits civils et politiques ; 3° être porté sur les listes générales du jury ; 4° n'avoir aucun empêchement.

Les deux premières conditions sont indiquées dans la première disposition de l'art. 381, ainsi conçue : « Nul ne peut remplir les fonctions de juré, s'il n'a trente ans accomplis, et s'il ne jouit des droits politiques et civils, à peine de nullité. »

Il faut que le juré ait trente ans accomplis, au moment où commencent les débats, puisque c'est alors que commencent ses fonctions : il ne suffirait pas qu'il les eût accomplis au jour de la sentence (1).

Si la cour de cassation conçoit des doutes sur le point de savoir si un juré avait, ou non, l'âge requis, elle doit donc, avant de statuer définitivement sur le pourvoi, charger son procureur général de se procurer l'acte de naissance, ou tous autres documents nécessaires pour constater cet âge.

L'art. 381 exige, comme seconde condition, la jouissance, non-seulement des droits civils, mais encore des droits politiques ; d'où il résulte qu'un étranger, lors même qu'il jouit en France des droits civils, ne peut jamais être juré tant qu'il n'a pas été naturalisé ; car la naturalisation seule peut lui conférer la jouissance des droits politiques. L'erreur générale sur la qualité de cet étranger, ne suffirait même pas pour protéger la sentence à laquelle il aurait pris part ; la célèbre loi romaine *Barbarius Philippus*, de laquelle est tirée la maxime que l'erreur commune fait le droit, ne paraît pas applicable aux matières criminelles.

---

(1) V. les nombreux arrêts cités par M. A. Dalloz, v° *Cour d'assises*, n. 22 et suiv.

Quant aux Français, ils sont privés définitivement ou provisoirement des droits politiques, dans les divers cas énumérés par les art. 4 et 5 de la constitution de l'an VIII.

Aux termes de l'art. 4, « la qualité de citoyen français se perd par la naturalisation en pays étranger ; par l'acceptation de fonctions ou de pensions offertes par un gouvernement étranger ; par l'affiliation à toute corporation étrangère qui suppose des distinctions de naissance ; par la condamnation à des peines afflictives ou infamantes. » La réhabilitation pourtant peut rendre la capacité politique que la condamnation avait enlevée.

Aux termes de l'art. 5, « l'exercice des droits de citoyen est suspendu par l'état de débiteur failli, ou d'héritier immédiat, détenteur à titre gratuit de la succession totale ou partielle d'un failli ; par l'état de domestique à gages, attaché au service de la personne ou du ménage ; par l'état d'interdiction judiciaire, d'accusation ou de contumace. »

On doit assimiler aux interdits proprement dits les individus pourvus d'un conseil judiciaire (1) ; mais les personnes employées dans l'intérieur d'une maison, conservent l'exercice des droits politiques, lorsqu'elles ne sont pas attachées au service du ménage ; comme les précepteurs, bibliothécaires, secrétaires, intendants, etc.

Les tribunaux correctionnels peuvent aussi, en certains cas, prononcer, pour un temps, l'interdiction totale ou partielle des droits politiques, nommément celle d'être juré (C. pén. 42), et l'incapacité subsiste alors, tant que dure l'interdiction.

La troisième condition pour pouvoir être juré, c'est de figurer sur la liste du jury (art. 381, § 2) ; et cette condition, quoique la loi ne répète pas expressément ici la peine de nullité, est aussi essentielle que les précédentes, par la raison qu'une personne non portée sur la liste générale est absolument sans caractère.

---

(1) *Cass.* 23 juillet 1825. S. 25-1-391.

L'art. 382 indique de quelle manière doit être dressée la liste générale du jury.

Cette liste se divise en deux parties.

La première comprend toutes les personnes qui remplissent les conditions requises pour faire partie des collèges électoraux du département, pourvu qu'elles n'aient pas leur domicile réel dans un département différent.

La seconde comprend: 1° les électeurs qui, ayant leur domicile réel dans le département, exercent leurs droits électoraux dans un autre ;

2° Les fonctionnaires publics nommés par le roi et exerçant des fonctions gratuites, catégorie qui n'embrasse guère que les maires et adjoints (1) ;

3° Les officiers des armées de terre et de mer en retraite, quand ils jouissent d'une pension de retraite de douze cents francs au moins, et qu'ils ont depuis cinq ans un domicile réel dans le département ;

4° Les membres et correspondants de l'institut ; les membres des autres sociétés savantes reconnues par le roi, telles que les académies autorisées des provinces; les docteurs en médecine ou en droit, ès-sciences ou ès-lettres ; les licenciés en droit inscrits sur le tableau des avocats ou exerçant les fonctions d'avoué, ou bien ayant depuis dix ans leur domicile réel dans le département ; et les licenciés ès-lettres ou ès-sciences, chargés de l'enseignement de quelqu'une des matières appartenant à la faculté où ils ont pris leur licence, ou ayant leur domicile réel dans le département depuis dix ans ;

5° Les notaires, après trois ans d'exercice de leurs fonctions.

_____

(1) Nous pensons pourtant qu'on doit y comprendre aussi les suppléants des juges de paix. Les vacations auxquelles ces fonctionnaires ont droit en certains cas, n'étant qu'une indemnité de déplacement, n'empêchent pas que leurs fonctions ne soient gratuites, et, d'un autre côté, comme on le dira bientôt, leur qualité ne fait pas obstacle à ce qu'ils fassent partie du jury.

L'art. 382 ajoute enfin, que dans les départements où les deux parties de la liste ne comprendraient pas huit cents individus, ce nombre doit être complété par une liste supplémentaire, formée des individus les plus imposés après ceux qui ont été compris dans la première.

Une question importante vient se présenter ici.

Par cela seul qu'un citoyen est porté sur la liste générale du jury, y a-t-il présomption légale, *juris et de jure*, qu'il réunit les conditions nécessaires pour y figurer ; ou bien, au contraire, le condamné peut-il prétendre qu'il y a été porté indûment, qu'il ne paie pas par exemple deux cents francs d'impôt, que l'officier en retraite n'a pas une pension de douze cents francs, que le licencié n'est inscrit sur aucun tableau d'avocats ou d'avoués, ni chargé d'aucun enseignement, et qu'il n'a pas non plus son domicile dans le département depuis dix ans, etc.?

On conçoit qu'autoriser un condamné à élever de pareilles réclamations, ce serait se jeter dans des difficultés journalières et infinies. Tel n'a pu être l'esprit de la loi. Il faut donc nécessairement admettre qu'après la clôture définitive des listes, nul n'est recevable à prétendre qu'un citoyen y a été indûment porté (1).

Quand la capacité d'un juré est contestée par un condamné qui s'est pourvu contre l'arrêt de condamnation, la cour de cassation, à part le cas où l'on veut induire l'incapacité d'un des empêchements que nous indiquerons bientôt, n'a donc que trois choses à examiner: 1° si le juré avait l'âge requis ; 2° s'il jouissait des droits politiques ; 3° si, de fait, il était porté sur les listes du jury.

Le législateur a pris, du reste, de nombreuses précautions pour que les listes du jury soient exactes.

Ces précautions sont indiquées en détail dans la loi électorale du 19 avril 1831, qui, dans l'art. 68, rend toutes

_____

(1) La jurisprudence de la cour suprême est constante en ce sens. V. notamment arrêts des 2 août 1833 et 25 mai 1837.

ses dispositions communes aux listes du jury, et qui a modifié ou expliqué les art. 384, 385 et 386 du Code.

Ainsi, les listes doivent être publiées et affichées le 15 août, au chef-lieu de chaque canton, et dans les communes qui ont six cents habitants ou un plus grand nombre. A dater de cette époque jusqu'au 30 septembre, tout juré est admis à élever des réclamations. Ces réclamations doivent, autant que possible, être jugées avant le 16 octobre, époque à laquelle le préfet doit procéder à la clôture des listes, et l'arrêté de clôture est publié et affiché le 20 du même mois. La liste reste ainsi invariable jusqu'au 20 octobre de l'année suivante, sauf les changements ordonnés par arrêts, et sauf aussi la radiation des jurés décédés, ou privés des droits civils ou politiques par jugements passés en chose jugée.

De plus amples détails sur ce point sortiraient du cadre de notre livre.

Avant de passer à la quatrième condition requise pour être juré, une disposition du Code doit arrêter encore notre attention, c'est l'art. 385, reproduit en termes plus précis dans l'art. 34 de la loi du 19 avril 1831.

D'après ces textes, les réclamations portées devant les préfets en conseil de préfecture, et les actions intentées devant une cour royale, par suite d'une décision qui a rayé un individu de la liste, ont un effet suspensif, ce qui veut dire qu'en attendant, le citoyen rayé peut exercer ses droits d'électeur et de juré.

Mais si l'arrêté de radiation est confirmé, nous pensons qu'il faudrait annuler la délibération, à laquelle le juré rayé aurait pris part. La cour de cassation devrait donc, en cas pareil, ordonner un sursis avant de statuer sur le pourvoi; et il faudrait procéder de même, si un citoyen avait appelé d'un jugement des tribunaux ordinaires, qui tendrait à le priver de l'exercice des droits politiques.

La quatrième condition pour remplir valablement les fonctions de juré, c'est de n'être dans aucun cas d'empêchement.

Il y a deux sortes d'empêchements : les empêchements absolus, qui ne permettent de siéger comme juré dans aucune affaire; et les empêchements relatifs, qui font seulement obstacle à ce qu'on siége dans une affaire déterminée. L'art. 383 indique les premiers; l'art. 392 fait connaître les seconds.

« Les fonctions de juré, porte le premier de ces textes, sont incompatibles avec celles de ministre, de préfet, de sous-préfet, de juge, de procureur général, de procureur du roi, et de leurs substituts. — Elles sont également incompatibles avec celles de ministre d'un culte quelconque. — Les conseillers d'Etat chargés d'une partie d'administration, les commissaires du roi près les administrations ou régies, les septuagénaires, seront dispensés, s'ils le requièrent. »

Ces dernières personnes peuvent donc se faire dispenser quand elles le désirent, et le décret du 12 juillet 1811 a étendu la dispense à tous les conseillers d'Etat indistinctement; mais si elles veulent prendre part aux travaux du jury, nul doute qu'elles ne le puissent.

Les autres personnes dont parle l'article sont au contraire incapables, et il y aurait nullité, si elles prenaient part aux opérations du jury. On a craint que les fonctionnaires, dont parle le premier alinéa de l'article, n'exerçassent une trop grande influence sur les autres jurés; et, quant aux ministres des cultes, la nature même de leurs fonctions doit leur interdire celles du jury, car la raison publique s'offenserait de voir un homme, qui doit prêcher sans cesse la paix et le pardon, concourir à une sentence, qui peut avoir pour résultat de priver un citoyen de la liberté ou de la vie.

Par *juge*, il faut entendre seulement les juges de paix, les juges des tribunaux civils et de commerce, les conseillers des cours royales et de la cour de cassation. Quant aux suppléants des juges de paix, et des tribunaux civils et de commerce, l'incapacité ne les atteint point, parce qu'ils ne remplissent les fonctions de juge qu'accidentellement (1).

------

(1) Il a été rendu un grand nombre d'arrêts sur ce point

L'incapacité ne s'étend pas non plus aux maires, et adjoints de maire, des communes qui ne sont pas chefs-lieux de canton, quoiqu'ils puissent remplir quelquefois les fonctions de juges de police, ni aux prud'hommes, ni aux membres de la cour des comptes ou aux conseillers de préfecture (1).

Les commissaires de police ne peuvent pas non plus être assimilés aux substituts des procureurs généraux ou du roi, quoiqu'ils remplissent les fonctions du ministère public auprès des tribunaux de simple police (2).

D'un autre côté, quoique la loi parle de *ministres d'un culte quelconque*, on ne peut entendre par là que les ministres d'un culte reconnu par l'État ; car la loi n'a pu vouloir parler de ces faiseurs de religions nouvelles, qui, de temps en temps, attirent un instant l'attention du monde par leurs folies, et qui inspirent autant de mépris aux incrédules que de pitié aux hommes de foi.

L'art. 392 indique, avons-nous dit, les empêchements relatifs. « **Nul**, porte ce texte, ne peut être juré dans la même affaire où il aura été officier de police judiciaire, témoin, interprète, expert, ou partie, à peine de nullité. » Il est sensible que cette prohibition s'applique, à plus forte raison, aux juges ou conseillers démissionnaires, qui auraient déjà connu du fait comme membres de la chambre du conseil ou de celle des mises en accusation.

Terminons en disant que la parenté ou l'alliance des jurés entre eux, ou d'un juré avec les membres de la cour d'assises, ou même d'un juré avec la partie civile, ne sont point des causes d'empêchement, car la loi n'en a point parlé, et la doctrine ne peut point créer des incapacités (3). Les récusations autorisées par la loi suffisent pour prévenir

---

(1) *Cass.* 18 mars et 24 septembre 1823, et 10 mars 1827.
(2) *Cass.* 2 mai 1816. Dal., *Répertoire*, t. 4, p. 292.
(3) **V.** les nombreux arrêts cités par **M. A.** Dalloz, v° *Cour d'assises* n. 114 et suiv.

les inconvénients que ces parentés ou alliances pourraient offrir.

§ 2. *Comment se forme le jury de jugement.*

Le jury de jugement se forme au moyen de trois réductions successives opérées sur la liste générale, la première, par le préfet; la seconde, par le premier président de la cour royale; la troisième, par le président de la cour d'assises ou son délégué.

I. La première réduction, disons-nous, est opérée par le préfet.

L'art. 387 dispose en effet : « Après le 30 septembre (ou plutôt, d'après la loi électorale de 1831, après le 20 octobre), les préfets extrairont, sous leur responsabilité, des listes générales dressées en exécution de l'art. 382, une liste pour le service du jury de l'année suivante. — Cette liste sera composée du quart des listes générales, sans pouvoir excéder le nombre de trois cents noms, si ce n'est dans le département de la Seine où elle sera composée de quinze cents. — Elle sera transmise immédiatement par le préfet au ministre de la justice, au premier président de la cour royale, et au procureur général. — Nul ne sera porté deux ans de suite sur la liste prescrite par le présent article. »

Cette dernière disposition est établie en faveur des jurés, pour rendre leur service moins onéreux ; mais elle a pour but aussi d'empêcher que la liste du jury ne ressemble à une commission permanente, livrée à la discrétion du préfet. Nous ne pensons pas cependant qu'un condamné pût se faire un moyen de cassation, de ce qu'un juré aurait été porté deux ans de suite sur la liste ; car la confection de la liste est un acte administratif que les tribunaux, ce semble, n'ont pas le droit de réviser. Il est entendu seulement que l'inscription sur la liste préfectorale ne peut couvrir l'incapacité radicale du juré, résultant du défaut d'âge, ou de la privation des droits politiques, ou d'un empêchement absolu ou relatif.

II. La seconde réduction s'opère, au moyen d'un tirage au sort, fait par le premier président de la cour royale.

« Dix jours au moins avant l'ouverture des assises, porte à ce sujet l'art. 388, le premier président de la cour royale tirera au sort, sur la liste transmise par le préfet, trente-six noms qui formeront la liste des jurés pour toute la durée de la session. — Il tirera en outre quatre jurés supplémentaires, pris parmi les individus mentionnés au 3me paragraphe de l'art. 393 (c'est-à-dire, parmi les jurés portés sur la liste du préfet, qui résident dans la ville où siége la cour d'assises). — Le tirage sera fait en audience publique de la première chambre de la cour, ou de la chambre des vacations. »

« Si, parmi les quarante individus désignés par le sort, ajoute l'art. 390, il s'en trouve un ou plusieurs qui, depuis la formation de la liste arrêtée en exécution de l'art. 387, soient décédés ou aient été légalement privés des capacités exigées pour exercer les fonctions de juré, ou aient accepté un emploi incompatible avec ces fonctions, la cour, après avoir entendu le procureur général, procèdera, séance tenante, à leur remplacement. — Ce remplacement aura lieu dans la forme indiquée par l'art. 388. »

Les noms des trente-six jurés qui sont sortis de l'urne, ne doivent plus y être remis pour les tirages subséquents, que nécessitent les autres sessions régulières de l'année. Il y a exception pourtant, à l'égard des jurés qui auraient proposé devant la cour d'assises une excuse temporaire, ou qui auraient été en faute de se présenter pour la première ou seconde fois. Les noms de ces jurés doivent en effet, après la session, être adressés au premier président de la cour royale, pour qu'il les fasse remettre dans l'urne lors du prochain tirage; et, s'il ne reste aucun tirage à faire pour l'année, ils doivent être ajoutés à la liste dressée par le préfet pour l'année suivante (art. 391).

S'il y a quelque assise extraordinaire, tous les noms des jurés sortis doivent être remis dans l'urne ; mais ceux qui sortent une seconde fois ne doivent plus y être remis une troisième, quand même il y aurait quelque autre session extraordinaire avant l'expiration de l'année (même art. 391).

Une liste de jurés ne peut du reste jamais servir que pour la session pour laquelle elle a été faite ; c'est ce que dispose en termes très exprès l'art. 391, dans son premier alinéa. Cette règle, aux termes de l'art. 406, doit recevoir son application, quand même les débats auraient commencé dans une session, et que, par l'effet de quelque événement, l'affaire aurait été renvoyée à la session suivante.

Il y aurait donc nullité radicale dans les opérations d'une cour d'assises, qui se servirait de la liste de jurés faite pour la session antérieure, comme aussi dans le tirage que ferait le premier président sur une liste préfectorale surannée, sans attendre la nouvelle.

Les quarante jurés compris dans le tirage fait par le premier président, sont avertis par une notification, faite à leur personne ou à leur domicile, huit jours au moins avant l'ouverture de la session, d'avoir à se rendre au lieu où doit se réunir la cour d'assises (art. 389).

III. La troisième réduction, enfin, se fait par le président des assises ou son délégué, également par la voie du sort.

On met pour cela dans une urne, les noms de ceux des trente-six jurés, composant le premier tirage effectué par le premier président, qui se présentent ; et, s'il s'en présente moins de trente, on complète ce chiffre en ajoutant le nombre nécessaire de jurés supplémentaires (1).

On tire ensuite au sort, et l'accusé ou le procureur

---

(1) Quand il n'a été mis que trente noms dans l'urne, il y a nullité si un seul des jurés était incapable, quand même son nom ne serait point sorti. Mais l'incapacité d'un juré dont le nom n'est point sorti ne vicie point la procédure, quand il y avait dans l'urne les noms de trente jurés capables. *Cass.* 18 mars 1825, 9 avril 1829, et 6 février 1834.

général peuvent, dans les proportions fixées à chacun par la loi, récuser les jurés sortants, tant qu'il reste dans l'urne plus de douze noms. Mais, dès qu'il est sorti de l'urne douze noms de jurés non récusés, ou qu'il n'y reste plus que le nombre nécessaire pour compléter les douze, le jury de jugement est constitué.

Nous reviendrons plus amplement, dans la suite, sur cette troisième réduction, qui se fait immédiatement avant l'ouverture des débats.

Pour compléter les notions générales sur le jury, que nous exposons ici, nous allons parler maintenant des peines encourues par les jurés qui ne se présentent pas, ou qui se retirent sans permission avant la fin de la session.

§ 3. *Des condamnations encourues par les jurés défaillants ou qui s'absentent sans excuse.*

Les quarante jurés compris dans le tirage fait par le premier président doivent, avons-nous dit, se rendre dans la ville où se réunit la cour d'assises, ou, s'ils y ont leur domicile, ne pas s'en écarter.

L'art. 389 règle la manière dont ils doivent être avertis. « La liste entière, porte ce texte, ne sera point envoyée aux citoyens qui la composent, mais le préfet notifiera à chacun d'eux l'extrait de la liste, qui constate que son nom y est porté. Cette notification leur sera faite huit jours au moins avant celui où la liste doit servir. — Ce jour sera mentionné dans la notification, laquelle contiendra aussi une sommation de se trouver au jour indiqué, sous les peines portées au présent Code. — A défaut de notification à la personne, elle sera faite à son domicile, ainsi qu'à celui du maire ou de l'adjoint du lieu; celui-ci est tenu de lui en donner connaissance. »

La notification peut se faire par un gendarme aussi bien que par un huissier (loi du 28 germinal an 6, art. 133), et elle n'est soumise à aucune formalité irritante. Seulement, si elle est faite trop tard, ou si elle manque de quelque indication importante, le juré qui ne se présente pas ne doit être condamné à aucune peine.

Mais, si le juré a été régulièrement cité, il doit se présenter sous les peines portées par l'art. 396, ainsi conçu : « Tout juré qui ne se sera pas rendu à son poste sur la citation qui lui aura été notifiée, sera condamné par la cour d'assises à une amende, laquelle sera, pour la 1re fois, de cinq cents francs; pour la 2e, de mille francs ; et pour la 3e, de quinze cents francs. Cette dernière fois, il sera de plus déclaré incapable d'exercer à l'avenir les fonctions de juré. L'arrêt sera imprimé et affiché à ses frais. »

L'impression et l'affiche de l'arrêt ne doivent, du reste, être ordonnées, que lorsque le juré est en faute pour la troisième fois; il est raisonnable, dans le doute, de n'appliquer la dernière phrase de l'article qu'au cas qui précède immédiatement.

Le juré qui, après avoir été condamné une première fois à l'amende, s'est représenté ensuite, n'encourt pas non plus l'amende double, s'il vient de nouveau à faire défaut pour quelque session suivante. Il semble que la loi n'a voulu punir d'une manière plus sévère la seconde et la troisième absence, qu'à raison de l'obstination du juré : or, il n'y a pas d'obstination, quand le juré avait rempli ses devoirs dans l'intervalle, et son obéissance avait couvert les fautes antérieures. L'art. 396, il est vrai, est conçu à cet égard, d'une manière un peu ambiguë; mais en matière pénale, c'est toujours l'interprétation la plus bénigne qui doit être préférée.

La peine au surplus, aux termes de l'art. 397, ne doit jamais être prononcée, quand le juré a été *dans l'impossibilité* de se présenter au jour indiqué, et c'est à la cour à prononcer sur le mérite de l'excuse. Il n'est pas nécessaire que l'impossibilité soit physique, il suffit qu'elle soit morale. Ainsi, un juré qui serait sous le coup d'une contrainte par corps ne devrait pas subir l'amende, car la loi ne permettant pas d'accorder un sauf-conduit pour cette cause, l'absence du juré est fort naturelle et fort excusable.

Le juré peut aussi proposer pour excuse un cas de dispense, qu'il a atteint par exemple sa soixante‑dixième année.

Régulièrement, le juré doit faire connaître d'avance ses excuses à la cour, et produire à l'appui les pièces qui doivent la justifier, un certificat de maladie, par exemple, délivré par un médecin ou par un officier de santé; et si la maladie était supposée, outre que le juré devrait supporter l'amende, l'auteur du certificat serait passible des peines portées par l'art. 160 du Code pénal.

Si l'excuse proposée à la cour est rejetée, le juré est condamné à l'amende, et il ne peut pas se pourvoir par opposition, la cour ayant statué en connaissance de cause.

Mais, si le juré ne s'est pas présenté et n'a chargé personne de proposer ses excuses en son nom, la voie de l'opposition est-elle ouverte contre l'arrêt qui l'a condamné à l'amende? L'affirmative est évidente, si le juré n'a pas été régulièrement cité, et dans les autres cas elle paraît encore vraisemblable, les mêmes circonstances qui ont empêché ce juré de se présenter, ayant pu l'empêcher de faire parvenir ses excuses.

Mais il semble que l'opposition doit être formée dans le délai fixé par l'art. 187 du Code pour les sentences par défaut rendues en matière correctionnelle, c'est-à-dire, dans les cinq jours de la signification de l'arrêt (1). Si la cour n'était plus en session, elle serait jugée aux assises suivantes.

Tout juré compris dans la liste de service, doit demeurer dans le lieu où se tient la cour d'assises, tant qu'il reste quelque affaire à juger, puisqu'à chaque affaire il faut faire un nouveau tirage, et que le sort peut le désigner.

L'art. 398 dispose donc : « Les peines portées en l'art. 396 sont applicables à tout juré qui, même s'étant rendu à son

---

(1) M. Legraverend, t. 2, p. 174, admet l'opposition jusqu'à la clôture de la session suivante. C'est bien arbitraire.

poste, se retirerait avant l'expiration de ses fonctions, sans une excuse valable qui sera également jugée par la cour. » Mais ici, la loi laisse à la cour, pour l'appréciation de l'excuse, une latitude illimitée. Ainsi, des affaires importantes peuvent suffire, pour que la cour accorde au juré la permission de s'absenter, quand surtout il ne reste à juger que quelques affaires, pour l'expédition desquelles les jurés qui restent semblent en nombre suffisant.

La peine prononcée contre le juré défaillant serait également encourue par le juré présent, qui se serait mis par son fait dans l'impossibilité de siéger. C'est ce que la cour d'assises de Rouen jugea avec raison à l'égard d'un juré qui, oubliant l'importance et la sainteté de ses fonctions, s'était mis par sa faute dans un état d'ivresse (1).

CHAPITRE II.

De la procédure devant la cour d'assises.

Nous avons à parler, dans ce chapitre, 1° de la procédure qui précède la comparution de l'accusé à l'audience; 2° de l'examen de l'accusé et des débats; 3° du résumé du président et de la position des questions; 4° de la déclaration du jury.

SECTION 1re. — *De la procédure qui précède l'examen de l'accusé à l'audience.*

On peut ramener à sept les formalités qui doivent précéder l'ouverture des débats, savoir : 1° la notification de l'arrêt de renvoi et de l'acte d'accusation; 2° l'envoi des pièces, et la translation de l'accusé dans la maison de justice; 3° l'interrogatoire de l'accusé, et l'audition nouvelle de témoins qui peut en être la suite; 4° la communication

_____

(1) Arrêt du 22 novembre 1822. S. 24-2-98.

à l'accusé des pièces de la procédure; 5° la notification à la partie adverse des noms des témoins que le procureur général, la partie civile ou l'accusé, veulent faire entendre ; 6° la notification à l'accusé de la liste de service du jury ; 7° enfin, le tirage au sort des jurés qui doivent prendre part au jugement, et les récusations auxquelles ce tirage peut donner lieu.

Nous allons reprendre ces formalités, dans un égal nombre de paragraphes.

§ 1. *De la notification de l'arrêt de renvoi et de l'acte d'accusation.*

Dès que la chambre des mises en accusation a ordonné le renvoi d'un prévenu devant la cour d'assises, le procureur général est tenu de dresser un acte d'accusation.

« L'acte d'accusation, porte l'art. 241, exposera : — 1° la nature du délit qui forme la base de l'accusation; — 2° le fait et toutes les circonstances qui peuvent aggraver ou diminuer la peine : le prévenu y sera dénommé et clairement désigné. — L'acte d'accusation sera terminé par le résumé suivant : — *En conséquence, N... est accusé d'avoir commis tel meurtre, tel vol, ou tel autre crime, avec telle et telle circonstance.* »

L'acte d'accusation doit être rédigé avec mesure et impartialité. Le seul style qu'il convient d'y employer, c'est ce style simple et vrai, que nous appellerions volontiers le style de l'honnête homme. Il faut y ramener toutes les circonstances indiquées dans l'arrêt de mise en accusation, qui sont de nature à modifier le caractère du fait incriminé, c'est-à-dire, à élever ou à faire descendre ce fait d'un ou plusieurs degrés dans l'échelle de la pénalité.

Si quelqu'une de ces circonstances s'y trouve omise, et que l'omission n'ait pas été réparée ultérieurement dans les questions soumises au jury, il y a lieu d'annuler l'acte d'accusation et tout ce qui s'en est suivi (1). Mais il n'est pas interdit au procureur général de relever des circonstances qui ne sont pas mentionnées dans l'arrêt de renvoi. Ces circonstances, en effet, pouvant être révélées par les débats, il est de l'avantage même de l'accusé, qu'elles soient signalées d'avance dans l'acte d'accusation, puisque l'accusé est alors mieux fixé sur la manière dont il doit préparer sa défense. Si toutefois le président estime ensuite que la circonstance n'est point ressortie des débats, il n'est pas obligé de la soumettre au jury, à moins que la cour d'assises ne soit d'un avis contraire.

D'après une circulaire du ministre de la justice, adressée aux procureurs généraux dans le cours de l'année 1827, les actes d'accusation doivent toujours être signés par le procureur général, ou, en cas d'empêchement, par le plus ancien des avocats généraux, quoiqu'ils aient été rédigés par d'autres membres du parquet de la cour.

Cette circulaire, conforme au texte littéral de la loi, nous semble aussi conforme à son esprit. Il ne peut y avoir d'unité dans une administration, qu'autant que le chef peut réviser et corriger le travail de ses subordonnés, et le droit de réviser et de corriger emporte celui de signer (2).

Dans quelques affaires qui ont eu le triste avantage d'occuper vivement l'attention publique, il est arrivé quelquefois que l'acte d'accusation a été publié dans les journaux, avant les débats. C'est un scandale odieux, qui devrait être puni par la loi, et qui donnerait à l'accusé acquitté, le droit d'obtenir des dommages-intérêts. Mais, en cas de condamnation, cette circonstance, vu le silence de la loi, ne peut pas fournir un moyen de nullité (3).

Régulièrement, c'est l'accusé seul qui doit avoir connaissance de l'acte d'accusation. Dès que cet acte a été signé, il

---

(1) *Cass.* 28 juillet 1826, 13 mars 1828 et 21 janvier 1836.
(2) *Contrà*, M. Masson, *Revue de législation*, t. 5, p. 105.
(3) *Cass.* 12 décembre 1840. D. P. 41-1-35.

doit donc lui être notifié avec l'arrêt de renvoi, et il doit lui être laissé copie du tout (art. 242).

Si cette signification n'a pas eu lieu, l'accusé peut demander le renvoi de l'affaire, et, s'il ne lui était pas accordé, l'arrêt devrait être annulé.

Mais si l'accusé accepte les débats sans réclamer, l'irrégularité est-elle couverte ? La cour de cassation, par deux arrêts du 12 juillet 1832 et du 26 janvier 1833, a décidé l'affirmative, sur le fondement que l'art. 242 ne prononce pas la peine de nullité, et que l'art. 408 ne déclare irritantes par elles-mêmes que les formalités prescrites sous cette peine.

Ces décisions semblent peu en harmonie avec une décision de la même cour, du 7 janvier 1836, précédemment citée, de laquelle il résulte que l'accusé ne peut pas valablement renoncer à se pourvoir contre l'arrêt de mise en accusation, tant que cet arrêt ne lui a pas été notifié. Dans l'économie de la loi, en effet, une affaire n'est en état d'être soumise à la cour d'assises, que lorsque l'arrêt de mise en accusation ne peut plus être attaqué, et comment comprendre qu'on puisse juger valablement une affaire qui n'est pas en état ! D'un autre côté, la chambre des mises en accusation peut avoir envisagé les faits, d'une toute autre manière qu'ils ne l'avaient été par le juge d'instruction dans les mandats qu'il avait décernés, et comment l'accusé pourrait-il préparer convenablement sa défense, quand il ne peut pas savoir au juste de quoi on l'accuse !

Nous considérons donc la notification de l'arrêt de renvoi et de l'acte d'accusation, comme une formalité substantielle dont l'omission doit emporter nullité : et nous n'approuvons pas, non plus, un arrêt de la cour suprême, du 28 décembre 1838, qui a décidé que la lecture de l'arrêt de renvoi et de l'acte d'accusation à l'accusé, peut tenir lieu de la notification, quand l'accusé n'a pas réclamé. Cet arrêt a méconnu la maxime, *paria sunt non esse et non significari*, maxime respectable pourtant, et à laquelle la longue sanction des âges a imprimé toute l'autorité d'un axiome.

La notification doit naturellement se faire à la personne même de l'accusé, dans la maison d'arrêt où il est détenu. S'il n'avait pas encore été arrêté, elle devrait être faite à son domicile (art. 465).

Quand l'accusé qui n'a pas été arrêté, persiste, depuis la notification de l'arrêt de renvoi, à ne pas se présenter, il y a lieu de poursuivre une condamnation par contumace, dans la forme qui sera expliquée ultérieurement. Si, au contraire, il est déjà détenu, la procédure se continue ainsi qu'il va être indiqué dans les paragraphes suivants.

§ 2. Envoi des pièces au greffe de la cour d'assises, et translation du détenu.

Dans les vingt-quatre heures de la notification de l'acte d'accusation, si l'affaire ne doit pas être jugée dans le lieu où siège la cour royale, le dossier doit être envoyé, par les ordres du procureur général, au greffe du tribunal du lieu où doit se réunir la cour d'assises ; et, dans tous les cas, il faut faire parvenir à ce greffe les pièces servant à conviction, qui sont restées déposées au greffe du tribunal d'instruction, ou qui auraient été portées à celui de la cour royale par ordre de la cour. Dans le même délai, l'accusé doit être transféré dans la maison de justice du lieu où doivent se tenir les assises. C'est ce qui résulte des art. 291 et 292 combinés.

La translation de l'accusé, comme l'envoi des pièces, se fait par les soins du procureur général, qui transmet ses ordres aux procureurs du roi ; et, bien que le délai fixé par les articles cités ne le soit pas à peine de nullité, il convient qu'il soit observé exactement ; car un seul jour de retard peut faire que l'accusé n'arrive dans la maison de justice qu'après l'ouverture des assises, et cela peut avoir le fâcheux résultat de retarder son jugement jusqu'à la session suivante, et de prolonger par conséquent de trois mois sa détention préventive.

14

Le mode et les frais de la translation sont réglés par le tarif criminel du 18 juin 1811, art. 4 et suivants.

§ 3. *De l'interrogatoire de l'accusé, et des nouvelles auditions de témoins.*

Vingt-quatre heures au plus tard après la remise des pièces au greffe et l'arrivée de l'accusé dans la maison de justice, celui-ci doit être interrogé par le président de la cour d'assises, ou par le juge qu'il a délégué (art. 293).

Il résulte d'abord de ce texte, que si les pièces n'ont pas encore été transmises, lors de l'arrivée de l'accusé dans la maison de justice, il faut nécessairement attendre qu'elles soient parvenues, puisqu'autrement le juge ignorerait sur quoi l'interrogatoire doit porter : et quand l'arrivée des pièces permet de faire l'interrogatoire, l'expiration du délai de vingt-quatre heures fixé par la loi, n'emporte pas nullité (1).

Il semble résulter aussi de la comparaison de l'art. 293 avec l'art 266, que lorsque le président ne procède pas lui-même à l'interrogatoire, il doit déléguer pour cet objet un de ses futurs assesseurs, s'ils sont déjà désignés et qu'ils soient sur les lieux. La cour de cassation décide pourtant que la délégation peut, dans tous les cas, être donnée à un autre juge (2).

Quoi qu'il en soit, si le président des assises n'est pas sur les lieux et qu'il n'ait fait non plus aucune délégation, l'interrogatoire, aux termes de l'art. 91 du décret du 6 juille 1810, doit être reçu par le président du tribunal civil, qu peut, à son tour, commettre un juge pour cet objet.

---

(1) *Cass.* 21 septembre 1837 et 10 octobre 1839.

(2) V. deux arrêts du même jour, 21 décembre 1832. D. P. 33-1-26 et 338. La même cour décide que le juge qui a procédé à l'interrogatoi est présumé de plein droit avoir reçu délégation, quoique cette délég tion ne soit constatée par aucune ordonnance. Arrêts des 26 juin 1817 21 décembre 1832.

Il peut arriver aussi que le président des assises où l'accusé devra être jugé ne soit pas encore nommé. En ce cas, l'interrogatoire doit être fait par le président des assises courantes, ou qui viennent de se clore, s'il est sur les lieux (1); sinon, par le président du tribunal, ou par le juge qu'il aura commis, comme dans le cas précédent.

Mais quel est l'objet de l'interrogatoire que la loi prescrit ici, alors que l'accusé, s'il avait été arrêté avant l'ordonnance de la chambre du conseil, a dû déjà être interrogé par le juge d'instruction? C'est de faciliter de plus en plus la découverte de la vérité, surtout en faveur de l'accusé innocent. L'accusé, en effet, peut avoir rencontré dans le juge d'instruction, sinon un ennemi, au moins un homme prévenu, qui a pu diriger les informations d'une manière défavorable à la défense. Le président de la cour d'assises intervient alors, pour donner à l'accusé la douce espérance que des débats impartiaux permettront bientôt à la vérité de se faire jour.

L'interrogatoire fait, le président doit prendre, dans l'intérêt de l'accusé, une double précaution.

1. Il doit l'interpeller d'abord, de déclarer le choix qu'il a fait d'un conseil, pour l'aider dans sa défense; sinon, il doit lui en désigner un sur-le-champ, à peine de nullité de tout ce qui suivra (art. 294). « Cette désignation, ajoute cependant l'article, sera comme non avenue, et la nullité ne sera pas prononcée, si l'accusé choisit un conseil. »

Malgré la généralité de cette dernière disposition, nous pensons que la nullité ne peut être couverte qu'autant que l'accusé a fait choix d'un conseil avant le tirage des jurés. Le choix qui serait fait plus tard exposerait nécessairement la défense à être incomplète, et la société tout entière est intéressée à ce que le sort de l'accusé ne soit pas compromis d'une manière aussi grave.

---

(1) *Cass.* 5 février 1819. Dal. *Répertoire*, t. 4, p. 373.

Le conseil de l'accusé ne peut être choisi par lui ou désigné par le juge, que parmi les avocats ou avoués de la
cour royale ou de son ressort, à moins que l'accusé n'obtienne
du président de la cour d'assises la permission de prendre
pour conseil un de ses parents ou amis (art. 295).

La permission peut-elle être accordée par le juge délégué
qui procède à l'interrogatoire? C'est notre opinion, quoique
l'article ne parle que du président. Celui-ci, en effet, est
censé avoir transféré tous ses pouvoirs au juge qu'il a désigné. Mais, quoique l'accusé n'ait pas sollicité cette permission au moment de l'interrogatoire, il n'est pas douteux
qu'il peut la demander plus tard.

Les avoués du ressort étant placés sur la même ligne que
les avocats, il y aurait nullité, si le président avait refusé
d'admettre pour conseil de l'accusé, un avoué désigné par
celui-ci. Le décret du 2 juillet 1812, et l'ordonnance du
20 novembre 1822, qui ont enlevé aux avoués le droit de
plaider, ne s'appliquent pas aux matières criminelles (1).

Il résulte du même art. 295, qu'un avocat ou avoué d'un
autre ressort ne peut être choisi par l'accusé qu'à titre de
parent ou d'ami, et à la condition que le président des assises
le permette; et il est à remarquer que l'ordonnance du 27
août 1830, qui permet à tous avocats inscrits sur un
tableau, d'aller plaider devant tous les tribunaux et cour
du royaume, sans être soumis à aucune autorisation préala
ble, déclare expressément ne pas déroger à l'art. 295 du
Code d'instruction criminelle.

Quant aux avocats nommés d'office pour la défense de
accusés, ils ne peuvent refuser leur ministère sans fair
approuver leurs motifs d'excuse ou d'empêchement par l
cour d'assises, qui, en cas de résistance, peut prononce
contre eux des peines disciplinaires (art. 41 de l'ordonnanc
du 20 novembre 1822).

Les présidents d'assises font porter ordinairement leu

---

(1) *Cass.* 23 juin 1827, 12 et 25 janvier 1828.

désignations d'office sur de jeunes avocats, qui font ainsi devant le jury leurs premières armes. Nous approuvons cet usage, aujourd'hui surtout que le patronage des anciens d'une profession sur les jeunes gens qui embrassent la même carrière devient chose rare. Il est digne en effet d'un magistrat haut placé, d'encourager des talents naissants, auxquels il ne manque souvent que de l'air et du jour pour grandir. Mais c'est alors un devoir sacré pour l'officier du parquet, de ne pas chercher à tirer trop d'avantage de l'inexpérience du défenseur. Les chevaliers du moyen âge, qui se connaissaient en courtoisie, ne manquaient pas, quand leur adversaire était privé de quelque partie de son armure, de s'en priver aussi, se faisant un point d'honneur de ne jamais combattre qu'à armes égales.

Si le défenseur choisi par l'accusé ne se rend pas au jour marqué, il est convenable de lui en désigner un d'office, mais cela ne paraît pas nécessaire, à peine de nullité : c'est la faute de l'accusé, s'il n'a pas bien fait son choix (1).

Mais, quand c'est un avocat nommé d'office qui ne se présente pas, nous penserions qu'il doit, à peine de nullité, en être nommé un autre, parce que l'accusé a dû naturellement compter sur l'avocat qui lui était désigné. L'accusé pourtant ne semblerait pas fondé à demander pour cette cause le renvoi à une autre session, car il ne faudrait pas qu'au moyen d'un concert combiné avec son avocat, il pût à son gré retarder le jugement.

La loi ne parle jamais que d'un seul conseil. Nous avons peine à croire cependant qu'il soit interdit à l'accusé d'en choisir plusieurs, surtout dans les affaires graves et compliquées. Mais le président peut empêcher que cette faculté ne dégénère en abus : c'est une des mille applications de son pouvoir discrétionnaire.

11. Passons à la seconde précaution qu'il faut prendre lors de l'interrogatoire.

_____

(1) *Cass.* 25 février 1813. S. 17-2 313.

« Le juge, porte à cet égard l'art. 296, avertira de plus l'accusé que, dans le cas où il se croirait fondé à former une demande en nullité, il doit faire sa déclaration dans les cinq jours suivants, et qu'après l'expiration de ce délai, il n'y sera plus recevable. — Si l'accusé n'a point été averti, ajoute l'art. 297, la nullité ne sera pas couverte par son silence : ses droits seront conservés, sauf à les faire valoir après l'arrêt définitif. »

Le procureur général peut aussi se pourvoir dans les cinq jours de l'interrogatoire (art. 298).

La déclaration de l'accusé et celle du procureur général doivent énoncer l'objet de la demande en nullité, qui ne peut être dirigée que contre l'arrêt de mise en accusation, et dans les trois cas suivants : — 1° Si le fait n'est pas qualifié crime par la loi ; — 2° Si le ministère public n'a pas été entendu ; — 3° Si l'arrêt n'a pas été rendu par le nombre de juges fixé par la loi (art. 299).

La déclaration de pourvoi doit être faite au greffe, et l'expédition de l'arrêt doit être transmise aussitôt par le procureur général près la cour royale au procureur général près la cour de cassation, laquelle est tenue de prononcer, toutes affaires cessantes (art. 300).

Nous reviendrons sur ces textes, quand nous expliquerons les règles du pourvoi en cassation ; car c'est là qu'est le véritable siège de la matière.

Nonobstant la demande en nullité, l'instruction, aux termes de l'art. 301, peut être continuée jusqu'aux débats exclusivement ; c'est-à-dire, que le président peut procéder valablement à des informations nouvelles, et faire tous autres actes préliminaires que l'affaire peut nécessiter. Mais si, au jour où les débats devaient s'ouvrir, on n'a pas encore reçu l'arrêt de rejet de la cour de cassation, il faut nécessairement surseoir jusqu'à ce que cet arrêt soit parvenu.

La déclaration de pourvoi ne doit avoir aucun effet suspensif, quand elle n'est faite qu'après le délai fixé par la loi, comme aussi quand elle n'indique aucun moyen de nullité, ou qu'elle n'indique que des causes non autorisées par la loi (1).

La désignation du conseil de l'accusé, et l'avertissement qu'il doit à peine de déchéance former son recours en cassation dans les cinq jours, doivent être constatés par un procès-verbal, signé de l'accusé, du juge et du greffier, et si l'accusé ne sait ou ne veut pas signer, il doit en être fait mention (art. 296). A défaut de ce procès-verbal, il y aurait présomption légale qu'aucune des deux formalités n'a été remplie.

L'interrogatoire de l'accusé peut faire sentir l'utilité d'une nouvelle audition de témoins, car il n'est pas impossible que le juge d'instruction ait mis quelque partialité, soit au détriment de l'accusé, soit en sa faveur, dans la première instruction; parfois aussi, la nécessité de nouvelles informations peut résulter de faits nouvellement découverts. C'est le magistrat qui a fait l'interrogatoire, qui doit y pourvoir.

Si les nouveaux témoins à entendre résident dans le lieu où doit se tenir la cour d'assises, c'est le président ou le magistrat qui l'a remplacé pour l'interrogatoire, qui doit recevoir leur déposition. Dans le cas contraire, ils peuvent commettre pour cet objet le juge d'instruction de l'arrondissement où les témoins résident, ou, s'il y a quelque raison de suspecter son impartialité ou son intelligence, le juge d'instruction d'un arrondissement voisin, qui ne doit pas cependant quitter son ressort pour se transporter auprès des témoins, mais qui doit les faire citer devant lui. Le juge commis doit ensuite envoyer les dépositions closes et cachetées, au greffe de la cour d'assises (art. 303).

Les témoins cités par ordre du président de la cour d'assises ou de son délégué, qui ne comparaissent pas sans avoir d'excuse légitime, ou qui refusent de répondre, encourent l'amende prononcée par l'art. 80, c'est-à-dire, une amende

---

(1) Cass. 24 décembre 1812. S. 17-1 326.

qui peut aller jusqu'à cent francs, et peuvent même être contraints par mandat d'amener. Mais il résulte de l'art. 304 que ces peines ne peuvent être prononcées que par la cour d'assises. Le système général du Code est, en effet, que le président ne peut pas prononcer des condamnations de sa seule autorité.

La disposition de l'art. 303 n'est point, du reste, limitative. Ainsi, non-seulement le président peut entendre de nouveaux témoins, ce qui est le cas particulier prévu par l'article, mais il peut aussi interroger de nouveau les témoins qui ont été déjà entendus, ou ordonner d'autres informations préalables (1). Il ne faut jamais perdre de vue que c'est particulièrement à ce magistrat, que la loi confie le soin d'ordonner tout ce qui peut servir à la découverte de la vérité, et il est certainement dans son esprit qu'il entre de bonne heure dans l'exercice de ce pouvoir, car la vérité qu'on peut constater aisément un jour, peut se couvrir, dès le lendemain, d'impénétrables obscurités.

§ 4. *Communication à l'accusé des pièces de la procédure.*

Dès que l'interrogatoire de l'accusé a eu lieu, le mystère qui environnait l'instruction doit cesser. La société a eu le temps de préparer toutes ses armes pour l'attaque ; il est juste de donner à l'accusé le temps de préparer les siennes pour la défense.

Après l'interrogatoire, l'accusé doit donc communiquer librement avec son conseil (2), et celui-ci peut prendre com-

---

(1) La cour de cassation a jugé la question diversement, à un mois d'intervalle. V. arrêts des 12 mars et 22 avril 1836. D. P. 36-1-342.

(2) Il est permis sans doute de prendre des précautions, pour qu'il soit impossible au conseil de fournir à l'accusé des moyens d'évasion ; mais les choses doivent être disposées de manière que l'accusé et son conseil puissent s'entretenir sans être entendus. Nous n'approuvons qu'avec cette restriction un arrêt de la cour suprême, du 3 octobre 1822, qui a décidé que la communication pouvait n'être autorisée qu'en présence du geôlier et de gendarmes.

munication sans déplacement de toutes les pièces de la procédure, soit au greffe, soit au parquet (art. 302). Messieurs les officiers du parquet doivent éviter avec soin d'occasionner aucune gêne aux défenseurs dans l'exercice de ce droit important, et pour cela ils ne doivent jamais emporter les pièces de la procédure chez eux, qu'aux jours ou heures où le parquet est fermé.

Les conseils des accusés peuvent trouver incommode de ne prendre connaissance des pièces qu'au greffe ou au parquet. La loi leur permet donc de faire prendre copie de telles pièces du procès qu'ils jugent utiles à la défense, mais ce doit être à leurs frais (art. 305). Il doit pourtant, aux termes de cet article, être fourni gratuitement à l'accusé copie des procès-verbaux constatant le délit, et des déclarations des témoins ; ce sont, au demeurant, les pièces que son conseil a le plus d'intérêt à avoir sous les yeux.

Quoiqu'il y ait plusieurs accusés, il ne doit être fourni gratuitement qu'une seule copie, et c'est aux conseils à s'entendre pour en prendre successivement connaissance. S'il y a un accusé principal, c'est à lui naturellement que la copie doit être remise, mais il doit en aider ses co-accusés ; et s'il y avait quelque contestation à cet égard entre les conseils, le président devrait fixer dans quel ordre chacun devrait prendre connaissance de la procédure signifiée, et le temps qu'il pourrait la garder.

L'art. 305 charge enfin le président, les juges et le procureur général, de veiller à ce que ses dispositions soient observées ; mais, comme il ne prononce pas la peine de nullité, il en résulte que le défaut de remise de la copie gratuite à laquelle l'accusé a droit, ne peut fournir un moyen de nullité, qu'autant qu'il serait prouvé que cette copie a été demandée, et qu'elle l'a été vainement (1).

---

(1) Cass. 8 octobre 1840. D. P. 40-1-447.

§ 5. *Indication des témoins que le procureur général, la partie civile, ou l'accusé, veulent faire entendre.*

L'accusé et le procureur général ont intérêt à connaître, d'avance, les témoins qui doivent être produits à l'appui de l'accusation ou de la défense, pour avoir le temps de se procurer tous les renseignements qui pourront servir à contrôler leur témoignage.

L'art. 315 veut donc que les noms, profession et résidence des témoins, que le procureur général, la partie civile, ou l'accusé, veulent faire entendre, soient notifiés, vingt-quatre heures au moins avant leur examen, à l'accusé par le procureur général ou la partie civile, et au procureur général par l'accusé; sans quoi, l'accusé ou le procureur général peut s'opposer à leur audition. Toute irrégularité pourtant est couverte, si le témoin a été entendu sans opposition (1).

L'indication des témoins, notifiée la veille seulement de l'ouverture des débats, ne peut remplir le vœu de la loi qu'autant que l'heure de la notification a été coarctée dans l'exploit, et qu'au moment où les débats commencent, il s'est écoulé au moins vingt-quatre heures.

Au demeurant, rien n'empêche, comme on le verra dans la suite, qu'un témoin dont le nom n'a pas été signifié en temps utile, ne soit ouï en vertu du pouvoir discrétionnaire du président.

Passons à une formalité plus importante, et qui donne lieu à des difficultés fort graves.

§ 6. *Notification à l'accusé de la liste de service du jury.*

L'accusé a sans doute intérêt à connaître les témoins qu'on veut produire contre lui, mais il lui importe surtout de

_____

(1) *Cass.* 29 juillet 1825, 26 décembre 1835 et 13 avril 1837.

connaître à l'avance les jurés de service, pour qu'il puisse exercer en connaissance de cause son droit de récusation.

L'art. 395 dispose donc : « La liste des jurés sera notifiée à chaque accusé, *la veille* du jour déterminé pour la formation du tableau. » On voit, par cette première partie de l'article, qu'il n'est pas nécessaire que cette notification, comme celle des noms des témoins, soit faite vingt-quatre heures à l'avance ; il suffit qu'elle ait lieu la veille.

L'article ajoute : « Cette notification sera nulle ainsi que tout ce qui aura suivi, si elle est faite plus tôt ou plus tard. »

Cette disposition cause, au premier abord, de la surprise. On s'explique très bien, il est vrai, la peine de nullité, quand la signification a été faite trop tard. Mais il est plus difficile de comprendre pourquoi la loi prononce également cette peine, quand la notification a eu lieu avant la veille du jour fixé pour la formation du tableau. Il semble, en effet, que l'accusé, loin d'avoir à se plaindre de cette notification prématurée, en tire au contraire avantage, puisqu'il a ainsi plus de temps pour préparer ses récusations.

La cour de cassation, s'en tenant à cette première impression que produit la lecture de la loi, a décidé (1) nombre de fois, que l'accusé n'a aucun intérêt, et par conséquent qu'il est irrecevable à se plaindre de ce que la notification a eu lieu trop tôt.

Si l'accusé était irrecevable en effet, la nullité ne pourrait être proposée par personne, car le ministère public est évidemment inadmissible à quereller une notification faite à sa requête, et la partie civile ne peut se pourvoir en nullité, que dans un cas unique réglé par l'art. 412, qui n'a aucun rapport à l'espèce.

Un pareil résultat est-il admissible !

La doctrine de la cour de cassation peut se traduire ainsi : « La loi est peu sage, quand elle prononce la nullité, parce

_____

(1) V. notamment arrêts des 22 janvier 1829 et 11 octobre 1832.

que la notification aurait eu lieu trop tôt; donc il ne faut tenir aucun compte de sa disposition. » En supposant que la loi méritât le reproche qu'on lui adresse, il nous semble qu'il faudrait encore raisonner autrement, et dire: « La loi est peu sage, donc il faut se hâter d'en provoquer le changement; mais en attendant, il faut la respecter, puisqu'elle est précise. »

On peut dire d'ailleurs, pour justifier la loi, 1° qu'il est à craindre que l'accusé ne vienne à perdre le souvenir d'une notification faite depuis trop long-temps, ou qu'il ne se préocupe trop tôt, au détriment de la préparation de sa défense, des récusations à exercer : 2° que, par suite d'excuses ou d'empêchements, la liste du jury peut être modifiée jusqu'au dernier moment, et qu'il importe à l'accusé de connaître le dernier état de la liste, afin de mieux combiner ses récusations.

Nous croyons donc fermement que l'accusé est recevable à se faire un moyen de nullité, de ce que la liste lui a été notifiée trop tôt, et que la cour de cassation, établie pour faire respecter la loi, la viole, dans cette circonstance, de la manière la plus ouverte.

Mais quels noms doit comprendre la liste notifiée? C'est un autre point, bien important à régler.

Faut-il, en premier lieu, y porter les quatre jurés supplémentaires, aussi bien que les jurés proprement dits? Cela nous paraît indispensable dans tous les cas (1). La nullité d'abord serait évidente, si l'un des jurés supplémentaires, dont le nom n'aurait pas été notifié, avait concouru à la formation du jury. Mais, dans le cas même où le nom d'aucun des jurés supplémentaires n'aurait été mis dans l'urne ou n'en serait sorti, l'accusé paraîtrait encore recevable à proposer la nullité. Il lui importe en effet, dans tous les cas, de connaître dès l'abord ces jurés, soit pour ne pas perdre un

_____

(1) La cour de cassation semble avoir admis ce principe dans un arrêt du 21 juin 1832 S. 33-1-184.

temps précieux à s'en enquérir, soit parce qu'ils ont avec les jurés proprement dits des rapports fréquents, et qu'on peut avoir sujet de suspecter et de récuser quelqu'un de ceux-ci, à raison précisément de ses rapports avec quelqu'un de ceux-là.

Pour les jurés excusés ou dispensés pour toute la session, non-seulement il n'est pas nécessaire de les indiquer dans la liste, puisque leurs noms, aux termes de l'art. 399, ne doivent pas être mis dans l'urne, mais il est même plus régulier de ne pas les y comprendre, afin de ne pas causer à l'accusé d'inutiles préoccupations, sans pourtant que la désignation qui en aurait été faite pût emporter nullité. Quant à ceux qui ne se sont pas présentés, et qui ont été pour ce motif condamnés à l'amende, le mieux est de les indiquer, parce qu'ils peuvent se présenter d'un jour à l'autre, et qu'il est bon que, dès le jour où ils se feraient relever de l'amende, ils puissent prendre part aux travaux du jury.

Il peut se faire, du reste, que les jurés excusés ou défaillants soient en tel nombre, que les quatre jurés supplémentaires ne suffisent point pour compléter les trente noms qui doivent être mis dans l'urne. Il faut alors parfaire ce nombre de trente, en appelant, par la voie du sort, des jurés de la localité, conformément à l'art. 393, et la cour de cassation reconnaît qu'en cas pareil, ces jurés *complémentaires* (1) doivent continuer leurs fonctions durant le reste de la session.

La même cour décide pourtant qu'il n'est pas nécessaire de notifier leurs noms à l'accusé (2). Mais sa jurisprudence sur ce dernier point nous semble inadmissible.

Il est clair sans doute que pour l'affaire qui nécessite la première le tirage des jurés complémentaires, l'accusé ne peut pas se plaindre de ce qu'on ne lui a pas désigné à

---

(1) Nous appelons ces jurés *complémentaires*, pour les distinguer des quatre jurés *supplémentaires*, tirés par le premier président.

(2) V. notamment arrêts des 16 janvier 1835, 31 mars 1836 et 13 avril 1837.

l'avance des jurés qu'on ne connaissait pas encore. Mais, pour les affaires ultérieures, dès que ces jurés font désormais partie intégrante de la liste jusqu'à la fin de la session, il n'y a aucun motif raisonnable pour se dispenser de les faire connaître à l'accusé.

On voit du reste ici, combien, en s'écartant d'une seule des dispositions de la loi, on court risque d'en troubler toute l'harmonie. La cour suprême, en effet, n'a probablement adopté la jurisprudence que nous combattons, que parce qu'elle a décidé, contrairement au texte positif de l'art. 295, que la liste des jurés peut être signifiée à l'accusé avant la veille du jour fixé pour les débats, ce qui supposerait qu'il ne serait pas nécessaire de prévenir l'accusé, des changements survenus dans l'intervalle.

Mais, comme on l'a montré précédemment, c'est partir d'un principe essentiellement faux, qui ne peut dès-lors amener qu'une conséquence erronée. Le vrai principe est, au contraire, que la notification de la liste ne peut être faite à l'accusé que la veille, précisément pour qu'il en connaisse le dernier état.

Il reste à voir comment se fait la notification de la liste.

La notification doit être faite à la personne même de l'accusé ; elle est nulle, quand elle n'est remise qu'au geôlier (1).

S'il y a plusieurs accusés, il faut donner une copie de la liste à chacun d'eux, à peine de nullité (2).

Les jurés doivent être indiqués dans la liste par leurs noms, prénoms, profession, s'ils en ont une connue, et domicile : mais les inexactitudes commises dans ces désignations ne doivent emporter nullité, qu'autant qu'elles ont pu faire naître dans l'esprit de l'accusé des doutes sur le juré désigné (3).

---

(1) *Cass.* 13 novembre 1818. S. 19-1-196.
(2) *Cass.* 5 décembre 1811 et 29 juillet 1833.
(3) *Cass.* 1er avril 1837, 12 avril et 22 août 1839.

Telles sont les principales règles de cette formalité essentielle. De plus longs détails dépasseraient les proportions de
notre livre.

§ 7. *De la formation du jury de jugement, et des récusations.*

L'accusé maintenant va être extrait de la maison de
justice. Escorté de gendarmes, il s'achemine, pensif, vers
le lieu des séances de la cour d'assises, car la dernière formalité qui précède son examen, c'est-à-dire, le tirage au
sort des jurés qui doivent concourir au jugement, doit
s'accomplir en sa présence.

Il est pourtant encore quelques mesures préliminaires
que le président ou la cour font sagement de prendre avant
de faire amener l'accusé. Le président, d'abord, fait bien de
s'assurer que, parmi les trente-six jurés titulaires et les
quatre jurés supplémentaires, trente au moins pourront
répondre à l'appel (1).

Dans le cas contraire, ce magistrat, aux termes de
l'art. 393, doit désigner en audience publique et par la voie
du sort, les jurés qui devront compléter le nombre de
trente. « Ils seront pris, ajoute l'article, parmi ceux des
individus, inscrits sur la liste dressée en exécution de
l'art. 387 (c'est-à-dire, sur la liste réduite par le préfet),
qui résideront dans la ville où se tiendront les assises, et
subsidiairement parmi les autres habitants de cette ville,
qui seront compris dans les listes prescrites par l'art. 382
(c'est-à-dire, sur les listes générales). »

Ce tirage peut se faire, sans que la cour tout entière soit

---

(1) On a dit précédemment que, d'après la jurisprudence de la cour
de cassation, il faut toujours qu'il y ait dans l'urne les noms de trente
jurés capables. Si donc il n'avait été mis que trente noms, et qu'il y eût
dans le nombre celui d'un incapable, les débats seraient nuls. V. arrêts
des 25 août 1826, 11 octobre 1827 et 4 septembre 1840.

présente, puisque la loi n'en charge que le président, et celui-ci peut même, aux termes de l'art. 266, déléguer pour cela un des juges (1). Mais il doit, à peine de nullité, se faire *en audience publique;* l'art. 393 du Code révisé, plus explicite en cela que ne l'était le texte correspondant de l'ancien Code, l'exige formellement.

Quant à la présence de l'accusé, au contraire, elle n'est pas indispensable, puisque la loi n'en dit rien (2). Elle pourrait même être incommode; car le tirage des jurés complémentaires devant se faire en audience publique, la salle pourrait être envahie par un grand nombre de curieux, impatients de voir l'accusé, curieux qu'il faudrait ensuite faire retirer pour régler la composition du jury de jugement, vu que les récusations doivent se faire à huis clos.

Les jurés ainsi tirés continuent-ils de faire partie de la liste de service pour tout le reste de la session, à moins qu'il ne se représente quelqu'un des jurés qui avaient d'abord manqué à l'appel, ou qui s'étaient fait excuser temporairement? La cour de cassation, avons-nous dit, décide l'affirmative (3); et, quoique l'art. 393 offre à cet égard du louche, nous approuvons pleinement sa jurisprudence.

S'il fallait réitérer le tirage pour chaque affaire, cela donnerait lieu à des lenteurs et à des embarras, car les jurés ainsi appelés peuvent n'être pas actuellement dans la ville, ou n'être pas en mesure de siéger, et plusieurs tirages pourraient ainsi être nécessaires chaque jour. Cet inconvénient grave est prévenu, en étendant l'effet du tirage à toutes les affaires qui restent à juger, vu que les jurés qui se sont présentés une fois ne peuvent plus s'absenter sans une excuse admise par la cour. Les accusés qui doivent être jugés les jours suivants, ont même intérêt à ce qu'il en

---

(1) *Cass.* 27 avril 1820. Dal., *Répertoire*, t. 4, p. 333.
(2) *Cass.* 14 juin 1832. D. P. 32-1-399.
(3) V. parmi ses arrêts les plus récents, ceux des 18 et 19 juillet 1839.

soit ainsi, parce que dans la liste qui doit leur être notifiée, on doit alors, comme on l'a vu, comprendre ces jurés complémentaires, outre les quatre jurés supplémentaires faisant partie de la liste régulière.

Quand le président s'est assuré d'un nombre suffisant de jurés, la cour d'assises peut encore, avant que l'accusé soit introduit, prendre certaines précautions pour s'assurer que les débats arriveront à leur fin.

Si l'affaire, par exemple, semble de nature à durer plusieurs jours, la cour peut désigner d'avance des juges et des jurés suppléants, destinés à remplacer les juges ou jurés qui, durant les débats, viendraient à être empêchés.

L'adjonction des juges suppléants est autorisée par la loi du 25 brumaire an 8, dont la disposition, comme on l'a dit précédemment, est encore en vigueur.

Celle des jurés suppléants est autorisée par l'art. 394 du Code, dont les dispositions en ce point sont ainsi conçues : « Lorsqu'un procès criminel paraîtra de nature à entraîner de longs débats, la cour d'assises pourra ordonner, avant le tirage de la liste des jurés, qu'indépendamment des douze jurés il en sera tiré au sort un ou deux autres qui assisteront aux débats. — Dans le cas où l'un ou deux des douze jurés seraient empêchés de suivre les débats jusqu'à la déclaration définitive du jury, ils seront remplacés par les jurés suppléants. — Le remplacement se fera, suivant l'ordre dans lequel les jurés suppléants auront été appelés par le sort. »

La loi, comme on voit, veut que le tirage des jurés suppléants soit ordonné par la cour d'assises : il y a donc nullité s'il est ordonné par le président seul (1). Mais il n'est pas dit que l'arrêt doive être rendu en présence de l'accusé ; il suffit donc de lui en donner connaissance, au moment où le tirage des jurés qui doivent concourir au jugement va s'effectuer (2).

_____

(1) *Cass.* 28 juin 1832, 25 juillet 1833 et 13 septembre 1834.
(2) *Cass.* 28 juin 1832 et 19 septembre 1839.

Il n'est pas dit non plus que l'arrêt doive être prononcé publiquement ; il peut l'être par conséquent à huis clos (1).

Les mêmes règles doivent s'appliquer, par analogie, au cas d'adjonction d'un ou deux juges suppléants.

Quand les mesures préliminaires dont on vient de parler ont été prises, l'accusé doit être introduit, car le tirage au sort des jurés de jugement ne peut se faire qu'en sa présence.

« Au jour indiqué, porte l'art 399, et pour chaque affaire, l'appel des jurés non excusés et non dispensés sera fait, *avant l'ouverture de l'audience*, en leur présence et en présence de l'accusé et du procureur général. »

L'appel doit se faire avant l'ouverture de l'audience, parce que les récusations, bien qu'elles ne puissent être motivées, sont quelquefois désobligeantes pour les jurés qui en sont l'objet. Si donc un tirage de jurés complémentaires avait nécessité l'admission du public, le président doit faire évacuer la salle pour procéder au tirage du jury de jugement. Mais le huis clos étant prescrit principalement dans l'intérêt des jurés, l'accusé ne peut se faire un moyen de nullité, de ce qu'il n'aurait pas été observé (2).

« Le nom de chaque juré répondant à l'appel, continue l'art. 399, sera déposé dans une urne. — L'accusé premièrement ou son conseil, et le procureur général, récuseront tels jurés qu'ils jugeront à propos, à mesure que leurs noms sortiront de l'urne, sauf la limitation exprimée ci-après. — L'accusé, son conseil, ni le procureur général, ne peuvent exposer leurs motifs de récusation. — Le jury de jugement sera formé à l'instant où il sera sorti de l'urne douze noms de jurés non récusés. »

C'est le nom de chaque juré qui doit être mis dans l'urne; il y a nullité, quand on n'y met que des numéros correspon-

---

(1) *Cass.* 10 juin 1830 et 3 janvier 1833.
(2) *Cass.* 13 avril 1837 et 27 juin 1839.

dant à chacun des noms (1). Ces numéros en effet ne faisant pas connaître tout d'abord la personne, gênent par là même le droit de récusation.

« Les récusations que pourront faire l'accusé et le procureur général, porte l'art. 400, s'arrêteront lorsqu'il ne restera que douze jurés. » Si la cour a ordonné le tirage d'un ou deux jurés suppléants, le droit de récusation doit s'arrêter, quand il ne reste plus que treize ou quatorze noms dans l'urne (2).

M. Carnot, sur l'art. 400, enseigne qu'indépendamment des récusations péremptoires, le procureur général et l'accusé peuvent faire des récusations motivées, dans les cas prévus par l'art. 378 du Code de procédure. Mais cette doctrine repoussée par tous les autres criminalistes, paraît contraire à l'esprit de la loi, qui s'est montrée fort large pour le droit de récusation, dans le but sans doute de prévenir toute sorte de litige sur ce point (3).

Quand le chiffre des jurés sur lesquels peuvent s'exercer les récusations est pair, l'accusé et le procureur général peuvent en récuser un égal nombre : s'il est impair, l'accusé peut exercer une récusation de plus que le procureur général (art. 401). Mais si le procureur général n'a pas fait toutes celles qu'il était en droit de faire, ce n'est pas à dire que la défense puisse profiter de celles qu'il n'a pas exercées, pour excéder le chiffre qui compète à l'accusé; et, réciproquement, il y aurait nullité, si le chiffre spécial au procureur général avait été dépassé, quand même il n'y aurait pas eu d'opposition de la part de l'accusé (4).

_____

(1) *Cass.* 4 juin et 4 septembre 1829.
(2) *Cass.* 26 avril 1832 et 22 mai 1834.
(3) Les récusations motivées ne paraissent admissibles que contre les juges de la cour d'assises, et il faut suivre en pareil cas les règles établies par le Code de procédure.
(4) La cour suprême, qui avait d'abord décidé le contraire dans un arrêt du 22 octobre 1812, revint sur cette jurisprudence dans un autre arrêt du 24 décembre 1813.

S'il y a plusieurs accusés, ils n'ont pas plus de récusations à exercer, que lorsqu'il n'y en a qu'un seul (art. 402).

Ils peuvent, du reste, ou se concerter pour les exercer toutes ensemble, ou les exercer toutes séparément, ou se concerter pour en exercer ensemble quelques-unes, sauf à exercer séparément les autres (art. 402 et 404).

Pour les récusations à l'égard desquelles ils ne se sont pas concertés, le sort, d'après l'art. 403, règle entre eux le rang dans lequel ils doivent les faire ; et dans ce cas, les jurés récusés par un seul et dans cet ordre le sont pour tous, jusqu'à ce que le nombre de ces récusations soit épuisé.

Mais comment faut-il entendre cet art. 403 ? Est-ce à dire, par exemple, que le sort règle seulement l'ordre dans lequel le président doit questionner les accusés, en sorte que, s'il n'y a que deux accusés, chacun d'eux puisse, quand l'autre garde le silence, exercer à lui seul toutes les récusations ?

Si tel était le sens de la loi, il serait assurément bien inutile de tirer au sort l'ordre dans lequel les récusations doivent s'exercer ; car le président qui a la police de l'audience et la direction des débats, n'aurait qu'à interroger, dans l'ordre qui lui semblerait le plus convenable, chaque accusé, l'un après l'autre, et un juré ne pourrait être conservé qu'autant qu'aucun des accusés ne l'aurait récusé.

Nous pensons donc que, pour donner un sens raisonnable à la loi, il faut entendre que chaque accusé ne peut exercer que le contingent proportionnel de récusations qui lui est assigné par le sort. S'il y a deux accusés, par exemple, et dix récusations à exercer, chaque accusé ne pourra en exercer que cinq. Si le nombre des jurés ne permet que neuf récusations, le premier accusé, désigné par le sort, peut en exercer cinq, tandis que l'autre a épuisé son droit, dès qu'il en a fait quatre, etc; dans le cas enfin où il y aurait plus d'accusés que de récusations à exercer, les derniers accusés désignés par le sort ne pourraient pas exercer de récusation du tout (1).

Mais, toutes les fois qu'un juré n'est pas récusé par le premier accusé, il peut l'être par le second ou par les suivants, tant que le droit de récusation de ceux-ci n'est pas épuisé.

Quand la composition du jury est définitivement réglée, l'examen de l'accusé doit commencer aussitôt (art. 405). Les douze jurés, et les suppléants s'il en a été nommé, se placent dans l'ordre désigné par le sort, sur les siéges qui leur sont réservés, en face du banc destiné à l'accusé (art. 309). Le président fait alors ouvrir les portes, la foule impatiente se précipite dans l'enceinte destinée au public, et l'accusé, libre, c'est-à-dire, dégagé de fers, et accompagné seulement de gardes pour l'empêcher de s'évader (art. 310), attend le commencement du grand drame qui doit décider de sa destinée.

SECTION II. — *De l'examen de l'accusé, et des débats* (2).

Nous allons parler ici, 1° des formalités qui précèdent l'audition des témoins ; 2° de l'audition des témoins ; 3° des cas où il faut nommer des interprètes ; 4° des réquisitoires du ministère public et des plaidoiries des défenseurs.

Mais, avant tout, nous devons faire quelques observations générales, qui dominent toute cette matière.

La première, c'est que les débats en matière criminelle

---

(1) La cour de cassation n'a pas eu à décider la question. Mais, dans deux affaires qui furent soumises à cette cour, le 7 février 1834 et le 3 décembre 1836, on voit que, dans chaque espèce, le président des assises avait entendu la loi comme nous.

(2) Le mot *débats*, dans un sens large, comprend l'examen de l'accusé et tout ce qui s'ensuit, jusqu'au résumé du président. Dans un sens plus restreint, il ne désigne que l'audition des témoins et les plaidoiries. Cette double acception est une des pauvretés fâcheuses de la langue du droit.

doivent être publics, à moins que, dans l'intérêt de l'ordre ou des bonnes mœurs, la cour n'ait jugé nécessaire d'ordonner le huis clos (art. 55 de la Charte). Encore même, dans ce dernier cas, la position des questions, la prononciation de la déclaration du jury, et celle de l'arrêt de condamnation, comme aussi de tous arrêts statuant sur des incidents, voire de celui même qui ordonne le huis clos, doivent-elles avoir lieu en audience publique, puisque la loi n'autorise d'exception que pour les débats (1).

La cour de cassation va plus loin encore. Elle décide que l'audience doit redevenir publique avant le résumé du président, bien que ce résumé doive nécessairement reproduire la plupart des faits que les débats ont dévoilés (2).

La même cour décide que la publicité ne se présume point, et qu'elle doit résulter expressément du procès-verbal des séances, ou des arrêts de la cour d'assises (3).

Quand la cour ordonne le huis-clos, elle peut interdire l'entrée de l'audience aux avocats qui ne défendent aucun des accusés; mais, par honneur pour le barreau, il convient qu'elle excepte de la défense le bâtonnier et les membres du conseil de discipline, qui ont en général assez de maturité pour pouvoir assister, sans danger, à la hideuse révélation des plus honteux excès de la débauche.

Une seconde observation générale, c'est que les lois qui défendent de rendre la justice les dimanches et jours fériés, ne s'appliquent pas aux juridictions criminelles. Les présidents d'assises se font pourtant généralement un devoir de bienséance, de n'indiquer le commencement d'aucune affaire pour ces jours-là, et pour celles qui leur semblent de na-

---

(1) Le mot *débat* doit, du reste, être pris ici dans son sens large. *Cass.* 11 janvier 1816.

(2) V. arrêts des 20 août 1829, 26 mai 1831, et 17 mars 1842.

(3) La jurisprudence abonde en documents sur l'application du principe de la publicité. Nous renvoyons, pour l'analyse de ces documents, au dictionnaire de M. A. Dalloz, v° *Publicité des jugements*, § 2.

ture à pouvoir durer plusieurs jours, ils évitent de les fixer aux derniers jours de la semaine.

Quoi qu'il en soit, ce qui paraît certain, c'est qu'aussitôt que les débats sont commencés, la survenance d'un jour férié ne doit pas en interrompre le cours, et il y aurait nullité, suivant nous, si l'affaire avait été renvoyée pour cette cause au surlendemain, à moins que l'accusé n'y eût expressément consenti (1).

L'art. 353 dispose en effet : « L'examen et les débats, une fois entamés, devront être continués sans interruption, et sans aucune espèce de communication au dehors, jusqu'après la déclaration du jury inclusivement. Le président ne pourra les suspendre que pendant les intervalles nécessaires pour le repos des juges, des jurés, des témoins et des accusés. »

Cette disposition a pour objet de soustraire, autant que possible, les témoins, les juges, et surtout les jurés, aux sollicitations et aux influences du dehors ; mais l'exception doit être entendue d'une manière assez large (2). Ainsi, quand une séance s'est prolongée jusqu'au soir, il est permis de renvoyer l'affaire au lendemain, et les jurés comme les juges peuvent, durant les suspensions, se rendre chez eux pour y prendre leur nourriture ou pour y goûter le repos de la nuit.

Mais s'il était constaté que, durant les débats ou dans les intervalles de suspension, un des juges ou des jurés eût conféré en particulier de l'affaire avec quelque personne, ce serait certainement une cause de nullité des débats, et

---

(1) V. M. Bourguignon, sur l'art. 353, n. 3, et M. Legraverend, t. 2, p. 85. Ce dernier auteur cite toutefois, en sens contraire, un arrêt de la cour de cassation, dont il n'indique pas la date précise, mais qu'il dit avoir été rendu en 1846.

(2) V. pour l'application de l'exception, les nombreuses espèces indiquées dans le dictionnaire de M. A. Dalloz, v° *Cour d'assises*, n. 733 et suiv.

de l'arrêt de condamnation qui en aurait été la suite. Dès l'instant qu'une pareille irrégularité se trouve constatée, il convient donc de recommencer l'examen et les débats, et de procéder pour cet effet au remplacement du juré ou du juge qui a commis la faute, en tirant au sort un autre juré, ou en appelant un autre juge.

Il faudrait agir de même, si à la reprise de l'audience, un des juges ou des jurés ne pouvait s'y rendre pour cause d'empêchement, et qu'il n'eût pas été désigné à l'avance des juges ou jurés suppléants; et cela, quand même l'empêchement serait de nature à cesser bientôt, à moins toujours que l'accusé n'eût consenti à ce que l'affaire fût renvoyée à un jour suivant.

La suspension des séances peut du reste avoir lieu, nonseulement durant le cours des débats, mais encore après leur clôture, avant que le président ne fasse son résumé (1). Mais, le résumé fait et les questions posées, la délibération et la déclaration du jury, ainsi que le jugement, doivent avoir lieu sans désemparer, comme cela résulte des art. 343 et 348 du Code.

Nous ferons remarquer encore qu'avant l'examen de l'accusé, il est à propos que le procureur général s'assure que tous les témoins cités se sont rendus. A la vérité, l'art. 354 l'autorise à demander le renvoi de l'affaire à une autre session pour cause d'absence de quelque témoin cité, tant qu'aucun témoin n'a été entendu. Mais il est évidemment mieux que sa demande, s'il y a lieu, soit formée avant que l'examen de l'accusé ne commence, puisqu'en cas de renvoi, toutes les formalités préliminaires qui auraient été déjà remplies, l'auraient été en pure perte.

Reprenons maintenant les divers points que nous avons annoncés.

---

(1) Cass. 11 avril 1817. Dal., *Répertoire*, t. 9, p. 518.

§ 1. *Des formalités qui précèdent l'audition des témoins.*

Le président demande d'abord à l'accusé son nom, ses prénoms, son âge, sa profession, sa demeure et le lieu de sa naissance (art. 310).

L'art. 341 du Code de brumaire autorisait expressément l'accusé à répondre assis. Une pareille condescendance était l'effet de ces exagérations révolutionnaires, qui bannissaient la décence comme gênant la liberté. Les auteurs du Code d'instruction criminelle n'ont pas reproduit cette disposition de la loi de brumaire, parce qu'ils avaient une plus juste idée de la majesté des juges.

Il est difficile en effet d'imaginer parmi les hommes quelque chose de plus imposant, qu'une réunion de magistrats ou de citoyens chargés de rendre la justice, cette seconde religion des peuples. A part donc l'attitude de suppliant que l'homme libre ne sait prendre que devant Dieu, il n'est pas de témoignage de respect qui ne soit dû aux ministres de la loi. Nul ne doit se présenter devant eux que debout, et si le privilége des magistrats du ministère public et des avocats se borne à rester couverts, et ne va point jusqu'à leur permettre de parler assis, nous ne voyons pas comment l'accusé serait tenu, sous ce rapport, à moins de respect, que le magistrat qui l'accuse ou l'avocat qui le défend (1).

Le président toutefois s'empresse d'inviter l'accusé à s'asseoir, dès que son sexe, son âge, ou sa faiblesse, réclament des ménagements; et, dans le cas même où cette autorisation n'a pas été donnée, l'accusé qui refuse de se tenir debout ne peut pas être contraint par la force, pas plus que celui qui refuse de se découvrir, car la loi n'autorise aucune mesure de rigueur sur sa personne; mais ce manque de respect peut être considéré comme un refus de répondre, qui permet de passer outre.

Le président avertit ensuite le conseil de l'accusé, qu'il ne peut rien dire contre sa conscience, ou contre le respect dû

(1) V. M. Carnot, sur l'art. 310, n. 3.

aux lois, et qu'il doit s'exprimer avec décence et modération (art. 311). Si le conseil manque à ce devoir, le président peut le rappeler à l'ordre, et s'il persiste dans son manquement, lui retirer la parole. Mais en ce dernier cas, il convient que le président invite l'accusé à choisir un autre défenseur, ou qu'il lui en désigne un d'office, sans pourtant que cela soit indispensable.

L'avocat ou l'avoué peuvent en outre, suivant les cas, être condamnés à des peines disciplinaires; mais le droit de prononcer ces peines excède les pouvoirs du président, et n'appartient qu'à la cour.

La troisième allocution du président est adressée aux jurés, et celle-ci prend un caractère des plus solennels.

« Le président, porte l'art. 312, adressera aux jurés debout et découverts, le discours suivant : « Vous jurez et » promettez devant Dieu et devant les hommes, d'examiner » avec l'attention la plus scrupuleuse, les charges qui seront » portées contre N. ; de ne trahir ni les intérêts de l'accusé, » ni ceux de la société qui l'accuse; de ne communiquer » avec personne qu'après votre déclaration; de n'écouter ni » la haine ou la méchanceté, ni la crainte ou l'affection; de » vous décider d'après les charges et les moyens de défense » suivant votre conscience et votre intime conviction, avec » l'impartialité et la fermeté qui conviennent à un homme » probe et libre. » Chacun des jurés, appelé individuellement par le président, répondra, en levant la main, *je le jure*; à peine de nullité. »

Divers arrêts de la cour de cassation, en date du 21 janvier 1814, du 16 février et du 1er mars 1816, ont décidé que la peine de nullité ne s'applique qu'à l'absence du serment, et non pas à l'absence du discours du président; mais ces mots, *je le jure*, ne supposent-ils pas nécessairement que l'objet du serment a été indiqué au jury !

La prestation du serment doit, du reste, être mentionnée dans le procès verbal. La règle, *non esse et non apparere sunt unum et idem*, s'applique à la procédure criminelle, comme à la procédure civile.

On a reproché quelquefois à la loi française d'être athée. Ce reproche est injuste ; l'article précité du Code le prouve assez. Tout serment d'ailleurs, en quelques termes qu'il soit conçu, est de la part du législateur qui le prescrit, un acte de foi à l'existence de Dieu, et aux peines d'une vie future qui menacent les parjures.

Quand chaque juré a prêté serment et repris son siége, le président doit avertir l'accusé d'être attentif à ce qu'il va entendre. Il ordonne au greffier de lire l'arrêt de renvoi à la cour d'assises, et l'acte d'accusation. Le greffier fait cette lecture à haute voix, après quoi le président rappelle à l'accusé ce qui est contenu en l'acte d'accusation, et lui dit : « Voilà de quoi vous êtes accusé; vous allez entendre les charges qui seront produites contre vous (art. 313 et 314). »

Le défaut de lecture de l'arrêt de renvoi et de l'acte d'accusation n'emporte pas nullité, puisque la loi ne la prononce pas (1).

D'un autre côté, ces pièces sont les seules dont le greffier doive donner lecture. Il n'y aurait pourtant pas nullité, s'il avait lu quelque procès-verbal du délit ou quelque interrogatoire des accusés (2). Mais la nullité existerait, s'il avait lu les dépositions écrites de quelques témoins, car cette lecture pourrait enlever au témoignage oral de ces témoins, le caractère de spontanéité, que, dans le vœu de la loi, il doit toujours conserver (3).

La loi veut que le président rappelle à l'accusé l'objet de l'acte d'accusation, parce qu'à la simple lecture du greffier, il a pu n'en pas saisir suffisamment le sens et la portée. Ce magistrat peut, du reste, dans le cours des débats, et particulièrement après la déposition de chaque témoin, adresser à l'accusé toutes les interpellations qu'il juge convenables. C'est un point sur lequel nous aurons l'occasion de revenir.

---

(1) *Cass.* 5 novembre 1811 et 29 mai 1840.
(2) *Cass.* 22 juin 1820. Dal., *Répertoire*, t. 4. p. 480.
(3) *Cass.* 26 octobre 1820 et 7 avril 1836.

Pour compléter l'indication de ce qui précède l'audition des témoins, il n'y a plus qu'à ajouter qu'aux termes de l'art. 315, le procureur général a le droit d'exposer tout d'abord le sujet de l'accusation. L'art. 315 est même conçu à cet égard, en termes impératifs ; mais il est pourtant universellement reconnu que les magistrats du ministère public ne sont pas obligés de faire cet exposé préliminaire dans toutes les affaires ; ils ne le font que dans les affaires majeures ou compliquées.

L'exposé fini, en supposant que le procureur général ait voulu user de ce droit, l'audition des témoins doit commencer aussitôt.

§ 2. *De l'audition des témoins.*

L'audition des témoins, qui commence les *débats* proprement dits, en forme aussi la partie la plus essentielle ; aussi, à raison de l'importance de la matière, sommes-nous obligés de subdiviser ce paragraphe.

Nous parlerons donc : 1° des conditions requises pour être admis à témoigner ; 2° de l'ordre des dépositions ; 3° de la manière dont elles sont reçues ; 4° du cas où la déposition d'un témoin paraît fausse ; 5° du cas où quelqu'un des témoins cités ne comparaît pas ou refuse de déposer ; 6° de l'audition des témoins constitués en dignité.

ARTICLE I. — *Conditions requises pour être admis à témoigner.*

Ces conditions sont au nombre de deux. Il faut d'abord que le nom du témoin ait été notifié en temps utile au procureur général ou à l'accusé. Il faut ensuite que la loi ne prononce contre ce témoin aucune incapacité.

Nous avons déjà vu précédemment que les noms, profession et résidence des témoins que chacune des parties se propose de faire entendre, doivent être notifiés, vingt-quatre heures au moins avant l'examen, à l'accusé par le

procureur général ou la partie civile, et au procureur
général par l'accusé; et l'art. 315 qui exige cette formalité,
ajoute que l'accusé et le procureur général peuvent s'opposer à l'audition de tout témoin qui n'a pas été indiqué, ou
qui n'a pas été clairement désigné dans l'acte de notification. C'est à la cour, en cas de litige, à statuer sur cette
opposition.

La notification, dit la loi, doit être faite vingt-quatre
heures avant *l'examen*, c'est-à-dire, vingt-quatre heures
avant l'ouverture des débats; il ne suffirait pas, si les débats
duraient plusieurs jours, qu'elle fût faite vingt-quatre heures
avant l'audition du témoin (1).

L'art. 324 dispose, du reste, que les témoins produits par
le procureur général ou par l'accusé doivent être entendus
dans le débat, même lorsqu'ils n'ont pas préalablement déposé par écrit et qu'ils n'ont reçu non plus aucune assigna-
tion, pourvu que la notification de leurs noms ait été faite
au temps et de la manière indiqués par l'art. 315.

Mais ce texte ne fait exception qu'en faveur du procureur
général et de l'accusé, au principe d'après lequel on ne
peut entendre en justice que des témoins qui ont été assignés, par la raison que ceux qui se présentent spontanément paraissent suspects. La partie civile n'a donc pas le
même droit, et les témoins qu'elle voudrait produire, mais
qui n'auraient pas été assignés, ne devraient pas être entendus, quand même leurs noms auraient été notifiés la
veille à l'accusé, si celui-ci s'opposait à leur audition (2). La
partie civile en effet n'agissant que dans un intérêt pécuniaire, il n'y a nul motif de déroger pour elle aux règles
ordinaires de la procédure.

La seconde condition, avons-nous dit, c'est de n'être
frappé d'aucune incapacité de déposer.

Les incapacités de déposer sont absolues ou relatives,

(1) *Cass.* 5 novembre 1812. S. 17-2-313.
(2) *Contrà*, M. Dalloz aîné, *Répertoire*, t. 12, p. 899, n. 21.

c'est-à-dire, qu'il est des personnes qui ne peuvent dans aucune affaire être admises à témoigner, et d'autres qui, ayant le droit de témoignage, ne peuvent l'exercer dans certaines affaires déterminées, à raison de la position particulière dans laquelle elles se trouvent par rapport à l'accusé.

L'incapacité du mort civilement, celle des condamnés à des peines afflictives ou infamantes pendant la durée de leur peine, et celle des condamnés correctionnellement à qui, dans certains cas prévus par la loi, le droit de témoigner en justice autrement que pour fournir de simples renseignements peut être retiré, appartiennent à la première catégorie.

Les art. 322 et 323 déterminent les incapacités de la seconde classe. Elles résultent, tantôt de la parenté ou de l'alliance du témoin avec l'accusé, tantôt de la qualité de dénonciateur.

« Ne pourront, dit l'art. 322, être reçues les dépositions, — 1° du père, de la mère, de l'aïeul, de l'aïeule, ou de tout autre ascendant de l'accusé, ou de l'un des accusés présents et soumis au même débat ; — 2° du fils, fille, petit-fils, petite-fille, ou de tout autre descendant ; — 3° des frères et sœurs ; — 4° des alliés aux mêmes degrés ; — 5° du mari et de la femme, même après le divorce prononcé ; — 6° des dénonciateurs dont la dénonciation est récompensée pécuniairement par la loi ; — sans néanmoins que l'audition des personnes ci-dessus désignées puisse opérer nullité, lorsque, soit le procureur général, soit la partie civile, soit les accusés, ne se sont pas opposés à ce qu'elles soient entendues. »

« Les dénonciateurs autres que ceux récompensés pécuniairement par la loi, ajoute l'art. 323, pourront être entendus en témoignage ; mais le jury sera averti de leur qualité de dénonciateurs. » L'omission de cet avertissement n'emporte pourtant pas nullité, puisque la loi ne la prononce pas (1).

---

(1) *Cass.* 25 janvier et 9 mars 1838, et 16 avril 1840.

Les articles qu'on vient de citer sont évidemment limitatifs. Partant, on ne peut, pour aucune autre cause, s'opposer à l'audition d'un témoin, et la partie plaignante elle-même doit être entendue en témoignage, quand elle ne s'est pas constituée partie civile (1).

La parenté ou l'alliance naturelle, légalement constatée, fût-elle adultérine ou incestueuse, produit la même incapacité de déposer, que la parenté légitime. Il en est de même de la parenté ou de l'alliance adoptive, mais seulement entre l'adoptant et l'adopté ou ses descendants, puisque l'effet légal de l'adoption ne va pas au-delà. A la vérité, l'effet civil de la reconnaissance d'un enfant naturel, ne s'étend pas non plus aux ascendants de celui qui a fait la reconnaissance ; mais, à défaut du lien civil, reste le lien naturel, qui suffit pour faire suspecter le témoignage.

Les cas où la dénonciation est récompensée pécuniairement par la loi sont fort rares ; c'est à peine, si l'on peut en citer quelque exemple (2).

La disposition de la loi, relative aux dénonciateurs, est du reste d'une application difficile, en ce que la dénonciation restant secrète, et l'accusé ne pouvant exiger l'indication de son dénonciateur que dans le cas où il vient à être acquitté, il lui est impossible de savoir si le témoin qui va déposer est effectivement son dénonciateur, et de s'opposer sur ce fondement à ce qu'il soit entendu. Mais le législateur a pensé que le magistrat du ministère public aurait toujours assez de loyauté pour déclarer ce fait, et s'il manquait à ce devoir, il commettrait une faute grave qui, si elle venait à être découverte, pourrait, suivant les cas, autoriser à le prendre à partie.

Nous avons déjà vu, au surplus, que la cour régulatrice reconnaît au président le droit d'entendre, en vertu de son pouvoir discrétionnaire et sans prestation de serment, les

---

(1) *Cass.* 1er septembre 1832. S. 33 1-192.
(2) V. Boitard, *Leçons d'instruction criminelle*, p 433.

personnes dont les art. 322 et 323 défendent de recevoir les témoignages.

Mais si le président, contrairement à la disposition précise de l'art. 269, faisait prêter serment aux personnes qu'il aurait ainsi appelées, il semblerait leur conférer par là, aux yeux des jurés, toute l'autorité de témoins proprement dits. Cela constituerait donc une cause de nullité, quand même l'accusé ne se serait pas opposé à la prestation du serment, car il n'est pas convenable que l'accusé rappelle le président à l'exécution d'une loi, dont il n'est permis à ce magistrat, ni d'ignorer, ni d'oublier les dispositions (1).

Voyons maintenant dans quel ordre les témoins doivent déposer.

Article ii. — *De l'ordre des dépositions.*

Avant que l'audition du premier témoin ne commence, le président doit ordonner aux autres témoins de se retirer dans la chambre qui leur est destinée, et ils n'en doivent sortir que pour déposer. Le président peut prendre des précautions, s'il en est besoin, pour les empêcher de conférer entre eux du délit et de l'accusé, avant leur déposition (art. 316).

Si quelqu'un des témoins est resté dans l'auditoire pendant la déposition d'un témoin précédent, le procureur général ou l'accusé peuvent s'opposer à son audition. La cour cependant peut n'avoir pas égard à leur opposition et ordonner que le témoin sera entendu, par la raison que l'ordre de faire retirer les témoins n'est pas prescrit à peine de nullité (2).

On doit entendre d'abord les témoins produits par le procureur général ou par la partie civile, et c'est au procu-

---

(1) V. Carnot, sur l'art. 269, n. 2, et M. A. Dalloz, v° *Témoin* n. 461.

(2) *Cass.* 19 août 1819, 1er novembre 1830 et 23 avril 1835.

reur-général à indiquer l'ordre dans lequel ils seront appelés (art. 317).

On entend ensuite ceux produits par l'accusé. L'art. 321 dispose, en effet : « Après l'audition des témoins produits par le procureur général et par la partie civile, l'accusé fera entendre ceux dont il aura notifié la liste, soit sur les faits mentionnés dans l'acte d'accusation, soit pour attester qu'il est homme d'honneur, de probité et d'une conduite irréprochable. »

Les témoins cités par l'accusé doivent donc toujours être entendus les derniers, comme l'accusé a toujours le droit de parler le dernier. Il n'y aurait pas nullité, toutefois, si quelques témoins produits par l'accusation, n'avaient été entendus qu'après ceux de la défense (1), à moins que l'accusé n'eût réclamé, auquel cas la nullité existerait bien certainement (art. 408).

Les témoins produits par le procureur général ou par la partie civile, s'appellent communément *témoins à charge*, et ceux produits par l'accusé, *témoins à décharge*, quoiqu'il arrive souvent que les premiers fassent des dépositions favorables à la défense, et quelquefois aussi que les seconds déposent d'une manière défavorable à l'accusé.

Quand il y a plusieurs accusés, c'est au président, d'après l'art. 334, à déterminer celui qui doit être soumis le premier aux débats, en commençant par le principal accusé, s'il y en a un; et il s'établit ensuite un débat particulier pour chacun des autres accusés, c'est-à-dire, qu'on doit entendre d'abord les témoins qui ont à déposer de faits qui intéressent tous les accusés ou plusieurs d'entre eux, et qu'on entend ensuite successivement, pour chaque accusé, les témoins qui ont à déposer de faits qui ne concernent que lui.

Les témoins, d'après l'art. 317, doivent déposer séparément l'un de l'autre, c'est-à-dire, qu'on ne doit introduire

---

(1) *Cass.* 22 juin 1820 et 6 mai 1824.

le second qu'après que le premier a fini de déposer, et ainsi de suite, sans pourtant que l'inobservation de cette règle emporte par elle-même nullité, puisque la loi ne la prononce pas (1).

Chaque témoin, après sa déposition, doit rester dans l'auditoire, si le président n'en a ordonné autrement, jusqu'à ce que les jurés se soient retirés pour donner leur déclaration (art. 320). Cette obligation de rester dans l'auditoire, est fondée sur ce que des dépositions ultérieures peuvent faire sentir la nécessité d'adresser au témoin qui a fini de déposer, de nouvelles interpellations.

Mais, le président peut-il, de sa seule autorité, permettre au témoin de se retirer, s'il pense qu'il n'y aura pas lieu de le rappeler ? Ces mots de l'art. 320, *si le président n'en a disposé autrement*, favoriseraient l'affirmative. L'art. 326 rend toutefois la négative plus probable. Ce texte, en effet, permet au procureur général et à l'accusé, de faire rappeler un témoin pour lui adresser de nouvelles interpellations. Or, comment pourraient-ils exercer ce droit, si le président pouvait, de sa seule autorité, permettre au témoin de regagner son domicile ? Le président ne doit donc accorder une semblable permission, qu'autant que le procureur général et l'accusé y consentent, et les termes précités de l'art. 320 doivent être entendus en ce sens, que le président, au lieu de permettre au témoin de rester dans l'auditoire, peut lui enjoindre de demeurer jusqu'à nouvel ordre dans la chambre des témoins, ou dans toute autre salle du palais qu'il lui assigne. Il est même à propos que le président prenne cette précaution, quand il suspecte la déposition du témoin, ou que toute autre circonstance lui fait supposer qu'il y aura lieu de le rappeler.

Il est sensible pourtant qu'il n'y aurait pas nullité, si, après que le témoin aurait regagné son domicile sur la simple autorisation du président, l'accusé n'avait point de-

_____

(1) *Cass.* 16 avril 1818. Dal., *Répertoire*, t. 4, p. 406.

mandé qu'il fût rappelé (1). Mais la nullité semblerait exister si, nonobstant la demande d'une audition nouvelle de ce témoin, le président avait passé outre aux débats, à moins que la cour ne déclarât cette nouvelle audition complètement inutile.

Article III. — *De la manière dont sont reçues les dépositions.*

La première et la plus importante des formalités des dépositions, c'est le serment. « Avant de déposer, porte l'art. 317, les témoins prêteront, *à peine de nullité*, le serment de parler sans haine et sans crainte, de dire toute la vérité et rien que la vérité. »

Il est d'usage que le serment des témoins se prête, comme celui des jurés, en levant la main droite, par la raison sans doute qu'autrefois il se prêtait sur les saints Évangiles.

Il est d'usage aussi que les gens du monde quittent pour cela leur gant, et les militaires leur épée, soit pour indiquer que tous les citoyens sont égaux devant la justice comme devant la loi, soit parce qu'en attestant l'Être souverainement grand, il convient que les hommes, pour confesser leur bassesse, dépouillent les signes de leurs périssables richesses et de leur vaine puissance.

Peut-être aussi faisait-on autrefois quitter le gant quand on touchait les saints Évangiles, pour imprimer plus de terreur à certains hommes superstitieux à la fois et sacrilèges, qui, pour se faire illusion sur l'énormité d'un parjure, auraient pu dire, à la manière du roi Louis XI, qui se croyait moins lié quand il jurait sur de fausses reliques : Ce n'est pas ma main qui a touché les livres sacrés, c'est mon gant.

Quoi qu'il en soit, le serment doit être prêté de la manière prescrite par la loi, en ce sens qu'on ne doit absolument

_____

(1) *Cass.* 22 mars et 13 avril 1821. Ces arrêts sont cités par MM. Carnot et Bourguignon, sur l'art. 320.

rien omettre de ce qu'elle indique ; et il faut aussi, à peine de nullité, que le procès-verbal mentionne que chaque témoin a prêté en effet son serment dans cette forme. Rien, dans la jurisprudence de la cour régulatrice, n'est plus certain que cela (1).

Tout témoin, soit à charge soit à décharge, est soumis à l'obligation du serment.

La dernière jurisprudence de la cour de cassation, étendant à l'audition devant la cour d'assises la règle posée dans l'art. 79 pour l'instruction préliminaire, permet toutefois de ne pas exiger le serment, des témoins qui ont moins de seize ans (2) ; et la même cour a décidé aussi, que le président peut recevoir, dès l'abord, le témoignage d'un sourd-muet, sans lui demander le serment (3).

N'est-ce pas là se jeter dans l'arbitraire ! La loi ne faisant pas elle-même ces exceptions, nous aurions regardé le serment, en principe, comme nécessaire dans les deux cas. A la vérité, si l'enfant ou le sourd-muet n'a aucune lueur de raison, il ne serait pas raisonnable, nous l'avouons, de lui imposer le serment ; mais c'est la cour, ce nous semble, qui doit constater ce fait, avant que le président puisse procéder sans prestation de serment, en vertu de son pouvoir discrétionnaire. Et si la cour estime, au contraire, que l'enfant ou le sourd-muet a l'entendement assez développé pour pouvoir comprendre les grandes idées religieuses et morales qui servent de base au serment, c'est évidemment le cas de l'y soumettre, sauf au président à tâcher, par ses avertissements ou ses signes ou par interprète, de réveiller dans son esprit ces idées si essentielles, sans lesquelles il n'y a que bien peu de lumière pour l'intelligence, et nulle règle pour le cœur.

---

(1) V. Dictionnaire de **M. A.** Dalloz, v° *Serment*, art. 4.
(2) *Cass.* 3 décembre 1812, 9 juin 1831, et 16 juillet 1835.
(3) **Arrêt du 13 août 1812**, cité par Carnot et par Bourguignon, sur l'art. 317.

Quoi qu'il en soit, il est au moins incontestable qu'il n'y a pas de nullité, quand le serment a été demandé à un enfant ou à un sourd-muet. C'est un tempérament que la cour de cassation elle-même a consacré par divers arrêts (1).

La formule du serment doit être la même pour tous les témoins. Ainsi, les médecins et officiers de santé doivent, à peine de nullité, prêter serment dans la forme ordinaire, et non pas seulement de la manière indiquée par l'art. 44 du Code pour le cas où l'on a recours à leurs lumières dans les opérations préliminaires (2). Mais si le président ne les appelle qu'en vertu de son pouvoir discrétionnaire, il ne doit leur imposer aucun serment, quand il ne leur demande que de simples renseignements; et quand il leur confie quelque opération, il suffit qu'il les soumette au serment spécial prescrit par l'art. 44, ou à un serment équipollent.

Si un témoin appartient notoirement à quelque secte religieuse qui considère le serment comme interdit, on doit se contenter de son affirmation; mais on ne peut pas exiger d'un témoin, d'autre serment que celui que la loi prescrit, sous le prétexte que, d'après ses idées religieuses, il ne se considèrera pas comme lié par un serment prêté dans cette forme (3).

Le serment prêté, le président doit demander au témoin ses noms, prénoms, âge, profession, domicile ou résidence, s'il connaissait l'accusé avant le fait mentionné dans l'acte d'accusation, s'il est parent ou allié, soit de l'accusé, soit de la partie civile, et à quel degré, et s'il n'est pas attaché au service de l'un ou de l'autre (art. 317).

Mais ces autres questions ne sont plus prescrites à peine de nullité, et leur omission par conséquent ne peut entraîner la nullité de l'arrêt de condamnation survenu postérieure-

---

(1) V. entre autres, ceux des 27 avril 1827 et 25 avril 1834.
(2) *Cass.* 16 janvier 1836 et 24 septembre 1840.
(3) Les règles à cet égard sont les mêmes qu'en matière civile. Voy. notre *Cours de procédure*, t. 2, p. 222.

ment (1). Elles sont utiles pourtant, parce qu'elles servent à mieux fixer le jury sur le degré de confiance qu'on doit accorder au témoin. Aussi, dans le cas où le président en aurait omis quelqu'une, il ne pourrait se dispenser de réparer son omission et de poser la question, s'il en était requis par le procureur général ou par l'accusé.

« Les témoins, porte enfin la dernière disposition de l'art. 317, déposeront oralement. » Ceci est de l'essence de la procédure faite devant le jury. Il faut que les jurés puissent juger par leurs propres yeux, de la véracité du témoin. Outre, en effet, que les déclarations écrites, reçues par le juge d'instruction, peuvent avoir été rédigées d'une manière peu fidèle, l'aspect du témoin, le son de sa voix, le jeu de sa physionomie, sont autant de choses qui contribuent puissamment à former la conviction.

Si donc le témoin est présent, il est saillant qu'on ne peut pas se borner à lire sa déposition écrite. Il est clair aussi qu'il y aurait nullité, si l'on donnait au jury lecture de sa déposition écrite, avant qu'il eût fait sa déposition orale ; car, jusqu'à ce que le témoin paraisse, l'esprit des jurés doit être à son égard vierge de toute prévention.

Mais, une fois que le témoin a déposé, rien n'empêche de donner connaissance aux jurés de sa déposition antérieure devant le juge d'instruction, pour faire ressortir l'harmonie, ou au contraire le désaccord, qui peut exister entre ses anciens et ses nouveaux dires. L'art. 318 suppose évidemment cette faculté, puisqu'il dispose que le président doit faire tenir note par le greffier, des additions, changements ou variations, qui peuvent exister entre la déposition d'un témoin et ses précédentes déclarations, et que le procureur général ainsi que l'accusé, peuvent aussi requérir le président de faire noter ces changements, additions et variations.

Mais si le témoin est absent, peut-on lire sa déposition

_____

(1) V. les nombreux arrêts cités par M. A. Dalloz, v° *Témoin*, n. 450

écrite? On le peut sans doute et on le doit, quand il s'agit
d'un de ces témoins dont nous parlerons bientôt, qui, à
raison de leur dignité ou de leur état, peuvent se dispenser
de comparaître devant la cour d'assises. Mais nous ne pensons pas qu'en aucune autre circonstance, le cas de contumace excepté, le droit de lire ou de faire lire une déposition
écrite appartienne au procureur général.

Cela, nous paraît certain, quand le témoin en état de
comparaître n'a pas été cité, puisque l'accusation a à s'imputer de ne l'avoir pas appelé ; et dans le cas même où le
témoin n'a pas comparu ou est mort depuis la première
déposition, cette circonstance, à nos yeux, n'est point
suffisante pour faire fléchir la règle générale. L'art. 477 du
Code veut, en effet, que les dépositions des témoins qui
n'ont pu être produits aux débats soient lues, quand l'accusé
a été poursuivi par contumace, parce qu'il ne faut pas que
la désobéissance d'un accusé aux ordres de la justice, puisse
priver celle-ci de quelqu'un des éléments de preuve. Mais
cet article nous paraît établir un droit spécial, qui ne doit
être appliqué qu'au cas qu'il prévoit. Si donc le procureur
général lit, même dans son réquisitoire, quelque déposition
écrite d'un témoin qui n'a pas été entendu oralement,
l'accusé, dans notre opinion, peut en demander acte, et
se faire de cette circonstance un moyen de nullité (1).

Mais, objectera-t-on, si la mort a frappé les témoins les
plus importants entendus par le juge d'instruction, le crime,
faute de preuves, restera donc impuni ! Nous répondons que
le remède à cet inconvénient se trouve dans le pouvoir discrétionnaire du président, lequel peut certainement, en
toute circonstance, autoriser la lecture d'une déposition
écrite (2).

La différence entre les cas ordinaires et celui de contumace nous paraît donc être celle-ci. Dans le cas de contu-

(1) *Contrà, Cass.* 20 octobre 1820 et 24 janvier 1839.
(2) *Cass.* 29 mars 1832 et 24 avril 1840.

mace, c'est une obligation pour la cour d'assises, de faire lire les dépositions de tous les témoins qui ne peuvent plus être produits aux débats, puisque l'art. 477 du Code est conçu à cet égard en termes impératifs. Dans les cas ordinaires au contraire, la lecture des dépositions écrites ne peut se faire régulièrement qu'en vertu d'une permission expresse du président, qu'il est toujours libre de refuser.

Toutefois, pour ce qui est de l'accusé, comme les informations préliminaires ont eu lieu en son absence et ont été dirigées contre lui, il n'est pas douteux que le défenseur, dans sa plaidoirie, ne puisse donner lecture de toute déposition écrite qu'il juge utile à la défense, et le procureur général ne peut pas s'y opposer, ni le président le défendre.

Poursuivons l'exposé des formalités des dépositions.

« Après chaque déposition, porte l'art. 319, le président demandera au témoin si c'est de l'accusé présent qu'il a entendu parler; il demandera ensuite à l'accusé, s'il veut répondre à ce qui vient d'être dit contre lui. — Le témoin ne pourra jamais être interrompu : l'accusé ou son conseil pourront le questionner par l'organe du président après sa déposition, et dire tant contre lui que contre son témoignage tout ce qui *pourra être utile* à la défense de l'accusé. — Le président pourra également demander au témoin et à l'accusé tous les éclaircissements qu'il croira utiles à la manifestation de la vérité. — Les juges, le procureur général et les jurés auront la même faculté, en demandant la parole au président. La partie civile ne pourra faire de questions, soit au témoin, soit à l'accusé, que par l'organe du président. »

« Les témoins, ajoute l'art. 325, par quelque partie qu'ils soient produits, ne pourront jamais s'interpeller entre eux. »

Toutes les règles et formalités, prescrites par ces articles, sont fort sages. Leur inobservation pourtant ne saurait emporter nullité, puisque la loi ne prononce point cette peine (1) ; à moins toujours que l'accusé n'en eût réclamé l'accomplissement et qu'il eût été refusé (art. 408).

Il est un point, du reste, en particulier, pour lequel l'art. 319 a introduit une grande amélioration à la législation antérieure.

L'art. 353 de la loi du 3 brumaire an 4 permettait à l'accusé ou à son conseil, de dire contre le témoin *tout ce qu'il jugeait utile à la défense*, et le défenseur profitait trop souvent de cette faculté illimitée, pour flétrir indignement les hommes les plus honnêtes, parfois même pour outrager des femmes irréprochables.

Le Code, plus sage, ne permet à l'accusé ou à son conseil de dire que ce qui peut réellement être utile à la défense ; ils n'en sont donc plus les seuls juges. Partant, le président peut retirer la parole à l'accusé ou au conseil qui se permet contre le témoin des imputations injurieuses, et la cour peut même, suivant les cas, infliger à l'avocat ou à l'avoué chargé de la défense, des peines disciplinaires.

Le président n'est pas non plus obligé d'adresser aux témoins les questions demandées par l'accusé, quand ces questions lui semblent étrangères aux débats. Toutefois, si l'accusé insiste ; il y a lieu de consulter la cour. Mais, quelle que soit la décision, si la question avait évidemment rapport à l'affaire et qu'elle n'eût pas été posée, il y aurait violation du droit de la défense, et par conséquent, nullité (2).

En matière civile, quand un témoin a terminé sa déposition, il lui est loisible de se retirer. Nous avons déjà vu qu'il en est autrement en matière criminelle, par la raison que les témoins peuvent être rappelés pour fournir de nouvelles explications.

L'art. 326 dispose en effet, qu'après qu'un témoin a déposé, l'accusé peut demander que d'autres témoins qu'il

---

(1) *Cass.* 24 décembre 1824, 31 décembre 1829, 5 janvier 1832

(2) *Cass.* 28 septembre 1824. S. 25-1-78.

désigne se retirent de l'auditoire, et qu'un ou plusieurs d'entre eux soient introduits et entendus de nouveau, soit séparément, soit en présence les uns des autres. « Le procureur général, ajoute l'article, aura la même faculté. — Le président pourra aussi l'ordonner d'office. »

Il ne faudrait pas cependant que l'accusé abusât de la faculté que lui donne l'art 326, pour rendre les débats interminables. La cour peut donc rejeter sa demande, si elle lui semble mal fondée ; mais elle doit au moins y statuer à peine de nullité, d'après l'art. 408 (1).

Au demeurant, les témoins rappelés, ne faisant que continuer leur précédente déposition, n'ont pas de nouveau serment à prêter (2).

L'art. 327 accorde au président mais au président seul, un droit analogue vis-à-vis des accusés.

« Le président, porte ce texte, pourra, avant, pendant ou après l'audition d'un témoin, faire retirer un ou plusieurs accusés, et les examiner séparément sur quelques circonstances du procès : mais il aura soin de ne reprendre la suite des débats généraux, qu'après avoir instruit chaque accusé de ce qui se sera fait en son absence, et de ce qui en sera résulté. »

Le président, en faisant retirer un accusé, ne peut point du reste enjoindre à son conseil de quitter aussi l'auditoire ; la loi ne lui confère pas ce droit. D'un autre côté, ce magistrat doit, à peine de nullité, instruire l'accusé de ce qui s'est fait en son absence. L'article, il est vrai, ne prononce pas la peine de nullité, mais la formalité est substantielle parce qu'elle tient au droit de la défense : c'est ce que la cour de cassation a jugé maintes fois (3).

Le président peut pourtant ne faire part à l'accusé de ce

---

(1) *Cass.* 1er juillet 1814 et 11 janvier 1817.
(2) *Cass.* 23 juillet 1812 et 29 avril 1830.
(3) V. notamment arrêts des 17 septembre 1829 et 10 mars 1831.

qui s'est passé en son absence, qu'après lui avoir adressé à lui-même de nouvelles questions (1). Le principal avantage en effet que peut procurer l'examen séparé des accusés, c'est de prouver par les contradictions qu'offrent leurs réponses respectives, la fausseté de leurs dires.

La cour de cassation a jugé aussi que, dans le cas même où il n'y a qu'un seul accusé, le président peut le faire retirer pour entendre quelqu'un des témoins (2). A s'en tenir au texte littéral de l'art. 327, cette décision pourrait être combattue; car l'article semble supposer qu'il y a plusieurs accusés, et qu'il en reste toujours quelqu'un dans l'auditoire. Nous la croyons pourtant suffisamment autorisée par les pouvoirs extraordinaires que confère au président l'art. 268, et que l'art. 327 n'a certainement pas voulu limiter. Cette mesure peut même paraître quelquefois indispensable, car il est des témoins impressionnables, qu'on nous passe ce terme, sur lesquels la présence de l'accusé peut exciter, tantôt des sentiments de commisération, tantôt une fascination de terreur, qui ne laisseraient plus de passage à l'expression de la vérité.

En matière criminelle, le greffier, sauf le cas prévu par l'art. 318, ne doit pas transcrire les dépositions des témoins sur son procès-verbal. Mais, pendant l'examen, les jurés, le procureur général, et les juges, peuvent prendre note de ce qui leur paraît important, soit dans les dépositions des témoins, soit dans la défense de l'accusé, pourvu que la discussion n'en soit pas interrompue (art. 328).

L'art. 329 dispose enfin : « Dans le cours ou à la suite des dépositions, le président fera représenter à l'accusé toutes les pièces relatives au délit et pouvant servir à conviction; il l'interpellera de répondre personnellement s'il les reconnaît : le président les fera aussi représenter aux témoins, s'il y a lieu. »

---

(1) *Cass.* 13 avril 1832 et 16 juin 1836.
(2) *Cass.* 19 août 1819. S. 20-1-32

Ces mesures peuvent souvent concourir à la découverte de la vérité. Ainsi, des armes trouvées sur le théâtre du crime, des vêtements déchirés, des linges souillés de sang, sont des accusateurs muets, devant lesquels le coupable ne reste pas toujours impassible. L'art. 329 ne prononçant pas toutefois la peine de nullité, cette nullité n'existerait, qu'autant que la représentation des objets aurait été demandée, sans que la cour y eût fait droit (1).

ARTICLE IV. — *Du cas où la déposition d'un témoin paraît fausse.*

« Si, d'après les débats, porte l'art. 330, la déposition d'un témoin paraît fausse, le président pourra, sur la réquisition, soit du procureur général, soit de la partie civile, soit de l'accusé, et même d'office, faire sur-le-champ mettre le témoin en état d'arrestation. Le procureur général et le président ou l'un des juges par lui commis, rempliront à son égard, le premier, les fonctions d'officier de police judiciaire ; le second, les fonctions attribuées aux juges d'instruction dans les autres cas. — Les pièces d'instruction seront ensuite transmises à la cour royale, pour y être statué sur la mise en accusation. »

« Dans le cas de l'article précédent, ajoute l'art. 331, le procureur général, la partie civile, ou l'accusé, pourront immédiatement requérir, et la cour ordonner, même d'office, le renvoi de l'affaire à la prochaine session. »

Le droit de faire mettre le témoin en état d'arrestation n'appartient pas à la cour d'assises, il n'appartient qu'au président (2), et celui-ci n'est pas obligé d'adhérer à la de-

---

(1) *Cass.* 31 octobre 1817 et 19 avril 1821.

(2) *Cass* 2 mars 1827 et 23 avril 1840. Mais, d'un autre côté, d'après l'art. 331, la cour seule peut refuser ou prononcer le renvoi à une autre session, quand le témoin a été arrêté. C'est mal à propos qu'un arrêt de la cour suprême, du 20 janvier 1844 (**D. P.** 44-1-127), semble reconnaître ce droit au président.

mande du procureur général, pas plus qu'à celle de la partie civile ou de l'accusé. Il ne peut, du reste, ordonner l'arrestation que lorsque le témoin a terminé sa déposition, car jusque-là ce dernier a le temps de se rétracter; mais il peut l'ordonner dès que la déposition est finie, quoique les autres témoins n'aient pas encore été ouïs. Entendre autrement l'article, ce serait donner au faux témoin trop de facilité de se dérober aux poursuites de la justice.

Quand les présomptions de faux témoignage sont moins graves, le président, sans contrevenir à la loi, peut se borner à mettre le témoin en surveillance durant le cours des débats (1).

Mais, si le témoin a été arrêté, et que le procureur général, la partie civile, ou l'accusé, demandent le renvoi de l'affaire à une autre session, la cour d'assises est-elle obligée de l'ordonner? Nous ne le pensons pas, l'art. 331 étant rédigé en termes facultatifs comme l'art. 330. Le faux témoignage, en effet, peut porter quelquefois sur un fait peu important, et l'accusé, à qui l'ensemble des autres dépositions a été peut-être favorable, peut avoir intérêt à être jugé sur-le-champ.

L'accusé, d'un autre côté, ne peut exiger qu'il soit passé outre aux débats, puisque l'art. 331 permet à la cour d'ordonner le renvoi d'office. Que si les débats ont continué et que l'accusé ait été condamné, la sentence, en supposant que le témoin arrêté ait déposé à la charge de l'accusé, ne peut, aux termes de l'art. 445, être exécutée, que lorsque l'accusation de faux témoignage a été vidée.

ARTICLE V. — *Des peines encourues par les témoins qui ne se présentent pas ou qui refusent de déposer, et des frais des dépositions.*

A part quelques cas d'exception qu'on indiquera dans

---

(1) *Cass.* 25 septembre 1834 et 11 avril 1840.

l'article suivant, tout témoin cité devant la cour d'assises est obligé d'y comparaître à moins qu'il n'ait un empêchement légitime, et s'il manque à ce devoir, il encourt diverses peines portées par l'art. 355.

Si l'affaire est jugée nonobstant son absence, il n'est exposé qu'à une amende qui ne peut excéder cent francs ; mais il encourt une responsabilité bien plus grave, si, à raison de sa non-comparution, l'affaire est renvoyée à la session suivante. Tous les frais de citation en effet, actes, voyages de témoins, et autres, ayant pour objet de faire juger l'affaire, restent à sa charge ; et l'arrêt qui renvoie à la session suivante doit, sur les conclusions du procureur général, le condamner par corps au remboursement de ces frais. Le même arrêt doit ordonner de plus, que le témoin sera amené par la force publique devant la cour, pour y être entendu.

Le défaut de comparution d'un témoin cité n'autorise pas du reste toujours, le renvoi d'une affaire à la session suivante. Ce renvoi ne peut être ordonné qu'autant qu'il est demandé avant l'audition du premier témoin, et dans le cas même où il est demandé en temps utile, la cour d'assises, ainsi que la cour de cassation l'a jugé plusieurs fois (1), n'est pas obligée de faire droit à la demande et peut passer outre aux débats.

L'art. 354 qui règle le cas est conçu, en effet, en termes facultatifs : « Lors, y est-il dit, qu'un témoin qui aura été cité ne comparaîtra pas, la cour *pourra*, sur la réquisition du procureur général, et avant que les débats soient ouverts par la déposition du premier témoin inscrit sur la liste, renvoyer l'affaire à la prochaine session. »

Le renvoi peut être demandé, soit que le témoin cité l'ait été à la requête du procureur général, soit qu'il l'ait été à la requête de la partie civile ou de l'accusé, puisque

---

(1) V. 18 février 1813, 3 octobre 1817, et 2 juin 1833.

la loi ne distingue pas. Mais, de ce que le texte dit que le renvoi pourra être ordonné sur la réquisition du procureur général, il n'en résulte pas que l'accusé ne puisse le demander aussi, et qu'il ne puisse même être ordonné d'office par la cour (1). Seulement, il semble qu'il ne peut jamais être ordonné quand un des témoins a déjà été entendu, à moins que l'accusé et le procureur général n'y donnent à la fois leur assentiment.

Le témoin condamné peut n'avoir pas reçu la citation, ou n'avoir pas eu le temps de faire parvenir ses excuses : aussi la loi lui réserve-t-elle l'opposition. « La voie de l'opposition, porte l'art. 356, sera ouverte contre ces condamnations, dans les dix jours de la signification qui en aura été faite au témoin condamné ou à son domicile, outre un jour par cinq myriamètres ; et l'opposition sera reçue s'il prouve qu'il a été légitimement empêché, ou que l'amende contre lui prononcée doit être modérée. »

L'opposition doit naturellement être signifiée au procureur général, au parquet du lieu où se réunit la cour d'assises. Si la session est close, elle doit être portée à la session suivante, mais elle doit toujours, en attendant, être formée dans le délai.

Le témoin qui comparaît, mais qui refuse de prêter serment ou de déposer, encourt aussi, aux termes de l'art. 356, la peine portée en l'art. 80, c'est-à-dire, une amende, qui ne peut excéder cent francs. Cette peine semble même trop légère pour un manquement aussi grave. Tout témoin qui, interpellé solennellement au nom de Dieu et de son pays, refuse d'éclairer la justice, est indigne d'exercer aucun des droits du citoyen, et la dégradation civique est la moindre des peines qu'il devrait encourir.

Empressons-nous de dire toutefois qu'il est des personnes pour qui c'est non-seulement un droit, mais encore un devoir, de refuser de prêter serment et de déposer ; ce sont

---

(1) *Cass.* 11 octobre 1821 et 12 janvier 1833.

toutes celles qui n'ont eu connaissance des faits que d'une manière confidentielle, et à raison du ministère ou de la profession qu'elles exercent.

Nous citerons d'abord le prêtre qui a reçu la confession de l'accusé (1). On connaît sur ce point la belle parole de saint Augustin : « Je sais moins ce que je n'ai appris qu'en confession, que ce que je n'ai jamais su. » Dans l'ancienne jurisprudence pourtant, quelques canonistes (2) avaient avancé que le secret ne devait pas être gardé, quand il s'agissait de complots contre la vie du prince. C'était préférer à l'intérêt de la religion l'intérêt privé du monarque, et faire à un principe sacré une brèche plus que téméraire. Aussi les nouveaux criminalistes enseignent-ils, avec plus de raison, que la règle ne souffre aucune exception (3).

L'exception comprend encore les avocats (4), les médecins, les chirurgiens, les sages-femmes, toutes les personnes en un mot, qui, pour employer les termes de l'art. 378 du Code pénal, sont, par état ou par profession, dépositaires des secrets d'autrui.

Mais la cour de cassation a jugé, le 23 juillet 1830, que l'exception ne peut pas s'appliquer à un notaire, interrogé sur le fait matériel du dépôt d'une somme d'argent, qui aurait été fait dans son étude. Nous ne considérons toutefois cet arrêt que comme un arrêt d'espèce; et comme il arrive souvent aujourd'hui que les notaires reçoivent des communications confidentielles de leurs clients, nous penserions qu'en thèse générale, et quand aucun fait matériel n'a accompagné la confidence, la question devrait être résolue autrement.

---

(1) *Cass.* 30 novembre 1810 : Angers, 31 mars 1841.

(2) **V.** le Dictionnaire de droit canonique de Durand de Maillane, vᵒ *Confesseur*.

(3) **V.** notamment M. Carnot, dans ses *Observations additionnelles* sur l'art. 79, où il rétracte l'opinion contraire, qu'il avait d'abord émise.

(4) *Cass.* 20 janvier 1826, 14 septembre 1827 et 23 juillet 1830.

Les témoins qui obéissent à justice ont droit à une taxe ou indemnité qui est réglée par les art. 26 et suivants du tarif, modifiés à quelques égards par un décret du 7 avril 1813.

Les frais des dépositions des témoins à charge doivent naturellement être avancés par l'Etat ou par la partie civile; mais ceux relatifs aux témoins à décharge doivent l'être par l'accusé. L'art. 321, tout en posant le principe, indique pourtant une exception. « Les citations, porte ce texte, faites à la requête des accusés, seront à leurs frais, ainsi que les salaires des témoins cités, s'ils en requièrent; sauf au procureur général à faire citer à sa requête les témoins qui lui seront indiqués par l'accusé, dans le cas où il jugerait que leur déclaration pût être utile pour la découverte de la vérité. » Le législateur, dans cette dernière disposition, a eu particulièrement en vue les accusés pauvres qui ne peuvent point faire l'avance des frais d'une citation, et le magistrat du ministère public manquerait essentiellement à son devoir, s'il refusait de faire droit en ce point à la demande de l'accusé indigent, pourvu que celui-ci n'indique pas un nombre de témoins trop considérable. Dans certains parquets, il est d'usage d'autoriser l'accusé indigent à en indiquer deux, mais il ne peut y avoir à cet égard aucune règle fixe.

ARTICLE VI. — *De l'audition des témoins constitués en dignité, et des militaires ou gens attachés aux armées.*

En toute matière, civile ou criminelle, la règle est que le témoin cité doit se transporter devant le juge pour y faire sa déposition; mais cette règle souffre exception pour les témoins constitués en haute dignité, et quelquefois aussi pour les militaires et les citoyens attachés aux armées.

1. Les personnes de la première catégorie sont indiquées dans les art. 510 et suivants du Code d'Instruction criminelle, et dans le décret du 4 mai 1812, qui a étendu les dispositions du Code.

17

On peut diviser ces personnes en trois classes.

1° Les ministres secrétaires d'état ne peuvent jamais être entendus comme témoins que dans le cas où, sur la demande du ministère public ou d'une partie, et sur le rapport du ministre de la justice, le roi a, par une ordonnance spéciale, autorisé leur audition ; et l'ordonnance règle alors la manière dont leur déposition sera reçue et le cérémonial à observer à leur égard (art. 1 et 2 du décret du 4 mai 1812).

2° Les princes et princesses du sang royal ne peuvent être cités en témoignage, même devant le jury, que dans le cas où le roi l'a pareillement autorisé par une ordonnance spéciale, qui doit régler le cérémonial à observer pour leur audition (art. 510 et 513 du Code). Mais, sans ordonnance royale préalable, le premier président de la cour royale, ou même le président du tribunal civil, si le prince à entendre ne réside pas au chef-lieu d'une cour, peut se transporter dans sa demeure pour recevoir sa déposition (art. 511 du Code).

3° Les présidents des diverses sections du conseil d'état, les ministres d'état, les conseillers d'état chargés d'une administration publique, les généraux en activité de service, et les préfets, peuvent être cités sans autorisation royale préalable ; mais s'ils s'excusent en alléguant les nécessités de leur service, le juge d'instruction, ou s'il s'agit d'une affaire pendante aux assises, le président de la cour d'assises, doit se transporter dans leur demeure pour y recevoir leur déposition. Si ces fonctionnaires ne s'excusent pas, ils sont reçus par un huissier à la première porte du palais, introduits dans le parquet, et placés sur un siège particulier ; et, après leur déposition, ils sont reconduits de la même manière (art. 4, 5 et 6 du décret).

Dans tous les cas où les dépositions des témoins constitués en dignité ont été reçues par écrit, elles doivent être transmises closes et cachetées, au greffe de la cour ou du tribunal saisi de l'affaire ; et dans les affaires déférées au jury, elles doivent être lues publiquement aux jurés et soumises aux débats, à peine de nullité (art. 512 et 516 du Code).

II. Le 18 prairial an 2, la Convention rendit un décret qui dispensa tous les militaires sans distinction, et même tous les citoyens attachés aux armées ou employés à leur suite, de se transporter devant les juridictions criminelles ou correctionnelles par devant lesquelles ils seraient cités, toutes les fois que ces juridictions se trouveraient hors de la ville de leur garnison. Le décret disposa qu'en cas pareil les dépositions seraient reçues par écrit, pour être transmises ensuite au tribunal saisi de l'affaire.

Ce décret ayant trait à une matière spéciale, la cour de cassation a jugé plusieurs fois qu'il n'a pas été abrogé par le Code, et qu'il doit encore être suivi (1).

§ 3. — *Des cas où il faut nommer un interprète.*

Il y a lieu à la nomination d'un interprète, tantôt à raison de l'emploi par quelqu'une des personnes entendues aux débats, d'une langue ou d'un idiome que l'accusé ou quelque membre du jury ou de la cour d'assises ne comprend point, tantôt pour cause de mutisme.

La première hypothèse est réglée par l'art. 332; la seconde, par l'art. 333.

I. « Dans le cas, porte l'art. 332, où l'accusé, les témoins ou l'un d'eux, ne parleraient pas la même langue ou le même idiome, le président nommera d'office, à peine de nullité, un interprète âgé de vingt-un ans au moins, et lui fera, sous la même peine, prêter serment de traduire fidèlement les discours à transmettre entre ceux qui parlent des langages différents. — L'accusé et le procureur général pourront récuser l'interprète en motivant leur récusation : la cour prononcera. — L'interprète ne pourra, à peine de nullité, même du consentement de l'accusé ni du procu-

----

(1) V. notamment arrêts des 17 décembre 1812 et 14 avril 1815. D. A. 12. 601, n. 3.

reur général, être pris parmi les témoins, les juges et les jurés. »

D'après ce texte, il n'y aurait lieu à nommer un interprète que lorsque l'accusé n'entend pas le langage des témoins ou de quelqu'un d'entre eux. Il est clair pourtant qu'il y a lieu aussi à la nomination d'un interprète, si le procureur général ou quelqu'un des jurés ou des juges, n'entend pas l'idiome employé par l'accusé ou par quelqu'un des témoins.

Quant à la partie civile, l'impossibilité où elle serait d'entendre l'idiome employé ne doit pas être prise en considération, car elle peut se faire représenter par un défenseur à même de comprendre les débats.

Si l'accusé n'entend pas la langue française et que son conseil en fasse tout d'abord l'observation, l'interprète doit être nommé avant le tirage au sort du jury, parce que l'accusé a intérêt à comprendre cette opération pour exercer ses récusations (1). Mais si l'interprète ne devient nécessaire qu'à raison de l'emploi par quelqu'un des témoins d'une langue ou d'un idiome autre que la langue française, il suffit qu'il soit nommé lors de la déposition de ce témoin. La présomption naturelle est même que le langage ou l'idiome employé par les divers témoins a été suffisamment saisi par l'accusé, et que le langage des témoins et de l'accusé a été suffisamment compris par les juges et les jurés, quand aucune de ces personnes n'a demandé qu'il fût nommé un interprète (2).

L'art. 332 n'exige de l'interprète d'autre serment, que celui de traduire fidèlement les discours à transmettre entre ceux qui parlent des langages différents, et ce serment n'a pas besoin d'être réitéré à chaque séance des débats; mais il faut, à peine de nullité, que le procès-verbal mentionne qu'il a été prêté (3).

---

(1) *Cass.* 17 et 18 août 1832. D. P. 32. 1. 400 et 410.
(2) *Cass.* 15 juillet 1830, 29 avril 1836, et 23 mai 1839.
(3) *Cass.* 26 avril 1807 et 6 janvier 1826.

La loi n'exigeant pas que l'interprète jouisse des droits politiques, ni même des droits civils, les femmes et les étrangers peuvent en remplir les fonctions (1). Mais le président, même du consentement de l'accusé, ne pourrait pas remplir lui-même le rôle d'interprète, puisque la loi interdit cela à tous les juges (2). Quant aux jurés qui ne font point partie du jury de jugement, et au greffier, l'incapacité ne les atteint point.

Il y a présomption légale que l'interprète nommé avait vingt-un ans, quoique le procès-verbal garde le silence sur ce point (3).

Quant aux causes de récusation qu'on peut proposer contre l'interprète, elles ne sont pas déterminées par la loi ; elles semblent donc entièrement abandonnées à l'appréciation de la cour.

II. La seconde cause, avons-nous dit, de nomination d'un interprète, c'est l'état de mutisme de l'accusé ou de quelqu'un des témoins, dans le cas du moins où le sourd-muet ne sait pas écrire ; car, s'il sait écrire, c'est par écrit que doivent se faire les questions ou communications qui le concernent.

L'art. 333 dispose en effet : « Si l'accusé est sourd-muet et ne sait pas écrire, le président nommera d'office pour son interprète, la personne qui aura le plus d'habitude de converser avec lui. — Il en sera de même à l'égard du témoin sourd-muet. — Le surplus des dispositions du précédent article sera exécuté. — Dans le cas où le sourd-muet saurait écrire, le greffier écrira les questions et observations qui lui seront faites ; elles seront remises à l'accusé ou au témoin, qui donneront par écrit leurs réponses ou déclarations. Il sera fait lecture du tout par le greffier. »

Quand c'est l'accusé qui est sourd-muet, est-il nécessaire de lui donner connaissance, par écrit ou par interprète, des

(1) *Cass.* 16 avril 1818 et 2 mars 1827. D. P. 27. 1. 159.
(2) *Cass.* 21 février 1812. Bourguignon, sur l'art. 332.
(3) *Cass.* 3 avril 1818 et 21 décembre 1832.

dépositions de tous les témoins ? C'est notre sentiment, quoique l'art. 333 présente à cet égard quelque louche. Ce louche en effet disparaît par le renvoi que fait cet article à l'article 332.

Le vœu de la loi étant qu'on désigne autant que possible pour interprète, la personne qui a le plus d'habitude de converser avec le sourd-muet, la circonstance que cette personne a moins de vingt-un ans n'empêche pas qu'elle ne puisse être nommée interprète (1). A cela près, toutes les autres dispositions de l'art. 332 doivent être exécutées. Ainsi, l'interprète doit prêter serment, à peine de nullité ; il est sujet à récusation, et il ne peut être choisi, à peine de nullité, parmi les témoins, les juges ni les jurés.

Quand le sourd-muet sait écrire, l'art. 333 ne prononce pas la peine de nullité, pour le cas où le greffier n'aurait point donné lecture des questions ou réponses fournies par écrit. Mais ce serait, à notre avis, un cas de nullité substantielle ; car il est essentiel que l'accusé ou son conseil, et tous les membres du jury et de la cour d'assises, aient une parfaite connaissance de tout ce qui fait partie des débats. La présomption est même que la lecture n'a pas eu lieu, si le procès-verbal n'en fait pas mention, tandis que, quand il y a lieu à la nomination d'un interprète, la présomption est que l'interprète a traduit tout ce qu'il devait traduire, quoique le procès-verbal n'en fasse pas mention expresse (2). La raison de la différence est que l'interprète s'identifie toujours en quelque manière avec la personne pour laquelle il parle, et qu'il est naturel de penser, jusqu'à preuve contraire, qu'une fois nommé, il a dû s'acquitter exactement de sa mission.

La conviction du jury devant toujours se former d'après les impressions de l'audience, les réponses et dépositions faites ou communiquées par écrit dans le cas de l'art. 333,

---

(1) *Cass.* 23 décembre 1824. D. P. 25. 1. 57.
(2) *Cass.* 24 septembre 1829, et 19 juillet 1832.

doivent être détruites, quand il en a été donné lecture par le greffier; et il y aurait nullité, s'il était constaté qu'elles eussent été remises au jury lors de sa délibération.

§ 4. *Du réquisitoire du ministère public, et des plaidoiries des défenseurs.*

Si les auteurs du Code avaient suivi les idées de Platon, ils auraient prescrit de clore les débats et de poser les questions au jury, aussitôt que les témoins ont fini de déposer. Par là, ils auraient affranchi les jurés de l'influence qu'un orateur habile exerce toujours sur ceux qui l'écoutent, souvent au détriment de la vérité. Mais, loin d'adopter sur ce point les vues du philosophe grec, ils ont permis au contraire à l'éloquence, de déployer des deux parts toutes ses ressources, espérant sans doute que la vérité jaillirait de cette lutte, comme dans un combat l'étincelle jaillit quelquefois du choc des armures.

« A la suite des dépositions des témoins, porte l'art. 335, et des dires respectifs auxquels elles auront donné lieu, la partie civile ou le procureur général seront entendus et développeront les moyens qui appuient l'accusation. — La réplique sera permise à la partie civile et au procureur général; mais l'accusé ou son conseil auront toujours la parole les derniers. — Le président déclarera ensuite que les débats sont terminés. » C'est donc la partie civile, s'il y en a, qui doit parler la première, puis le procureur général, puis l'accusé, et l'accusé ou son conseil peuvent toujours parler les derniers: mais ils sont censés avoir renoncé à ce droit, quand ils ne l'ont pas réclamé.

Il est de la loyauté du procureur général ou de son représentant, de ne rien dissimuler de ce qui est à l'avantage de l'accusé. Si la société commande à ce magistrat de poursuivre les coupables, elle lui fait un devoir aussi de protéger les innocents.

Le défenseur, de son côté, ne doit jamais sortir dans sa plaidoirie des bornes de la modération. Les jeunes avocats doivent se garder de confondre l'éloquence avec la fougue, et l'énergie du caractère avec la rudesse des formes. L'indépendance de l'avocat consiste à ne relever que de son devoir ; mais son devoir lui prescrit de respecter non-seulement les lois écrites, mais encore ces lois non écrites qu'on appelle les bienséances, et l'on peut défendre parfaitement son client, sans se livrer à de violentes déclamations contre le magistrat qui l'accuse.

Les plaidoiries finies, le président déclare que les débats sont terminés (art. 335); et il est bon que cette déclaration soit insérée dans le procès-verbal, quoique son omission n'emportât pas nullité. L'accusé a dès-lors un droit acquis à ce que l'affaire soit jugée dans l'état, et de nouveaux débats ne peuvent s'ouvrir qu'autant qu'il y donne formellement son assentiment. Le président peut toutefois revenir sur la clôture des débats qu'il vient de prononcer, pour réparer quelque omission qu'il s'aperçoit avoir commise (1).

Occupons-nous maintenant de ce qui suit la clôture des débats. C'est l'objet de la troisième section de ce chapitre.

SECTION III. — *Du résumé du président, et de la position des questions.*

§ 1er. *Du résumé.*

Quand le ministère public et les avocats ont cessé de parler, les passions qu'ils ont excitées dans l'âme des jurés pourraient y retentir longtemps encore : c'est au président qu'il appartient de les calmer. L'art. 336 charge ce magistrat de résumer l'affaire, et de faire remarquer aux jurés les principales preuves pour ou contre l'accusé. Quelle importante mission ! Un président d'assises, dans son résumé, c'est vraiment l'homme de bien que rêvait ce sage

_____

(1) C'est du moins ce que la cour de cassation a jugé par arrêt du 10 janvier 1833. D. P. 34. 1. 434.

Platon dont nous parlions tout à l'heure, et auquel il eût confié la direction de tous les procès criminels de sa république. Loin de lui, tous les vains artifices de langage, qui ne tendent qu'à charmer l'oreille ou à gagner le cœur. Sa parole simple ne s'adresse qu'à la raison, et peut être comparée à la lumière du jour naissant, qui dissipe peu à peu les ombres, et fait parfois pénétrer ses rayons jusque dans la profondeur des souterrains.

Les criminalistes enseignent généralement (1) que le président, dans son résumé, doit éviter autant que possible de laisser transpirer son opinion, et c'est aussi notre sentiment. Mais ce n'est pas à dire pour cela que, pour mieux cacher sa conviction personnelle, ce magistrat doive s'envelopper d'ombres, et s'efforcer, par exemple, de fortifier le système qu'il croit le plus faible et d'affaiblir celui qu'il croit le plus fort. Agir ainsi, ce serait aller directement contre le vœu de la loi ; car le résumé est destiné à réveiller les souvenirs et à fixer les hésitations des jurés, et non pas à augmenter leurs incertitudes. Le président, sans doute, doit être impartial, mais il doit l'être à la manière d'un homme qui tient une balance, et qui, sans imprimer lui-même aucune impulsion, laisse tomber le bassin où se trouve le poids le plus fort. Le meilleur résumé est donc celui qui, sans négliger aucun des moyens importants de l'attaque ou de la défense, mène les jurés comme par la main en face de la vérité, de manière qu'ils n'aient qu'à lever les yeux pour la contempler.

On comprend, d'après cela, que le résumé est un acte essentiel, et qu'il y a nullité quand il n'a pas été fait (2). Mais le président est juge souverain de la manière dont il doit le faire, et un condamné ne peut pas alléguer comme moyen de cassation, que le résumé avait été inexact ou incomplet (3).

---

(1) V. notamment M. Carnot, sur l'art. 336.
(2) *Cass.* 28 décembre 1823 et 14 octobre 1831.
(3) *Cass.* 2 février 1832 et 22 juin 1839.

L'accusé ou son conseil ne peut non plus, sous aucun prétexte, être admis à présenter des observations sur le résumé du président, à moins, toutefois, qu'il n'allègue quelque inexactitude matérielle, auquel cas nous pensons qu'il peut provoquer de la cour un arrêt qui l'admette à présenter des observations pour relever l'inexactitude commise ; car il serait déplorable que le résumé, qui n'est prescrit que pour éclairer les jurés, devint la cause fatale de leur erreur (1).

Le président doit aussi, aux termes de l'art. 336, rappeler aux jurés les fonctions qu'ils auront à remplir, c'est-à-dire leur adresser des avertissemens sur les règles qu'ils ont à suivre dans leurs délibérations ; mais l'absence de ces avertissemens ne saurait emporter nullité, puisque la loi ne la prononce pas, et que, dans la plupart des circonstances, ils paraissent inutiles.

L'art. 336 impose enfin au président une dernière obligation qui est de la plus haute importance, c'est de poser au jury les questions sur lesquelles il aura à répondre. Nous allons traiter en détail de ce point dans le paragraphe suivant.

§ 2. *De la position des questions.*

La position des questions au jury est la tâche la plus difficile d'un président d'assises. Pour la bien remplir, il faut qu'il connaisse à fond l'ensemble des lois pénales, car tout le droit pénal vient se réfléter, pour ainsi dire, dans la position des questions, puisqu'il ne peut intervenir de condamnation, qu'autant que toutes les circonstances constitutives d'un crime ou d'un délit résultent clairement d'une déclaration affirmative du jury. On comprend dès-lors que cette matière demanderait un traité *ex professo*, et dans un livre élémentaire nous ne pouvons indiquer que les sommités.

---

(1) *Cass.* 28 avril 1820. D. A. 4. 530.

I. Voyons d'abord le cas le plus simple, celui où les débats n'ont révélé aucun fait nouveau, aucune circonstance nouvelle.

La loi du 3 brumaire an IV défendait de poser au jury aucune question complexe. Il fallait donc dans toute affaire trois questions au moins : une sur le fait matériel, une autre sur le point de savoir si l'accusé en avait été l'auteur ou le complice, une troisième sur l'intention qu'il avait eue en le commettant ; puis, des questions séparées sur chacun des faits constitutifs de circonstances aggravantes. Ce système avait le grave inconvénient de multiplier, dans les affaires compliquées, le nombre des questions presque jusqu'à l'infini. Aussi fut-il changé par le Code dont l'art. 337 est ainsi conçu : « La question résultant de l'acte d'accusation sera posée en ces termes : — L'accusé est-il coupable d'avoir commis tel meurtre, tel vol ou tel autre crime, avec toutes les circonstances comprises dans le résumé de l'acte d'accusation ? »

Mais ce système du Code qui enveloppait ainsi, dans une seule question, le fait principal et toutes les circonstances ramenées dans l'acte d'accusation, a lui-même été modifié d'une manière implicite par la loi du 13 mai 1836 sur le mode de vote du jury. L'art. 1er de cette loi voulant, en effet, que les jurés votent par bulletins écrits et par scrutins distincts et successifs, sur le fait principal d'abord, et puis sur chacune des circonstances aggravantes, il en résulte que les circonstances aggravantes, quoique mentionnées dans le résumé de l'acte d'accusation, ne peuvent plus être enveloppées avec le fait principal dans une seule question, et que pour chaque circonstance il doit être posé une question séparée (1).

La loi de 1836 n'a pourtant pas ramené entièrement le système de la loi de brumaire, puisque les questions com-

_____

(1) La cour de cassation l'a jugé nombre de fois. Voy. notamment 4 janvier et 6 juin 1839.

plexes sont toujours autorisées sur le fait principal, et aussi sur chaque circonstance aggravante en particulier, quand cette circonstance ne peut résulter que du concours de plusieurs faits.

Le président doit-il, du reste, indiquer le fait principal et chacune des circonstances aggravantes, exactement dans les mêmes termes que ceux employés dans le résumé de l'acte d'accusation ? La loi ne lui impose pas cette obligation. Il peut donc se servir de termes différens toutes les fois qu'il les juge plus clairs, renverser même l'ordre des questions pour les divers crimes que l'accusation peut embrasser ou pour les diverses circonstances, si l'ordre qui avait été suivi lui semble peu méthodique.

Mais, sauf ces changemens de rédaction, le président doit soumettre au jury tous les chefs principaux et toutes les circonstances, relatés dans l'acte d'accusation. S'il omet quelqu'un de ces faits ou de ces circonstances, l'accusation sur ce point n'est pas purgée, et dès-lors il y a lieu de soumettre l'accusé à de nouveaux débats (1), à moins qu'il ne soit intervenu en sa faveur une déclaration négative sur chacun des chefs principaux, sans que les circonstances omises dans la position des questions, constituent par elles-mêmes des crimes ou des délits, car alors l'annullation ne peut être prononcée que dans l'intérêt de la loi. (Art. 409.)

Toutefois, s'il y a opposition entre les termes de l'arrêt de renvoi et le résumé de l'acte d'accusation, c'est à l'arrêt de renvoi que le président doit s'attacher de préférence. L'acte d'accusation, en effet, doit lui-même être calqué sur l'arrêt de renvoi, et l'on sent qu'un calque infidèle ne doit jamais avoir l'avantage sur l'original (2).

II. Passons aux faits nouveaux ou aux circonstances nouvelles que les débats peuvent révéler.

---

(1) *Cass.* 29 décembre 1838. D. P. 39. 1. 379.
(2) *Cass.* 8 avril 1826 et 26 janvier 1827.

Il est de principe certain que le président ne peut pas soumettre au jury, comme résultant des débats, des faits complétement distincts de ceux indiqués dans l'acte d'accusation, et qui ne peuvent se rattacher à ceux-ci comme circonstances aggravantes (1). L'accusé, en effet, n'ayant pas dû s'attendre à être incriminé sur ces faits, est légalement présumé n'avoir pas pu réunir sur ce point les élémens de sa défense.

Pour les circonstances aggravantes du fait incriminé, l'art. 338 dispose au contraire explicitement, qu'elles doivent être soumises au jury toutes les fois qu'elles surgissent des débats. « S'il résulte des débats, porte ce texte, une ou plusieurs circonstances aggravantes, non mentionnées dans l'acte d'accusation, le président ajoutera la question suivante : L'accusé a-t-il commis le crime avec telle ou telle circonstance ? »

Le seul point délicat est donc celui de savoir si, lorsque les débats semblent avoir donné au fait incriminé un caractère différent de celui qui lui avait été assigné par l'acte d'accusation, le président peut poser une question nouvelle pour le fait ainsi modifié. Peut-il, par exemple, quand l'accusé est traduit aux assises comme auteur du crime, poser comme résultant des débats la question de complicité ? Peut-il, quand l'acte d'accusation présentait le crime comme consommé, poser la question de tentative du même crime ? Peut-il, à propos d'une accusation de viol, poser, au sujet du même fait, la question d'attentat à la pudeur ; à propos d'une accusation de meurtre, poser la question de blessures volontaires, d'homicide par imprudence, etc. ?

La cour suprême a résolu depuis longtemps cette question dans le sens de l'affirmative, en se fondant sur ce que l'art. 338 n'est pas limitatif (2). Nous approuvons d'autant

(1) Rien n'est plus constant en jurisprudence. Voy. le *Dictionnaire* de M. A. Dalloz, v° *Cour d'assises*, n. 1035 et suiv.

(2) Voy. encore le *Dictionnaire* de M. A. Dalloz, *loc. cit.*, n. 1050 et suiv.

plus sa jurisprudence, que, dans notre sentiment, l'art. 360 du Code fait obstacle à ce qu'un individu acquitté puisse jamais être accusé de nouveau à raison du même fait, quoique envisagé sous un point de vue différent; mais ce n'est pas ici le lieu de traiter ce point délicat.

Le président doit aussi soumettre au jury toutes les excuses légales proposées par l'accusé. L'ancien article 339 laissait du louche snr le point de savoir si la question d'excuse devait nécessairement être posée au jury, par cela seul que l'accusé l'avait demandé; mais la rédaction de 1832 ne laisse plus de doute sur l'affirmative. Le texte actuel porte en effet : « Lorsque l'accusé aura proposé pour excuse un fait admis comme tel par la loi, le président *devra*, à peine de nullité, poser la question ainsi qu'il suit : Tel fait est-il constant? »

Mais quand l'accusé base son système de défense sur des moyens qui enlèveraient au fait qui lui est imputé toute criminalité, quand il prétend, par exemple, qu'il a été contraint par une force majeure, ou qu'il était dans le cas de la légitime défense, ou bien encore en état de démence, il n'est point nécessaire de soumettre au jury des questions particulières sur ces points qui rentrent naturellement dans l'appréciation du fait principal de la culpabilité (1) ; et, d'un autre côté, l'on ne peut non plus lui soumettre aucune question sur des circonstances atténuantes autres que les excuses légales, puisque les circonstances atténuantes doivent, comme on le verra, être déclarées d'office par le jury qui n'a jamais à les préciser.

Si l'accusé a moins de seize ans, le président doit aussi, à peine de nullité, poser cette question : L'accusé a-t-il agi avec discernement? (Art. 339.) Mais le fait même de l'âge de l'accusé ne peut donner lieu à aucune question, quand il n'est pas contesté qu'il ait plus de seize ans ; et, s'il s'élève des difficultés sur ce point, c'est à la cour d'assises et non

---

(1) *Cass.* 21 novembre 1834. D. P. 35. 1. 431.

pas au jury à les résoudre, parce que ce point ne rentre ni dans les caractères constitutifs ni dans les circonstances aggravantes du crime (1).

Il est indispensable, ce nous semble, que les questions soient lues publiquement, parce que l'accusé a le plus grand intérêt à les connaître, pour pouvoir, s'il y a lieu, proposer des réclamations sur la manière dont elles sont posées. Mais il n'est pas nécessaire de mentionner la publicité de cette lecture d'une manière spéciale, quand le procès-verbal mentionne, d'une manière générale, la publicité de l'audience.

Toutes les fois que le président a posé une question qui ne résultait pas de l'acte d'accusation, mais qui se rattachait au fait incriminé, il y a présomption légale que cette question était résultée des débats, s'il n'y a pas eu d'opposition de la part de l'accusé.

Mais la position des questions peut être attaquée, soit par le procureur général, soit par l'accusé, et la réclamation constitue alors un incident contentieux que le président ne peut pas régler seul, et qui doit nécessairement être jugé par la cour d'assises. La cour sans doute doit rejeter la réclamation toutes les fois qu'elle lui paraît mal fondée, mais elle doit nécessairement statuer sur ce point, à peine de nullité (2).

Dans les principes du Code et avant la loi du 28 avril 1832, les circonstances atténuantes, autres que les excuses légales, ne pouvaient être prises en considération que par la cour, et seulement quand elle n'avait à appliquer qu'une peine temporaire, susceptible de *minimum* et de *maximum*. Le jury n'avait jamais à fournir de déclaration sur ce point. Il résultait de là que dans les affaires capitales, les jurés trouvant souvent trop rigoureuse la peine prononcée par

---

(1) *Cass.* 16 septembre 1836. D. P. 37. 1. 150. La cour suprême avait pourtant rendu un arrêt en sens contraire, le 18 avril 1811.

(2) C'est encore un point de jurisprudence indubitable. Voy. *Dictionnaire* de M. A. Dalloz, vo *Cour d'assises*, n. 1265 et suiv.

la loi, aimaient mieux déclarer l'accusé non coupable, que
de rendre inévitable, par une déclaration affirmative, une
sentence de mort. C'est toujours un tort, sans doute, de
la part du jury, de se préoccuper des suites de sa déclaration, mais ce tort était devenu général, et la société dès-
lors avait la douleur de voir rentrer dans son sein, des
hommes qui eussent été sans hésitation envoyés dans les
bagnes s'ils n'avaient encouru qu'une peine moindre que
la mort.

Pour remédier à cet inconvénient, le législateur de 1832
autorisa le jury à déclarer, dans toutes les affaires qui lui
sont soumises, l'existence de circonstances atténuantes, et
la conséquence de cette déclaration, d'après l'art. 463 du
Code pénal, est de faire descendre la peine d'un ou même
de deux degrés.

Mais le président ne doit jamais poser de question sur
les circonstances atténuantes : il avertit seulement le jury
que s'il estime qu'il en existe, il doit le déclarer. L'art. 341
dispose en effet : « En toute matière criminelle, même en
cas de récidive, le président, après avoir posé les questions
résultant de l'acte d'accusation et des débats, avertira le
jury, *à peine de nullité,* que s'il pense, à la majorité, qu'il
existe, en faveur d'un ou de plusieurs accusés reconnus
coupables, des circonstances atténuantes, il devra en faire
la déclaration en ces termes : A la majorité, il y a des circonstances atténuantes en faveur de tel accusé. »

Le législateur de 1832 craignit que si l'on provoquait
une réponse catégorique du jury sur le point de savoir s'il
existe ou non des circonstances atténuantes, les jurés ne
fussent par là comme engagés à en déclarer. Redoutant ce
penchant à l'indulgence, il voulut même que les circonstances
atténuantes ne pussent être déclarées qu'à la majorité de plus
de huit voix ; mais la loi du 9 septembre 1835, comme on
aura l'occasion de le redire bientôt, s'est contentée d'une
majorité simple, et c'est depuis cette dernière loi que l'art.
341 a été rédigé dans les termes qu'on a tout à l'heure
transcrits.

Les jurés du reste sont suffisamment instruits du pouvoir que la loi leur accorde, par l'avertissement que le
président doit leur donner, *à peine de nullité*, et dont il
doit, sous la même peine, être fait mention dans le procès-
verbal, puisque toute formalité non mentionnée est réputée
avoir été omise.

Quand le président a posé publiquement les questions et
donné l'avis relatif aux circonstances atténuantes, il doit
remettre aux jurés, dans la personne de leur chef, les
questions écrites, et en même temps l'acte d'accusation,
les procès-verbaux qui constatent les délits, et les pièces du
procès autres que les déclarations écrites des témoins
(art. 341).

Mais le défaut de remise de quelqu'une de ces pièces
n'emporterait pas nullité, puisque la loi ne la prononce
pas (1) ; tandis, au contraire, que la remise des déclarations écrites des témoins devrait, nonobstant le silence de
la loi sur cette sanction, emporter nullité, parce qu'il est
de l'*essence* de notre procédure criminelle que la conviction
du jury ne se forme que sur les dépositions orales faites
à l'audience, sauf les cas d'exception où la lecture de certaines dépositions écrites est autorisée (2).

La loi du 9 septembre 1835 a ajouté encore au texte antérieur de l'art. 341, en enjoignant au président d'avertir
les jurés que leur vote doit avoir lieu au scrutin secret, et
que, si l'accusé est déclaré coupable du fait principal à la
simple majorité, ils devront en faire mention en tête de
leur déclaration ; et quoique cette loi ne prononce pas expressément la peine de nullité quand ces avertissemens
n'ont pas été donnés, leur omission, dans son esprit, nous
semblerait présenter un vice substantiel. Il n'est pas nécessaire pourtant que le président indique dans quelle forme
le scrutin secret devra avoir lieu (3).

---

(1) *Cass.* 14 septembre 1837, 14 mars 1839, 10 septembre 1840.
(2) M. Carnot, sur l'art. 341, n. 4; M. Dalloz aîné, *Répertoire*,
t. 4, p. 396, n. 4.
(3) *Cass.* 9 avril 1840. D P. 40. 1. 410.

Quand le président a rempli toutes les obligations que la loi lui impose, il doit, au moment où les jurés vont se rendre dans leur chambre pour délibérer, faire retirer l'accusé de l'auditoire (art. 341). C'est un motif d'humanité qui a dicté cette disposition : loin des yeux du public, l'accusé supportera, avec moins de gêne, les angoisses de l'attente.

SECTION IV. — *De la délibération et de la déclaration du jury.*

Nous allons exposer successivement dans cette section, les règles relatives au secret des délibérations du jury, au mode de vote, à la manière dont la majorité se forme et doit être exprimée, à la lecture et à la signature de la déclaration, enfin à l'autorité et aux effets de cette même déclaration.

§ Ier. *Du secret des délibérations.*

La délibération du jury est toujours secrète. Les jurés donc, quand les questions ont été posées et leur ont été remises, doivent se rendre dans leur chambre pour délibérer. Avant de commencer leur délibération, leur chef, qui, comme nous l'avons dit ailleurs, est le premier juré qui a été désigné par le sort, ou celui qui, du consentement de ce dernier, a été désigné par la majorité, doit, aux termes de l'art. 342, donner lecture à ses collègues de l'instruction portée par cet article, laquelle indique en termes très-clairs les principes qui doivent les guider. Aussi, doit-elle en outre être affichée en gros caractères, dans le lieu le plus apparent de leur chambre.

« La loi, porte l'instruction, ne demande pas compte aux jurés des moyens par lesquels ils se sont convaincus; elle ne leur prescrit point de règles desquelles ils doivent faire particulièrement dépendre la plénitude et la suffisance d'une preuve; elle leur prescrit de s'interroger eux-mêmes dans le silence et le recueillement, et de chercher, dans la sincérité de leur conscience, quelle impression ont faite sur leur raison les preuves rapportées contre l'accusé et les moyens de sa défense.

» La loi ne leur dit point : *Vous tiendrez pour vrai tout fait attesté par tel ou tel nombre de témoins.* Elle ne dit pas non plus : *Vous ne regarderez pas comme suffisamment établie toute preuve qui ne sera pas formée de tel procès-verbal, de telles pièces, de tant de témoins ou de tant d'indices.* Elle ne leur fait que cette seule question qui renferme toute la mesure de leurs devoirs : *Avez-vous une intime conviction ?*

» Ce qu'il est bien essentiel de ne pas perdre de vue, c'est que toute la délibération du jury porte sur l'acte d'accusation ; c'est aux faits qui le constituent et qui en dépendent, qu'ils doivent uniquement s'attacher ; et ils manquent à leur premier devoir, lorsque, pensant aux dispositions des lois pénales, ils considèrent les suites que pourra avoir, par rapport à l'accusé, la déclaration qu'ils ont à faire. Leur mission n'a pas pour objet la poursuite ni la punition des délits ; ils ne sont appelés que pour décider si l'accusé est, ou non, coupable du crime qu'on lui impute. »

Cette instruction est la condamnation la plus formelle de la doctrine de l'*omnipotence du jury*, doctrine pernicieuse qui tend à fausser l'institution du jury en portant les jurés à se préoccuper des conséquences de leur déclaration, doctrine par conséquent que les présidents d'assises ont certainement le droit, ou, pour mieux dire, qu'ils sont dans l'obligation de ne pas laisser plaider, puisqu'elle a pour but de favoriser une faiblesse et une trahison à la loi.

La lecture que la loi recommande au chef du jury de faire, a donc une importance réelle, puisqu'elle a pour objet de bien fixer les jurés sur la nature de leurs devoirs ; son omission toutefois ne doit pas emporter nullité, puisque la loi ne prononce pas cette peine, et que l'instruction affichée peut suppléer jusqu'à un certain point à la lecture que la loi ordonne. La présomption d'ailleurs est toujours que le chef du jury s'est conformé aux prescriptions de la loi.

« Les jurés, poursuit l'art. 343, ne pourront sortir de

leur chambre, qu'après avoir formé leur déclaration. — L'entrée n'en pourra être permise pendant leur délibération, pour quelque cause que ce soit, que par le président et par écrit. — Le président est tenu de donner au chef de la gendarmerie de service, l'ordre spécial et par écrit de faire garder les issues de leur chambre; ce chef sera dénommé et qualifié dans l'ordre. La cour pourra punir le juré contrevenant, d'une amende de cinq cents francs au plus. Tout autre qui aura enfreint l'ordre, ou celui qui ne l'aura pas fait exécuter, pourra être puni d'un emprisonnement de vingt-quatre heures. »

Le président doit donc prendre les mesures nécessaires pour empêcher que les jurés ne puissent sortir de leur chambre durant leur délibération, et que personne n'y pénètre. Le mode prescrit par la loi ne paraît pas pourtant substantiel, et il n'est pas nécessaire non plus, à peine de nullité, qu'il soit fait mention dans le procès-verbal, des précautions qui ont été prises, quoique cela soit plus régulier (1). Mais indépendamment des peines que l'art. 343 prononce contre tout juré qui sort de la chambre des délibérations, ou contre toute personne qui y entre sans la permission écrite du président, il y aurait certainement nullité, s'il paraissait qu'au moyen de cette infraction quelque juré eût communiqué de l'affaire avec quelque personne du dehors.

Le président lui-même doit s'abstenir d'entrer dans la salle de délibération des jurés. La cour de cassation juge pourtant qu'il peut y entrer, toutes les fois qu'il a été appelé par les jurés (2), et sur ce point, nous approuvons sa jurisprudence. Mais nous pensons, contrairement à ce que décida la même cour dans un arrêt du mois de novembre 1818 (3),

_____

(1) *Cass.* 16 juin 1826, 30 mai 1839, 24 septembre 1840.

(2) 26 mai et 13 octobre 1826, 5 mai et 14 septembre 1827.

(3) Cet arrêt est indiqué par M. Carnot, dans ses observations additionnelles sur l'art. 343. La cour suprême, du reste, est revenue aux véritables principes dans un autre arrêt du 3 mars 1826, rapporté par Dalloz, 26. 1. 264.

qu'il y a nullité substantielle, quand le président s'introduit spontanément dans la chambre des jurés durant leur délibération, parce que la présence de' ce magistrat peut exercer une grande influence sur les jurés, et gêner la discussion à laquelle ils peuvent se livrer avant le vote.

§ 2. *Du mode de délibération et de vote.*

La loi du 16 septembre 1791 et celle du 3 brumaire an 4, distinguaient clairement la délibération, du vote.

La délibération, c'est-à-dire, la discussion préliminaire qui pouvait avoir lieu entre les jurés pour s'éclairer les uns les autres, se passait nécessairement en présence de tous les jurés, et excluait la présence de toute autre personne. Le vote, au contraire, devait être exprimé par chaque juré individuellement et en l'absence des autres, devant trois personnes seulement désignées par la loi ; savoir, le président ou un juge par lui commis, le commissaire du pouvoir exécutif, et le chef du jury. Chaque juré, après sa déclaration, déposait une boule blanche ou noire, et le dépouillement du scrutin se faisait ensuite devant tous les jurés réunis.

Le code d'instruction criminelle ne changea rien au mode de délibération, mais il changea le mode de vote. C'est le chef du jury qui interrogeait chaque juré, et chacun donnait sa réponse en présence de ses collègues.

La loi du 28 avril 1832 n'apporta aucune modification à ce système. Mais, en 1835, le législateur supposa que certains jurés, principalement dans les procès politiques, pouvaient craindre que leur vote ne fût divulgué par quelqu'un de leurs collègues, et donner par suite un vote favorable à l'accusé, pour se soustraire au ressentiment des hommes de son parti. La loi du 9 septembre 1835 autorisa donc encore une discussion préalable, mais elle voulut que le vote fût entièrement secret.

Les art. 344, 345 et 346, modifiés en conséquence de cette loi, disposent donc :

« Les jurés délibéreront sur le fait principal, et ensuite sur chacune des circonstances (344).

« Le chef du jury lira successivement chacune des questions posées, comme il est dit en l'art. 336, et le vote aura lieu ensuite au scrutin secret, tant sur le fait principal et les circonstances accessoires, que sur l'existence des circonstances atténuantes (345).

» Il sera procédé de même, et au scrutin secret, sur les questions qui seraient posées dans les cas prévus par les art. 339 et 340 (346). » Les art. 339 et 340 sont ceux relatifs aux excuses légales, et à la question de discernement à poser quand l'accusé a moins de seize ans.

La loi du 9 septembre annonçait par une disposition transitoire, qu'il serait fait, sur le mode de vote au scrutin secret, un règlement d'administration publique, qui serait converti en loi dans la session suivante. Une ordonnance royale, promulguée le même jour que la loi, régla en effet le mode de vote, et les dispositions de cette ordonnance ont été érigées en loi le 13 mai 1836.

Le jury, d'après l'art. 1er de la loi du 13 mai, doit voter par bulletin écrit et par scrutins distincts et successifs, sur le fait principal d'abord, et, s'il y a lieu, sur chacune des circonstances aggravantes, sur chacun des faits d'excuse légale, sur la question de discernement, et enfin sur la question des circonstances atténuantes, que le chef du jury est tenu de poser toutes les fois que la culpabilité de l'accusé a été reconnue.

» A cet effet, ajoute l'art. 2, chacun des jurés, appelé par le chef du jury, recevra de lui un bulletin ouvert, marqué du timbre de la cour d'assises, et portant ces mots : *Sur mon honneur et ma conscience, ma déclaration, etc....* Il écrira à la suite, ou fera écrire secrètement par un juré de son choix, le mot *oui* ou le mot *non*, sur une table disposée de manière à ce que personne ne puisse voir le vote inscrit au bulletin. Il remettra le bulletin écrit et fermé au chef du jury, qui le déposera dans une urne ou boîte destinée à cet usage.

« Le chef du jury, poursuit l'art. 3, dépouillera chaque scrutin en présence des jurés, qui pourront vérifier les bulletins. — Il en consignera sur-le-champ le résultat en marge ou à la suite de la question résolue, sans néanmoins exprimer le nombre des suffrages, si ce n'est lorsque la décision affirmative sur le fait principal aura été prise à la simple majorité. — La déclaration du jury, en ce qui concerne les circonstances atténuantes, n'exprimera le résultat du scrutin qu'autant qu'il sera affirmatif.

» S'il arrivait, continue l'art. 4, que dans le nombre des bulletins il s'en trouvât sur lesquels aucun vote ne fût exprimé, ils seraient comptés comme portant une réponse favorable à l'accusé. Il en serait de même des bulletins que six jurés au moins auraient déclarés illisibles. »

L'art. 5 dispose enfin qu'immédiatement après le dépouillement de chaque scrutin, les bulletins seront brûlés en présence du jury.

Nous n'approuvons pas le mystère dont ces dispositions entourent le vote des jurés. Toutes les précautions que prend la loi dans ce but, ne sont que gênantes pour les hommes fermes qui ont la conscience de leur devoir, et rarement elles suffisent pour rassurer les hommes pusillanimes, sorte de gens qui tremblent devant leur ombre. L'homme lâche d'ailleurs ne peut-il pas aussi profiter du secret pour trahir sa conscience au détriment de l'accusé! Nous croyons fermement qu'en toutes choses le secret des votes tend à énerver les caractères. La publicité est comme la trempe des âmes : soumises à son action, elles acquièrent la dureté de l'acier ; soustraites à son influence, elles mollissent comme l'argile.

Nous avons déjà fait remarquer que la loi de 1836 nécessite, à peine de nullité, des questions séparées pour chacune des circonstances aggravantes. Mais le fait principal doit toujours être soumis au vote des jurés d'une manière complexe, et nous pensons qu'il y aurait nullité, si chacun des élémens constitutifs du crime donnait lieu à des votes séparés. Tel juré, en effet, qui se serait prononcé négativement sur l'un des caractères, pourrait se prononcer affirmativement sur l'autre ; car, à raison du secret absolu qu'a établi le nouveau législateur, il n'a pas pu déclarer, comme l'avait fait le législateur de 1791 et celui de l'an IV, que tout vote négatif sur une question est acquis à l'accusé pour les questions subséquentes.

Il reste à voir à quelle majorité se forme la décision du jury.

§ 3. *De la majorité exigée dans les délibérations, et comment elle doit être exprimée.*

La loi de 1791 et celle de l'an IV exigeaient dix voix pour la condamnation ; trois voix suffisaient donc pour que la décision fût favorable à l'accusé.

Le Code, changeant ce principe, voulut que les décisions du jury fussent prises à la simple majorité des suffrages : ce n'était qu'en cas de partage que l'avis favorable à l'accusé devait prévaloir. Toutefois, quand c'était sur le fait principal que l'accusé n'avait été condamné qu'à la majorité de sept contre cinq, la cour devait délibérer sur le même point ; mais l'avis favorable à l'accusé ne devait prévaloir, qu'autant que le nombre des juges favorables à l'accusé, réuni à la minorité des jurés, présentait un nombre de voix supérieur à celui de la majorité des jurés uni à la minorité des juges.

Il résultait de là que l'accusé ne laissait pas d'être condamné, si sur les cinq juges qui composaient alors la cour d'assises, trois seulement lui étaient favorables, puisqu'il n'avait en tout que huit voix pour lui, tandis qu'il en avait neuf contre lui.

Ce résultat était déraisonnable, puisque la majorité de la cour ayant été, en pareil cas, favorable à l'accusé, la présomption de son innocence devenait bien plus forte après cette délibération qu'elle ne l'était avant. Aussi, une loi du 29 mai 1824, modifiant en ce point le Code, disposa qu'à l'avenir l'avis favorable à l'accusé prévaudrait, toutes les fois que l'opinion de la minorité des jurés serait adoptée par la majorité des juges.

Mais ce système offrait toujours l'inconvénient grave d'altérer profondément l'institution du jury, en faisant participer fréquemment les juges à ses décisions; car, dans les affaires importantes, dans les affaires capitales surtout, les jurés cherchaient le plus souvent à faire peser sur la cour la responsabilité d'une condamnation, et se concertaient pour cela à l'effet de déclarer l'accusé coupable à la simple majorité.

La loi du 28 avril 1832 fit cesser cette confusion, et, revenant à un système plus doux, elle déclara qu'à l'avenir la décision du jury ne se formerait contre l'accusé qu'à la majorité de plus de sept voix. Elle exigea du reste aussi la même majorité pour l'admission des circonstances atténuantes, dans la crainte que les jurés ne fussent trop portés à affaiblir, par de semblables déclarations, l'utile rigueur des lois pénales.

La loi du 9 septembre 1835, conçue dans de tout autres idées, est revenue à un système plus rigoureux encore que ne l'était celui du Code. Cette loi n'exige plus, en effet, pour la condamnation, que la simple majorité des jurés. Elle veut seulement, quand il n'y a eu qu'une simple majorité sur le fait principal, que le jury en fasse la déclaration. Mais, à la différence de ce qui se pratiquait sous l'empire du Code, cette déclaration n'autorise pas la cour à statuer elle-même sur le fait. Elle n'a d'autre effet que de l'autoriser à soumettre le jugement de l'affaire à un autre jury, dès que la majorité de ses membres est d'avis que les jurés se sont trompés sur le fond, tandis que dans les autres cas le renvoi à une autre session ne peut être ordonné que lorsque les juges sont unanimes (art. 352). Pour tempérer cependant une rigueur aussi grande, la loi de 1835 disposa, par une sorte de réciprocité, qu'à l'avenir il suffirait aussi de la simple majorité pour la déclaration de circonstances atténuantes.

Tout cela résulte du texte actuel de l'art. 347, ainsi

conçu : « La décision du jury, tant contre l'accusé que sur les circonstances atténuantes, se formera à la majorité, à peine de nullité. — La déclaration du jury constatera la majorité, à peine de nullité, sans que le nombre des voix puisse y être exprimé, si ce n'est dans le cas prévu par le quatrième paragraphe de l'art. 341. » Ce paragraphe concerne le cas où la décision sur le fait principal n'a été prise qu'à la simple majorité.

Il résulte clairement de l'art. 347 qu'il y a nullité radicale dans la déclaration du jury, quand elle porte seulement que l'accusé a été reconnu coupable, sans exprimer qu'il l'a été à la majorité (1) ; et la mention que la décision a été prise à la majorité, est aussi indispensable pour les circonstances aggravantes et les questions d'excuse et de discernement, que pour le fait principal (2). Cette mention semble indispensable aussi pour la déclaration des circonstances atténuantes, puisque l'art. 347 soumet cette déclaration absolument aux mêmes règles que celles qui régissent les autres questions soumises au jury.

L'art. 347, d'un autre côté, ne veut pas que le nombre de voix soit exprimé dans la déclaration du jury, pour que le condamné ignore complétement ceux des jurés qui lui ont été défavorables, et que chaque juré échappe ainsi, autant que possible, à son ressentiment et au ressentiment des siens. Il y a donc nullité, si la déclaration exprime que l'accusé a été jugé coupable à l'unanimité, ou si elle exprime le chiffre de la majorité obtenue contre lui (3).

Le seul cas où le chef du jury puisse et doive faire connaître le chiffre des suffrages, c'est lorsqu'il n'y a eu que la majorité simple *sur le fait principal.* Si donc le cas de cette majorité simple ne s'est présenté qu'au sujet de quelque cir-

---

(1) *Cass.* 8 janvier et 22 décembre 1836. D. P. 36. 1. 424 ; et 37. 1. 486.

(2) La cour suprême a rendu nombre d'arrêts sur ce point. Voy. le *Dictionnaire* de M. A. Dalloz, supplément, v° *Cour d'assises*, n. 1392.

(3) *Cass.* 7 juillet et 30 décembre 1831, 10 septembre 1835.

constance aggravante ou de quelque question d'excuse ou de discernement, il n'y a pas lieu de le mentionner, et une mention semblable entraînerait alors nullité (1).

Pour les circonstances atténuantes elles-mêmes, et, en général, pour les questions résolues en faveur de l'accusé, la mention du nombre de suffrages paraît également illégale, surtout quand il n'y a pas eu unanimité, puisqu'elle peut exciter des ressentimens contre ceux des jurés que l'accusé suppose avoir été d'un avis contraire à la majorité. Mais toute décision du jury, régulièrement prise, étant définitivement acquise à l'accusé quand elle lui est favorable, il n'y aurait lieu à casser que dans l'intérêt de la loi.

§ 4. *De la lecture et de la signature de la déclaration.*

Dès que les jurés ont voté sur toutes les questions qui leur ont été soumises, ils rentrent dans l'auditoire, et s'acheminent un à un pour reprendre leurs siéges. Leur visage, tantôt ouvert, tantôt abattu et tristement solennel, fait ordinairement présager la décision.

Quand ils ont repris leur place, le président leur demande quel a été le résultat de leur délibération.

Le chef du jury se lève alors, et, la main placée sur son cœur, il dit : « Sur mon honneur et ma conscience, devant Dieu et devant les hommes, la déclaration du jury est : Oui, l'accusé, etc.... Non, l'accusé, etc.... (art. 348). »

La formule de la réponse du jury n'est pas tellement sacramentelle, que le remplacement d'un mot par un autre, présentant la même idée, pût emporter nullité : ainsi, les mots *sur mon âme et conscience*, au lieu de : *sur mon honneur et ma conscience*, rempliraient certainement le vœu de la loi. Mais la nullité semblerait substantielle, si une partie importante de la formule avait été omise, si le

---

(1) *Cass.* 13 décembre 1839 . 2 janvier et 29 août 1840.

nom trois fois Saint, par exemple, n'avait pas été pris à témoin de la sincérité de la déclaration. Au demeurant, il n'est pas nécessaire que la formule se trouve répétée littéralement dans le procès-verbal, s'il y est dit que le chef du jury a répondu dans la forme prescrite par l'art. 348.

La lecture de la déclaration doit régulièrement être faite par le chef du jury. Elle peut pourtant être faite aussi par un simple juré, quand tous les autres y donnent leur assentiment, et cet assentiment se présume dès qu'il n'y a eu aucune opposition (1).

« La déclaration du jury, poursuit l'art. 349, sera signée par le chef et remise par lui au président, le tout en présence des jurés. — Le président la signera et la fera signer par le greffier. »

Le vœu de la loi est, ce semble, que la déclaration du jury soit signée par son chef, remise au président et signée par le président et par le greffier, immédiatement après sa lecture à l'audience. Il n'y a pas nullité toutefois, quand les signatures ont été apposées avant la lecture (2). Mais il y aurait nullité, si elles n'avaient été apposées qu'après l'arrêt de condamnation, et, à plus forte raison, s'il manquait absolument une des trois signatures exigées, ne serait-ce que celle du greffier (3); car il ne peut intervenir d'arrêt de condamnation, que sur une déclaration affirmative du jury, légalement constatée.

§ 5. *De l'autorité de la déclaration, et des cas où elle peut être corrigée ou annullée.*

« La déclaration du jury, porte l'art. 350, ne pourra jamais être soumise à aucun recours. »

Ce principe est rigoureusement vrai, en ce sens, qu'on ne peut jamais se pourvoir directement et principalement contre la déclaration du jury. Il est vrai aussi, en ce sens,

---

(1) *Cass.* 3 et 9 mai 1834, 29 décembre 1836, 12 avril 1839.
(2) *Cass.* 2 octobre 1812 : Carnot, sur l'art. 349.
(3) *Cass.* 29 juin 1827, 17 janvier et 10 avril 1828.

que les déclarations favorables à l'accusé, quand elles ne présentent point de contradictions avec d'autres déclarations défavorables, lui sont, au moins en principe, irrévocablement acquises, quoi qu'il puisse arriver par la suite, ainsi qu'on l'expliquera plus tard.

Mais le jury doit être renvoyé dans sa chambre pour délibérer de nouveau : 1° toutes les fois qu'il y a quelque contradiction flagrante entre ses réponses, comme lorsque d'une réponse résulterait nécessairement la culpabilité, tandis que d'une autre résulterait nécessairement la non-culpabilité, ou bien que la culpabilité et la non-culpabilité résulteraient de diverses parties de la même réponse ; 2° quand la déclaration est irrégulière ou incomplète, c'est-à-dire quand il n'a pas été répondu d'une manière légale, ou qu'il n'a été répondu qu'en partie aux questions posées (1).

Mais à la cour seule appartient le droit de renvoyer le jury dans sa chambre pour fournir les éclaircissemens ou les additions que sa réponse nécessite : ce droit n'appartient pas au président seul (2).

D'un autre côté, dans le cas même où la déclaration du jury est parfaitement claire, elle peut, quand elle est défavorable à l'accusé, ou bien être annullée par la cour d'assises elle-même dans le cas qu'on va indiquer bientôt, ou bien, et ce cas est bien plus fréquent, tomber par suite d'un arrêt de cassation, rendu sur un recours en cassation ou en révision.

I. L'art. 352 règle la première hypothèse.

---

(1) Ces propositions ont acquis depuis long-temps, en jurisprudence, toute l'autorité d'axiomes. Voy. le *Dictionnaire* de M. A. Dalloz et son supplément, v° *Cour d'Assises*, n. 1481 et suiv.

(2) Ce principe est pareillement consacré par une foule d'arrêts. Voy. M. A. Dalloz, *loc. cit.*, n. 1534 et suiv.

Un point plus délicat est celui de savoir si le renvoi peut être ordonné, même après que la déclaration a été lue à l'accusé. C'est notre sentiment, et la cour suprême l'a jugé en effet ainsi maintes fois, notamment le 7 avril 1827, le 5 mars 1835 et le 8 septembre 1837.

« Si les juges, porte ce texte, sont unanimement convaincus que les jurés, tout en observant les formes, se sont
trompés sur le fond, la cour déclarera qu'il est sursis au
jugement et renverra l'affaire à la session suivante, pour
être soumise à un nouveau jury dont ne pourra faire partie aucun des premiers jurés. — Lorsque l'accusé n'aura
été déclaré coupable qu'à la simple majorité, il suffira que
la majorité des juges soit d'avis de surseoir au jugement et
de renvoyer l'affaire à la session suivante, pour que cette
mesure soit ordonnée par la cour.

» Nul, continue l'article, n'aura le droit de provoquer
cette mesure : la cour ne pourra l'ordonner que d'office,
et immédiatement après que la déclaration du jury aura
été prononcée publiquement et dans le cas où l'accusé aura
été condamné, jamais lorsqu'il n'aura pas été déclaré coupable. — La cour sera tenue de prononcer immédiatement
après la déclaration du second jury, même quand elle serait
conforme à la première. »

La cour d'assises peut ordonner le renvoi à une autre
session, quand même elle ne serait convaincue de l'erreur
du jury que sur une circonstance aggravante, car la circonstance aggravante produit souvent dans la peine une
aggravation redoutable.

L'art. 352 exige, il est vrai, pour que la cour puisse
prononcer le renvoi, que les jurés, dans son opinion, se
soient trompés *sur le fond* : mais le fond ici est opposé à la
forme, et ne signifie pas *le fait principal*. Nous penserions
même qu'en ce cas la question de culpabilité, au fond,
pourrait être remise en question devant le nouveau jury,
parce qu'il ne paraît pas que, dans l'économie générale de
la loi, un jury puisse jamais être appelé à statuer uniquement sur une circonstance d'un fait qu'il serait obligé de
tenir pour constant.

La loi veut que le renvoi soit prononcé d'*office* par la
cour et ne puisse jamais être requis par aucune partie. Mais
cela signifie seulement que le président doit interdire la
parole au conseil de l'accusé qui solliciterait ce renvoi;

car on ne saurait croire qu'il y eût nullité, de cela seul qu'il serait attesté que le conseil de l'accusé avait demandé le renvoi avant que la cour l'eût prononcé. Comment supposer en effet que l'empressement intempestif d'un défenseur puisse priver la cour d'un droit que la loi lui confère!

Mais l'art. 352 veut, en outre, que le renvoi soit prononcé *immédiatement* après la déclaration du jury, et il semble résulter de là que lorsque cette déclaration a été lue à l'accusé, la cour ne peut plus ordonner le renvoi sans commettre un excès de pouvoir (1).

Le renvoi prononcé par la cour ne doit, du reste, jamais nuire à l'accusé, puisque ce n'est que dans son intérêt que la loi l'autorise. Partant, celles des réponses du premier jury qui ont été favorables à l'accusé, lui demeurent irrévocablement acquises (2).

II. La déclaration du jury, défavorable à l'accusé, peut tomber aussi, avons-nous dit, par suite d'un recours en cassation ou en révision. Mais ce n'est pas le cas d'exposer ici les règles de ces recours, dont nous ne devons parler que dans le livre sixième.

Arrivons donc à l'instant solennel où l'accusé va voir tomber ses fers, ou se sentir au contraire frappé par la justice et menacé d'une exécution prochaine.

CHAPITRE III.

De l'ordonnance d'acquittement, et des arrêts d'absolution ou de condamnation.

L'accusé doit rester hors de l'auditoire, tant que le jury n'a pas fait sa déclaration. Une déclaration affirmative peut en effet, comme on l'a vu, être annulée quelquefois par la cour d'assises, et tant que cette éventualité peut se

---

(1) La cour de cassation a jugé pourtant, le 16 août 1839, que le renvoi peut être prononcé, tant que l'arrêt de condamnation n'a pas été rendu. C'est plus humain, sans doute, mais c'est contraire à la loi.

(2) *Cass.* 8 janvier 1813 et 23 juin 1824.

réaliser, il est juste d'épargner à l'accusé la secousse terrible qu'une déclaration semblable ne peut manquer de lui causer.

Mais, si la réponse du jury a été favorable, ou qu'une déclaration défavorable n'ait pas été annulée par la cour, c'est le cas de ramener le détenu. Dans le premier cas, quelque parent sans doute ou quelque ami sera parvenu à se glisser sur son passage, pour lui annoncer l'heureuse nouvelle : son conseil, ses gardes eux-mêmes peut-être, la lui auront déjà transmise. S'il n'a reçu aucune ouverture de ce genre, si en rentrant dans l'auditoire il n'y voit régner qu'un silence glacé, il doit trembler, et pour s'armer d'une noble résignation, implorer le secours d'en haut.

Dès que l'accusé a regagné son banc, le greffier, aux termes de l'art. 357, doit lui faire lecture de la déclaration du jury. Cette lecture est indispensable, pour que l'accusé puisse proposer sur la déclaration, les observations qu'il jugera convenables, et l'arrêt de condamnation doit être annulé, si le procès-verbal ne mentionne pas qu'elle a eu lieu (1).

La déclaration du jury, suivant qu'elle est négative ou affirmative, est suivie, tantôt de l'acquittement de l'accusé, tantôt d'un arrêt d'absolution ou de condamnation. Nous allons examiner les deux cas dans des sections distinctes. Dans une troisième section, nous nous occuperons des dispositions accessoires, relatives aux dommages-intérêts, aux restitutions et aux dépens : dans une quatrième et dernière, de la formation et prononciation des arrêts des cours d'assises, et de la rédaction du procès-verbal de leurs séances.

SECTION Ire. — *De l'ordonnance d'acquittement.*

« Lorsque l'accusé aura été déclaré non coupable, porte l'art. 358, le président prononcera qu'il est acquitté de

_____

(1) *Cass.* 4 avril 1829.

l'accusation, et ordonnera qu'il soit mis en liberté, s'il n'est retenu pour autre cause. » Nous pensons toutefois, quoique la loi ne l'exprime point, que le président peut retarder de quelques instans l'ordre de mise en liberté, pour adresser à l'accusé quelque salutaire leçon. L'art. 371 autorise formellement ces sortes d'exhortations vis-à-vis de l'accusé condamné, et dans le cas d'acquittement elles peuvent offrir souvent une utilité plus grande encore.

Une ordonnance de non-lieu rendue par la chambre du conseil, et motivée sur l'insuffisance des charges, ou un arrêt semblable rendu par la chambre des mises en accusation, n'empêchent pas, comme on l'a vu précédemment, que le prévenu ne puisse être poursuivi de nouveau, en cas de survenance de charges nouvelles. Mais l'ordonnance d'acquittement est un bouclier plus sûr. « Toute personne acquittée légalement, porte l'art. 360, ne pourra plus être reprise ni accusée, à raison du même fait. »

Que faut-il, du reste, entendre par personne acquittée *légalement*? Serait-ce à dire qu'en cas de nullité commise dans l'instruction, l'accusé pourrait être poursuivi de nouveau? Il est impossible d'entendre la loi dans ce sens, puisque l'art. 409 dit formellement qu'en cas d'acquittement de l'accusé, l'annulation de l'ordonnance qui l'a prononcé et de ce qui l'a précédée, ne peut préjudicier à la partie acquittée.

La loi a donc voulu désigner par acquittement *légal*, celui qui est la conséquence d'une déclaration du jury, de laquelle résulte nécessairement la non culpabilité de l'accusé; car il est bien manifeste que le président ne peut pas, de sa seule autorité, acquitter un individu dont la non culpabilité ne résulte pas d'un verdict formel du jury; et s'il se permettait un pareil excès de pouvoir, un acquittement aussi illégal ne ferait certainement nul obstacle à de nouvelles poursuites contre l'accusé.

Mais un point plus délicat est celui de savoir si l'accusé, acquitté sur un fait, peut être poursuivi à raison du même

19

fait, envisagé sur un autre point de vue, et présentant sous ce nouvel aspect un délit différent.

La cour de cassation a rendu plusieurs arrêts dans le sens de l'affirmative (1). Elle a décidé, par exemple, qu'une femme acquittée d'une accusation d'infanticide, peut être poursuivie plus tard correctionnellement, comme coupable d'homicide par imprudence (2).

Ces arrêts ne doivent pas faire autorité, parce qu'ils sont directement contraires au texte de l'art. 360, qui ne fait aucune distinction, et qui défend de reprendre jamais l'individu acquitté, *à raison du même fait*. C'est la faute du président de n'avoir pas posé, comme résultant des débats, une question nouvelle, celle par exemple d'homicide par imprudence; la faute aussi du procureur général de n'avoir pas requis la position de cette question, ou bien enfin la faute de la cour, de n'avoir pas fait droit à la réquisition du procureur général : mais en aucun cas il n'est juste de faire retomber la faute sur l'individu acquitté (3).

Si, au contraire, il s'agit d'un fait différent, quoique présentant un crime du même ordre, et commis sur la même personne, que celui pour lequel est intervenu l'acquittement, nul doute que l'accusé ne puisse, à raison de ce nouveau fait, être incriminé de nouveau.

Ainsi, un individu acquitté d'une accusation d'empoisonnement, peut être poursuivi de nouveau pour tentative d'empoisonnement commise sur la même personne, mais dans une autre circonstance. De même, l'accusé renvoyé d'une accusation de vol peut être poursuivi comme ayant commis un autre vol au préjudice du même individu, mais dans un autre temps, ou dans un autre lieu. De même encore, l'homme acquitté d'une accusation de meurtre peut

---

(1) *Cass.* 24 octobre 1811, 21 octobre 1821, 30 janvier 1840.

(2) C'était l'espèce des arrêts de 1811 et de 1840, cités dans la note précédente.

(3) La cour de Poitiers a rendu deux arrêts dans le sens de notre opinion, les 28 août 1837 et 28 mars 1840. D. P. 38. 2. 38; et 41. 2 50.

être poursuivi comme auteur ou complice d'un vol qui a suivi ce meurtre.

Il serait inutile de multiplier ces exemples.

Nous avons vu précédemment que l'on ne peut pas soumettre au jury, des faits distincts de ceux qui ont fait l'objet de l'arrêt de mise en accusation, et qui ne peuvent se rattacher à ceux-ci comme circonstance aggravante.

Si les débats pourtant ont fourni contre l'accusé des indices graves pour ces autres faits, l'ordonnance d'acquittement doit-elle inévitablement être suivie d'un ordre de mise en liberté? On comprend que s'il devait en être ainsi, l'individu acquitté, prévenu par les débats des poursuites nouvelles qu'on ne peut manquer de diriger contre lui, profiterait de sa mise en liberté pour se mettre aussitôt à l'abri des nouvelles recherches de la justice.

L'art. 361 obvie à ce danger. « Lorsque, dans le cours des débats, porte ce texte, l'accusé aura été inculpé sur un autre fait, soit par des pièces, soit par les dépositions des témoins, le président, après avoir prononcé qu'il est acquitté de l'accusation, ordonnera qu'il soit poursuivi à raison du nouveau fait. En conséquence, il le renverra en état de mandat de comparution ou d'amener, suivant les distinctions établies par l'art. 91, et même en état de mandat d'arrêt, s'il y échet, devant le juge d'instruction où siége la cour, pour être procédé à une nouvelle instruction. — Cette disposition ne sera toutefois exécutée que dans le cas où, avant la clôture des débats, le ministère public aura fait des réserves à fin de poursuites. »

L'absence de réserves de la part du ministère public assure donc à la personne acquittée sa mise en liberté (1), mais elle ne fait pas obstacle à de nouvelles poursuites engagées dans la forme ordinaire.

On peut demander si, de cela seul qu'il a été fait des réserves, le président est obligé de renvoyer l'individu acquitté, devant le juge d'instruction. Nous ne le pensons pas; par la

_____

(1) *Cass.* 30 juin 1826. Sirey, 27. 1. 207.

raison que les indices de culpabilité qui ont donné lieu aux réserves peuvent ne présenter aucune gravité. Mais si le ministère public demande expressément ce renvoi, la cour doit délibérer sur l'incident.

SECTION II. *De l'arrêt d'absolution ou de condamnation, et de l'application du principe que les peines ne se cumulent point.*

Il faut se garder de confondre l'acquittement d'un accusé, avec son absolution.

L'*acquittement* n'intervient qu'après une déclaration négative du jury, et il est prononcé par le président. L'*absolution* ne peut avoir lieu qu'à la suite d'une déclaration affirmative, quand le fait déclaré constant par le jury ne semble présenter les caractères d'aucun délit puni par la loi ; et elle ne peut être prononcée que par la cour.

Toute déclaration affirmative du jury n'entraîne donc pas nécessairement une peine, et dans tous les cas aucune peine ne peut être prononcée, avant que le procureur général ait fait sa réquisition.

L'art. 362 dispose en effet : « Lorsque l'accusé aura été déclaré coupable, le procureur général fera sa réquisition à la cour pour l'application de la loi. » Mais, si le procureur général se trompe sur la loi dont il doit demander l'application, la cour, sans s'arrêter à sa réquisition, doit appliquer le texte qu'elle juge afférent à l'espèce, quand même il prononcerait une peine plus grave que celle requise par le procureur général.

« Le président, poursuit l'art. 363, demandera à l'accusé, s'il n'a rien à dire pour sa défense. » Cette interpellation intéresse évidemment le droit de défense. C'est dire qu'elle est substantielle, et qu'il y a nullité, s'il n'est pas constaté qu'elle a été observée. La jurisprudence de la cour de cassation est constante sur ce point (1).

_____

(1) V. notamment arrêts des **17** mai et **16** août **1832**.

« L'accusé ni son conseil, continue l'article, ne pourront plus plaider que le fait est faux, mais seulement qu'il n'est pas défendu ou qualifié délit par la loi, ou qu'il ne mérite pas la peine dont le procureur général a requis l'application, ou qu'il n'emporte pas de dommages intérêts au profit de la partie civile, ou enfin que celle-ci élève trop haut les dommages intérêts qui lui sont dus. » Le procureur général et la partie civile peuvent répliquer, mais l'accusé a toujours le droit de parler le dernier (anal. de l'art. 335).

Si le fait déclaré constant par le jury n'est défendu par aucune loi pénale, si immoral et si répréhensible qu'il puisse paraître, la cour doit prononcer l'absolution de l'accusé (art. 364). Une des règles fondamentales de notre législation pénale, est que les peines ne sont jamais livrées à l'arbitraire du juge, et ne peuvent, dans le silence de la loi, être suppléées par lui.

« Si ce fait est défendu, ajoute l'art. 365, la cour prononcera la peine établie par la loi, même dans le cas où, d'après les débats, il se trouverait n'être plus de la compétence de la cour d'assises. »

Si donc le fait déclaré par le jury ne constitue qu'un délit, la cour doit prononcer une peine correctionnelle ; s'il ne présente qu'une contravention, elle doit prononcer une peine de simple police. Il serait bien inutile en effet, de faire subir à l'accusé un nouveau jugement, à raison d'un fait qui d'hors et déjà est déclaré constant, et qu'on ne pourrait plus remettre en question, sans soumettre la décision du jury à une sorte de révision, qui serait contraire aux premiers principes de la matière.

L'art. 365 contient, dans son second paragraphe, une disposition d'une application plus ardue, c'est celle qui prohibe le cumul des peines. « En cas de conviction de plusieurs crimes ou délits, porte l'article, la peine la plus forte sera seule prononcée. »

Cette disposition, dictée par l'humanité, est conforme à l'objet des lois pénales. Les peines, comme on l'a dit ailleurs, sont établies, partie dans l'intérêt du condamné lui-même qu'on veut amener à résipiscence, partie dans l'intérêt de la société qu'on cherche à protéger en jetant un salutaire effroi dans l'âme des pervers. Or, pour atteindre l'un ou l'autre de ces résultats, l'application de la peine la plus forte paraît suffire.

La peine afflictive absorbe donc la peine simplement infamante ; la peine infamante à son tour absorbe la peine correctionnelle : et, parmi les peines afflictives, la peine de mort efface évidemment toutes les autres, celle des travaux forcés perpétuels ou de la déportation efface celle des travaux forcés à temps, celle-ci efface celle de la détention, celle de la détention efface celle de la réclusion.

L'art. 365 toutefois ne reçoit pas d'application à l'égard de l'individu qui a commis un nouveau crime depuis la première condamnation qui l'a frappé, si les deux peines encourues sont également temporaires. Il doit alors, après qu'il a subi la peine infligée pour le premier crime, subir celle à laquelle il a été condamné pour le second, ou bien à l'inverse, si celle-ci est plus rigoureuse (1).

Mais l'article est applicable, toutes les fois que les faits donnant lieu à différentes peines ont tous été commis avant la première condamnation, quoiqu'ils n'aient été poursuivis que successivement (2). C'est ce que démontre l'art 379 qui n'autorise de nouvelles poursuites, à raison de nouveaux faits criminels révélés par les débats, qu'autant que ces nouveaux faits peuvent donner lieu à des peines plus graves.

L'art. 245 du Code Pénal contient pourtant une exception à cette règle. Il veut que la peine encourue par un détenu pour bris de prison, soit toujours subie à la suite et indépendamment de celle encourue pour le crime ou délit principal, quand celle-ci n'est que temporaire. Mais une exception semblable ne fait que confirmer la règle pour les cas ordinaires.

Il importe, du reste, de déterminer si le principe qui

(1) V. M. A. Dalloz, *Dictionnaire*, v⁰ *Peine*, n. 318.
(2) *Cass.* 18 juin 1829 et 26 mai 1831.

interdit le cumul des peines s'applique aux peines de toute sorte. C'est notre sentiment. L'art. 365 en effet ne fait entre les divers genres de peine aucune distinction, et s'il n'est pas permis, en principe, de créer des distinctions que la loi n'a point faites, cela est surtout incontestable, quand ces distinctions tendraient à augmenter sa rigueur.

Nous pensons donc que le cumul des amendes est interdit en thèse générale comme celui des peines corporelles, et que l'amende la plus forte doit seule être appliquée. La cour de cassation toutefois, fait une exception pour certaines matières spéciales, où l'amende a manifestement le caractère d'une indemnité envers l'Etat, lésé dans quelqu'une des sources de sa richesse, et cette exception nous semble assez raisonnable (1).

Mais nous pensons, contrairement à la jurisprudence de la même cour (2), que lorsque deux peines temporaires de même nature ont été prononcées par des condamnations différentes, elles ne doivent pas être exécutées cumulativement, jusqu'à concurrence du maximum autorisé par la loi ; que la peine la plus forte au contraire éteint toujours la plus faible, et que si elles sont égales, elles ne s'additionnent pas, mais se confondent l'une dans l'autre. La circonstance, en effet, que les deux crimes ont été poursuivis successivement au lieu de l'être simultanément, ne doit jamais nuire au condamné, car il serait injuste que la peine fût aggravée par une circonstance tout-à-fait indépendante de sa volonté (3).

Bien plus, la même raison nous porte à croire que lorsque c'est la peine la plus forte qui est prononcée en dernier

---

(1) Elle a été consacrée notamment, en matière forestière et en matière de douanes, par les arrêts des 14 octobre 1826 et 26 août 1830. Mais elle est vivement critiquée par MM. Chauveau et Faustin Hélie, dans leur *Théorie du Code pénal*, t. 1, p. 260.

(2) Voy. les divers arrêts cités par M. A. Dalloz, v° *Peine*, n. 328.

(3) C'est aussi la doctrine de MM. Chauveau et Hélie, t. 1, p. 338 et suiv.

lieu, il faut défalquer de sa durée le temps qu'a déjà duré la première peine. Tout ce que peut faire la cour saisie de la seconde affaire, c'est d'appliquer, si elle le juge à propos, le maximum de peine autorisé pour ce second fait, afin d'affaiblir d'autant l'imputation que le condamné est en droit de faire du temps qu'il a déjà subi.

Que si, lors de la seconde condamnation, l'accusé a laissé ignorer la première, et qu'elle paraisse en effet n'avoir pas été connue des juges, il y a lieu toutefois de casser la seconde sentence, quand elle a été attaquée en temps utile. En matière criminelle, en effet, les moyens des parties, qui reposent sur des faits constants, sont recevables en tout état de cause, parce que la société tout entière a intérêt à ce que la peine ne dépasse jamais la limite tracée par la loi.

Nous pensons aussi, que l'art. 365, quoiqu'il ne parle que des crimes et délits, s'applique pourtant par identité de raison aux contraventions (1) : il y a même un motif particulier pour l'étendre à ces dernières infractions. Les contraventions, en effet, dérivant très-souvent d'actes ou d'omissions qui n'ont rien de contraire aux lois naturelles de la conscience, l'individu qui n'a pas été poursuivi pour une première contravention, semble souvent excusable s'il en commet une autre, au moins quand elle est du même ordre ; car il a pu croire licite ou du moins toléré, un fait qui antérieurement n'avait donné lieu à aucunes poursuites.

L'art. 367 renferme encore une disposition relative au cas de condamnation.

On a vu précédemment que le président doit soumettre au jury les excuses proposées par l'accusé, toutes les fois qu'elles sont fondées sur des faits admis comme tels par la loi. Si le jury déclare en effet l'accusé excusable, la cour, aux termes de l'art. 367, doit prononcer conformément au Code pénal.

---

(1) V. les arrêts cités par **M. A.** Dalloz, v° *Peine*, supp., n. 335.

C'est dans les art. 321 et suivants de ce dernier Code, que se trouvent indiqués les divers cas d'excuse, et la réduction qu'en cas pareil la peine doit subir. Nous sortirions de notre cadre, si nous entreprenions d'expliquer ces dispositions qui appartiennent évidemment au droit pénal proprement dit.

SECTION III. *Des dommages-intérêts, des restitutions, et des dépens.*

Quand l'acquittement a été prononcé, ou que les juges ont délibéré sur la peine que peut entraîner la réponse affirmative du jury, la cour doit s'occuper des dommages-intérêts demandés par l'accusé ou par la partie civile, des restitutions à ordonner, et des dépens.

Nous allons parler d'abord des dommages-intérêts dans le cas d'acquittement, puis ensuite, dans le cas d'absolution ou de condamnation; ce sera l'objet de deux paragraphes distincts. Dans un troisième paragraphe, il sera question des restitutions; dans un quatrième et dernier, des dépens.

§ 1er *Des dommages-intérêts dans le cas d'acquittement.*

Ce premier cas est réglé par l'art. 358 qui, après avoir disposé, dans sa première partie, que le président doit ordonner la mise en liberté immédiate de l'individu acquitté, ajoute dans la seconde :

« La cour statuera ensuite sur les dommages-intérêts *respectivement* prétendus, après que les parties auront proposé leurs fins de non recevoir ou leurs défenses, et que le procureur général aura été entendu. — La cour pourra néanmoins, si elle le juge convenable, commettre l'un des juges pour entendre les parties, prendre connaissance des pièces, et faire son rapport à l'audience, où les parties pourront encore présenter leurs observations, et où le ministère public sera entendu de nouveau. »

Il résulte de cette disposition, non-seulement que l'accusé acquitté peut obtenir des dommages-intérêts contre la partie civile, ce qui est évident, mais encore que la partie civile peut aussi obtenir des dommages contre l'individu acquitté (1), ce qui, au premier abord, paraît suprenant. Cela s'explique aisément toutefois par la manière dont le jury statue sur la question de culpabilité. Cette question, en effet, devant toujours lui être posée d'une manière complexe, il peut fort bien se faire que le jury ait considéré le fait matériel comme constant, et qu'il n'ait déclaré l'accusé non coupable que parce qu'il n'a pas reconnu de sa part d'intention criminelle. Or, si le fait matériel existe et que l'accusé en soit évidemment l'auteur, l'absence d'une intention criminelle ne saurait l'affranchir de dommages-intérêts vis-à-vis de la partie lésée, dès qu'il y a eu de sa part quelque faute ou quelque imprudence.

Quoiqu'il en soit d'ailleurs, la disposition du Code est précise, et l'on voit en effet journellement les cours d'assises, dans des affaires de duel notamment, condamner à des dommages des individus acquittés.

L'accusé et la partie civile doivent du reste, à peine de déchéance, former leurs demandes respectives en dommages-intérêts, avant l'ordonnance d'acquittement ; mais il n'est pas indispensable que la demande soit formée avant la déclaration du jury (2).

L'art. 359 dispose, il est vrai, d'une manière générale, que les demandes en dommages doivent être formées *avant le jugement*. Or, peut-on dire, l'acquittement étant prononcé par une simple ordonnance, on ne peut entendre par *jugement* que la déclaration du jury. Mais nous répondons que la loi ne donne jamais le nom de *jugement* à la déclaration du jury, et qu'elle s'est servie de ce terme générique dans l'art. 359, parce que cet article se réfère au cas de condamnation ou d'absolution où il intervient un véritable jugement, comme au cas d'acquittement, et que la loi a voulu embrasser le tout sous une même dénomination;

(1) *Cass.* 5 mai 1832, 27 février 1833, 23 février 1837
(2) *Cass.* 31 mai 1816, 2 mars 1833. 22 avril 1836.

L'art. 358 s'occupe, dans sa dernière disposition, des dommages auxquels peuvent être condamnés les dénonciateurs. « L'accusé acquitté, y est-il dit, pourra aussi obtenir des dommages-intérêts contre ses dénonciateurs pour fait de calomnie, sans néanmoins que les membres des autorités constituées puissent être ainsi poursuivis, à raison des avis qu'ils sont tenus de donner, concernant les délits dont ils ont cru acquérir la connaissance dans l'exercice de leurs fonctions, et sauf contre eux la demande en prise à partie, s'il y a lieu. — Le procureur-général sera tenu, sur la réquisition de l'accusé, de lui faire connaître ses dénonciateurs. »

Le plaignant, qui ne s'est pas constitué partie civile, peut-il être considéré comme dénonciateur? L'affirmative nous paraît incontestable. Seulement, quand le fait matériel, dénoncé par le plaignant, a réellement eu lieu, il n'est guère à présumer qu'en accusant tel ou tel individu, il ait agi par esprit de calomnie, et l'intention calomnieuse est nécessaire pour que le dénonciateur puisse être condamné à des dommages. Mais enfin, posé que l'esprit de calomnie paraisse certain, nul doute que le plaignant, comme tout autre dénonciateur, ne doive être condamné à une juste indemnité. Toutefois, la cour d'assises, tout en reconnaissant l'esprit de calomnie, doit se borner à accorder des dommages-intérêts; elle ne pourrait pas, sans excès de pouvoir, prononcer contre le dénonciateur les peines établies pour la calomnie par l'art. 373 du Code pénal, par la raison qu'elle ne peut statuer sur d'autres faits criminels que ceux dont elle a été saisie par un arrêt de la chambre des mises en accusation.

La demande en dommages contre les dénonciateurs doit, aux termes de l'art. 359, être formée en général avant l'ordonnance d'acquittement.

Il peut arriver toutefois que le procureur-général, interpellé de faire connaître les dénonciateurs, n'ait pas pu les indiquer, parce qu'il n'y a pas eu de dénonciation en forme. Si cependant les poursuites n'ont eu lieu qu'à la suite de faux avis ou de fausses déclarations, donnés ou transmis dans un esprit de calomnie, l'auteur de ces avis ou de ces déclarations doit être considéré comme un véritable dénonciateur, et, partant, il doit être condamné à des dommages (1). Mais alors ce n'est pas toujours la cour d'assises qui doit être saisie de la demande.

L'art. 359 dispose à cet égard : « Dans le cas où l'accusé n'aurait connu son dénonciateur que depuis le jugement, mais avant la fin de la session, il sera tenu, sous peine de déchéance, de porter sa demande à la cour d'assises; s'il ne l'a connu qu'après la clôture de la session, sa demande sera portée au tribunal civil. »

Si le dénonciateur était décédé, nous pensons qu'il faudrait suivre, vis-à-vis de ses héritiers, les mêmes règles de compétence.

L'individu acquitté ne peut évidemment jamais revenir par la voie de l'opposition contre l'arrêt qui l'a condamné à des dommages. Etant présent, il a eu toute facilité de se défendre sur ce point, et, à raison du caractère non permanent de la juridiction des cours d'assises, l'opposition ne doit jamais être autorisée devant elles, qu'autant que de puissantes considérations d'équité en favorisent l'admission.

Réciproquement aussi, la partie civile ne nous semblerait pas recevable à revenir par la voie de l'opposition contre la condamnation prononcée contre elle, s'il constait qu'au moment de la condamnation, elle était en personne ou se trouvait représentée par son défenseur devant la cour, et qu'elle eût été mise à même de s'expliquer. Dans le cas contraire, l'opposition nous paraît recevable (2), mais dans la huitaine seulement de la signification à partie, par analogie de l'art. 157 du Code de procédure; car la position de la partie civile a plus d'affinité alors avec le défaut faute de conclure, qu'avec le défaut faute de comparaître.

Quant au dénonciateur, comme il n'a jamais figuré comme

---

(1) *Cass.* 23 juillet 1813 ; arrêt rapp. par Bourguignon, sur l'art. 358.

(2) *Cass.* 29 avril 1817 ; arrêt rapp. par Bourguignon, sur l'art. 358.

partie dans la procédure, nous l'admettrions, quand il a été condamné sans avoir été cité, à attaquer l'arrêt par la tierce-opposition, tant qu'il n'y a eu, de sa part, aucun acquiescement exprès ni tacite (1).

Parlons maintenant des dommages demandés dans le cas d'absolution ou de condamnation.

§ 2. *Des demandes en dommages formées dans le cas d'absolution ou de condamnation.*

Que la partie civile puisse obtenir des dommages, non-seulement contre l'individu condamné, mais encore contre l'individu absous, c'est ce qui est de toute évidence, puisque, ainsi qu'on vient de le voir dans le paragraphe précédent, elle peut en obtenir dans le cas même d'acquittement.

Mais l'accusé, de son côté, peut-il quelquefois obtenir des dommages, soit dans le cas d'une absolution, soit même dans le cas d'une condamnation? Si la partie civile ou le dénonciateur ont agi avec une entière bonne foi, la négative est certaine. Mais, s'il était constant que par mauvaise foi, ils eussent attribué au fait qui a motivé les poursuites, un caractère plus grave que celui qu'il avait réellement; si, par exemple, ils avaient présenté comme un assassinat ce qu'ils savaient n'être qu'un homicide par imprudence; nous pensons qu'ils pourraient être condamnés à des dommages, à raison de cette mauvaise foi constatée, sauf à compenser ces dommages, à due concurrence, avec ceux qui pourraient être dus par l'accusé pour le fait matériel dont il serait reconnu l'auteur.

L'art. 366 favorise évidemment ce sentiment, puisqu'il dispose d'une manière générale dans son premier alinéa : « Dans le cas d'absolution, comme dans celui d'acquittement ou de condamnation, la cour statuera sur les dommages-intérêts prétendus *par la partie civile* ou *par l'accusé* (ce qui s'applique évidemment à tous les cas) : elle les liquidera par

_____

(1) C'est aussi la doctrine de Carnot, sur l'art. 359.

le même arrêt, ou commettra l'un des juges pour entendre les parties, prendre connaissance des pièces et faire du tout son rapport, ainsi qu'il est dit article 358. »

Ces demandes doivent, comme dans le cas d'acquittement, être formées *avant le jugement*, c'est-à-dire immédiatement après la déclaration du jury et avant l'arrêt de la cour d'assises : l'art. 359 est formel là-dessus.

Mais, en toute hypothèse, les tiers qui n'ont pas été parties au procès et qui prétendraient pourtant avoir droit à des dommages, ne peuvent porter leur demande que devant les tribunaux civils (art. 359, 5e alinéa). Cette règle s'applique à la partie plaignante elle-même, quand elle ne s'est pas constituée partie civile. Seulement, comme on l'a dit ailleurs, le plaignant, dans notre doctrine, est censé avoir renoncé à toute demande en dommages, quand il a déposé devant le jury comme témoin.

Parlons maintenant des restitutions que la cour d'assises doit ordonner.

§ 3. *Des restitutions.*

La cour d'assises ne peut accorder des dommages qu'à l'accusé ou à la partie civile, et à la condition encore qu'ils les aient demandés. Il en est autrement des restitutions d'objets saisis. La cour doit ordonner que ces objets seront restitués au propriétaire, quel qu'il puisse être, quand même celui-ci ne les aurait pas réclamés (1). L'art. 366, dans son deuxième alinéa, dispose, en effet, d'une manière absolue et impérative : « La cour ordonnera aussi que les effets pris seront restitués au propriétaire. » Si cette restitution, du reste, n'avait pas été ordonnée, le propriétaire serait toujours à temps à la réclamer, tant qu'il n'y aurait pas de prescription en faveur de l'Etat.

Il va sans dire aussi que l'acquittement de l'accusé n'empêchant pas, comme on l'a vu, qu'il ne puisse être con-

---

(1) *Cass.* 1er juillet 1820 : Bourguignon, sur l'art. 366.

damné à des dommages, ne fait, à plus forte raison, nul obstacle à ce que la cour ordonne la restitution des objets trouvés au pouvoir de l'accusé, au véritable propriétaire, quand l'accusé paraît réellement n'y avoir aucun droit (1).

En cas de condamnation, toutefois, la restitution ne doit se faire que lorsque le condamné a laissé passer les délais sans se pourvoir en cassation, ou, s'il s'est pourvu, lorsque son pourvoi a été rejeté (art. 366). Il importe, en effet, tant que l'arrêt de condamnation peut être cassé, qu'aucune pièce de conviction ne puisse disparaître ou subir des altérations.

Voyons enfin ce que la cour d'assises doit statuer sur les dépens.

§ 4. Des dépens.

Avant la loi de 1832, la partie civile était passible des dépens envers l'État, même dans le cas où l'accusé était condamné, sauf son recours contre ce dernier. Il résultait de là, comme on l'a dit ailleurs, que de grands crimes restaient quelquefois impoursuivis, par la crainte qu'avait la partie lésée de ne pouvoir recouvrer du condamné les frais de la procédure, si elle se portait partie civile. La loi de 1832 a fait cesser cet inconvénient.

L'art. 368, modifié par cette loi, dispose maintenant : « L'accusé ou la partie civile *qui succombera* sera condamné aux frais envers l'État et envers l'autre partie. — Dans les affaires soumises au jury, la partie civile qui n'aura pas succombé ne sera jamais tenue des frais. — Dans le cas où elle en aura consigné en exécution du décret du 18 juin 1811, ils lui seront restitués. »

Le seul point important que ce texte présente à résoudre est celui de savoir ce qu'il faut entendre par ces mots, *la partie qui succombera*; si, par exemple, de cela seul que l'accusé a été acquitté ou absous, il s'ensuit nécessairement

---

(1) *Cass.* 3 mars 1828 : arrêt rapp par Carnot, dans ses *Observations additionnelles* sur l'art. 366.

qu'il ne puisse être condamné aux frais, et à l'inverse, s'il doit nécessairement ces frais, par cela seul qu'il a été condamné.

Nous pensons qu'en aucun de ces cas, il ne faut entendre la loi dans un sens aussi absolu, et que, dans les rapports du moins de la partie civile et de l'accusé, la partie qu'on doit considérer comme succombante, c'est celle qui, par sa faute, a donné lieu aux frais de la procédure. L'accusé, en effet, pouvant, nonobstant son acquittement ou son absolution, être condamné à des dommages-intérêts envers la partie civile, à plus forte raison peut il être condamné aux dépens; et pareillement, l'accusé poursuivi pour crime, qui n'a été condamné que pour contravention ou pour délit, pouvant quelquefois obtenir des dommages contre la partie civile, à plus forte raison celle-ci peut-elle dans les mêmes circonstances être condamnée aux frais de la procédure.

Mais, vis-à-vis de l'Etat, nous ne pensons pas que l'accusé, sauf l'exception que nous indiquerons bientôt, puisse être jamais condamné aux frais en cas d'acquittement ou d'absolution, puisqu'il demeure démontré par là qu'on avait engagé à tort contre lui une procédure criminelle; et si la partie civile nous a paru en cas pareil devoir obtenir plus de faveur, c'est parce qu'elle ne figure qu'accessoirement dans la procédure, et que, lorsque le ministère public a engagé l'action publique, elle est obligée d'aller elle-même devant la juridiction criminelle pour obtenir prompte justice, puisque l'action civile, formée séparément, ne pourrait être jugée qu'après l'action publique.

Nous pensons toutefois qu'il faut excepter de la règle que nous venons de poser, le cas où l'accusé, âgé de moins de seize ans, n'est relaxé que parce qu'il est déclaré avoir agi sans discernement (1). Il demeure, en effet, constant alors, que c'est le fait de cet accusé qui a donné lieu à la poursuite, et si son défaut de discernement suffit pour l'affranchir de la peine, il ne doit pas suffire pour l'affranchir

---

(1) *Cass* 27 juin 1835 et 26 mai 1838. D. P. 35. 1. 423, et 38. 1. 463.

d'une responsabilité pécuniaire, même envers l'Etat ; car il faut bien remarquer qu'agir sans discernement est bien loin, dans le sens de la loi, d'agir sans aucune lueur de raison, comme le prouve à suffire l'art. 66 du Code pénal.

§ 4. — *Du délibéré, du prononcé et de la signature des arrêts de la cour d'assises, et de la rédaction du procès-verbal des séances.*

« Les juges, porte l'art. 369, délibèreront et opineront à voix basse. Ils pourront, pour cet effet, se retirer dans la chambre du conseil; mais l'arrêt sera prononcé à haute voix par le président, en présence du public et de l'accusé. — Avant de le prononcer, le président est tenu de lire le texte de la loi sur laquelle il est fondé. — Le greffier écrira l'arrêt, il y insèrera le texte de la loi appliquée, sous peine de cent francs d'amende. »

On a dit ailleurs que, dans le cas même où le huis clos a été ordonné pour les débats, l'arrêt, quoiqu'il n'ait trait qu'à un incident, et à plus forte raison s'il statue sur le fond, doit toujours être prononcé publiquement, et que la mention de cette publicité est indispensable : mais l'absence d'insertion du texte de la loi dans l'arrêt, et même le défaut de lecture de ce texte au condamné, ne doit pas entraîner la peine de nullité, puisque la loi ne la prononce pas (1).

« La minute de l'arrêt, poursuit l'art. 370, sera signée par les juges qui l'auront rendu, à peine de cent francs d'amende contre le greffier, et, s'il y a lieu, de prise à partie, tant contre le greffier que contre les juges. » La cour de cassation décide pourtant que la signature de tous les juges n'est nécessaire que pour l'arrêt définitif, et que, pour les arrêts qui statuent sur des incidens, il suffit de la signature du président et de celle du greffier (2).

Bien plus, la même cour décide que pour l'arrêt définitif

_____

(1) *Cass.* 7 mai 1830 et 29 avril 1833.
(2) Voy. arrêts des 14 décembre 1815 et 31 mars 1831.

lui-même, l'absence de la signature de quelqu'un des juges ne donne lieu qu'à une amende contre le greffier et n'est pas une cause de nullité (1). Cette dernière peine, en effet, qui se trouvait dans le texte primitif de l'article, fut retranchée par le Conseil-d'Etat, dans sa séance du 7 vendémiaire an XIII, le motif pris de ce que l'oubli de quelque signature ne doit pas vicier un monument aussi solennel et aussi notoire qu'un arrêt de condamnation; et il fut reconnu dans la même séance qu'il ne saurait y avoir aucune irrégularité, quand les signatures qui manquent sont celles de juges en minorité qui ont refusé de signer l'arrêt passé contre leur avis, si ce refus est constaté par les autres juges.

L'art. 372 règle ce qui concerne le procès-verbal des séances.

« Le greffier, porte ce texte, dressera un procès-verbal de la séance, à l'effet de constater que les formalités prescrites ont été observées. Il ne sera fait mention au procès-verbal, ni des réponses des accusés, ni du contenu aux dépositions, sans préjudice toutefois de l'exécution de l'art. 318, concernant les changemens, variations et contradictions dans les déclarations des témoins. — Le procès-verbal sera signé par le président et le greffier, et ne pourra être imprimé à l'avance. — Les dispositions du présent article seront exécutées à peine de nullité. — Le défaut de procès-verbal et l'inexécution du troisième paragraphe qui précède, seront punis de cinq cents francs d'amende contre le greffier. »

Ce texte, comme on voit, applique aux matières criminelles la maxime fondamentale de la procédure civile, *non esse et non apparere sunt unum et idem*. Toutes les fois donc que l'observation d'une formalité n'est pas expressément mentionnée dans le procès-verbal des séances de la cour d'assises, il y a présomption légale que cette formalité a

_____

(1) Voy. arrêts des 19 mai 1827 et 15 avril 1824, rapp. par Bourguignon, sur l'art. 370.

été omise, et, partant, il y a nullité, si la formalité était substantielle ou prescrite à peine de nullité par la loi. La cour de cassation a rendu, dans ce sens, une foule d'arrêts qu'il serait superflu de citer, tant le principe est indubitable (1).

La défense d'imprimer à l'avance les procès-verbaux a été établie par la loi du 28 avril 1832. Cette défense était indispensable; car un protocole dressé à l'avance n'offre aucune garantie que ce qu'il mentionne a été réellement observé.

Quand l'arrêt a été rendu, s'il a prononcé une condamnation à une peine criminelle ou à la peine correctionnelle de l'emprisonnement, le greffier de la cour d'assises demeure encore assujetti à une obligation.

L'art. 600 prescrit, en effet, aux greffiers de ces cours, de consigner, par ordre alphabétique, sur un registre particulier, les noms, prénoms, professions, âge et résidence de tous les individus condamnés à un emprisonnement ou à une plus forte peine, et ce registre doit contenir une notice sommaire de chaque affaire et de la condamnation, à peine de cinquante francs d'amende pour chaque omission.

Le greffier est tenu ensuite d'envoyer tous les trois mois copie de ce registre au ministre de la justice, sous peine de cent francs d'amende (art. 601).

C'est au moyen de ces indications que le ministre fait ensuite dresser le tableau statistique annuel de l'administration de la justice criminelle (art. 602).

L'art. 380 pourvoit enfin à la conservation des minutes des arrêts de la cour d'assises. Il veut que toutes ces minutes soient réunies et déposées au greffe de la cour royale ou du tribunal du chef-lieu du département, suivant qu'il s'agit de la cour d'assises du département où siége la cour royale, ou des cours d'assises des autres départemens du ressort.

----

(1) Voy. le *Dictionnaire* de M. A. Dalloz, v° *Cour d'Assises*, n. 1706 et suiv.

Telles sont les principales règles de la grande et importante juridiction des assises, pouvoir protecteur et digue salutaire, sans laquelle notre société, dont l'irréligion a miné tous les autres soutiens, débordée de toutes parts par le flot toujours croissant de l'immoralité, ne tarderait guère à reculer jusqu'aux dernières limites de la barbarie.

CHAPITRE IV.

De la procédure de faux.

Le faux constitue quelquefois un simple délit, passible seulement de peines correctionnelles (1) ; mais le plus souvent, il constitue un crime, et doit, à ce titre, être constaté par les cours d'assises. Il nous a donc paru à propos d'exposer ici les règles spéciales à la procédure de faux, lesquelles sont indiquées dans les art. 448 et suiv. du code.

Le faux se distingue en faux principal et faux incident. On désigne sous le nom de *faux principal*, la procédure criminelle dirigée contre l'auteur ou le complice présumé d'un faux, ou contre une personne qu'on accuse d'avoir fait usage sciemment d'une pièce fausse. Le *faux incident*, qui a lieu principalement en matière civile, mais qui peut se présenter aussi quelquefois devant les tribunaux criminels, n'est dirigé que contre une pièce qu'on prétend fausse, sans inculper d'ailleurs la personne qui la produit.

Nous parlerons de ces deux espèces de faux dans des sections distinctes.

SECTION 1re. — *Du faux principal.*

Il est des faux qui peuvent compromettre le crédit public de la manière la plus grave, et dont on ne saurait dèslors arrêter trop tôt les effets. L'art. 464, dérogeant en conséquence aux règles ordinaires de la compétence, autorise les présidents des cours d'assises, les procureurs

_____

(1) C. pén. art. 153 et suiv.

généraux ou leurs substituts, les juges d'instruction et les juges de paix, à continuer, hors de leur ressort, les visites nécessaires chez les personnes soupçonnées d'avoir fabriqué, introduit ou distribué de faux papiers royaux, de faux billets de la banque de France ou des banques de département, de la fausse monnaie, ou bien d'avoir contrefait le sceau de l'Etat.

L'art. 462 veut que, dans tous les cas où un tribunal, ou bien une cour trouve dans la visite d'un procès, même civil, des indices sur un faux, quelle qu'en soit l'espèce, et sur la personne qui paraît l'avoir commis, l'officier du ministère public ou le président transmette les pièces au substitut du procureur-général près le juge d'instruction, soit du lieu où le délit paraît avoir été commis, soit du lieu où se trouve le prévenu, et autorise même l'un ou l'autre fonctionnaire à délivrer, s'il y a lieu, le mandat d'amener.

L'art. 239 du code de procédure permettait en outre au président de remplir, dans ce cas, les fonctions d'officier de police judiciaire, mais sa disposition se trouve modifiée en ce point par l'article précité du code d'inst. crim.

Si les poursuites sont provoquées par une dénonciation ou une plainte, l'art. 451 veut qu'elles puissent s'exercer, quoique la pièce qui en fait l'objet ait servi de fondement à des actes judiciaires ou civils. C'est une conséquence du principe que la chose jugée au civil ne peut pas, en général, faire obstacle à l'action criminelle.

Voyons maintenant comment doit se suivre la procédure du faux principal.

Il faut, avant tout, se saisir, autant que possible, de la pièce arguée de faux, pour en prévenir le détournement ou l'altération (1). L'art. 448 dispose en conséquence : « Dans tous les procès pour faux en écriture, la pièce arguée de faux, aussitôt qu'elle aura été produite, sera déposée au

(1) La saisie de la pièce n'est pourtant pas une condition essentielle de la poursuite. *Cass.* 9 janvier 1812 : arrêt rapp. par Bourguignon, sur l'art. 462.

greffe, signée et paraphée à toutes les pages par le greffier, qui dressera un procès-verbal détaillé de l'état matériel de la pièce, et par la personne qui l'aura déposée, si elle sait signer, ce dont il sera fait mention, le tout à peine de cinquante francs d'amende contre le greffier qui l'aura reçue sans que cette formalité ait été remplie. »

Si l'omission provenait d'un commis-greffier, l'amende ne laisserait pas d'être encourue par le greffier, puisqu'aux termes de l'art. 9 du décret du 6 juillet 1810, les greffiers sont responsables des fautes de leurs commis. Mais cette amende étant une sanction suffisante de l'art. 448, l'inobservation de cet article ne saurait emporter la nullité de la procédure.

« Si la pièce arguée de faux est tirée d'un dépôt public, ajoute l'art. 449, le fonctionnaire qui s'en dessaisira la signera aussi et la paraphera, comme il vient d'être dit, sous peine d'une pareille amende. » Mais le fonctionnaire n'est pas obligé d'effectuer le dépôt en personne, à moins que le tribunal saisi, ou l'officier de police chargé de l'instruction, ne l'ait expressément ordonné ainsi : il doit prendre seulement toutes les précautions nécessaires pour que la pièce parvienne sûrement au greffe.

L'obligation de remettre au greffe la pièce arguée de faux, s'applique aux particuliers qui en sont détenteurs, aussi bien qu'aux fonctionnaires publics. L'art. 452 dispose en effet : « Tout dépositaire public ou particulier de pièces arguées de faux, est tenu, sous peine d'y être contraint par corps, de les remettre, sur l'ordonnance donnée par l'officier du ministère public, ou par le juge d'instruction. — Cette ordonnance et l'acte de dépôt lui serviront de décharge envers tous ceux qui auront intérêt à la pièce. »

L'art. 450 veut encore que la pièce arguée de faux soit signée par l'officier de police judiciaire, par la partie civile ou son avoué, si ceux-ci se présentent, et enfin par le prévenu au moment de sa comparution. « Si les comparants, ajoute le texte, ou quelques-uns d'entre eux, ne peuvent pas ou ne veulent pas signer, le procès-verbal en fera mention. — En cas de négligence ou d'omission, le greffier sera puni de cinquante francs d'amende. » Mais cet article, comme le précédent, ne prononçant pas d'autre peine que l'amende contre le greffier, son inobservation n'emporte pas nullité (1).

Quand la pièce arguée de faux a été remise au greffe, il convient de rechercher les pièces qui pourront servir de comparaison.

Les pièces de comparaison peuvent être prises parmi des actes authentiques, ou parmi des actes sous seing privé ; mais, pour ceux-ci, l'art. 456 veut qu'ils ne puissent être choisis comme pièces de comparaison qu'autant que les parties intéressées les reconnaissent.

Quant aux écritures authentiques, l'art. 200 du code de procédure civile n'autorise à prendre pour pièces de comparaison, en cas de dissentiment sur ce point entre les parties, que celles émanées du défendeur en sa qualité d'officier public, ou bien les signatures mises au bas des actes notariés, ou sur des actes judiciaires, en présence du juge et du greffier ; d'où il résulte que les signatures apposées sur d'autres actes authentiques, sur des actes de l'état civil, par exemple, ne peuvent servir aux mêmes fins. Mais le code d'instruction criminelle, ne reproduisant pas cette restriction, nous semble l'avoir repoussée pour les matières criminelles, avec d'autant plus de raison qu'elle paraît trop rigoureuse et qu'elle pourrait empêcher parfois la découverte de la vérité.

« Tous dépositaires publics, porte l'art. 454, pourront être contraints, même par corps, à fournir les pièces de comparaison qui seront en leur possession : l'ordonnance par écrit et l'acte de dépôt leur serviront de décharge envers ceux qui pourraient avoir intérêt à ces pièces. »

Le déplacement d'une pièce originale peut quelquefois en occasionner la perte. L'art. 459 obvie à ce danger. « S'il est nécessaire, porte ce texte, de déplacer une pièce au·

---

(1) *Cass.* 5 février 1819, Dalloz, *Répertoire*, t. 4, p. 373.

thentique, il en sera laissé au dépositaire une copie colla-
tionnée, laquelle sera vérifiée sur la minute ou l'original
par le président du tribunal de son arrondissement, qui
en dressera procès-verbal ; et si le dépositaire est une personne publique, cette copie sera par lui mise au rang de
ses minutes pour en tenir lieu jusqu'au renvoi de la pièce,
et il pourra en délivrer des grosses ou expéditions, en faisant mention du procès-verbal. — Néanmoins, si la pièce
se trouve faire partie d'un registre, de manière à ne pouvoir en être momentanément distraite, le tribunal pourra,
en ordonnant l'apport du registre, dispenser de la formalité
établie par le présent article. »

La loi, dans ce texte, ne parle, comme on voit, que
que des pièces authentiques. Nous pensons toutefois que le
dépositaire d'un acte sous seing privé peut aussi, quand
il est obligé de le produire, exiger avant de s'en dessaisir
qu'il en soit dressé une copie authentique, afin de prévenir
les inconvénients que pourrait entraîner la perte de l'original.

On doit assimiler aux dépositaires publics les héritiers
ou représentants d'un fonctionnaire ou officier public, qui
se trouvent détenteurs de ses minutes.

Quant aux simples particuliers qui, même de leur aveu,
sont possesseurs d'écrits privés pouvant servir de pièces de
comparaison, ils ne peuvent être immédiatement contraints
à les remettre, à la différence du cas où ils se trouvent détenteurs de la pièce même arguée de faux. Mais si, après avoir
été cités devant le tribunal saisi pour faire cette remise, ou
déduire les motifs de leur refus, ils succombent, l'arrêt
peut ordonner qu'ils seront contraints au besoin par corps.
L'art. 456, qui contient ces dispositions, suppose que la
pièce détenue par le particulier n'est qu'une pièce privée :
mais il faudrait procéder de même, s'il s'agissait d'une pièce
authentique, d'une expédition, par exemple, qui fût sa
propriété exclusive.

Les experts qui ont procédé à la vérification doivent,
comme tous autres témoins, être entendus oralement de-

vant le jury, et il y aurait nullité substantielle, si l'on s'était borné à lire à l'audience leur rapport écrit, parce que, sauf l'exercice du pouvoir discrétionnaire du président, il est de l'essence de notre procédure criminelle que la conviction du jury ne se forme pas sur des preuves écrites.

Tout témoin qui doit s'expliquer sur une pièce du procès, doit la parapher et la signer; et s'il ne peut signer, le procès-verbal doit en faire mention (art. 457). Mais cette formalité n'a rien de substantiel, et ne pourrait emporter nullité qu'autant que l'accusé en aurait vainement réclamé l'accomplissement.

« Le prévenu ou l'accusé, porte l'art. 461, pourra être requis de produire et de former un corps d'écriture; en cas de refus ou de silence, il en sera fait mention. » M. Carnot, appliquant ici la disposition de l'art. 206 du code de procédure, enseigne que l'accusé ne doit être requis de faire un corps d'écriture, qu'à défaut ou en cas d'insuffisance des pièces de comparaison. Nous n'admettons pas cet avis, par la raison qu'il n'est pas permis d'ajouter à la loi, et que le jury ne pouvant jamais rendre des décisions interlocutoires, il est bon que le juge d'instruction ou le président des assises puissent réunir d'avance tout ce qui pourra contribuer à éclairer sa décision. Il va du reste sans dire que le refus de l'accusé ne saurait suffire par lui-même pour prouver sa culpabilité, puisque, dans les matières criminelles, l'aveu même explicite ne fait pas nécessairement preuve complète.

Au demeurant, à part les règles ou formalités spéciales que nous venons d'exposer, le surplus de l'instruction sur le faux principal se fait comme pour les autres crimes (art. 464).

Section ii. — *Du faux incident.*

Les art. 458 et 459 s'occupent du faux incident, quelle que soit la juridiction où il est formé.

L'art. 458 dispose d'abord : « Si, dans le cours d'une instruction ou d'une procédure, une pièce produite est arguée de faux par l'une des parties, elle sommera l'autre de déclarer si elle entend se servir de la pièce.

« La pièce, ajoute l'art. 459, *sera* rejetée du procès, si la partie déclare qu'elle ne veut pas s'en servir, ou si, dans le délai de huit jours, elle ne fait aucune déclaration ; et il *sera* passé outre à l'instruction et au jugement. » Cette première partie de l'article est beaucoup plus explicite que l'art. 217 du code de procédure, et prouve que, dans les matières criminelles, la pièce doit nécessairement être rejetée, quand la partie sommée n'a pas répondu dans les huit jours, comme lorsqu'elle a déclaré ne pas vouloir s'en servir ; car la loi enveloppe les deux hypothèses dans la même disposition (1).

Si, au contraire, la partie sommée déclare en temps utile qu'elle entend se servir de la pièce, l'instruction sur le faux doit être suivie incidemment devant la cour ou le tribunal saisis de l'affaire principale (art. 459, 2ᵉ alinéa), sauf à surseoir, si le ministère public vient à engager une procédure en faux principal (art. 460). Mais, tandis que le sursis est indispensable en ce dernier cas quand le procès dans lequel la pièce est produite est un procès civil, il n'est que facultatif dans les procès criminels.

L'art. 460 porte, en effet : « Si le procès est engagé au civil, il *sera* sursis au jugement jusqu'à ce qu'il ait été prononcé sur le faux. — S'il s'agit de crimes, délits ou contraventions, la cour ou le tribunal saisi est tenu de décider préalablement, et après avoir entendu l'officier du ministère public, s'il y a lieu ou non à surseoir. »

Le faux incident peut-il, du reste, se poursuivre devant tout tribunal indistinctement, saisi de l'affaire principale ?

---

(1) *Contrà*, Carnot et Bourguignon, sur l'art. 459; et *Cass.* 5 avril 1813 et 7 déc. 18.8. M. Legraverend, t. 1, p. 594, est le seul auteur qui ait embrassé notre sentiment, mais le texte de la loi nous paraît si positif, que les autorités contraires ne sauraient nous toucher.

Le texte de l'art. 459, qui ne fait aucune distinction, favorise l'affirmative. Il est pourtant des exceptions, qui s'induisent d'autres textes ou de la nature même des choses. Ainsi, par exemple, pour les juridictions civiles, les art. 14 et 427 du code de procédure ne permettent pas aux juges de paix ni aux tribunaux de commerce de connaître des faux incidents ; et, pour les juridictions criminelles, il est saillant que les maires, qui ne peuvent connaître des contraventions que lorsqu'il y a flagrant délit, ne peuvent s'occuper d'un incident aussi grave et aussi délicat qu'un faux, quelle qu'en soit l'espèce.

Mais l'exception doit-elle s'étendre au juge de paix siégeant comme juge de police? M. Carnot, sur l'art. 459, enseigne la négative : M. Bourguignon, sur le même article, et M. Legraverend, t. 1, p. 595, sont d'un avis opposé. C'est le sentiment du premier auteur que nous préférons, par la raison que l'exception ne résulte pas ici de la nature même de la juridiction ; que le ministère public, qui a un organe devant le juge de paix siégeant comme juge de police, est à même de provoquer, dès qu'il y a lieu, des poursuites criminelles ; que l'art. 460 semble indiquer qu'un tribunal de simple police peut être saisi valablement d'un incident de faux, puisqu'il ne suppose d'autre cause de sursis pour le juge saisi d'*une contravention*, que des poursuites en faux principal ; qu'enfin, dans des affaires d'un intérêt aussi minime que le sont en général les contraventions, il ne faut pas obliger les parties à faire juger l'incident par une autre juridiction devant laquelle les frais sont beaucoup plus dispendieux (1).

Si le faux est reconnu constant, la cour ou le tribunal qui en a connu, principalement ou incidemment, doit ordonner la suppression, radiation ou réformation de la pièce

---

(1) Un arrêt de la cour de cassation, du 19 messidor an **XIII**, a du reste décidé que le juge de paix peut connaître du faux incident en matière de douanes, et nous ne voyons pas, dès-lors, pourquoi il ne le pourrait point en matière de contravention.

reconnue fausse en tout ou en partie. L'art. 463 n'ordonne, il est vrai, explicitement, la radiation ou réformation qu'à l'égard des actes authentiques; mais il y a même raison de décider pour les actes sous seing privé. Aussi l'art. 241 du code de procédure, qui contient une prescription analogue pour le faux incident porté devant une juridiction civile, embrasse-t-il dans la généralité de sa disposition les deux classes d'actes.

Le même texte du code de procédure ajoute pourtant que la lacération, suppression ou réformation, ne doit avoir lieu que lorsque tous les recours ordinaires ou extraordinaires sont fermés; et cette disposition si sage doit à plus forte raison être appliquée aux matières criminelles, où les recours et même les délais des recours sont généralement suspensifs.

Si, au contraire, la demande en faux incident est écartée, la partie qui l'avait formée doit, dans les procès civils, être condamnée à l'amende de trois cents francs portée par l'art. 246 du code de procédure, en supposant que l'inscription de faux ait déjà eu lieu. Mais nous ne pensons pas que cette peine doive être étendue aux matières criminelles, par la raison que les peines ne s'étendent point par analogie, et que l'accusé surtout, ou le prévenu, ne doit être gêné dans aucun de ses moyens de défense par la crainte d'encourir une amende (1).

Nous devons ajouter en finissant qu'en matière de contributions indirectes et de douanes, comme aussi en matière forestière, le faux incident, dirigé contre les procès-verbaux des préposés ou des gardes, est soumis à des règles spéciales qu'il n'entre pas dans notre plan de retracer (2).

---

(1) *Contrà*, Rouen, 3 juin 1841. D. P. 42. 2. 38.
(2) Voy. sur ce point, le *Dictionnaire* de M. A. Dalloz, v° *Faux incident*, § 4.

CHAPITRE V.

Des contumaces.

La *contumace*, c'est l'état d'une personne en état d'accusation, qui, légalement avertie d'avoir à se présenter à la
justice, refuse d'obéir, et se soustrait ainsi aux poursuites
dirigées contre elle. La personne qui est dans cet état se
nomme *contumax*.

Il est un cas qui a quelque rapport avec la contumace,
mais qui se régit par des principes bien différents. C'est celui
où un détenu refuse de se laisser extraire de sa prison pour
comparaître devant ses juges, ou bien, après qu'il a comparu, cherche par des clameurs à mettre obstacle au libre
cours de la justice. Nos mœurs n'autorisent pas toujours en
cas pareil l'emploi de la violence vis-à-vis de l'accusé; mais
il ne faut pas pourtant qu'en outrageant la justice par sa
résistance ou par ses clameurs, il puisse retarder indéfiniment
le jugement.

La loi sur les cours d'assises, du 9 septembre 1835, dispose
en conséquence :

« Au jour indiqué pour la comparution à l'audience, si les
prévenus ou quelques-uns d'entre eux refusent de comparaître, sommation d'obéir à justice leur sera faite au nom
de la loi par un huissier commis à cet effet par le président
de la cour d'assises, et assisté de la force publique. L'huissier dressera procès-verbal de la sommation et de la réponse
des prévenus (art. 8).

» Si les prévenus n'obtempèrent point à la sommation,
le président pourra ordonner qu'ils soient amenés par la
force devant la cour; il pourra également, après lecture
faite à l'audience du procès-verbal constatant leur résistance, ordonner que, nonobstant leur absence, il sera passé
outre aux débats. Après chaque audience, il sera par le
greffier de la cour d'assises donné lecture aux prévenus qui
n'auront point comparu du procès-verbal des débats, et il
leur sera signifié copie des réquisitoires du ministère public,

aïnsi que des arrêts rendus par la cour, *qui seront tous réputés contradictoires* (art. 9).

» La cour pourra faire retirer de l'audience et reconduire en prison le prévenu qui, par des clameurs ou par tout autre moyen propre à causer du tumulte, mettrait obstacle au libre cours de la justice, et dans ce cas il sera procédé aux débats et au jugement comme il est dit aux deux articles qui précèdent (art. 10). »

Quant au prévenu qui ne fait que se soustraire aux recherches de la justice, il mérite plus d'indulgence, car l'innocent lui-même peut redouter l'incertitude des jugements humains, et, en prenant la fuite, il ne fait qu'obéir au premier mouvement de la conservation.

Occupons-nous d'abord de la procédure à observer pour le jugement de la contumace; nous parlerons ensuite des effets de la sentence de condamnation, et de la reparition ou de la mort du condamné.

SECTION 1re — *De la procédure à suivre pour le jugement de la contumace.*

« Lorsqu'après un arrêt de mise en accusation, porte i'art. 465, l'accusé n'aura pu être saisi ou ne se présentera pas dans les dix jours de la notification qui en aura été faite à son domicile, ou lorsqu'après s'être présenté ou avoir été saisi, il se sera évadé, le président de la cour d'assises, ou, en son absence, le président du tribunal de première instance, et, à défaut de l'un et de l'autre, le plus ancien juge de ce tribunal, rendra une ordonnance portant qu'il sera tenu de se représenter dans un nouveau délai de dix jours, si non, qu'il sera déclaré rebelle à la loi, qu'il sera suspendu de l'exercice des droits de citoyen, que ses biens seront séquestrés pendant l'instruction de la contumace, que toute action en justice lui sera interdite pendant le même temps, qu'il sera procédé contre lui, et que toute personne est tenue d'indiquer le lieu où il se trouve. — Cette ordonnance fera de plus mention du crime et de l'ordonnance de prise de corps.

» Cette ordonnance, ajoute l'art. 466 , sera publiée à son de trompe ou de caisse , le dimanche suivant , et affichée à la porte du domicile de l'accusé , à celle du maire et à celle de l'auditoire de la cour d'assises. — Le procureur général ou son substitut adressera aussi cette ordonnance au directeur des domaines et des droits d'enregistrement du domicile du contumax. »

La publication et l'affiche doivent se faire , non pas à la porte de la mairie , mais à la porte du domicile privé du maire , l'article est formel sur ce point (1) ; et si le prévenu n'a pas de domicile connu , ces publication et affiche doivent naturellement se faire au domicile du maire du lieu où doit siéger la cour d'assises.

Il ne suffit pas du reste que l'ordonnance de se représenter soit publiée et affichée , il faut aussi qu'elle soit notifiée régulièrement à l'accusé ; l'art. 470, comme on le verra , le suppose manifestement : et si l'accusé n'a ni domicile ni résidence connus , la copie doit être remise au procureur général ou au procureur du roi du lieu où doit se tenir la cour d'assises, conformément à l'art. 69, § 8, du code de procédure (2).

Pour les cours d'assises qui siégent aux chefs-lieux des cours royales, l'ordonnance , en cas d'absence du président de la cour d'assises , doit être rendue par le plus ancien des conseillers assesseurs, ou à défaut, par un autre membre de la cour royale dans l'ordre du tableau. Ce n'est que pour les départements du ressort , que le président du tribunal doit suppléer le président des assises absent ou empêché.

Dès que les dix jours fixés par l'ordonnance sont écoulés , le directeur des domaines peut requérir l'apposition du séquestre, et il peut être procédé au jugement de la contumace (art. 467). Le séquestre, du reste, ne doit point préjudicier au conjoint du contumax, au mari, par exemple,

---

(1) *Cass.* 29 juin 1833. D. P. 33. 1. 382.
(2) *Cass.* 8 avril 1826. D. P. 26. 1. 339.

qui a la jouissance des biens dotaux ou des propres de sa femme, et il doit en cas pareil être limité aux revenus des biens paraphernaux de celle-ci ou bien à ceux dont elle s'est réservé la faculté de disposer, si elle est mariée sous le régime de la communauté (1).

La contumace doit être jugée par la cour d'assises, sans assistance de jurés, mais en audience publique.

« Aucun conseil, aucun avoué, porte l'art. 468, ne pourra se présenter pour défendre l'accusé contumax. » Les auteurs exceptent toutefois le cas où l'on présenterait en son nom quelque moyen préjudiciel pris de la prescription, de l'amnistie, ou de la chose jugée, et cette exception nous semble en effet favorable.

Mais, ajoute l'art. 468, « Si l'accusé est absent du territoire européen de la France, ou s'il est dans l'impossibilité absolue de se rendre, ses parents ou ses amis pourront présenter son excuse et en plaider la légitimité. — Si la cour, continue l'art. 469, trouve l'excuse légitime, elle ordonnera qu'il sera sursis au jugement de l'accusé et au séquestre de ses biens, pendant un temps qui sera fixé eu égard à la nature de l'excuse et à la distance des lieux. »

Si le séquestre avait déjà été apposé, la main levée pourrait en être demandée à la cour d'assises, et cette cour pourrait aussi, en accueillant l'excuse, suspendre, durant le temps accordé à l'accusé pour se représenter, les incapacités prononcées contre lui par l'art. 465.

Le cas d'excuse mentionné dans l'art. 468 est, au surplus, le seul qui puisse autoriser la cour d'assises à prononcer un sursis (2). Hors ce cas, il doit être procédé de suite à la lecture de l'arrêt de renvoi à la cour d'assises, de l'acte de notification ayant pour objet la représentation du contumax, et des procès-verbaux dressés pour en constater la publication et l'affiche (art. 470).

_____

(1) Paris, 15 février 1832. Angers, 28 mars 1833.
(2) *Cass.* 31 janvier 1839. D. P. 39. 1. 211.

« Après cette lecture, ajoute l'article, la cour, sur les conclusions du procureur-général ou de son substitut, prononcera sur la contumace. — Si l'instruction n'est pas conforme à la loi, la cour la déclarera nulle, et ordonnera qu'elle sera recommencée, à partir du plus ancien acte illégal. — Si l'instruction est régulière, la cour prononcera sur l'accusation et statuera sur les intérêts civils, le tout sans assistance ni intervention de jurés. »

La cour doit donc s'assurer d'abord que l'instruction de la contumace a été régulière, et, dans le cas de la négative, elle doit en prononcer la nullité à partir du plus ancien acte irrégulier, ce qui indique que toutes les formalités prescrites par les art. 465 et 466 sont irritantes et doivent être observées à peine de nullité (1).

Si l'instruction est régulière, la cour doit statuer sur la culpabilité, et si l'innocence de l'accusé lui paraît prouvée, ou si elle ne voit aucun crime, délit ni contravention, dans le fait qui lui est imputé, elle peut l'acquitter ou bien l'absoudre : dans le cas contraire, elle doit le condamner à la peine portée par la loi.

Dans les trois jours du jugement de condamnation, extrait de ce jugement, à la diligence du procureur-général ou de son substitut, doit être affiché par l'exécuteur des jugements criminels, à un poteau planté au milieu de l'une des places publiques de la ville chef-lieu de l'arrondissement où le crime a été commis, et pareil extrait doit être adressé dans le même délai au directeur des domaines et droits d'enregistrement du domicile du contumax, pour qu'il puisse séquestrer les biens, s'il ne l'a déjà fait (art. 472). L'affiche du jugement au poteau indiqué par cet article, constitue ce qu'on appelle *l'exécution par effigie*.

« En aucun cas, ajoute l'art. 474, la contumace d'un accusé ne suspendra ni ne retardera *de plein droit* l'instruction à l'égard de ses co-accusés présents. — La cour pourra

---

(1) Voy. l'arrêt de la cour suprême déjà cité, du 29 juin 1833.

ordonner, après le jugement de ceux-ci, la remise des effets déposés au greffe comme pièces de conviction, lorsqu'ils seront réclamés par les propriétaires ou ayants droit. Elle pourra aussi ne l'ordonner qu'à la charge de représenter, s'il y a lieu. — Cette remise sera précédée d'un procès-verbal de description dressé par le greffier, à peine de cent francs d'amende. »

Ce texte, en disant que la contumace d'un accusé ne retarde pas *de plein droit* l'instruction à l'égard des autres, indique assez qu'il peut cependant, en certaines circonstances, être sursis à cette instruction; mais ce sursis ne doit être ordonné, qu'autant qu'il y a quelque espoir fondé que le contumax va se représenter ou être saisi.

SECTION II. — *Des effets du jugement de condamnation, et de la reparition ou de la mort du condamné.*

Pour bien préciser les effets du jugement de condamnation, et de la reparition ou de la mort du condamné, il convient de distinguer trois époques. La première est celle qui s'écoule depuis la sentence jusqu'à l'expiration des cinq ans qui suivent l'exécution par effigie, autrement dit, du *délai de grâce*. La seconde s'étend depuis l'expiration du délai de grâce, jusqu'à la prescription de la peine. La troisième est celle qui suit la prescription de la peine. Nous allons les reprendre une à une.

Ire EPOQUE.

C'est celle, avons-nous dit, qui s'écoule depuis la sentence jusqu'à l'expiration du délai de grâce.

Durant cette époque, le condamné est privé seulement de la jouissance de ses biens, de l'exercice des droits politiques, et quelquefois de l'exercice des droits civils.

1. Il est privé d'abord de la jouissance de ses biens, et cela, quand même il n'aurait été condamné par l'arrêt qu'à une peine correctionnelle. L'art. 471 dispose, en effet, d'une

manière générale : « Si le contumax est condamné, ses biens seront, à partir de l'exécution de l'arrêt, considérés et régis comme biens d'absent ; et le compte du séquestre sera rendu à qui il appartiendra, après que la condamnation sera devenue irrévocable par l'expiration du délai donné pour purger la contumace. »

Mais qui régira, en attendant, les biens du contumax ? Est-ce le domaine, ou bien les héritiers présomptifs du condamné ? Suivant M. Bourguignon, sur l'art. 471, ce seraient les héritiers présomptifs, comme dans le cas d'une absence déclarée. Mais l'opinion isolée de cet auteur est visiblement contraire aux termes et au but de la loi ; à ses termes, car ces mots de l'article, *le compte du séquestre sera rendu à qui il appartiendra*, supposent clairement que l'État demeure en possession jusqu'à la fin, pour rendre compte ensuite, tantôt au contumax, tantôt à ses héritiers : à son but ensuite, qui tend à priver le contumax de toute espèce de ressources, pour l'obliger à se représenter. Aussi cette doctrine a-t-elle été condamnée par les tribunaux, toutes les fois qu'on a tenté de l'y produire (1).

Il y a pourtant une différence entre le séquestre qui peut avoir lieu avant le jugement de condamnation et celui qui suit l'exécution par effigie : c'est que dans le premier cas l'administration des domaines ne peut, à ce qu'il semble, faire que des actes conservatoires ; tandis qu'après l'exécution, elle représente pleinement le condamné tant en demandant qu'en défendant, comme les envoyés en possession provisoire représentent le déclaré absent (2).

Mais l'État peut-il s'attribuer tout ou partie des revenus perçus durant le séquestre ? C'est une question importante, qui a donné lieu à plusieurs systèmes.

M. Merlin, d'abord (3), enseigne que les fruits perçus

---

(1) V. Paris, 27 décembre 1834. Montpellier, 19 mars 1836.

(2) V. Montpellier, 16 et 19 mars 1836. D. P. 37, 2, 10 et 174.

(3) Répertoire, v° *Séquestre par contumace.*

avant le jugement de condamnation appartiennent à l'Etat ; mais que ceux perçus depuis doivent être restitués au contumax ou à ses héritiers, suivant que le contumax vient, ou non, à être acquitté par un nouveau jugement. Cette distinction paraît peu raisonnable ; car il en résulterait que la rigueur envers le condamné serait plus grande, à l'époque précisément où son absence peut sembler le plus excusable.

D'après un avis du conseil d'état du 19 août 1809 approuvé le 20 septembre suivant, et deux décisions ministérielles des 20 avril et 10 août 1810 (1), l'Etat devrait, au contraire, gagner tous les fruits perçus depuis l'exécution par effigie.

Enfin, d'après une décision ministérielle du 13 novembre 1818 (2), l'Etat ne doit, dans aucun cas, s'attribuer aucune portion des revenus, et doit, à la cessation du séquestre, faire compte de tout ce qu'il a perçu, déduction faite seulement de ses frais d'administration.

C'est ce dernier système qui nous semble devoir obtenir la préférence sur tous les autres, depuis surtout que la confiscation a été abolie par la charte. Le séquestre, en effet, ne doit avoir d'autre but que d'obliger le condamné à se représenter en le privant de tous ses revenus, comme on cherche à réduire une place par la famine, quand on ne peut la prendre de vive force ; et pour atteindre ce but, il suffit que le montant des revenus soit mis en réserve jusqu'à la fin du séquestre.

II. Le contumax, aux termes de l'art. 465, étant privé de l'exercice des droits de citoyen, dix jours après l'ordonnance de se représenter, continue, à plus forte raison,

_____

(1) Cet avis et ces décisions sont rapportés par M. Legraverend, t. 2, p. 577 et 580, aux notes.

(2) Elle est rapportée par M. Legraverend, *loc. cit.*, p. 586. V. dans le même sens, M. Dalloz aîné, répertoire, t. 4, p. 263, n. 3.

d'être privé de ces droits durant le délai de grâce qui suit l'exécution par effigie de la condamnation.

III. Mais est-il, durant la même époque, privé de l'exercice des droits civils? Il faut faire une distinction.

Il l'est sans nul doute, quand il a été condamné à une peine emportant mort civile, puisque l'art. 28 en a une disposition formelle. Mais il ne l'est pas, quand il n'a été condamné qu'à une peine afflictive ou infamante n'emportant pas mort civile. Aucun texte, en effet, ne prononce pour ce dernier cas une pareille incapacité, ni l'art. 28 du code civil qui ne s'applique qu'aux peines emportant mort civile, ni l'art. 29 du code pénal, qui ne place dans les liens de l'interdiction légale que les condamnés qui *subissent actuellement* une peine afflictive ou infamante; et les incapacités ne doivent pas s'étendre par analogie (1).

Si l'accusé vient à se représenter ou à être saisi durant cette première période, le jugement de contumace est anéanti de plein droit et dans tous ses chefs, d'après l'art. 476 du Code, dont la disposition s'applique également à la seconde période, et dont l'explication viendra plus naturellement dans celle-ci.

S'il meurt, le jugement de contumace est anéanti aussi, d'après l'art. 31 du code civil, même à l'égard des condamnations obtenues par la partie civile (2); tandis qu'il en est autrement, comme on le verra, quand le décès n'arrive que dans la seconde période.

IIᵉ ÉPOQUE.

Cette seconde époque s'étend depuis l'expiration du délai de grâce jusqu'à la prescription de la peine.

_____

(1) *Cass.* 15 mai 1820. Arrêt rapp. par Bourguignon, sur l'art. 471.

(2) La cour de cassation a jugé le 25 octobre 1821 (Dalloz, répertoire, t. 4 , p. 269), qu'en cas pareil, c'est à la cour d'assises que les héritiers du condamné doivent s'adresser, pour faire rapporter les condamnations prononcées contre lui. Nous penserions, quant à nous, que ces héritiers doivent se défendre ou se pourvoir suivant les règles ordinaires.

Si le contumax n'a été reconnu coupable que d'un délit, la peine, ainsi qu'on le dira plus tard, se trouve prescrite dès qu'il s'est écoulé cinq ans depuis la prononciation de l'arrêt. L'époque intermédiaire que nous supposons ici ne peut donc pas exister alors.

Mais s'il a été condamné pour crime, comme la peine ne peut alors se prescrire que par vingt ans à dater de la sentence, il doit s'écouler naturellement un long intervalle entre l'expiration du délai de grâce et la prescription de la peine, puisque l'exécution par effigie, qui est le point de départ du délai de grâce, doit se faire, comme on l'a vu, dans les trois jours de la prononciation de l'arrêt.

Si le contumax n'a été condamné qu'à une peine n'emportant pas mort civile, sa position durant cette seconde période reste absolument ce qu'elle était durant la première, et le séquestre de ses biens doit incontestablement se continuer, puisqu'aux termes de l'art. 471 le séquestre doit se prolonger jusqu'à ce que la contumace ne puisse plus être purgée.

Mais s'il a été condamné à une peine emportant mort civile ; à l'expiration du délai de grâce, sa succession s'ouvre aux termes de l'art. 27 du code civil, et les biens compris dans cette succession deviennent la propriété des héritiers à qui ils ne peuvent plus être enlevés, quoi qu'il arrive plus tard.

L'art. 476, qui règle le cas de reparition du condamné, dispose en effet : « Si l'accusé se constitue prisonnier, ou s'il est arrêté avant que la peine soit éteinte par prescription, le jugement rendu par contumace et les procédures faites contre lui depuis l'ordonnance de prise de corps ou de se représenter, seront anéantis de plein droit, et il sera procédé à son égard dans la forme ordinaire. — Si cependant la condamnation par contumace était de nature à emporter la mort civile, et si l'accusé n'a été arrêté ou ne s'est représenté qu'après les cinq ans qui ont suivi l'exécution du jugement de contumace, ce jugement, conformément à l'art. 30 du code civil, conservera, pour le passé, les effets que la mort civile aurait produits dans l'intervalle écoulé depuis l'expiration des cinq ans jusqu'au jour de la comparution de l'accusé en justice. »

A la vérité, un auteur (1) a prétendu que le séquestre des biens du condamné devant subsister, d'après l'art. 471, jusqu'à ce que la condamnation soit devenue irrévocable par l'expiration du délai donné pour purger la contumace, il en résultait que les biens du condamné ne pouvaient jamais passer à ses héritiers tant que la peine n'était pas prescrite. Mais cette conséquence ne s'induit pas nécessairement de l'art. 471, car on conçoit très-bien que le séquestre puisse se continuer après même que les héritiers sont devenus propriétaires, pour empêcher ceux-ci de faire parvenir au condamné des secours qui le mettent à même de prolonger sa désobéissance à la loi.

Notre avis est donc que, pour laisser à chacun des articles précités toute sa portée, le séquestre doit se continuer jusqu'à ce que la peine soit prescrite, mais que les biens toutefois appartiennent irrévocablement aux héritiers dès l'instant de la mort civile.

L'art. 476 fait naître plusieurs autres questions.

On se demande d'abord si la reparition du contumax fait tomber les condamnations obtenues par la partie civile, aussi bien que la peine. C'est notre sentiment, puisque la loi ne distingue pas.

On se demande ensuite si cette reparition n'anéantit le jugement de contumace que dans l'intérêt du condamné, si bien qu'il ne puisse jamais être condamné, par la nouvelle sentence, à une peine plus forte que celle prononcée par le premier arrêt.

Nous pensons que le premier jugement est absolument non avenu. Les débats en effet peuvent révéler des circonstances aggravantes, que les juges de la contumace ne

---

(1) M. Delvincourt, t. 1, p 47 des notes et explications. M. Duranton, t. 1, p 253, adopte la même doctrine; mais elle a été condamnée par la cour suprême, le 1er février 1842. D. P. 42 1. 81.

pouvaient pas soupçonner sur la simple lecture de l'arrêt
de mise en accusation, et il ne faut pas que la désobéissance du contumax aux injonctions qui lui avaient été faites
de se représenter, puisse jamais améliorer sa position (1).
Aussi n'admettons-nous pas, comme le font quelques auteurs, que le condamné puisse en aucun cas empêcher
un nouveau jugement, en déclarant qu'il acquiesce à celui
qui a été rendu. Seulement, si le contumax avait été acquitté sur un chef d'accusation distinct de celui pour lequel
il a été condamné, il ne pourrait pas être recherché pour
le premier fait, parce que le jugement de contumace ren-
fermerait alors deux décisions distinctes, qui devraient se
régir chacune par leurs règles propres (2).

La conséquence ultérieure qui s'induit de là, c'est que
dans le cas même où le contumax n'aurait été condamné,
par l'arrêt de contumace, qu'à une peine correctionnelle,
il ne laisse pas, quand il se représente, d'être justiciable
de la cour d'assises.

Une autre difficulté encore, qui naît de l'art. 476,
est celle de savoir si l'arrêt même de mise en accusation
est anéanti, quand l'ordonnance de prise de corps avait
déjà été décernée par la chambre du conseil conformément à l'art. 134. Le doute vient de ce que la loi dit que
les procédures sont anéanties depuis *l'ordonnance de prise
de corps* ou de se représenter. Mais la cour de cassation a
décidé plusieurs fois (3), que le législateur n'a entendu désigner par ces mots, *ordonnance de prise de corps ou de se
représenter*, qu'une seule et même ordonnance, celle prescrite par l'art. 465 du Code; et nous approuvons fort cette
jurisprudence, car nous ne concevrions pas que la repari-

---

(1) *Cass.* 29 juillet 1813, 27 août 1819 et 1ᵉʳ juillet 1820 : arrêts
rapp. par Bourguignon, sur l'art. 476.

(2) *Cass.* 15 novembre 1821. Dalloz, répertoire, t. 4, p. 270, n. 3.

(3) V. les arrêts cités par M. A. Dalloz, vᵒ *Contumace*, n. 60 et suiv.
M. Bourguignon, sur l'art. 476, et M. Legraverend, t. 2, p. 585, sont
pourtant d'un avis contraire.

tion du condamné pût rétroagir sur des actes faits avant qu'il ne fût légalement contumax.

C'est assez parler du cas de reparition : disons un mot maintenant de celui de décès du condamné, qui se régit par des principes tout différents.

Si le contumax, en effet, meurt durant la seconde période dont nous nous occupons, la sentence qui l'a condamné ne peut plus être rétractée, et dès-lors les condamnations civiles, comme aussi les condamnations pécuniaires prononcées en faveur l'Etat, subsistent, et les héritiers du contumax ne peuvent s'y soustraire.

Règles communes aux deux premières époques.

Il y a quelques règles communes aux deux époques dont nous venons de parler, notamment celles consignées dans les art. 477 et 478 du code, dont il nous reste à expliquer les dispositions.

Pendant que le contumax s'est soustrait aux investigations de la justice, les preuves ont pu dépérir.

L'art. 477 pourvoit à cet inconvénient en ces termes : « Dans les cas prévus par l'article précédent (c'est-à-dire, quand l'accusé se représente ou est arrêté avant la prescription de la peine), si, par quelque cause que ce soit, des témoins ne peuvent être produits aux débats, leurs dépositions écrites, et les réponses écrites des autres accusés du même délit, *seront* lues à l'audience. — Il en sera de même de toutes les autres pièces qui seront jugées par le président être de nature à répandre la lumière sur le délit et les coupables. »

Ce n'est pas simplement une faculté que donne ici la loi, de lire les dépositions des témoins qui ne peuvent être produits aux débats et les réponses écrites des autres accusés ; c'est une obligation qu'elle impose, par la raison que ces dépositions et réponses peuvent être à l'avantage du contumax, aussi bien qu'à son désavantage. Il y a donc nullité substantielle, quand le procès-verbal ne constate pas que

ces dépositions et réponses ont été lues (1) ; et c'est natu
rellement le greffier qui doit faire cette lecture.

Si l'accusé prétend que le témoin dont on s'apprête à lire
la déposition aurait pu venir déposer devant le jury, et demande, en effet, qu'il soit assigné, la cour doit statuer
préliminairement sur cet incident ; mais elle n'est pas obligée d'y faire droit, si l'allégation de l'accusé lui semble mal
fondée (2).

Quant aux frais de la contumace, l'art. 478 dispose :
« Le contumax qui, après s'être représenté, obtiendrait son
renvoi de l'accusation, sera toujours condamné aux frais
occasionnés par sa contumace. »

Cette disposition paraît même devoir s'appliquer, non-
seulement au cas où le contumax se représente après avoir
été condamné, mais encore au cas où il se représente avant
le jugement de la contumace, mais après les dix jours qui
ont suivi la publication de l'ordonnance de se représenter.
C'est du moins ce que la cour de cassation a décidé par
arrêt du 2 décembre 1830 (3).

Mais quand c'est le jugement même de contumace qui a
renvoyé l'accusé acquitté ou absous, celui-ci n'est évidemment passible d'aucuns frais, puisqu'il demeure démontré
par là que l'accusation n'avait aucun fondement sérieux.

IIIᵉ ÉPOQUE.

Cette dernière époque est celle qui suit la prescription de
la peine.

Le condamné n'est plus admissible dès-lors à purger sa
contumace (art. 641). Il ne peut donc plus se soustraire
sous aucun prétexte aux condamnations civiles prononcées
contre lui, non plus qu'au paiement des frais auxquels il a

---

(1) C'est un point bien constant de jurisprudence. V. A. Dalloz, dict.
et supplément, vᵒ *Contumace*, n. 75.

(2) *Cass.* 14 novembre 1811 : arrêt rapp. par Carnot, sur l'art. 477,
n. 2.

(3) Dalloz, 31. 1. 56.

pu être condamné envers l'Etat, à moins qu'une autre prescription, la prescription trentenaire, ne soit venue compléter sa libération.

Nous reviendrons, du reste, sur ce point, en parlant de la prescription des peines et des condamnations criminelles.

CHAPITRE VI.

Des cas où les cours d'assises peuvent être saisies sur simple citation.

Régulièrement, les cours d'assises ne peuvent être saisies d'une affaire que par un arrêt de mise en accusation.

Cette régle souffre pourtant deux exceptions, l'une, en matière de rébellion, ou de port d'armes prohibées dans un mouvement insurrectionnel; l'autre, en matière de délits de la presse.

I. Voici ce que dispose, pour le premier cas, la loi sur les cours d'assises du 9 septembre 1835.

« Les crimes prévus dans le § 1 de la sect. 4 du chap. 3 du tit. 1er du liv. 3, du code pénal (relatif à la rébellion), ou dans la loi du 24 mai 1834 (relative aux armes prohibées), seront jugés selon les formes déterminées dans la présente loi (art. 1er).

» Le ministre de la justice pourra ordonner qu'il soit formé autant de sections de cours d'assises, que le besoin du service l'exigera, pour procéder simultanément au jugement des prévenus (art. 2).

» Lorsque, sur le vu de la procédure communiquée conformément à l'art. 61 du code d'instruction criminelle, le procureur-général estimera que la prévention est suffisamment établie contre un ou plusieurs inculpés, il se fera remettre les pièces d'instruction, le procès-verbal contenant le corps du délit, et l'état des pièces de conviction qui seront apportées au greffe de la cour royale (art. 3).

» Dans le cas prévu par l'article précédent, le procureur-général pourra saisir la cour d'assises, en vertu de citations

données directement aux prévenus en état d'arrestation
(art. 4).

» A cet effet, le procureur-général adressera son réquisitoire au président de la cour d'assises, pour obtenir
indication du jour auquel les débats devront s'ouvrir. Ce
réquisitoire sera rédigé dans la forme établie par l'art. 241
du code d'instruction criminelle (art. 5).

» Le réquisitoire et l'ordonnance contenant indication
du jour de l'audience seront signifiés aux prévenus dix jours
au moins avant l'ouverture des débats, par un huissier que
le président de la cour d'assises commettra. Il leur en sera
laissé copie (art. 6). »

II. La seconde exception est relative aux délits commis
par la voie de la presse, ou par les autres moyens de publication énoncés en l'art. 1ᵉʳ de la loi du 17 mai 1819. La
procédure à suivre, en ce cas, avait été réglée d'abord par
la loi du 8 avril 1831; mais une des lois du 9 septembre 1835
s'est occupée de nouveau de cette matière, et les dispositions
de la première loi ne subsistent plus que dans les points qui
ne sont pas contraires à la seconde.

Nous nous bornerons à citer les principaux articles de
celle-ci.

« Le ministère public, porte l'art. 24, aura la faculté de
faire citer directement à trois jours les prévenus, devant la
cour d'assises, même lorsqu'il y aura eu saisie préalable des
écrits, dessins, gravures, lithographies, médailles ou
emblêmes. Néanmoins, la citation ne pourra être donnée,
dans ce dernier cas, qu'après la signification au prévenu du
procès-verbal de saisie.

» Si, au jour fixé par la citation, le prévenu ne se présente pas, il sera statué par défaut. — L'opposition à cet
arrêt devra être formée dans les cinq jours à partir de la
signification, à peine de nullité. — L'opposition emportera,
de plein droit, citation à la première audience. — Toute
demande en renvoi devra être présentée à la cour avant
l'appel et le tirage au sort des jurés. — Lorsque cette der-

nière opération aura commencé en présence du prévenu, l'arrêt à intervenir sur le fond sera définitif et non susceptible d'opposition, quand même il se retirerait de l'audience après le tirage du jury ou durant le cours des débats (art. 25).

« Si, au moment où le ministère public exerce son action, la session de la cour d'assises est terminée, et s'il ne doit pas s'en ouvrir d'autre à une époque rapprochée, il doit être formé une cour d'assises extraordinaire par ordonnance motivée du premier président (art. 27). »

Nous ne devons pas, du reste, nous arrêter à expliquer les diverses dispositions que nous venons de citer, par la raison qu'elles se réfèrent à des matières spéciales, et que, pour rester dans les limites de notre plan, nous ne devons pas sortir de la procédure criminelle ordinaire.

Nous allons donc quitter maintenant l'enceinte des cours d'assises où s'agitent si souvent des questions redoutables, et visiter un prétoire moins auguste, où les peines les plus sévères ne peuvent dépasser un emprisonnement de cinq années, où, en cas de récidive, de dix années.

TITRE II.

DES TRIBUNAUX CORRECTIONNELS.

Pour exposer à fond tout ce qui concerne les tribunaux correctionnels, nous parlerons : 1° De l'organisation et des attributions de ces tribunaux ; 2° de la manière dont ils peuvent être saisis ; 3° du tribunal où l'action doit être portée, et des juges qui peuvent prendre part au jugement ; 4° des règles à observer dans l'instruction ; 5° de celles à suivre dans le jugement ; 6° de l'opposition envers les jugements par défaut ; 7° de l'appel. Ce sera le sujet d'autant de chapitres.

CHAPITRE Ier.

De l'organisation et des attributions des tribunaux
correctionnels.

« Les tribunaux de première instance en matière civile,
porte l'art. 179, connaîtront, en outre, sous le titre de
tribunaux correctionnels, de tous les délits forestiers poursuivis à la requête de l'administration, et de tous les délits
dont la peine excède cinq jours d'emprisonnement et quinze
francs d'amende.

» Ces tribunaux, ajoute l'art. 180, pourront, en matière
correctionnelle, prononcer au nombre de trois juges. »

Toutes les fois qu'il y a plusieurs chambres dans le tribunal civil, c'est une de ces chambres qui remplit les fonctions de tribunal correctionnel. Au tribunal de la Seine,
trois chambres sur huit s'occupent exclusivement de ces
sortes d'affaires.

Les tribunaux correctionnels peuvent statuer, au nombre
de trois juges, quand ils jugent les appels des sentences des
tribunaux de simple police, ou qu'ils statuent en première
instance. Mais ceux de ces tribunaux qui sont juges d'appel
vis-à-vis d'autres tribunaux du même ordre, ne peuvent,
comme on le verra plus tard, juger ces appels qu'au nombre
de cinq juges.

Quant à la manière dont le tribunal doit se compléter
quand quelqu'un des juges est absent ou empêché, les
règles sont absolument les mêmes qu'en matière civile (1).

Il résulte de l'art. 179 précité, que les tribunaux correctionnels ne connaissent régulièrement que des délits. Cette
règle reçoit pourtant plusieurs exceptions.

Il est d'abord un cas où les tribunaux correctionnels
peuvent connaître d'une prévention de crime. L'art. 68 du
code pénal dispose en effet : « L'individu, âgé de moins de

---

(1) V. notre *Cours de procédure*, t. 1, p. 345.

seize ans, qui n'aura pas de complices présents au-dessus de cet âge, et qui sera prévenu de crimes autres que ceux que la loi punit de la peine de mort, de celle des travaux forcés à perpétuité, de la peine de la déportation ou de celle de la détention, sera jugé par les tribunaux correctionnels. » Il est vrai que l'art. 67 du même code ne permet de prononcer contre ces mineurs, qu'un emprisonnement de dix ans au plus dans une maison de correction.

Les tribunaux correctionnels connaissent ensuite souvent des simples contraventions.

Ils en connaissent d'abord comme juges d'appel, à l'égard des jugements de simple police dont l'art. 174 permet d'appeler.

Ils en connaissent en outre en première instance, dans nombre de cas déterminés par le Code ou par des lois spéciales.

C'est en vertu de ces attributions exceptionnelles, qu'ils connaissent :

1° Des contraventions en matière forestière poursuivies à la requête de l'administration (art. 179); c'est-à-dire, pour parler plus exactement, de toutes contraventions commises dans les bois soumis au régime forestier :

2° Des contraventions en matière de contributions indirectes, quelle que soit l'amende encourue (L. 5 ventôse an XII, art. 90). Quant aux contraventions en matière d'octroi, ils n'en connaissent qu'autant que l'amende excède quinze francs, de sorte qu'à cet égard leur compétence ne sort pas de ses limites ordinaires :

3° De certaines contraventions en matière de douanes (L. du 10 brumaire an V) :

4° Des contraventions relatives à l'exercice illégal de la médecine (L. 19 ventôse an XI, art. 36).

Ils connaissent aussi des contraventions aux lois de la presse, indiquées notamment dans les art. 10, 11, 16 et 18 de la loi sur la presse, du 9 septembre 1835 (1). Mais

---

(1) Ces contraventions, qui ne sont que des infractions matérielles.

comme les amendes encourues pour ces contraventions excèdent toujours quinze francs, il n'y a point sous ce rapport extension de leur compétence ordinaire.

D'un autre côté, il arrive assez souvent que des délits proprement dits sortent de la compétence des tribunaux correctionnels, parce que des textes particuliers en attribuent la connaissance à d'autres juridictions.

L'art. 50 du code civil, par exemple, attribue aux tribunaux civils la répression des contraventions commises par les officiers de l'état civil, quoique l'amende puisse se porter à cent francs.

La plupart des contraventions de douanes sont également de la compétence des juges civils, savoir : du juge de paix, en première instance, et du tribunal civil d'arrondissement, en appel (L. 14 fructidor an III).

Les délits de la presse et les délits politiques sont de la compétence des cours d'assises (L. 8 octobre 1830).

Nous nous étendrions trop loin, si nous entreprenions d'entrer dans le détail de ces exceptions.

C'est donc le cas de voir de quelle manière le tribunal correctionnel peut être saisi.

CHAPITRE II.

De quelle manière les tribunaux correctionnels sont saisis.

Les tribunaux correctionnels peuvent être saisis par renvoi de la chambre du conseil ou de la chambre des mises en accusation, ou bien par citation directe.

L'art. 182 dispose en effet : « Le tribunal sera saisi, en matière correctionnelle, de la connaissance des délits de sa compétence, soit par le renvoi qui lui en sera fait d'après les articles 130 et 160 ci-dessus, soit par la citation donnée

---

pour ainsi dire, à des lois fiscales ou de police, ne doivent pas être confondues avec les délits de la presse, qui sont de la compétence exclusive des cours d'assises.

directement au prévenu et aux personnes civilement responsables du délit, par la partie civile, et, à l'égard des
délits forestiers, par le conservateur, inspecteur ou sous-
inspecteur forestier, ou par les gardes généraux, et dans
tous les cas par le procureur du roi. »

Le ministère public et la partie lésée peuvent donc toujours opter entre la voie de l'instruction préparatoire, et celle
de la citation directe, toutes les fois que la loi n'a pas fait
d'exception. Ainsi, dans les matières fiscales comme dans
les autres, la voie de l'instruction préparatoire peut être
employée (1); et il semble qu'à l'inverse on peut employer
celle de la citation directe, à l'égard des mineurs de seize
ans prévenus de crimes pour lesquels ils doivent être cités
devant le tribunal correctionnel, car le but de la loi est
d'empêcher autant que possible que le crime du mineur de
seize ans ne produise sur son avenir une tache indélébile.

Quand l'auteur du fait est mort, ou que son jeune âge
prouve évidemment qu'il n'avait encore aucun discernement, les personnes civilement responsables peuvent-elles
être citées devant la juridiction correctionnelle? Nous ne
le pensons pas. Il ne s'agit en effet pour elles, que d'une
contestation civile, et il n'y a aucun motif de les soustraire
à leurs juges naturels, quand il n'y a pas de prévenu, puisque ce n'est visiblement qu'à cause de ce dernier, que la
loi permet de les appeler devant les juges correctionnels (2).

Quelles sont les formalités que la citation doit contenir?
C'est un point que le législateur n'a réglé que d'une manière
fort incomplète. Il ne dit rien en effet de la citation donnée
à la requête du ministère public, et quant à celle donnée à
la requête de la partie civile, l'art. 183 se borne à disposer :
« La partie civile fera, par l'acte de citation, élection de
domicile dans la ville où siége le tribunal : la citation énon-
cera les faits et tiendra lieu de plainte. »

_____

(1) *Cass.* 10 juin 1830. D. P. 30. 1. 314.
(2) Le texte de l'art. 145 nous fera pourtant décider le contraire dans
la suite, pour les matières de simple police.

La cour de cassation avait décidé d'abord par quelques arrêts que, dans le silence du code d'instruction criminelle, il fallait étendre par analogie aux citations en matière correctionnelle, les dispositions de l'art. 61 du code de procédure; qu'ainsi il fallait exiger, sous peine de nullité, dans ces citations, toutes les indications prescrites sous cette peine dans les exploits ordinaires. Depuis, elle est revenue sur cette jurisprudence (1), et nous pensons que c'est avec raison, car les nullités sont peu favorables et ne doivent pas s'étendre par analogie.

D'un autre côté pourtant, il est essentiel que le droit de la défense demeure toujours intact, et partant on doit considérer comme un vice substantiel devant entraîner la nullité de la citation, toute omission ou irrégularité qui a pu apporter au droit sacré de la défense la plus légère atteinte. Nous considèrerions, par exemple, comme un vice substantiel, toute irrégularité dans la remise de la copie, qui pourrait faire supposer qu'elle n'est point parvenue au prévenu en temps utile (2).

Pareillement, quoique l'art 183 précité, qui prescrit, comme on l'a vu, d'indiquer dans la citation les faits qui donnent lieu à la prévention, ne prononce pas la peine de nullité, la désignation de ces faits paraît toutefois indispensable, et cela, non-seulement dans la citation donnée à la requête de la partie civile, mais encore dans celle donnée à la requête du ministère public : car le prévenu ne peut préparer convenablement sa défense, que lorsqu'il est fixé sur les faits qu'on lui impute.

Il suffit ordinairement que les faits soient indiqués d'une manière générale, mais en matière de délits commis par la voie de la presse ou de toute autre publication, la loi du 26 mai 1819 exige une indication plus précise. L'art. 6 de cette loi dispose en effet : « La partie publique, dans son

---

(1) V. notamment arrêts des 14 janvier 1830, 19 décembre 1834, et 29 mars 1838.

(2) *Cass.* 1 mai 1842. D. P. 42. 1. 380.

réquisitoire, si elle poursuit d'office, ou le plaignant, dans sa plainte, seront tenus d'articuler et de qualifier les provocations, attaques, offenses, outrages, faits diffamatoires ou injures, à raison desquels la poursuite est intentée, et ce, à peine de nullité de la poursuite. »

Quant à l'élection de domicile que la partie civile doit faire dans la ville où siège le tribunal, son omission ne peut pas être considérée comme un vice substantiel, de nature à entraîner la nullité de la citation. Seulement, elle dispenserait le prévenu condamné par défaut ou en premier ressort, de notifier à la partie civile son opposition ou son appel.

L'art. 184 règle le délai de la citation. « Il y aura au moins un délai de trois jours, outre un jour par trois myriamètres, entre la citation et le jugement, à peine de nullité de la condamnation qui serait prononcée par défaut contre la personne citée. — Néanmoins cette nullité ne pourra être proposée qu'à la première audience, et avant toute exception ou défense. »

Il résulte clairement de ce texte qu'en cas d'inobservation des délais, ce n'est point la citation qui est nulle, mais seulement le jugement par défaut qui serait intervenu à sa suite (1). Partant, si le prévenu comparaît au jour marqué par la citation, il ne peut pas en demander la nullité; il peut seulement opposer une exception dilatoire, jusqu'à ce que les délais fixés par la loi soient expirés, en supposant que ces délais lui soient utiles pour la préparation de sa défense (2).

De ce que la loi déclare d'une manière spéciale que la nullité du jugement par défaut est couverte, si elle n'est proposée à la première audience, M. Dalloz aîné en conclut que les autres nullités que peut renfermer la citation en matière correctionnelle, ne se couvrent pas par des défenses au fond. Mais cette doctrine se trouve condamnée par la

---

(1) *Cass.* 25 février et 2 avril 1819, et 14 avril 1832.
(2) *Cass.* 15 février 1821. D. A. 7. 714.

jurisprudence de la cour suprême (1). Cette cour, en effet, décidant que les formalités ordinaires des exploits n'ont pas en général dans les matières correctionnelles l'effet irritant qu'elles ont en matière civile, et ne reconnaissant dans les premières que des nullités substantielles, n'aurait pu, sans tomber en contradiction avec elle-même, attribuer aux nullités commises dans les exploits correctionnels un effet plus durable qu'à celles commises dans les exploits civils.

La même cour reconnaît pourtant que, s'il s'agit d'une nullité commise, non pas dans la citation ou dans un autre acte de procédure, mais dans le procès-verbal par exemple dressé pour constater la contravention ou le délit, la nullité peut être proposée en tout état de cause (2). L'art. 173 du code de procédure dans lequel se trouve posé le principe que les nullités de forme se couvrent par des défenses au fond, ne s'applique, en effet, qu'aux actes de la procédure, autrement dit de l'instance, et ce n'est que par la citation que l'instance est engagée.

Telles sont les principales règles des citations en matière correctionnelle. Nous devons pourtant rappeler encore l'obligation importante, que l'art. 160 du tarif criminel impose aux parties civiles : « En matière de police simple ou correctionnelle, porte ce texte, la partie civile qui n'aura pas justifié de son indigence, sera tenue, avant toutes poursuites, de déposer au greffe, ou entre les mains du receveur de l'enregistrement, la somme présumée nécessaire pour les frais de la procédure. »

La question de savoir si la consignation peut être exigée dans le cas même où la partie civile se pourvoit par citation directe, avait été longtemps controversée. La cour de cassation, qui avait d'abord décidé la négative dans deux arrêts du 11 juillet 1818, avait jugé ensuite l'affirmative, le 7 août 1829 et le 14 juillet 1831. Mais, par un arrêt du 4 mai 1833, émané des chambres réunies, elle est reve-

---

(1) *Cass.* 24 mai 1811 et 20 juillet 1832.
(2) *Cass.* 10 avril 1807 et 5 mars 1835.

nue à sa première jurisprudence, et le 28 février 1834, elle
a décidé encore la question dans le même sens, en sorte
la controverse paraît désormais apaisée.

Nous approuvons fort la dernière solution que la question
a reçue. L'accès des tribunaux doit être aussi libre, en
principe, que celui des temples, et toute disposition qui
tend à le rendre plus difficile à l'homme pauvre, doit être
interprétée dans le sens le plus strict. Aussi, donnons-nous
pareillement notre pleine adhésion à un autre arrêt de la
cour suprême, du 12 août 1831 (1), qui a décidé que la
consignation ne peut pas non plus être exigée, quand le
ministère public a commencé les poursuites au moment
où la partie lésée se porte partie civile. La disposition
précitée du décret semble, en effet, avoir eu principalement en vue, d'assurer à l'État le remboursement des frais
qu'une partie civile aurait méchamment ou inconsidérément
occasionnés; et l'on ne peut supposer dans cette partie ni
méchanceté ni imprudence, quand les indices contre le
prévenu ont paru assez graves au ministère public, pour le
déterminer à poursuivre d'office.

CHAPITRE III.

*Du tribunal où l'action doit être portée, et des juges qui
peuvent prendre part au jugement.*

Il résulte des art. 23 et 63 du Code, que le ministère
public et la partie civile ont l'option entre trois tribunaux.
Soit donc qu'ils provoquent une instruction préliminaire,
soit qu'ils préfèrent la voie de la citation directe, ils peuvent
saisir à leur choix le tribunal correctionnel du domicile du
prévenu, celui du lieu où le délit a été commis, enfin celui
du lieu où le prévenu peut être trouvé. Que si plusieurs de
ces tribunaux se trouvent saisis en même temps, il y a lieu
à règlement de juges, comme on le verra dans la suite.

---

(1) D. P. 31. 1. 292.

Mais si le tribunal n'est compétent sous aucun des rapports qu'on vient d'indiquer, son incompétence ne saurait se couvrir par le seul effet du silence du prévenu, ni par les défenses qu'il peut avoir fournies au fond. Sous ce point de vue, les règles de la compétence sont plus irritantes en matière criminelle qu'en matière civile, parce qu'il importe à la société tout entière qu'un prévenu ne compromette pas son honneur ou sa liberté par une imprudence (1).

Si l'un des juges appelés à siéger au tribunal correctionnel, se trouve dans quelqu'un des cas de récusation prévus par l'art. 378 du code de procédure, il peut, en principe, être récusé, soit par le ministère public, soit par la partie civile, soit par l'accusé, dans les formes et délais réglés par ce Code.

Cette règle reçoit pourtant une exception bien notable.

L'article précité du Code de procédure range, en effet, parmi les causes de récusation, le fait d'avoir précédemment connu de l'affaire comme juge, et l'art. 257 du Code d'instruction criminelle, dicté par des considérations du même ordre, défend, à peine de nullité, aux magistrats qui ont voté sur la mise en accusation d'un prévenu, ainsi qu'au juge d'instruction, de siéger parmi les membres de la cour d'assises.

Les mêmes motifs sembleraient faire obstacle à ce que le juge d'instruction et les autres membres de la chambre du conseil qui ont voté sur la mise en prévention, pussent siéger au tribunal de police correctionnelle. Cependant, il est depuis longtemps constant en jurisprudence, que l'art. 257 précité ne doit pas être étendu aux matières correctionnelles. Si cet article, en effet, eût été appliqué à ces matières, il eût été impossible de constituer le tribunal correctionnel dans les tribunaux composés seulement de trois juges. L'inconvénient résultant de ce que le juge peut se

_____

(1) *Cass.* 13 mai 1826 Sirey. 26. 1. 416.

laisser influencer par sa première décision, subsiste pourtant; et pour le prévenir autant que possible, il est d'usage, dans les tribunaux composés de deux chambres, que la chambre civile remplisse les attributions de la chambre du conseil, afin que les juges de la chambre correctionnelle demeurent à l'abri de toute prévention.

CHAPITRE iV.

Des règles de l'instruction.

Deux différences essentielles se présentent tout d'abord entre les matières criminelles et les matières correctionnelles, sous le rapport des règles de l'instruction.

Dans celles-là, le président de la cour d'assises exerce, comme on l'a vu, un pouvoir discrétionnaire, qui l'autorise à prescrire toute mesure qu'il juge utile pour la découverte de la vérité, quand même cette mesure se trouve contraire aux règles ordinaires de l'instruction.

Dans les matières correctionnelles, le président du tribunal n'a pas le même pouvoir. Le tribunal peut seul ordonner des mesures d'instruction (1), et il ne peut ordonner que celles que la loi autorise.

D'un autre côté, dans les matières criminelles, les divers élémens de l'instruction écrite, les procès-verbaux notamment, dressés pour constater le crime, sont de nulle considération pour le jury, ce sont les dépositions des témoins qui forment la base principale de ses déterminations.

En matière correctionnelle, il en est autrement. Les procès-verbaux peuvent toujours suppléer, et souvent ils excluent les dépositions de témoins.

Voici ce que dispose, en effet, l'art. 154, placé au chapitre des tribunaux de simple police, mais que l'art. 189 rend commun à ceux de police correctionnelle :

« Les contraventions seront prouvées, soit par procès-

---

(1) V. notamment *Cass.* 19 mars 1825. Sirey, 25. 1. 327.

verbaux ou rapports, soit par témoins, à défaut de rapports et procès-verbaux, ou à leur appui. — Nul ne sera admis, à peine de nullité, à faire preuve par témoins, outre ou contre le contenu aux procès-verbaux ou rapports des officiers de police, ayant reçu de la loi le pouvoir de constater les délits ou les contraventions jusqu'à inscription de faux. — Quant aux procès-verbaux et rapports faits par des agents, préposés ou officiers, auxquels la loi n'a pas accordé le droit d'en être crus jusqu'à inscription de faux, ils pourront être débattus par des preuves contraires, soit écrites, soit testimoniales, si le tribunal juge à propos de les admettre. »

Il y a donc deux classes bien distinctes de procès-verbaux, ceux qui font foi jusqu'à inscription de faux, et ceux qui peuvent être combattus par des preuves contraires.

La première classe comprend notamment :

1° Les procès-verbaux des gardes des forêts, pour les bois soumis au régime forestier, quand ils sont signés par deux gardes, ou qu'étant signés par un seul, la condamnation ne peut pas dépasser cent francs (Code forestier, 176 et 177);

2° Les procès-verbaux des gardes-pêche dans des circonstances analogues (Loi du 15 avril 1829, art. 53 et 54);

3° Les actes inscrits par les employés des contributions indirectes sur leurs registres portatifs, pour tout ce qui concerne les fraudes ou contraventions (Loi du 28 avril 1816, art. 242);

4° Les procès-verbaux des employés de l'octroi (Loi du 27 frimaire an VIII, art. 8);

5° Les rapports des employés des douanes (Loi du 9 floréal an VII, art. 11).

L'inscription de faux contre ces divers procès-verbaux se trouve de plus soumise à des règles particulières, tracées par la loi de la matière, et sans lesquelles elle est absolument irrecevable. La cour suprême a toujours exigé l'application rigoureuse de ces règles, comme l'attestent les nombreux arrêts que contiennent, sur ce point, les recueils.

Les procès-verbaux dressés par d'autres officiers ou préposés que ceux qu'on vient d'indiquer, notamment, ceux des commissaires de police, des gardes-champêtres et des gardes-forestiers des particuliers, ne font foi que jusqu'à preuve contraire.

Occupons-nous maintenant de l'ordre de l'instruction. Cet ordre se trouve réglé par l'art. 190, ainsi conçu :

« L'instruction sera publique, à peine de nullité.

» Le procureur du roi, la partie civile ou son défenseur, et, à l'égard des délits forestiers, le conservateur, inspecteur ou sous-inspecteur forestier, ou, à leur défaut, le garde général, exposeront l'affaire : les procès-verbaux ou rapports, s'il en a été dressé, seront lus par le greffier; les témoins pour et contre seront entendus, s'il y a lieu, et les reproches proposés ou jugés; les pièces pouvant servir à conviction ou à décharge seront représentées aux témoins et aux parties; le prévenu sera interrogé ; le prévenu et les personnes civilement responsables proposeront leurs défenses; le procureur du roi résumera l'affaire et donnera ses conclusions; le prévenu et les personnes civilement responsables du délit pourront répliquer.

» Le jugement sera prononcé de suite, ou, au plus tard, à l'audience qui suivra celle où l'instruction aura été terminée. »

La loi, comme on le voit, ne prononce la peine de nullité que pour défaut de publicité de l'instruction. Partant, l'omission de quelqu'une des autres formalités prescrites par l'article, ou le dérangement de l'ordre qu'il indique, ne peuvent emporter nullité qu'autant que le droit de défense aurait été méconnu, ou que l'observation de la formalité , ou de l'ordre indiqué par la loi, aurait été vainement réclamée (1).

_____

(1) *Cass.* 21 octobre 1831 et 20 août 1840. D. P. 31. 1. 249, et 40. 1. 340.

Le défaut absolu de conclusions de la part du ministère public constitue pourtant aussi une nullité substantielle (1). Quant à son refus de conclure, il ne peut empêcher le tribunal de statuer et d'appliquer, s'il y a lieu, la peine prononcée par la loi, car il ne saurait dépendre du représentant du ministère public, d'arrêter, par un refus illégal, le cours de la justice (2).

La manière dont les témoins doivent déposer et les causes d'incapacité sont indiquées dans les art. 155 et 156.

« Les témoins, porte l'art. 155, feront à l'audience, sous peine de nullité, le serment de dire toute la vérité, rien que la vérité, et le greffier en tiendra note, ainsi que de leurs noms, prénoms, âge, profession et demeure, et de leurs principales déclarations. »

La formule du serment doit contenir, au moins en termes équivalens, la double promesse que la loi exige, celle de dire toute la vérité et celle de ne dire que la vérité; mais la loi n'exige pas ici, comme elle l'exige en matière criminelle, la promesse explicite de parler sans haine et sans crainte.

L'absence des autres indications prescrites par l'article ne saurait emporter nullité, puisque la loi ne la prononce pas.

L'art. 156 énumère les personnes dont le témoignage ne doit pas être reçu : « Les ascendans, porte ce texte, ou descendans de la personne prévenue, ses frères et sœurs ou alliés en pareil degré, la femme ou son mari, même après le divorce prononcé, ne seront ni appelés ni reçus en témoignage, sans néanmoins que l'audition des personnes ci-dessus désignées, puisse opérer une nullité, lorsque, soit le ministère public, soit la partie civile, soit le prévenu, ne se sont pas opposés à ce qu'elles soient entendues. »

---

(1) *Cass.* 11 août 1826 et 29 février 1828. Ces arrêts rendus en matière de simple police, s'appliquent à plus forte raison aux matières correctionnelles.

(2) *Cass.* 10 juin 1836. D. P. 36. 1. 391.

L'accord du ministère public, de la partie civile et du prévenu, ne saurait pourtant imposer aux juges l'obligation d'entendre les personnes dont parle l'article, puisque son texte dispose, en principe, que ces personnes ne doivent pas être *reçues en témoignage*. Ainsi, l'irrégularité se trouve couverte, sans doute, quand il n'y a aucune réclamation ; mais ce n'est pas à dire que les juges soient, dans aucun cas, obligés de l'autoriser.

Le président, de son côté, ne peut autoriser l'audition de ces personnes à titre de renseignement, puisque, ainsi qu'on l'a déjà dit, les présidents des tribunaux correctionnels ne jouissent point du pouvoir discrétionnaire conféré aux présidents des cours d'assises (1).

L'art. 156, à la différence de l'art. 322, ne prononce aucune incapacité contre les dénonciateurs, qu'il laisse ainsi sous l'empire de la loi commune.

L'art. 156 et l'art. 322 présentent une autre différence de rédaction qui peut donner lieu à une difficulté. L'art. 322 défend de recevoir les dépositions des ascendants et descendants de l'accusé ou *de l'un des accusés présents et soumis au même débat* : l'art. 156, moins explicite, ne parle que des ascendants ou descendants *de la personne prévenue.* Est-ce à dire qu'on puisse recevoir la déposition d'un ascendant ou descendant d'un co-prévenu, sur des faits qu'on prétendrait ne concerner en rien son parent, et ne se rapporter qu'aux autres accusés ? Nous ne saurions le penser. Il est impossible de calculer et de circonscrire d'avance l'effet d'une déposition, et d'empêcher qu'elle ne réjaillisse sur le prévenu qu'elle semble au premier abord ne pas intéresser. Nous pensons donc, qu'en matière correctionnelle comme en matière criminelle, la pensée de la loi est qu'on ne doit entendre les ascendants ou descendants d'aucun des accusés ou prévenus soumis aux mêmes débats.

Les témoins, à part ceux dont le ministère ou la profession exige, par son caractère confidentiel, un secret in-

_____

(1) *Cass.* 24 mai 1833. D. P. 33. 1. 256.

violable (1), sont obligés d'obtempérer à la citation qui leur a été donnée, et de répondre aux questions qui leur sont adressées.

Quel est, au demeurant, le délai qu'il faut donner aux témoins, entre le jour de la citation et celui de la comparution? Il est à remarquer que la loi ne fixe nulle part ce délai pour les matières criminelles. Il suffit donc, dans tous les cas, de laisser un jour d'intervalle, sauf l'augmentation à raison des distances, puisque la loi n'exige jamais de délai plus long dans les matières civiles, qui sont en général bien moins urgentes (Code de procédure, art. 260). Aussi, à raison de l'urgence plus grande des affaires criminelles, penserions-nous, par analogie du délai fixé par l'art. 146 de notre Code, qu'il n'est pas nécessaire de laisser un jour franc, et qu'un intervalle de vingt-quatre heures suffit, sauf au juge à autoriser encore l'abréviation de ce délai.

« Les témoins qui ne satisferont pas à la citation, porte l'art. 157, pourront y être contraints par le tribunal qui, à cet effet et sur la réquisition du ministère public, prononcera dans la même audience, sur le premier défaut, l'amende, et, en cas d'un second défaut, la contrainte par corps.

» Le témoin ainsi condamné à l'amende sur le premier défaut, et qui, sur la seconde citation, produira devant le tribunal des excuses légitimes, pourra, sur les conclusions du ministère public, être déchargé de l'amende. Si le témoin n'est pas cité de nouveau, il pourra volontairement comparaître, par lui ou par un fondé de procuration spéciale, à l'audience suivante, pour présenter ses excuses et obtenir, s'il y a lieu, décharge de l'amende (art. 158). »

La contrainte par corps, en cas de second défaut, peut être exercée par mandat d'amener; car il ne serait pas raisonnable de refuser au tribunal correctionnel un droit que

---

(1) V. ci-dessus, p. 286.

l'art. 92 accorde au juge d'instruction. Mais si le tribunal s'est borné à prononcer la contrainte par corps, c'est dans la forme ordinaire que cette contrainte doit être exercée.

Que faut-il entendre par ces mots, *à l'audience suivante*, employés dans l'art. 158 ? Est-ce l'audience qui suit le jugement, ou seulement celle qui suit sa notification ? Nous pensons qu'en principe c'est celle qui suit le jugement, si la citation a été régulière ; car le témoin doit naturellement penser que, ne s'étant pas présenté au jour marqué, il a dû être condamné à l'amende. Mais s'il lui a été de nouveau impossible de se présenter à cette dernière audience, son opposition doit être reçue à la première audience à laquelle il peut comparaître.

La loi n'exige pas ici la notification préalable à la partie adverse, des noms des témoins qu'on se propose de faire entendre. Cette partie ne peut donc se prévaloir de ce défaut de notification pour s'opposer à l'audition des témoins produits contre elle.

La loi n'exige pas non plus, comme elle l'exige en général devant les tribunaux civils, que le témoin ait été cité pour qu'il puisse être entendu, et l'art. 153 exprime en effet que le tribunal doit entendre, non-seulement les témoins cités, mais encore ceux qui sont amenés sans citation préalable par l'une ou par l'autre des parties.

On a vu qu'en matière criminelle il doit être délivré *gratis* une copie de la procédure à l'accusé. Le tarif du 18 juin 1811 accorde, en ce point, moins de faveur aux prévenus correctionnels. L'art. 56 de ce tarif porte en effet : « En matière correctionnelle et de simple police, aucune expédition ou copie des pièces de la procédure ne pourra être délivrée aux parties, sans une autorisation expresse de notre procureur-général. Mais il leur sera délivré sur leur seule demande expédition de la plainte, de la dénonciation, des ordonnances et des jugemens définitifs. — Toutes ces expéditions seront à leurs frais. »

Nous arrivons maintenant à une question importante et

qui divise singulièrement la doctrine, c'est celle de savoir à quelle classe de personnes les prévenus de délits correctionnels peuvent confier leur défense.

L'art. 295 du Code parlant spécialement des matières criminelles, quelques auteurs (1) en ont conclu que le droit de défense en matière correctionnelle ne doit subir aucune limitation, et que le prévenu est libre de choisir son défenseur partout où il le juge convenable, comme il l'était sous l'empire de la loi du 16-24 août 1790.

D'autres, au contraire (2), ont conclu du silence de la loi, que le prévenu ne peut choisir son défenseur que parmi les avocats.

La première doctrine nous semble trop large; la seconde, trop restrictive. Que toute personne puisse défendre un prévenu devant le tribunal de simple police, c'est ce qui s'induit, il est vrai, avec évidence, de l'art. 152 du Code, qui permet, dans tous les cas, au prévenu, de se faire représenter devant cette juridiction par un fondé de procuration spéciale. Mais, dans les matières correctionnelles, aucun texte ne donne aux prévenus la même latitude. Loin de là, l'art. 185, qui les dispense de comparaître en personne dans les matières qui ne peuvent point donner lieu à un emprisonnement, ne les autorise à se faire représenter, en cas pareil, que par un avoué.

Supposer, d'un autre côté, avec M. Dalloz aîné, que le prévenu ne peut se faire défendre que par un avocat, c'est méconnaître aussi la disposition de l'art. 185 précité; car si un avoué peut, en certains cas, défendre un prévenu absent, à plus forte raison doit-il pouvoir toujours défendre le prévenu présent.

La loi s'opposant ainsi à l'exclusion absolue des avoués, la doctrine la plus raisonnable, ce nous semble, c'est d'étendre par analogie aux matières correctionnelles la disposition de l'art. 295 du Code qui, ainsi qu'on l'a vu, permet

_____

(1) M. Carré notamment, *Lois de la compétence*, t. 1ᵉʳ, p. 66.
(2) M. Dalloz aîné, *Répertoire*, t. 4, p. 556, n. 7.

aux accusés de choisir leur défenseur, non-seulement parmi tous les avocats ou avoués du ressort de la cour, mais encore, demeurant l'assentiment du président, parmi leurs parens ou amis. C'est, au surplus, la doctrine que la jurisprudence paraît avoir consacrée (1).

Seulement, il est à remarquer que le droit concédé par l'art. 295 du Code à tous les avoués du ressort de la cour indistinctement, se trouve restreint par l'art. 112 du décret du 6 juillet 1812, aux avoués exerçant dans l'arrondissement où siége le tribunal correctionnel (2).

Nulle part, du reste, le Code ne suppose que dans les matières correctionnelles le prévenu doive nécessairement être assisté d'un conseil. Si donc il n'a pas fait choix d'un défenseur, le tribunal n'est pas obligé de lui en désigner un d'office; mais on ne refuse jamais cette désignation au prévenu indigent qui la sollicite.

La partie civile, de son côté, peut se présenter devant le tribunal correctionnel sans être assistée d'aucun conseil. Mais, quand elle ne plaide pas elle-même sa cause, nous pensons qu'elle ne peut confier sa défense qu'à un avocat; par la raison que l'art. 295 du Code, établi seulement en faveur des accusés, paraît absolument inapplicable à la partie civile, et que, depuis l'ordonnance du 20 novembre 1822, la plaidoirie devant les cours et les tribunaux n'appartient de droit commun qu'aux avocats.

CHAPITRE V.

Du jugement.

L'affaire, déférée au tribunal correctionnel, peut présenter aux juges quatre différents aspects. Ou bien le fait qui donne lieu à la prévention est plus grave qu'un délit, ou c'est un délit proprement dit, ou c'est simplement une

(1) *Cass.* 12 et 25 janvier 1828. D. P. 28. 1. 107.
(2) *Cass* 7 mars 1828. D. P. 28. 1. 166.

contravention, ou bien enfin ce fait ne peut donner lieu à aucune pénalité. Les deux premiers cas présentent peu de difficulté ; les deux autres au contraire donnent lieu à des questions assez sérieuses.

1er Cas. L'art. 193 règle ce cas en ces termes : « Si le fait est de nature à mériter une peine afflictive ou infamante, le tribunal pourra décerner de suite le mandat de dépôt ou le mandat d'arrêt, et il renverra le prévenu *devant le juge d'instruction compétent.* »

Il semblerait résulter de ces derniers termes, que le tribunal doit désigner dans tous les cas le juge d'instruction qui devra faire les informations. La cour suprême décide toutefois qu'il ne peut point faire cette désignation, quand il a été saisi par renvoi de la chambre du conseil, parce qu'il n'a pas le droit de réformer la décision de cette chambre. Il doit donc, en cas pareil, se déclarer purement et simplement incompétent, et il y a lieu, pour faire cesser ce conflit négatif, de se pourvoir en règlement de juges (1).

2e Cas. Le fait imputé constitue un délit proprement dit. Si le fait alors ne paraît pas suffisamment établi, le tribunal doit acquitter le prévenu, et le président ici ne prononce l'acquittement qu'au nom du tribunal.

Si, au contraire, le fait paraît prouvé, le tribunal doit condamner le prévenu à la peine prononcée par la loi, peine qu'il peut réduire de la manière indiquée en l'art. 463 du code pénal, s'il estime qu'il y a des circonstances atténuantes.

L'art. 195 indique ce que doit contenir le jugement de condamnation.

« Dans le dispositif de tout jugement de condamnation, y est-il dit, seront énoncés les faits dont les personnes citées seront jugées coupables ou responsables, la peine, et les

---

(1) *Cass.* **18** août **1837** et **5** août **1838**. D. P. 38. 1. 417 et 257.

condamnations civiles. — Le texte de la loi dont on fera l'application, sera lu à l'audience par le président; il sera fait mention de cette lecture par le jugement, et le texte de la loi y sera inséré, sous peine de cinquante francs d'amende contre le greffier. »

De ce texte, il résulte : 1° que les faits dont les personnes citées sont jugées coupables ou responsables, doivent être déclarés expressément dans le *dispositif*; il ne suffirait pas qu'ils eussent été indiqués dans les motifs :

2° Que la déclaration de culpabilité et l'application de la peine doivent être faites par le même jugement, et qu'il y aurait nullité, si le tribunal en faisait l'objet de deux jugements séparés (1);

3° Que l'omission du texte de la loi dans la sentence ne donne lieu qu'à une amende contre le greffier, et n'emporte pas nullité. Mais il y aurait nullité, si la loi pénale appliquée n'était pas même citée, vu que cela paraît substantiel (2).

Si le prévenu est reconnu coupable, il doit évidemment être condamné aux frais envers l'Etat et envers la partie civile. Quant à la partie civile, elle doit être condamnée aux frais envers l'Etat, soit que le prévenu obtienne son relaxe, soit qu'il subisse une condamnation, sauf dans ce dernier cas son recours contre le condamné. L'art. 157 du tarif criminel est formel sur ce point, et cet article n'a été modifié par la loi du 28 avril 1832, que pour les matières criminelles.

Les frais, du reste, doivent toujours être liquidés par le jugement de condamnation (art. 194).

3e CAS. Le fait ne constitue qu'une contravention.

L'art. 192 qui régit ce cas est ainsi conçu : « Si le fait n'est qu'une contravention de police, et si la partie publique ou la partie civile n'a pas demandé le renvoi, le tribunal appliquera la peine, et statuera, s'il y a lieu, sur les

_____

(1) Rouen, 12 février 1825 : *Cass.* 30 mai 1829.
(2) *Cass.* 21 septembre 1820, 9 mai 1823, et 26 mai 1831.

dommages-intérêts. — Dans ce cas, son jugement sera en dernier ressort. »

Il résulte clairement de ce texte que, si la partie publique ou la partie civile demandent le renvoi, le tribunal correctionnel ne peut se dispenser de l'ordonner, quand même il aurait été saisi par la partie même qui le sollicite.

Mais, si c'est par le prévenu que le renvoi est demandé, le tribunal doit-il aussi le prononcer? Il semblerait, en théorie, qu'il devrait le faire, avec plus de raison encore que dans l'hypothèse précédente; puisque le prévenu étant naturellement défendeur, l'erreur commise dans le choix du tribunal ne peut en aucun cas lui être imputée. Cette considération a paru, en effet, assez grave à M. Bourguignon, pour décider la question dans le sens de l'affirmative.

Mais le texte de la loi résiste invinciblement à cette doctrine. Puisqu'il n'a parlé que du ministère public et de la partie civile, il a entendu évidemment refuser le même droit au prévenu : autrement, l'énumération qu'il fait ne saurait s'expliquer. C'est du reste ce que la cour de cassation a jugé par plusieurs arrêts (1).

On peut, au demeurant, si non peut-être justifier complètement la disposition de la loi, au moins se rendre compte de son apparente bizarrerie.

Quand le ministère public demande le renvoi, il est naturel que le tribunal l'ordonne, puisque, régulièrement, ce n'est que sur la demande du ministère public qu'il peut prononcer une peine. Il est naturel qu'il l'ordonne encore, quand c'est la partie civile qui le demande, parce que cette partie peut vouloir poursuivre ses dommages par la voie civile, laquelle doit être portée devant de tout autres juges.

Mais le prévenu est en quelque manière le justiciable naturel du tribunal de police correctionnelle, puisque c'est devant ce tribunal que l'appel du juge de simple police devrait être porté : et il paraît assez raisonnable d'attribuer dès-à-présent à ce tribunal le droit de statuer sur un

_____

(1) *Cass.* 24 avril **1829** et 18 janvier **1833**.

litige, qui, selon toute apparence, lui serait déféré plus tard par la voie de l'appel.

Ce motif n'existe, pourtant, qu'autant que l'affaire aurait pu être valablement soumise à quelqu'un des tribunaux de police, situés dans le ressort du tribunal correctionnel ; en sorte que, si le renvoi était demandé, non pas à raison de la nature du fait, mais à raison de ce que, et le lieu de sa perpétration, et le lieu du domicile et de la résidence du prévenu, se trouveraient hors du ressort du tribunal saisi, il devrait, ce nous semble, être ordonné, puisque le tribunal correctionnel ne serait pas plus comme juge d'appel que comme juge de première instance, le juge naturel du prévenu.

4e CAS. Ce cas, qui est le dernier, est celui où le fait imputé ne tombe sous l'application d'aucune loi pénale, et il est régi par l'art. 191 ainsi conçu : « Si le fait n'est réputé ni délit ni contravention de police, le tribunal annulera l'instruction, la citation, et tout ce qui aura suivi ; renverra le prévenu, et *statuera sur les demandes en dommages-intérêts.* »

Cette dernière disposition étant conçue en termes généraux, on se demande si le tribunal peut statuer non-seulement sur les dommages réclamés par le prévenu absous ou acquitté, mais encore sur ceux réclamés par la partie civile, en supposant qu'il soit constant que le prévenu a commis le fait dont se plaignait celle-ci.

La cour de cassation a jugé constamment la négative, et restreint au seul prévenu le droit de demander des dommages (1). L'art. 212 qui statue sur une hypothèse absolument semblable, et qui ne parle que des dommages réclamés par le prévenu, justifie pleinement cette jurisprudence, et fait disparaître tous les doutes que la rédaction ambiguë de l'art. 191 peut occasionner.

----

(1) 28 octobre 1810, 27 juin 1812, 3 mars 1814, 26 novembre et 4 décembre 1840.

Toutefois, si le fait objet de la prévention présentait en lui-même les caractères d'un délit, et que le prévenu ne fût relaxé que parce qu'il aurait agi sans discernement, ou sans intention de nuire, la circonstance de son acquittement ne devrait pas, ce nous semble, faire obstacle à la demande en dommages de la partie civile, si celle-ci n'avait pu à l'avance soupçonner ces moyens de défense; car il n'y aurait alors nulle faute à lui imputer, et le tribunal *à principio* aurait été régulièrement saisi.

L'art. 196 contient quelques dispositions qui s'appliquent indistinctement à tous les jugements rendus par les tribunaux correctionnels.

« La minute du jugement, porte ce texte, sera signée au plus tard dans les vingt-quatre heures, par les juges qui l'auront rendu. — Les greffiers qui délivreront expédition d'un jugement avant qu'il ait été signé seront poursuivis comme faussaires. — Les procureurs du roi se feront représenter, tous les mois, les minutes des jugements; et en cas de contravention au présent article, ils en dresseront procès-verbal pour être procédé ainsi qu'il appartiendra. »

Tout jugement doit donc régulièrement être signé par tous les juges, même par ceux dont l'opinion n'a pas prévalu. Mais si ceux-ci s'obstinent à refuser leur signature, ce refus illégal ne saurait évidemment vicier la sentence, et il suffirait alors que les autres juges, ou au moins le greffier, fissent mention des causes du refus.

CHAPITRE VI.

Des jugements par défaut.

Les jugements de défaut rendus par les tribunaux correctionnels sont, en principe, susceptibles d'opposition : mais il importe de bien préciser à quelles personnes et dans quelles circonstances cette voie est ouverte. Nous verrons ensuite dans quels délais elle doit être formée, et comment elle doit être jugée.

I. Il ne paraît point d'abord que la loi reconnaisse en aucun cas le droit de former opposition, ni au ministère public, ni à la partie civile. Toute sentence à leur égard est réputée contradictoire. Le ministère public, en effet, est représenté à toutes les audiences, et la partie civile est nécessairement en faute, si elle ne s'est pas présentée lors du jugement de la cause.

Il ne peut donc y avoir de jugement par défaut, qu'à l'égard du prévenu, et il résulte de l'art. 186 que le jugement ne peut être réputé par défaut contre le prévenu, qu'autant qu'il ne comparaît pas.

« Si le prévenu ne comparaît pas, porte en effet l'art. 186, il sera jugé par défaut. »

Le jugement est donc nécessairement contradictoire, toutes les fois que le prévenu est en état d'arrestation, ou que, n'étant pas en état d'arrestation, il s'est présenté à l'audience pour y proposer sa défense, ou s'y est fait représenter par un avoué, quand la loi lui laisse cette faculté. Mais si, quoique présent de fait à l'audience, il s'est borné à proposer quelque moyen préjudiciel, et n'a point subi d'interrogatoire sur le fond, il doit, ce semble, être considéré comme défaillant ; car il est vrai de dire que sur le fond il n'a pas été mis en présence de ses juges, ce qui, dans le sens légal, s'appelle ne point comparaître.

II. Les délais de l'opposition sont indiqués dans l'art. 187 ainsi conçu : « La condamnation par défaut sera comme non avenue, si, dans les cinq jours de la signification qui en aura été faite au prévenu ou à son domicile, outre un jour par cinq myriamètres, celui-ci forme opposition à l'exécution du jugement, et notifie son opposition tant au ministère public qu'à la partie civile. — Néanmoins les frais de l'expédition, de la signification du jugement par défaut, et de l'opposition, demeureront à la charge du prévenu. »

La disposition de l'art. 187 a été justement critiquée. La loi civile en effet, prend, comme on sait, des précautions multipliées, pour empêcher qu'un jugement par défaut faute de comparaître puisse acquérir l'autorité d'un jugement contradictoire, à l'insu de la partie condamnée. Elle veut que ce jugement soit signifié par huissier commis, qu'il soit exécuté dans un court délai sous peine de tomber en péremption, que l'opposition soit recevable jusqu'à l'exécution. Or, on a véritablement lieu de s'étonner que, dans les procès criminels, qui intéressent non-seulement la fortune des citoyens, mais encore leur honneur et leur liberté, le législateur se contente, pour faire courir le délai de l'opposition, d'une signification ordinaire, et n'accorde pour cette opposition qu'un délai de cinq jours.

Aussi, quoiqu'en principe, ainsi que nous l'avons enseigné plus haut, les formalités prescrites à peine de nullité dans les ajournements par l'art. 61 du code de procédure, n'aient pas de plein droit le même caractère irritant dans les matières criminelles, nous n'hésiterions pas à décider que le délai de l'opposition n'aurait point couru, si l'exploit de signification manquait de quelque indication utile qui aurait dû s'y trouver.

La cour de Bordeaux a même décidé que l'opposition est recevable après le délai légal, lorsqu'il est *constant* que, par l'effet de son absence, résultant, par exemple, d'un voyage en pays étranger entrepris avant la citation, le prévenu a été dans l'impossibilité de connaître le jugement et la notification qui l'a suivi (1); et ce tempérament, vu la brièveté du délai, nous semble équitable : seulement, c'est au prévenu à fournir la preuve de l'impossibilité qu'il allègue.

La loi n'exige pas, pour faire courir les délais de l'opposition, une double signification de la part du ministère public et de la partie civile. La signification faite à la requête de la partie publique profite donc à la partie civile, et réciproquement (2). Le principe général en matière criminelle est, en effet, que les poursuites de l'une de ces parties profitent à l'autre.

(1) 23 février 1832. D. P. 33. 2. 178.
(2) *Cass.* 21 septembre 1820. Bourguignon, sur l'art. 187.

Mais est-ce à dire, que l'opposition soit pareillement destituée de tout effet, si elle n'a été signifiée dans le délai légal qu'à la partie civile, et point à la partie publique, ou réciproquement? Nous n'admettons pas cette corrélation, vu qu'elle ne résulte pas nécessairement des termes de la loi, et que nous n'apercevons pas ici d'indivisibilité. Le prévenu peut, en effet, trouver la peine juste, et ne se plaindre que du chiffre des dommages accordés; comme, à l'inverse, il peut ne pas trouver les dommages excessifs, mais se plaindre de la rigueur outrée de la peine. L'opposition doit donc suivre son cours vis-à-vis de celle des parties à laquelle elle a été notifiée (1).

L'art. 187 veut que l'opposition soit formée dans les cinq jours, outre un jour par cinq myriamètres : le jour de l'opposition est par conséquent compris dans le délai.

III. « L'opposition, ajoute l'art. 188, emportera de droit citation à la première audience : elle sera non avenue, si l'opposant ne comparaît pas; et le jugement que le tribunal aura rendu sur l'opposition ne pourra être attaqué par la partie qui l'aura formée, si ce n'est par appel, ainsi qu'il sera dit ci-après. — Le tribunal pourra, s'il y échet, accorder une provision, et cette disposition sera exécutoire nonobstant l'appel. »

L'opposition emporte de plein droit citation à la première audience, quand même il n'y aurait pas entre cette audience et l'opposition, l'intervalle de trois jours exigé par l'art. 184 pour les citations données aux prévenus. Le ministère public, en effet, est représenté à toutes les audiences, et la partie civile ayant dû faire élection de domicile dans le lieu où siège le tribunal, est censée pouvoir s'y présenter ou s'y faire représenter de la veille au lendemain.

L'opposant, par une raison analogue, est obligé de se présenter à la première audience, quel que soit l'éloignement de son domicile, si au jour de cette première audience, le délai légal pour former l'opposition, augmenté d'un

(1) *Cass* 9 octobre 1835 B. P. 36. 1. 54.

jour par cinq myriamètres de distance, se trouve écoulé. Il ne lui faut pas plus de temps, en effet, pour se présenter devant le tribunal, que pour former son opposition, puisque c'est au lieu même où siége le tribunal que l'opposition doit naturellement être notifiée (1).

Le défaut de comparution du prévenu à la première audience n'emporte du reste déchéance, qu'autant que la partie adverse s'est présentée elle-même à cette audience pour demander le rejet de l'opposition. C'est du moins ce que la cour de cassation a décidé par arrêt du 4 juin 1829 (2); et si les termes de la loi paraissent contrarier un peu cette doctrine, l'équité certainement la favorise.

L'art. 188 permet au tribunal correctionnel qui statue sur l'opposition, d'accorder une provision à la partie civile, pour le cas où le prévenu interjetterait appel. La raison en est sans doute, que le défaut de comparution du prévenu à la première audience, peut n'avoir été de sa part qu'une combinaison frauduleuse pour gagner du temps, et que toute combinaison frauduleuse doit être déjouée.

Mais cette raison ne pouvant s'appliquer qu'au jugement qui intervient après une première condamnation par défaut, nous ne pensons pas qu'en aucune autre circonstance, le tribunal correctionnel puisse accorder une provision, exigible nonobstant l'appel. L'art. 188, dans la disposition qui permet d'accorder la provision nonobstant l'appel, constitue, en effet, une exception au principe fondamental qu'en matière criminelle la culpabilité ne se présume jamais, et les exceptions, quand il s'agit surtout de principes d'un ordre si élevé, sont de droit étroit.

---

(1) *Cass.* 19 décembre 1833. D. P. 34. 1. 395.
(2) D. P. 29. 1. 262.

CHAPITRE VII.

De l'appel des jugements correctionnels.

L'importance de ce chapitre nous oblige à le subdiviser Nous exposerons donc successivement : quels sont les jugements qui sont sujets à l'appel ; à quelles personnes l'appel est ouvert ; à quelle époque et dans quelles formes il doit être interjeté ; devant quelle juridiction il doit être porté ; quels sont ses effets ; par quelles fins de non recevoir il peut être écarté ; quelles sont les règles de l'appel incident ; comment l'appel doit être instruit et jugé ; quelles sont les règles de l'évocation ; dans quels cas, enfin, la sentence rendue sur l'appel est sujette à opposition. Ce sera la matière d'autant de paragraphes.

§ 1er *Quels sont les jugements sujets à l'appel.*

La règle est que tous les jugements rendus en première instance par les tribunaux correctionnels sont sujets à l'appel , si minime que soit la peine appliquée, et si modiques que soient les dommages accordés ou demandés. L'art. 199 dispose, en effet, d'une manière générale : « Les jugements rendus en matière correctionnelle pourront être attaqués par la voie de l'appel. »

Il n'y a qu'une exception à cette règle ; c'est celle indiquée dans l'art. 192, c'est-à-dire, le cas où le fait déféré au tribunal correctionnel ne constitue qu'une contravention de police. On a vu, en effet, que, dans ce cas, le tribunal correctionnel ne doit pas laisser de statuer, si le renvoi n'est demandé ni par le ministère public, ni par la partie civile, et que son jugement, aux termes de l'art. 192, est alors en dernier ressort.

L'appel est donc interdit, quand même le chiffre des dommages obtenus ou demandés par la partie civile excède la somme de quinze cents francs, qui est la limite de la compétence des tribunaux civils en dernier ressort ; car la loi ne fait aucune distinction (1).

Le législateur a pensé, sans doute, qu'un jugement rendu sur une prévention de délit a toujours plus d'importance qu'un jugement rendu en matière de simple contravention ; soit parce que la répression d'un délit intéresse plus la société que celle d'une contravention ; soit parce qu'une condamnation en matière de délit imprime au condamné une tache, tandis qu'une condamnation pour contravention laisse en général l'honneur intact.

§ 2. *Des personnes qui peuvent appeler.*

Nous avons vu plus haut que la voie de l'opposition ne peut en principe être employée que par le prévenu, parce que ce n'est que de sa part qu'il peut y avoir un défaut proprement dit. La faculté d'appeler, au contraire, est ouverte à toutes les parties qui ont figuré dans le jugement de première instance, et même, comme on va le voir, au ministère public près le tribunal supérieur.

L'art. 202 dispose en effet : « La faculté d'appeler appartiendra : 1° aux personnes prévenues ou responsables ; 2° à la partie civile, quant à ses intérêts civils seulement ; 3° à l'administration forestière ; 4° au procureur du roi près le tribunal de première instance, lequel, dans le cas où il n'appellerait pas, sera tenu, dans le délai de quinzaine, d'adresser un extrait du jugement au magistrat du ministère public près le tribunal ou la cour qui doit connaître de l'appel ; 5° au ministère public près le tribunal ou la cour qui doit prononcer sur l'appel. »

Le droit d'appeler, quand le prévenu est mineur, peut être exercé par son représentant légal, c'est-à-dire, par son père ou tuteur (2).

Les personnes responsables ne peuvent appeler qu'autant

---

(1) *Cass.* 10 juillet 1831. D. P. 34. 1. 438. Dans l'espèce de cet arrêt, le plaignant avait obtenu 4,000 francs.

(2) *Cass.* 2 juin 1821. D. P. 21. 1. 384.

qu'elles ont figuré dans le jugement de première instance, et pour leurs intérêts civils seulement.

La partie lésée qui s'est bornée à porter plainte ne peut appeler, puisque la loi n'accorde ce droit qu'à la *partie civile*.

L'administration forestière peut appeler, même pour ce qui a trait à l'application des peines corporelles, puisque la loi n'apporte aucune limitation au droit d'appeler qu'elle lui confère (1).

Enfin, le droit d'appel semble appartenir au procureur général, dans le cas même où l'appel ne doit pas être porté devant la cour royale, puisque ce magistrat est le chef du ministère public dans tout son ressort, et que c'est à lui principalement que la loi confie la poursuite des délits comme celle des crimes (2).

§ 3. *A quelle époque et dans quelle forme l'appel doit-il être interjeté?*

Disons, tout d'abord, qu'en principe l'appel peut être interjeté immédiatement après le jugement, puisque le code ne contient sur ce point aucune disposition restrictive.

Cette règle pourtant doit souffrir exception à l'égard des jugements préparatoires, dont l'appel ne semble admissible qu'après le jugement définitif (3). Point d'intérêt, point d'action; point de grief, point de recours : ce sont de ces maximes, marquées, pour ainsi parler, au coin de l'évidence, et qui doivent gouverner toutes les matières civiles ou criminelles. A quoi bon, en effet, autoriser un appel contre une sentence qui ne fait grief actuellement à aucune des parties, et ne préjuge absolument rien! Si l'instruction ou

---

(1) *Cass.* 31 janvier 1817. D. A. 1. 555.

(2) *Cass.* 1er juillet 1813 et 14 mars 1817.

(3) La jurisprudence est fixée dans ce sens. *Cass.* 22 janvier 1825 et 11 août 1826.

Quant aux jugements interlocutoires, le principe général reprend son empire, et l'appel peut en être interjeté sur-le-champ. *Cass.* 2 août 1810.

la mesure ordonnée a pu produire quelque résultat fâcheux, l'appel après le jugement définitif suffira pour y porter remède.

La plupart des criminalistes, M. Bourguignon (1) notamment, et M. Legraverend (2), enseignent aussi que l'appel des jugements par défaut ne doit être autorisé qu'après l'expiration des délais de l'opposition : mais cette seconde exception ne nous paraît point fondée. Les auteurs cités la basent sur un avis du conseil d'état du 11 février 1806, et sur les règles ordinaires de la procédure en matière civile. Quant à l'avis du conseil d'état, il n'a plus de force légale, puisqu'étant antérieur à la promulgation du code d'instruction criminelle, il se trouve virtuellement abrogé par ce code; et quant aux règles de la procédure civile, elles semblent pareillement inapplicables, parce que l'analogie n'est point complète. Le code de procédure, en effet, n'autorise, il est vrai, l'appel, qu'après l'expiration des délais de l'opposition (art. 455) : mais ce n'est aussi qu'après l'expiration des délais de l'opposition qu'il fait courir ceux de l'appel. Le code d'instruction criminelle, au contraire, faisant courir, ainsi qu'on va le voir, le délai de l'appel avant même l'expiration du délai de l'opposition, il paraît injuste de défalquer de ce délai le temps durant lequel l'opposition est recevable.

Rejeter un appel correctionnel par cela seul qu'il aurait été formé dans le délai de l'opposition, ce serait donc ajouter à la rigueur du code, et créer une déchéance, qu'une analogie incomplète, puisée dans les principes de la procédure civile, ne peut autoriser (3).

Voyons maintenant dans quel délai l'appel doit être interjeté, sous peine d'être rejeté comme tardif.

L'art. 203 dispose à cet égard : « Il y aura, sauf l'exception portée en l'art. 205 ci-après, déchéance de l'appel, si la

---

(1) Sur l'art. 150 du Code.

(2) T. 2, p. 349, de la 2e édition.

(3) C'est dans ce sens que la jurisprudence de la cour suprême s'est prononcée. V. 19 avril et 31 mai 1833, et 23 septembre 1841.

déclaration d'appeler n'a pas été faite au greffe du tribunal qui a rendu le jugement, dix jours au plus tard après celui où il a été prononcé ; et, si le jugement est rendu par défaut, dix jours au plus tard après celui de la signification qui en aura été faite à la partie condamnée ou à son domicile, outre un jour par trois myriamètres. — Pendant ce délai et pendant l'instance d'appel, il sera sursis à l'exécution du jugement. »

L'art. 205 ajoute : « Le ministère public près le tribunal ou la cour qui doit connaître de l'appel, devra notifier son recours, soit au prévenu, soit à la personne civilement responsable du délit, dans les deux mois à compter du jour de la prononciation du jugement, ou, si le jugement lui a été légalement notifié par l'une des parties, dans le mois du jour de cette notification ; sinon, il sera déchu. »

Dans les délais fixés par ces articles, le jour de la prononciation du jugement ou de sa signification n'est point compté ; mais celui de l'échéance est compté, quand même ce serait un jour férié (1). C'est ce qui résulte clairement des termes employés par la loi.

Il résulte aussi clairement de l'art. 203 que, si le jugement est par défaut, le délai de l'appel ne laisse pas de courir aussitôt après sa signification, et durant le délai de l'opposition (2). C'est ce qui nous a fait décider tout à l'heure que l'appel peut être interjeté valablement, avant l'expiration de ce dernier délai.

Le délai de l'appel ne doit courir qu'à dater du jour de la notification, toutes les fois que le jugement a été rendu par défaut, quand même ce serait un jugement de débouté d'opposition, qui ne peut donner lieu à une opposition nouvelle : la loi, en effet, ne distingue pas (3).

L'art. 202 oblige, comme on l'a vu, le procureur du roi près le tribunal qui a rendu le jugement, à transmettre,

---

(1) *Cass.* 28 août 1812. D. A. 1. 566.
(2) *Cass.* 22 janvier 1825. D. P. 25. 1. 207.
(3) *Cass.* 14 décembre 1838. D. P. 39. 1. 145.

dans la quinzaine, un extrait de ce jugement, au magistrat du ministère public près le tribunal ou la cour qui doit connaître de l'appel, s'il ne juge pas à propos d'appeler lui-même. Mais s'il omettait de faire cet envoi, le délai de deux mois fixé par l'art. 205 ne laisserait pas de courir à dater de la prononciation du jugement, car il serait injuste de faire retomber sur le prévenu les conséquences d'une faute à laquelle il est étranger.

En principe, l'appel doit être déclaré au greffe, et tout autre mode le rendrait nul. Toutefois, l'appel interjeté par le ministère public près le tribunal ou la cour qui doit connaître de l'appel fait exception à cette règle, et doit être interjeté par exploit signifié au prévenu et aux personnes civilement responsables; en sorte qu'il serait nul, s'il était formé par déclaration au greffe. Ce dernier mode semblerait toutefois valable, si l'appel avait été déclaré dans les dix jours de la prononciation du jugement; car il ne serait pas raisonnable que le magistrat supérieur ne pût point faire, par lui-même, ce qu'il peut enjoindre de faire au magistrat son subordonné.

Dans la déclaration d'appel, il n'est point nécessaire d'indiquer les griefs. Mais par qui cette déclaration doit-elle être signée? Est-il indispensable qu'elle le soit par l'appelant en personne? La loi ne l'exige pas, et il n'est point permis d'aller au-delà de ce qu'elle prescrit.

D'un autre côté pourtant, il serait exorbitant de soutenir que toute personne, indifféremment, peut interjeter appel au nom du prévenu ou de la partie civile.

Il faut donc appliquer ici les principes généraux, et décider que la déclaration d'appel doit être faite ou par la partie en personne, ou par son procureur fondé spécial porteur de sa procuration, à moins que l'appel ne soit déclaré par un avoué, qui, par la nature de ses attributions, est toujours présumé avoir reçu mandat de la partie jusqu'à désaveu (1).

_____

(1) *Cass.* 18 mai et 17 août 1821

Ainsi, l'appel est nul, s'il est interjeté par une personne qui ne représente qu'une procuration générale pour administrer (1). Il est nul encore, quand il n'a été déclaré que par l'avocat du prévenu, sans mandat spécial (2).

§ 4. *Devant quelle juridiction l'appel doit-il être porté.*

On sait que, dans le système de la loi du 16-24 août 1790, qui n'avait pas voulu créer des tribunaux d'appel, les appels des sentences des tribunaux de district se portaient à l'un des tribunaux voisins, et que, d'après la constitution de l'an III, les appels des sentences des tribunaux de département se portaient pareillement à l'un des tribunaux les plus voisins.

Le code d'instruction criminelle a conservé pour les matières correctionnelles, quelques vestiges de cet ancien système.

Voici en effet, ce que disposent les art. 200 et 201 de ce code.

« Les appels des jugements rendus en police correctionnelle seront portés des tribunaux d'arrondissement au tribunal du chef-lieu du département. — Les appels des jugements rendus en police correctionnelle au chef-lieu du département, seront portés au tribunal du chef-lieu du département voisin, quand il sera dans le ressort de la même cour royale ; sans néanmoins que les tribunaux puissent, dans aucun cas, être respectivement juges d'appel de leurs jugements. — Il sera formé un tableau des tribunaux de chef-lieu auxquels les appels seront portés (art. 200).

» Dans le département où siège la cour royale, les appels des jugements rendus en police correctionnelle seront portés à ladite cour. — Seront également portés à ladite cour les appels des jugements rendus en police correctionnelle dans

_____

(1) *Cass.* 12 septembre 1812.
(2) *Cass.* 15 mai 1812 et 8 octobre 1829.

le chef-lieu d'un département voisin, lorsque la distance de cette cour ne sera pas plus forte que celle du chef-lieu d'un autre département (art. 201). »

Ainsi, l'appel des sentences des tribunaux d'arrondissement doit être porté au tribunal du chef-lieu du département, dans le cas où il n'y a pas dans ce département de siége de cour royale; dans le cas contraire, il doit être porté à la cour.

Quant à l'appel des sentences d'un tribunal de chef-lieu de département, il doit être porté à la cour royale : 1° quand le siége de la cour se trouve dans le même département; 2° quand, se trouvant dans un autre département, aucun tribunal de chef-lieu du même ressort ne se trouve à une moindre distance; 3° quand il y a même quelque tribunal plus rapproché, mais que celui qui a rendu le jugement est lui-même juge d'appel à l'égard de ce tribunal.

En d'autres termes, pour que l'appel d'un tribunal de chef-lieu soit porté devant un autre tribunal de chef-lieu et non point devant la cour royale, il faut la réunion de trois conditions, savoir : 1° qu'il n'y ait pas de siége de cour royale dans le département; 2° qu'un autre chef-lieu de département du même ressort soit plus rapproché que le siége de la cour; 3° que le tribunal dont il s'agit ne soit pas lui-même juge d'appel à l'égard de ce tribunal plus voisin que la cour.

Peu de tribunaux de chef-lieu se trouvent réunir ces trois conditions. En voici l'indication, puisée dans le décret du 18 août 1810 :

Les appels du tribunal de Périgueux sont portés au tribunal d'Angoulême;

Ceux du tribunal de Perpignan sont portés à Carcassonne;

Ceux du tribunal de Tours, à Blois;

Ceux de Chartres, à Versailles;

Ceux d'Auxerre, à Troyes;

Ceux de Saintes et de Bourbon-Vendée, à Niort;

Ceux de Quimper, à Vannes.

Les appels de tous les autres tribunaux de chef-lieu sont portés à la cour royale.

§ 5. *Des effets de l'appel.*

Nous aurons expliqué suffisamment les effets de l'appel, quand nous aurons indiqué d'abord à quels chefs du jugement s'étend l'appel interjeté, puis à quelles parties il profite, puis, enfin, l'effet suspensif qu'il produit.

I. Il est certain d'abord que l'appel interjeté par une partie s'étend à toutes les dispositions du jugement qui lui sont défavorables, à moins que cette partie n'ait expressément limité son appel à quelque chef particulier.

II. Il est certain, aussi, que l'appel ne profite qu'à la partie qui l'a interjeté. C'est là un principe dont la jurisprudence fait journellement l'application.

Ainsi, l'appel d'un des prévenus ne profite pas à son co-prévenu.

Ainsi encore, quoiqu'en première instance les poursuites du ministère public profitent en général à la partie civile, et réciproquement, l'appel du ministère public ne profite pas à la partie civile, ni *vice versâ* (1).

Si l'appel d'une partie ne profite pas aux autres parties qui ont le même intérêt, à plus forte raison ne peut-il jamais profiter à la partie adverse.

Ainsi, quand le ministère public n'appelle pas *à minimâ*, c'est-à-dire, quand il n'appelle pas du jugement comme ayant prononcé une condamnation trop faible, la peine que ce jugement a infligée au prévenu ne peut jamais être aggravée sur l'appel de ce dernier. C'est un point depuis longtemps constant en jurisprudence (2).

Au premier aperçu, il semblerait que l'appel du ministère public ne devrait jamais non plus profiter au prévenu.

---

(1) *Cass.* 1er mai 1818, 7 mai et 29 juillet 1819.
(2) V. notamment *Cass.* 19 janvier 1816 et 18 janvier 1822.

24

La jurisprudence a pourtant consacré à cet égard une distinction que nous croyons sage. Si le ministère public a déclaré appeler purement et simplement, la cour peut, sur cet appel, réduire la peine, par la raison que le ministère public est censé alors avoir agi dans l'intérêt du prévenu, dont les droits ne doivent pas lui être moins chers que ceux des autres membres de la société (1). Mais, s'il spécifie dans son appel qu'il ne l'interjette que pour obtenir une aggravation de peine, la peine prononcée ne peut être diminuée, qu'autant que le prévenu aurait appelé lui-même (2).

III. L'appel en matière correctionnelle est toujours suspensif. C'est ce qui résulte de la seconde disposition de l'art. 203 précédemment transcrit. Il n'y a d'autre exception que celle établie par l'art. 188, pour le cas d'une provision accordée par le jugement qui statue sur une opposition.

Bien plus, le délai même de l'appel, au moins le délai ordinaire de dix jours, est suspensif aussi, au moins en thèse générale; c'est-à-dire, que le jugement ne doit pas être exécuté dans ce délai, quoiqu'il n'y ait pas eu encore d'appel formé (même art. 203, 2ᵉ alinéa).

La conséquence qui s'induirait de là, c'est qu'en cas d'acquittement, le prévenu qui aurait été arrêté ne pourrait être mis en liberté qu'après l'expiration des dix jours. C'est ce que disposait, en effet, l'art. 206 de l'ancien code. Mais la loi de 1832 a apporté à cet égard une restriction au principe. L'art. 206 dispose, en effet, maintenant : « La mise en liberté du prévenu acquitté ne pourra être suspendue, lorsqu'aucun appel n'aura été déclaré ou notifié dans les trois jours de la prononciation du jugement. »

Mais la mise en liberté du prévenu n'empêche point que l'appel ne puisse encore être valablement interjeté, tant que les délais fixés par les art. 203 et 205 ne sont pas

---

(1) *Cass.* 4 mars 1825. Paris, 9 novembre 1829.
(2) *Cass.* 22 août 1812.

écoulés : et l'on peut demander, si après cet appel, le prévenu peut être arrêté de nouveau. Nous penserions qu'en
effet une nouvelle arrestation peut avoir lieu, mais seulement d'autorité du tribunal ou de la cour saisis de l'appel,
parce que tout appel, en principe, ayant un effet dévolutif,
rien dans la position des parties ne peut plus être changé,
que d'autorité de la juridiction devant laquelle l'appel a été
porté.

§ 6. *Des fins de non recevoir qu'on peut opposer à l'appel, et
spécialement de l'acquiescement.*

Diverses causes peuvent rendre l'appel irrecevable.

Il est irrecevable, par exemple, d'après ce qui a été dit
précédemment, s'il est interjeté contre un jugement préparatoire avant le jugement définitif, ou s'il n'est formé
qu'après l'expiration des délais fixés par la loi.

Mais la question importante que nous nous proposons
d'examiner ici, est celle de savoir si un acquiescement,
exprès ou tacite, autre que celui résultant de l'expiration
des délais, peut rendre également l'appel irrecevable.

Il est certain d'abord que toutes les causes d'acquiescement
que la doctrine reconnaît dans les matières civiles, s'appliquent sans difficulté aux matières criminelles, pour ce qui
regarde les rapports respectifs du prévenu et de la partie
civile. Il ne s'agit là, en effet, que d'intérêts pécuniaires, et,
puisque la loi déclare expressément, dans l'art. 2046 du
Code civil, qu'on peut transiger sur l'intérêt civil résultant
d'un délit, il est indubitable qu'on peut acquiescer valablement à toutes les décisions rendues sur cet intérêt civil.

Nous serions, par la même raison, porté à admettre la
validité des acquiescements dans les matières fiscales, quand
il ne peut être prononcé d'autres peines que des confiscations et des amendes, c'est-à-dire, des peines pécuniaires,
qui ne portent point atteinte à la considération du condamné
et ne créent pas pour lui des incapacités.

Mais, dans les procès correctionnels proprement dits,

la question, dans les rapports du ministère public et du prévenu, doit, ce nous semble, être envisagée sous un autre aspect.

Qu'est-ce en effet, en définitive, qu'un acquiescement? c'est une sorte de contrat ou de traité. Or, nous ne concevons pas qu'une question de pénalité, c'est-à-dire de liberté et d'honneur pour un citoyen, puisse faire valablement la matière d'un traité, non-seulement de la part du ministère public, à qui il n'est pas loisible de sacrifier les intérêts de la société, mais encore de la part du prévenu qui ne peut pas, sans préjudicier à la société même dont il est membre, engager, par une parole ou une démarche imprudentes, des biens qu'on a toujours considérés comme étant d'un prix inestimable.

C'est dans ce sens, au surplus, que la jurisprudence de la cour suprême paraît se prononcer.

Ainsi, d'abord, il a été décidé maintes fois que l'acquiescement ou l'exécution donnée à un jugement correctionnel en premier ressort, par le procureur du roi près le tribunal qui l'a rendu, ne rend pas le ministère public près le tribunal supérieur irrecevable à appeler (1).

Il a été décidé de plus, que le procureur du roi peut lui-même appeler, dans les dix jours, du jugement qui a prononcé l'acquittement, quoi qu'il ait fait mettre le prévenu en liberté (2).

Or, si des actes d'exécution aussi explicites ne lient pas le ministère public, il serait injuste que des actes d'exécution, tout semblables, liassent le prévenu.

Nous n'apercevons qu'un inconvénient à cette doctrine. Il peut se faire, par exemple, que, lorsque le ministère public près le siége inférieur exécute le jugement, le prévenu, se croyant désormais en pleine sûreté, n'interjette pas lui-même d'appel, et que l'appel du ministère public près le siége supérieur vienne l'atteindre, au moment où il ne

---

(1) *Cass.* 15 décembre 1814, 17 juin 1819 et 16 janvier 1824.
(2) *Cass.* 2 février 1827. D. P. 27. 1. 380.

peut plus lui-même appeler. Mais, en supposant que cet inconvénient fût sérieux, on pourrait y remédier, en faisant revivre, dans ce cas exceptionnel, le droit d'appel du prévenu, le motif pris de ce que ce serait par le fait du ministère public, qu'il n'aurait pas interjeté son propre appel dans les délais ordinaires.

§ 7. De l'appel incident.

Il peut se faire que chacune des parties soit mécontente de la sentence. Chacune d'elles alors a intérêt à appeler, et l'on appelle *appel incident*, l'appel qui n'a été interjeté que le second.

La première question qui se présente, est celle de savoir si cet appel peut, comme en matière civile, être interjeté en tout état de cause, par conséquent, après comme avant l'expiration des délais ordinaires.

Sous l'empire de la loi du 3 brumaire an IV, la cour de cassation avait jugé la négative, par arrêt du 18 mars 1809 (1), et la décision de cet arrêt nous semble devoir encore être suivie.

Les art. 203 et 205 du code paraissent, en effet, fixer les délais de l'appel d'une manière invariable, et la règle d'après laquelle, en matière civile, l'appel incident peut être interjeté en tout état de cause, est une exception au principe qui veut qu'un acte ne profite qu'à la partie qui l'a fait. Cette exception, étant par là même de droit étroit, ne peut être étendue à un ordre de matières différent, qu'autant que cette extension est réclamée par des considérations d'équité tout-à-fait impérieuses. Or, ces considérations déterminantes, nous ne saurions les apercevoir ici; car rien n'est plus aisé, pour chacune des parties, que de se mettre en mesure dans les délais fixés par la loi (2).

(1) D. A. 1. 567.
(2) V. dans ce sens M. A. Dalloz. v° *Appel incident*, n. 80, et arrêt de Riom, du 14 avril 1836 *Contrà*, Nancy, 14 juin 1833.

Mais, lorsque la partie qui veut interjeter le second appel se trouve encore dans les délais, nous admettons, avec les cours de Bordeaux et de Limoges (1), que l'appel est valablement formé par une simple déclaration faite à l'audience, en présence de l'autre partie; car tout ce qui tend à économiser les frais et à procurer une prompte décision, sans contrarier l'économie générale de la loi, doit être encouragé.

§ 8. *Comment l'appel doit être instruit et jugé.*

Les formes de l'instruction sur l'appel sont fort simples, et ne diffèrent guère de celles suivies en première instance.

Le vœu de la loi est d'abord que l'appelant indique ses moyens dans une requête, qui, d'après l'art. 204, peut être remise dans le délai de l'appel au greffe du tribunal qui a rendu le jugement. « Elle sera signée, ajoute l'art. 204, de l'appelant, ou d'un avoué, ou de tout autre fondé de pouvoir spécial. — Dans ce dernier cas, le pouvoir sera annexé à la requête. — Cette requête pourra aussi être remise directement au greffe du tribunal où l'appel sera porté. »

Si cette requête n'est remise ni au greffe du tribunal de première instance, ni à celui du tribunal d'appel, est-ce un motif suffisant pour déclarer l'appel non recevable? La négative est certaine. A la vérité, il serait plus commode pour la partie intimée, de connaître à l'avance les moyens d'appel de son adversaire. Mais cette raison ne saurait suffire pour autoriser une fin de non recevoir que l'art. 204 ne prononce pas, et à laquelle, au contraire, son texte semble résister, puisqu'il est conçu en termes facultatifs.

L'intérêt qu'a l'appelant à ce que le juge qui doit faire le rapport analyse ses moyens, est d'ailleurs un stimulant suffisant, pour que la prescription de la loi ne tombe pas en désuétude.

---

(1) Arrêts des 21 juillet 1830 et 19 janvier 1831. D. P. 31. 2. 197.

« La requête, porte l'art. 207, si elle a été remise au greffe du tribunal de première instance, et les pièces, seront envoyées par le procureur du roi, au greffe de la cour ou du tribunal auquel l'appel sera porté, dans les vingt-quatre heures après la déclaration ou la remise de la notification de l'appel. — Si celui contre lequel le jugement a été rendu est en état d'arrestation, il sera, dans le même délai, et par ordre du procureur du roi, transféré dans la maison d'arrêt où siége la cour ou le tribunal qui jugera l'appel. »

Dès l'instant que l'appel a été formé, c'est donc par l'intermédiaire du ministère public que toutes les pièces doivent être transmises, et l'appelant ne peut être déclaré déchu de son appel, sur le fondement qu'il ne représente pas lui-même une expédition de la déclaration. La cour de cassation cassa le même jour, 11 janvier 1817, treize arrêts de la cour de Besançon qui avaient décidé le contraire.

« L'appel, porte l'art. 209, sera jugé à l'audience, dans le mois, sur un rapport fait par l'un des juges. » L'article n'ajoute pas la peine de nullité, d'où il faut conclure avec certitude qu'il n'y a pas nullité, de cela seul que le jugement n'a été rendu qu'après le mois.

M. Carnot, sur l'art. 209, pense aussi que l'omission du rapport ne doit pas emporter nullité, quand ce rapport n'a été requis par aucune des parties (1).

Malgré le silence de la loi, nous sommes, en ce point, d'un avis contraire, parce que le rapport est un élément important de la conviction des autres juges, qui, naturellement, ne lisent ni la requête produite à l'appui de l'appel, ni les autres pièces de l'affaire. Ce rapport, en effet, tient lieu de la lecture des procès-verbaux, que la loi n'exige pas en appel, comme elle l'exige en première instance. Nous considérons donc le rapport comme une formalité essentielle et irritante, et la cour suprême semble l'avoir envisagé de même dans un arrêt du 13 mai 1836, par lequel elle a décidé qu'il y a nullité, quand quelqu'un des

---

(1) V. aussi M. A. Dalloz, v° *Appel correctionnel*, n. 311.

juges qui ont pris part au jugement n'a pas assisté au rapport (1).

« A la suite du rapport, continue l'art. 210, et avant que le rapporteur et les juges émettent leur opinion, le prévenu, soit qu'il ait été acquitté, soit qu'il ait été condamné, les personnes civilement responsables du délit, la partie civile et le procureur du roi, seront entendus dans la forme et dans l'ordre prescrit par l'art. 190. »

Cet article ne parle point de l'audition des témoins. En principe, en effet, une nouvelle audition est inutile, puisqu'en première instance le greffier, aux termes de l'art. 155, a dû tenir note des principales déclarations de chaque témoin.

Ce n'est pas à dire pourtant que le tribunal ou la cour saisie de l'appel, ne puisse, même d'office, ordonner cette audition nouvelle toutes les fois qu'il la juge utile (2); et si quelqu'une des parties demande à produire d'autres témoins, le tribunal ou la cour doit statuer sur sa demande, et ne peut repousser la nouvelle preuve offerte, qu'autant qu'elle paraît superflue (3).

Les autres règles de l'instruction, prescrites pour le tribunal de première instance, s'appliquent également en appel. L'art. 211 porte en effet : « Les dispositions des articles précédents sur la solennité de l'instruction, la nature des preuves, la forme, l'authenticité et la signature du jugement définitif de première instance, la condamnation aux frais, ainsi que les peines que ces articles prononcent, seront communes aux jugements rendus sur l'appel. »

Nous rappellerons seulement qu'aux termes de la loi du 20 avril 1810, le tribunal, saisi d'un appel correctionnel, ne peut, comme la cour royale, statuer valablement sur cet appel qu'au nombre de cinq juges.

Les diverses manières dont le tribunal correctionnel doit

---

(1) D. P. 36. 1. 371.
(2) *Cass.* 2 août 1821 et 31 janvier 1835.
(3) *Cass.* 21 juillet 1820, 14 août 1823 et 24 janvier 1840.

statuer en première instance, se représentent naturellement en cause d'appel.

« Si le jugement est réformé, parce que le fait n'est réputé ni délit ni contravention de police par aucune loi, porte
l'art. 212, la cour ou le tribunal renverra le prévenu et
statuera, s'il y a lieu, sur les dommages-intérêts. » On a
déjà précédemment invoqué ce texte pour prouver que, dans
le cas de relaxe, ce n'est qu'au prévenu que des dommages
peuvent être accordés.

« Si le jugement est annulé parce que le fait ne présente
qu'une contravention de police, et si la partie publique et
la partie civile n'ont pas demandé le renvoi, la cour ou le
tribunal prononcera la peine, et statuera également, s'il
y a lieu, sur les dommages-intérêts (art. 213). »

Cet article étant conçu en termes absolument semblables
à ceux de l'art. 192, ne nécessite aucune explication particulière.

Enfin, aux termes de l'art. 214, « Si le jugement est annulé parce que le délit est de nature à mériter une peine
afflictive ou infamante, la cour ou le tribunal décernera,
s'il y a lieu, le mandat de dépôt ou même le mandat d'arrêt, et renverra le prévenu devant le fonctionnaire public
compétent, *autre toutefois que celui qui aura rendu le jugement ou fait l'instruction.* »

Cette disposition a également beaucoup de rapport avec
celle de l'art. 193. Elle en diffère toutefois sur un point
essentiel. Dans le cas de l'art. 193, en effet, il nous a semblé que le tribunal, en se déclarant incompétent, ne doit
point désigner le juge d'instruction qui devra diriger de nouvelles poursuites, quand une ordonnance antérieure de la
chambre du conseil a considéré le fait comme un simple délit.

Mais, lorsque c'est le tribunal d'appel ou la cour qui se
dessaisit pour une semblable cause, il paraît résulter des
expressions finales de l'art. 214, que ce tribunal ou cette cour
ne doit pas se borner à renvoyer le prévenu devant qui de
droit, mais qu'il doit toujours désigner le magistrat qui devra
procéder à la nouvelle information, puisqu'il doit exclure

celui qui a fait l'instruction précédente ou qui aurait pris part au jugement réformé.

L'ordonnance antérieure de la chambre du conseil qui aurait renvoyé le prévenu en police correctionnelle, quoiqu'elle n'ait pas été attaquée dans les délais, ne fait donc pas obstacle à cette désignation, car, puisque l'art. 214 suppose une instruction précédente, il suppose par là même une ordonnance antérieure de la chambre du conseil. En ce cas, il est vrai, les principes ordinaires de la chose jugée se trouvent froissés ; mais le législateur, arbitre souverain de tout ce qui est raisonnable et juste, peut apporter aux principes les plus respectables telle exception qu'il juge convenable, et l'exception s'induit ici nécessairement des derniers termes de l'art 214.

Les arrêts de la cour de cassation du 18 août 1837 et du 5 août 1838, que nous avons cités précédemment en expliquant l'art. 193, ne doivent donc s'appliquer qu'aux jugements rendus par les tribunaux correctionnels de première instance, et c'est dans cette espèce, en effet, qu'ils ont été rendus.

§ 9. *De l'évocation.*

Les règles de l'évocation en matière criminelle diffèrent, presque en tout point, de celles tracées par la loi en matière civile.

L'art. 215 du code d'instruction criminelle dispose, en effet : « Si le jugement est annulé pour violation ou omission non réparée de formes prescrites par la loi à peine de nullité, la cour ou le tribunal *statuera* sur le fond. »

Il est à remarquer d'abord que pour exercer l'évocation, ce texte n'exige pas, comme l'exige l'art. 473 du code de procédure, que la matière soit en état de recevoir une décision définitive, ni qu'il soit statué sur le tout par un seul jugement ou arrêt. Le tribunal ou la cour saisie de l'appel correctionnel peut donc, sans contrevenir à la loi, annuler par une première décision le jugement attaqué, et rendre plus tard une autre décision sur le fond (1).

D'un autre côté, en matière civile, l'évocation n'est que facultative, tandis qu'en matière correctionnelle elle est forcée, puisque l'art. 215 précité s'exprime en termes impératifs (2).

Mais on se demande si l'art. 215 doit être considéré comme limitatif, en sorte que l'évocation ne puisse avoir lieu que lorsque le jugement de première instance est annulé pour vices de formes, ou si, au contraire, sa disposition est purement démonstrative. C'est dans ce dernier sens que la jurisprudence de la cour de cassation s'est depuis longtemps prononcée (3).

En rapprochant les divers monuments de cette jurisprudence, il semble qu'on peut en extraire, pour ainsi dire, les principes suivants :

1° Il ne peut y avoir lieu à évocation, quand le jugement attaqué a été pleinement confirmé, quand même ce jugement ne serait qu'interlocutoire.

2° L'évocation ne peut pas avoir lieu non plus, quand le jugement attaqué est annulé pour cause d'incompétence, si en appliquant les règles ordinaires de la compétence, l'affaire devait être portée en appel devant un autre tribunal que celui qui prononce actuellement l'annulation, puisqu'alors ce dernier tribunal ne saurait, à aucun titre, être considéré comme le juge naturel de l'affaire.

3° L'évocation, non-seulement peut, mais encore *doit* avoir lieu, quand le jugement de première instance est annulé pour toute autre cause, quelle qu'elle soit, par exemple, parce qu'il aura mal jugé un incident, ou que le tribunal se sera mal à propos déclaré incompétent, ou

---

(1) *Cass.* 5 juillet 1828. D. P. 28. 1. 316.

(2) *Cass.* 5 mai 1820 et 23 juillet 1825.

(3) V. les nombreux arrêts cités dans le dictionnaire de M. A. Dalloz, v° *Degrés de juridiction*, n. 625 et suiv., et un arrêt plus récent de la même cour, du 18 octobre 1839. D. P. 40. 1. 380.

qu'il se sera à tort déclaré compétent, mais que le tribunal qui annule eût dû être néanmoins le juge d'appel du litige (1), ou qu'il aura ordonné à tort quelque interlocutoire, etc....

Les règles de l'évocation sont donc bien plus larges en matière criminelle qu'en matière civile, et l'on conçoit, en effet, que dans le cas surtout où le prévenu se trouve dans les fers, il est du plus haut intérêt pour lui, s'il est innocent, qu'une décision souveraine vienne lui rendre bientôt la douce atmosphère de la liberté.

§ 10. *De l'opposition envers les décisions rendues par défaut.*

Les règles de cette opposition sont écrites dans l'art. 208, ainsi conçu : « Les jugements rendus par défaut, sur l'appel, pourront être attaqués par la voie de l'opposition, dans la même forme et dans les mêmes délais que les jugements par défaut rendus par les tribunaux correctionnels. — L'opposition emportera de droit citation à la première audience, et sera comme non avenue, si l'opposant n'y comparaît pas. Le jugement qui interviendra sur l'opposition ne pourra être attaqué par la partie qui l'aura formée, si ce n'est devant la cour de cassation. »

Les délais et les formes de l'opposition sont donc identiquement les mêmes en première instance et en appel.

Mais, en première instance, l'art. 187 semble indiquer clairement que l'opposition ne peut être employée que par le prévenu, puisque c'est taxativement du prévenu que ce texte parle. Là, en effet, le prévenu mérite plus de faveur que la partie civile, par ce qu'il peut se faire qu'il n'ait eu aucune connaissance des poursuites. Mais, en appel, la position du prévenu et celle de la partie civile sont égales sous ce rapport ; et comme la disposition de l'art. 408 est conçue en termes généraux, il faut en conclure que la voie

---

(1) Ce cas ne se trouve indiqué d'une manière précise dans aucun arrêt ; mais il trouve sa justification dans les principes généraux, et dans l'analogie qu'offrent les dispositions des art. 192 et 213.

de l'opposition peut être employée par la partie civile, qui n'a pas comparu, aussi bien que par le prévenu (1).

Les termes généraux de l'art. 208 amènent aussi à penser que l'opposition est recevable, aussi bien de la part de l'appelant qui ne s'est pas présenté, que de la part de l'intimé qui n'a pas comparu.

Quant au ministère public, comme il est représenté à toutes les audiences, nul jugement ne peut, à son égard, être réputé par défaut.

Il peut se faire que le défendeur à l'opposition ne se présente pas à la seconde audience, et l'on se demande s'il peut alors former opposition à son tour. Ce serait notre sentiment, vu que l'art. 208 n'interdit une nouvelle opposition qu'à la partie qui a formé la première, et que les déchéances ne se présument pas. Mais, après la seconde opposition, il n'y aurait plus de nouvelle opposition possible pour aucune des parties; autrement, la chose n'aurait pas de fin.

Nous ajouterons, avant de quitter ce titre, que les greffiers des tribunaux correctionnels sont obligés, comme ceux des cours d'assises, de rédiger, dans la forme indiquée par l'art. 600, des notices sur tous les individus condamnés à la peine de l'emprisonnement, et d'en envoyer ensuite copie au ministre de la justice, dans le délai fixé et sous la peine portée en l'art. 601.

Ces indications forment un des éléments des tableaux statistiques annuels de la justice criminelle, tableaux féconds en enseignements, parce qu'en révélant l'étendue et les progrès de la dépravation, ils avertissent les gouvernants de l'obligation où la Providence les a placés, d'y chercher les remèdes les plus efficaces.

_____

(1) Paris, 20 novembre 1833. D. P. 34. 2. 30.

TITRE III.

DES TRIBUNAUX DE SIMPLE POLICE.

Nous arrivons maintenant à la plus humble des juridictions criminelles, aux tribunaux de simple police.

Les règles de cette juridiction ont beaucoup de rapport avec celles observées devant les tribunaux correctionnels. La différence la plus saillante qui sépare les deux juridictions, c'est que, dans les tribunaux correctionnels, les juges, à part les cas où il s'agit de contraventions fiscales qui leur sont dévolues par des lois spéciales, et celui où il s'agit de délits résultant d'une négligence ou imprudence, doivent, comme les jurés, déclarer le prévenu innocent, toutes les fois qu'il leur semble avoir agi de bonne foi ou sans intention de nuire. Devant le tribunal de simple police, au contraire, la bonne foi ou l'ignorance du prévenu ne peuvent jamais l'excuser. C'est là une maxime constante et une sorte d'axiome, dont la cour suprême fait journellement l'application, pénétrée qu'elle est de l'importance qu'ont, dans la cité, ces juridictions, d'une apparence d'ailleurs si modeste. Les contraventions dont on néglige la répression peuvent, en effet, être comparées aux dégradations journalières des bâtimens, qu'il est dans l'origine fort aisé de réparer, mais qui, lorsqu'elles vieillissent et s'accumulent, finissent par compromettre la solidité de tout l'édifice.

Pour nous conformer ici à l'ordre de la loi, nous parlerons d'abord de la juridiction de simple police exercée par les juges de paix, puis de celle exercée par les maires, puis enfin de l'appel des jugements de simple police. En fait, du reste, la juridiction des maires comme juges de police, quoique reconnue et réglementée par la loi, n'est organisée que dans bien peu de localités, en sorte que, dans le plus grand nombre, les juges de paix sont les seuls juges de simple police pour tout le canton. C'est donc principalement la juridiction de ces derniers juges dont nous devons étudier avec soin les règles.

CHAPITRE Ier.

Du tribunal du juge de paix comme juge de police.

Nous verrons successivement dans ce chapitre, quelles sont les contraventions dont les juges de paix peuvent connaître, quelle est l'organisation de leur tribunal de police, comment le prévenu est appelé devant eux et comment les parties doivent y comparaître, comment l'affaire doit être instruite, comment le tribunal doit statuer et en quelle forme le jugement doit être rendu et constaté, quelles sont enfin les règles de l'opposition envers les jugements par défaut.

§ 1er. *Des contraventions dont la connaissance est attribuée aux juges de paix.*

Le juge de paix est le juge naturel et régulier des contraventions; les maires n'exercent à cet égard qu'une juridiction d'exception.

Aussi la loi, après avoir, dans l'art. 139, attribué aux juges de paix la connaissance exclusive de certaines contraventions, ajoute-t-elle, dans l'art. 140, qu'ils peuvent connaître, concurremment avec les maires, de toutes autres contraventions commises dans l'étendue du canton, d'où il résulte que la partie plaignante peut toujours, si bon lui semble, saisir le juge de paix.

Ces juges, aux termes de l'art. 139, connaissent d'une manière exclusive :

« 1° Des contraventions commises dans l'étendue de la commune chef-lieu du canton;

» 2° Des contraventions dans les autres communes de leur arrondissement, lorsque, hors le cas où les coupables ont été pris en flagrant délit, les contraventions ont été commises par des personnes non domiciliées ou non présentes dans la commune, ou lorsque les témoins qui doivent déposer n'y sont pas résidants ou présents;

» 3° Des contraventions à raison desquelles la partie qui réclame conclut, pour ses dommages-intérêts, à une somme indéterminée ou à une somme excédant quinze francs;

» 4° Des contraventions forestières poursuivies à la requête des particuliers;

» 5° Des injures verbales;

» 6° Des affiches, annonces, ventes, distributions ou débits d'ouvrages, écrits ou gravures contraires aux mœurs;

» 7° De l'action contre les gens qui font le métier de deviner et de pronostiquer, ou d'expliquer les songes. »

Le n° 4 de l'art. 139, si l'on appliquait là l'argument *à contrario*, donnerait à penser que lorsque la contravention est poursuivie à la requête de l'administration forestière, elle peut être portée indifféremment devant le maire ou devant le juge de paix, mais cette conséquence serait erronée. On a vu, en effet, précédemment, que toutes les contraventions ou délits poursuivis par l'administration forestière, sont jugés par les tribunaux correctionnels. L'art. 139 signifie donc que, dans le cas où une contravention forestière doit être déférée au tribunal de simple police, ce qui ne peut arriver que lorsqu'elle a été commise dans le bois d'un particulier, c'est le juge de paix qui en connaît, exclusivement au maire.

Le n° 5 pourrait également faire croire que le délit d'*injures verbales* est, dans tous les cas, de la compétence du tribunal de simple police, ce qui serait aussi une erreur; car toute injure qui contient une diffamation, ou qui, renfermant l'imputation d'un vice déterminé, a eu lieu publiquement, constitue un véritable délit de la compétence du tribunal correctionnel (Code pénal, art. 375; L. du 17 mai 1819, art. 20). D'un autre côté, l'injure, même écrite, qui ne renferme l'imputation d'aucun vice déterminé ou qui n'a pas eu lieu publiquement, ne constitue qu'une contravention, et il n'est point douteux que, dans l'esprit de la loi, le juge de paix doit connaître de ces injures écrites comme des injures verbales, exclusivement aux maires.

Les affiches, annonces, etc., d'ouvrages ou gravures contraires aux mœurs, dont il est question dans le n° 6 de l'article, constituent aussi fréquemment des délits, et sortent alors évidemment de la compétence du tribunal de simple police (1).

Une remarque plus importante, et qui est commune à toutes les contraventions, c'est que le seul tribunal de simple police, compétent pour en connaître, c'est celui dans le ressort duquel la contravention a été commise.

Ainsi, tandis qu'en matière de crimes et de délits, trois juges, aux termes des art. 24, 63 et 69 du Code combinés, sont également compétents pour en connaître, savoir, le juge du lieu où le méfait a été commis, celui de la résidence du prévenu, et celui du lieu où le prévenu peut être trouvé; en matière de contravention, au contraire, les art. 139, 140 et 166 supposent toujours qu'il n'y a d'autre juge compétent, que celui dans le territoire duquel la contravention a été commise.

Ce n'est, en effet, que devant ce juge, que la contravention peut être commodément constatée, et, de plus, il serait contraire à l'intérêt général d'obliger des témoins, pour des infractions aussi légères, à se transporter devant des juges éloignés de leur demeure.

§ 2. De l'organisation du tribunal de simple police.

Cette organisation est indiquée dans les art. 141, 142, 143 et 144, dont les dispositions ne présentent pas de difficulté sérieuse.

« Dans les communes dans lesquelles il n'y a qu'un juge de paix, porte l'art. 141, il connaîtra seul des affaires attribuées à son tribunal : les greffiers et les huissiers de la justice de paix feront le service pour les affaires de police.

« Dans les communes divisées en deux justices de paix

---

(1) V. art. 287, C. pén., et L. 17 mai 1819, art. 8.

ou plus, le service au tribunal de police sera fait successivement par chaque juge de paix, en commençant par le plus ancien : il y aura, dans ce cas, un greffier particulier pour le tribunal de police (art. 142).

« Il pourra aussi, dans le cas de l'article précédent, y avoir deux sections pour la police : chaque section sera tenue par un juge de paix, et le greffier aura un commis assermenté pour le suppléer (art. 143).

« Les fonctions du ministère public, pour les faits de police, seront remplies par le commissaire du lieu où siégera le tribunal : en cas d'empêchement du commissaire de police, ou, s'il n'y en a point, elles seront remplies par le maire, qui pourra se faire remplacer par son adjoint. — S'il y a plusieurs commissaires de police, le procureur-général près la cour royale nommera celui ou ceux d'entre eux qui feront le service (art. 144). »

Il faut donc, pour que le tribunal de police soit régulièrement constitué, que le juge de paix soit assisté d'un fonctionnaire remplissant les fonctions du ministère public, et d'un greffier; et s'il ne résulte pas de sa sentence qu'elle a été rendue avec l'assistance de ces deux officiers, elle est radicalement nulle (1).

S'il arrive que les fonctions du ministère public ne puissent être exercées par aucune des personnes qu'indique l'art. 144, parce qu'elles sont toutes empêchées, est-ce le cas de faire désigner un conseiller municipal par le procureur du roi, comme dans le cas de l'art. 167? La cour de cassation a jugé, le 13 novembre 1841 (2), que le procureur du roi n'a pas ce pouvoir, et elle a décidé, par le même arrêt, qu'il faut, en cas pareil, se pourvoir devant elle, comme dans le cas d'insuffisance de juges, pour faire renvoyer l'affaire devant un autre tribunal. Nous avons peine à croire que, dans une matière de si peu d'importance, la loi n'autorise qu'un remède aussi dispendieux. Aussi pense-

_____

(1) *Cass.* 7 mars 1817, 15 octobre 1818, 25 février 1819.
(2) D. P. 42. 1. 111.

rions-nous, par une analogie puisée dans le deuxième alinéa de l'art. 144 lui-même, que le procureur-général, qui est le chef suprême du ministère public dans tout son ressort, peut désigner, de sa seule autorité, quelque autre commissaire de police ou maire du canton.

§ 3. *Comment les parties doivent être appelées, et comment elles doivent comparaître.*

A la différence de ce qui se pratique dans les juridictions d'un ordre plus élevé, les parties devant le tribunal de simple police peuvent comparaître volontairement et sur un simple avertissement, sans qu'il soit besoin de citation (art. 147). Il en est, sous ce rapport, du juge de paix tenant le tribunal de police, comme du juge de paix siégeant en matière civile. Seulement, en matière de police, le juge de paix ne peut pas, ce semble, interdire aux huissiers de son canton de donner des citations devant lui avant qu'il ait été donné un avertissement sans frais. La loi du 25 mai 1838 qui autorise les juges de paix à prononcer une semblable défense, ne paraît s'appliquer qu'à la juridiction civile de ces juges.

Si le prévenu ne comparaît pas sur le simple avertissement qui lui a été donné, il va sans dire qu'il ne peut pas être condamné par défaut, et qu'une citation devient dès-lors indispensable.

« Les citations pour contravention de police, porte l'art. 145, seront faites à la requête du ministère public ou de la partie qui réclame. — Elles seront notifiées par un huissier ; il en sera laissé copie au prévenu *ou* à la personne civilement responsable. »

De la disjonctive qu'on remarque dans la seconde partie de cet article, M. Carnot (1) a tiré une conséquence, ce semble, exorbitante. Il enseigne, en effet, qu'il suffit, dans tous les cas, de remettre une seule copie pour le prévenu

(1) T. 1er, p. 603, de la 2e édition.

et la partie civilement responsable, et que, sur cette seule copie, l'un et l'autre peuvent être condamnés. Cette doctrine paraît contraire aux règles les plus élémentairés de la procédure, qui ne permettent pas qu'une personne puisse être condamnée sans qu'elle ait été personnellement avertie. Aussi est-elle improuvée par les autres auteurs (1).

Mais, à nos yeux, la disjonctive, employée dans l'art. 145, indiquerait qu'on peut citer, devant le tribunal de simple police, les personnes civilement responsables, sans être obligé d'y citer en même temps l'auteur de la contravention, contrairement aux principes généraux du droit criminel, d'après lesquels l'action civile ne vient jamais devant les juridictions criminelles qu'accessoirement à l'action publique. Une exception à ces principes se conçoit, en effet, aisément ici. Il est, par exemple, bien des contraventions qui ont pour auteurs de jeunes enfans, serviteurs ou apprentis, et il ne paraîtrait pas raisonnable d'obliger la partie lésée à citer devant le tribunal de police ces jeunes délinquans, pour qu'elle eût le droit d'y appeler leurs parens ou leurs maîtres (2).

En interprétant l'article dans ce sens, il n'en résulte pas toutefois que les personnes civilement responsables puissent être condamnées personnellement à l'amende. L'amende, en effet, est une peine, et la responsabilité civile ne saurait s'étendre jusqu'à la peine. Des textes particuliers font quelquefois des exceptions pour les amendes encourues en matière fiscale, mais ces exceptions confirment la règle.

La citation donnée à la requête du ministère public, doit l'être à la requête de l'officier ou fonctionnaire qui représente cette magistrature devant le tribunal de police, c'està-dire, suivant les cas, du commissaire de police ou du

---

(1) V. le dictionnaire de **M. A.** Dalloz, v° *Instruction criminelle*, n. 341.

(2) *Contrà*, *Cass.* 24 décembre 1830 et 9 juin 1832. D. P. 31. 1. 157, et 32. 1. 317. Il paraît du reste que, dans l'espèce de ces arrêts, les délinquants étaient des domestiques d'un âge assez avancé.

maire. Elle semblerait nulle, si elle était donnée à la requête d'un autre magistrat, même plus élevé dans l'ordre hiérarchique, par exemple, du procureur du roi (1).

La loi ne dit point ce que la citation doit contenir, mais on peut induire par analogie, de l'art. 183 relatif à la citation en matière correctionnelle, qu'elle doit toujours énoncer les faits, afin que la partie citée sache sur quoi elle aura à répondre, et qu'elle puisse amener les témoins qu'elle jugera à propos de faire entendre pour sa justification. La citation qui ne contiendrait aucune indication des faits semblerait donc devoir être rejetée.

Quant au délai pour comparaître, la loi le fixe dans l'art. 146 qui dispose : « La citation ne pourra être donnée à un délai moindre que vingt-quatre heures, outre un jour par trois myriamètres, à peine de nullité tant de la citation que du jugement qui serait rendu par défaut. Néanmoins cette nullité ne pourra être proposée qu'à la première audience, avant toute exception et défense. — Dans les cas urgents, les délais pourront être abrégés et les parties citées à comparaître, même dans le jour, et à l'heure indiquée, en vertu d'une cédule délivrée par le juge de paix. »

Cet article n'exigeant pas pour la citation un jour franc, mais seulement *vingt-quatre heures*, il faut en conclure, qu'en coarctant l'heure dans l'exploit, on peut, sans cédule du juge, assigner valablement la veille pour une audience du lendemain qui doit se tenir à une heure plus avancée de la journée. Mais nous n'admettons pas que, lorsque l'exploit a été signifié la veille sans indication d'heure, il y ait présomption légale qu'il a été signifié vingt-quatre heures à l'avance, et que l'assigné soit obligé de fournir la preuve contraire. En principe, en effet, tout exploit doit porter en lui-même les preuves de sa régularité, et nulle preuve ne doit être admise contre et outre le contenu en ces actes (2).

---

(1) **V. M.** Ortolan, *du ministère public*, t. 2, p. 126.

(2) *Contrà*, *Cass.* 16 février 1833. D. P. 33. 1. 352.

Il est à remarquer au surplus que la loi, plus sévère ici qu'en matière correctionnelle, ne se borne pas, en cas d'inobservation des délais, à prononcer la nullité du jugement par défaut, et qu'elle prononce aussi la nullité de la citation.

« La personne citée, dit l'art. 152, comparaîtra par elle-même, ou par un fondé de procuration spéciale. » Cette procuration peut être donnée à toute personne capable d'accepter un mandat, puisque la loi n'apporte aucune limitation au principe général. A plus forte raison, la partie présente peut-elle confier la défense de sa cause à qui bon lui semble [1], et la partie plaignante doit sous les deux rapports être assimilée à la partie citée, quoique la loi n'ait pas parlé explicitement de celle-ci, parce que la position des parties devant la justice doit être égale, toutes les fois que le législateur n'a pas exprimé formellement d'intention contraire.

§ 4. De l'instruction.

En principe, les vérifications judiciaires doivent se faire contradictoirement, c'est-à-dire parties présentes, ou du moins appelées. Mais, à raison du caractère fugitif d'un grand nombre de contraventions, qui ne laissent que peu de vestiges matériels et tout aussi peu de traces dans les souvenirs, l'art. 148 apporte une exception à la règle. Ce texte dispose en effet : « Avant le jour de l'audience, le juge de paix pourra, sur la réquisition du ministère-public ou de la partie civile, estimer ou faire estimer les dommages, dresser ou faire dresser des procès-verbaux, faire ou ordonner tous actes requérant célérité. Il n'est point douteux à nos yeux que ces actes, quoique en l'absence du prévenu, peuvent ensuite servir de base légale à sa condamnation ; car un procès-verbal, dressé par le juge ou de son autorité, doit, ce nous semble, avoir tout autant de force que le procès-verbal qui aurait été dressé avant

---

[1] *Cass.* 20 novembre 1823. D. A. 4. 566.

toute citation, par le commissaire de police ou par tout autre officier de police judiciaire compétent.

A l'audience, l'instruction se fait de la même manière et dans le même ordre qu'en police correctionnelle, ainsi que cela résulte de l'art. 153, ainsi conçu :

« L'instruction de chaque affaire sera publique, à peine de nullité. Elle se fera dans l'ordre suivant : — Les procès-verbaux, s'il y en a, seront lus par le greffier ; — les témoins, s'il en a été appelé par le ministère public ou la partie civile, seront entendus, s'il y a lieu ; — la partie civile prendra ses conclusions ; — la partie citée proposera sa défense et fera entendre ses témoins, si elle en a amené ou fait citer, et si elle est recevable à les produire ; — le ministère public résumera l'affaire et donnera ses conclusions ; — la partie citée pourra proposer ses observations ; — le tribunal de police prononcera le jugement dans l'audience où l'instruction aura été terminée, et, au plus tard, dans l'audience suivante. »

La seule différence de rédaction qu'on remarque entre cet article et l'art. 190, relatif à l'instruction en matière correctionnelle, c'est que, d'après ce dernier texte, le prévenu doit être interrogé, tandis que l'art. 153 ne prescrit pas cet interrogatoire pour les matières de simple police. Il n'était pas possible, en effet, de le prescrire pour ces matières-ci, dès que le législateur, dans l'art. 152, autorisait le prévenu à se faire représenter, dans tous les cas, par un procureur fondé. Nul doute pourtant que le juge de police ne puisse interroger le prévenu quand il le juge convenable, et, si ce dernier ne s'est présenté que par procureur fondé, qu'il ne puisse ordonner sa comparution personnelle.

Si la partie citée n'a pas eu le temps de faire citer ses témoins, elle doit obtenir un sursis à ces fins, en supposant toutefois que l'audition de ces témoins puisse être utile et qu'elle soit autorisée par la loi. Il est des cas, en effet, où la preuve testimoniale est inadmissible, comme lorsque la contravention est constatée par un procès-verbal faisant foi jusqu'à inscription de faux (art. 154). Il est rare pourtant que ces sortes de procès-verbaux soient produits devant le tribunal de simple police, parce que les contraventions déférées à cette juridiction ne sont guère constatées que par des procès-verbaux des commissaires de police, des gardes-champêtres ou des gardes forestiers des particuliers, lesquels ne font foi que jusqu'à preuve contraire.

Les règles relatives à l'audition des témoins et aux peines encourues par les témoins défaillants, sont absolument les mêmes qu'en matière correctionnelle, ainsi que cela résulte de la combinaison de l'art. 189 avec les art. 155, 156, 157 et 158 du Code. Il suffit, par conséquent, de nous référer à ce qui a été dit précédemment à ce sujet (1).

§ 5. *Du jugement.*

Nous avons vu déjà, dans l'art. 153, que le tribunal de police doit prononcer son jugement à l'audience où l'instruction a été terminée, ou, au plus tard, à l'audience suivante. Mais cette disposition n'étant point prescrite à peine de nullité, le jugement rendu à une audience plus reculée ne saurait être annulé pour cette cause. Le juge de police en retard de juger serait seulement exposé à être poursuivi pour déni de justice.

Le juge de paix, saisi comme juge de police, ne peut juger qu'en cette qualité, et il y aurait nullité radicale dans sa sentence, s'il déclarait juger comme juge civil, quoique l'affaire dût également rentrer dans ses attributions s'il avait été saisi par la voie civile. C'est là un principe incontestable, consacré par un grand nombre d'arrêts.

« Si le fait ne présente ni délit ni contravention de police, porte l'art. 159, le tribunal annulera la citation et tout ce qui aura suivi, et statuera par le même jugement sur les demandes en dommages-intérêts. » Nous renvoyons pour l'intelligence de cet article à ce qui a été dit précé-

---

(1) V. ci-dessus, p. 346 et suiv.

demment sur l'art. 191, relatif aux matières correctionnelles, lequel est conçu en termes identiques (1).

« Si le fait, ajoute l'art. 160, est un délit qui emporte
une peine correctionnelle ou plus grave, le tribunal renverra les parties devant le procureur du roi. » Le juge de
police doit renvoyer les parties devant le procureur du roi
et non devant le juge d'instruction, parce qu'en principe
ce dernier magistrat, ainsi qu'on l'a expliqué antérieurement, ne peut être saisi d'une poursuite que sur un réquisitoire du ministère public ou sur une plainte de la partie
lésée.

Le juge de police doit également se dessaisir, même d'office, et renvoyer devant qui de droit, toutes les fois que le
fait, bien que constituant en lui-même une simple contravention, a été attribué à une autre juridiction par quelque loi spéciale.

Enfin, si le prévenu est convaincu d'une contravention
rentrant dans les attributions du juge de police, ce juge,
porte l'art. 161, « prononcera la peine et statuera, par le
même jugement, sur les demandes en restitution et en
dommages-intérêts. »

C'est le cas de rappeler ici un principe bien important et
qu'on a posé tout d'abord, savoir : que, lorsque la contravention est constatée, le juge de paix ne peut jamais se
dispenser de prononcer la peine, sous le prétexte que le
prévenu a agi de bonne foi ou par ignorance, à moins toutefois que ce prévenu ne fût un enfant ou un insensé qui
aurait agi manifestement sans aucune lueur de raison.

Nous rappellerons aussi, quoique ceci appartienne plutôt
au droit pénal qu'à l'instruction criminelle, que le juge de
police, saisi d'une contravention à quelque arrêté de l'autorité municipale ou administrative, a bien le droit sans
doute d'examiner si cet arrêté a été pris dans la sphère
légale de l'administrateur qui l'a rendu, mais, qu'une fois
sa légalité reconnue, il ne peut, sous aucun prétexte, re-

---

(1) V. ci-dessus, p. 355.

fuser d'en faire l'application et de prononcer contre le contrevenant la peine édictée par la loi, ou, à défaut de peine spéciale, l'amende portée par l'art. 471, n° 15, du Code pénal.

Terminons l'exposé des règles relatives au jugement.

« La partie qui succombera, porte l'art. 162, sera condamnée aux frais, même envers la partie publique. — Les dépens seront liquidés dans le jugement. » Ajoutons, qu'aux termes de l'art. 157 du tarif criminel, la partie civile est tenue d'acquitter les frais exposés par le ministère public, dans le cas même où elle obtient gain de cause, sauf son recours contre le condamné.

« Tout jugement définitif de condamnation, poursuit l'art. 163, sera motivé, et les termes de la loi appliquée y seront insérés, à peine de nullité. — Il y sera fait mention s'il est rendu en dernier ressort ou en première instance. » La loi est plus sévère ici pour ce qui regarde l'insertion du texte de la loi qu'elle ne l'est pour les matières correctionnelles, puisque dans celles-ci l'insertion du texte de la loi n'est exigée qu'à peine d'une amende contre le greffier.

L'art. 163, du reste, en prescrivant que tout jugement *définitif* de condamnation soit motivé à peine de nullité, n'a point entendu déroger pour les autres décisions aux règles ordinaires. Celles-ci doivent donc aussi être motivées toutes les fois que ce ne sont point des jugements de simple instruction, qui portent, pour ainsi dire, leurs motifs en eux-mêmes.

« La minute du jugement, dispose enfin l'art. 164, sera signée par le juge qui aura tenu l'audience, dans les vingt-quatre heures au plus tard, à peine de 25 fr. d'amende contre le greffier, et de prise à partie, s'il y a lieu, tant contre le greffier que contre le président. » Le retard du juge à apposer sa signature ne donnerait lieu qu'à l'amende; mais il y aurait nullité substantielle, si sa signature manquait complètement.

§ 6. *Des jugemens par défaut.*

« Si la personne citée ne comparaît pas au jour et à l'heure fixés par la citation, porte l'art. 149, elle sera jugée par défaut. » Le juge doit s'assurer pourtant que les délais prescrits par la loi ont été observés, et, dans le cas contraire, il doit ordonner le réassigné (arg. de l'art. 5, Code de procédure).

L'art. 149 indique, du reste, que les jugements du tribunal de police ne peuvent être réputés par défaut que vis-à-vis de la personne citée, et jamais vis-à-vis du ministère public ni même de la partie civile. La règle est la même ici qu'en matière correctionnelle.

« La personne condamnée par défaut, ajoute l'art. 150, ne sera plus recevable à s'opposer à l'exécution du jugement, si elle ne se présente à l'audience indiquée par l'article suivant, sauf ce qui sera ci-après réglé sur l'appel et le recours en cassation : » c'est-à-dire qu'après l'expiration des délais de l'opposition, le condamné ne peut plus employer que la voie de l'appel ou celle du recours en cassation, suivant que le jugement a été rendu en premier ou en dernier ressort. Les termes de la loi prouvent au surplus que l'opposition a un effet suspensif.

L'art. 151 règle le délai et les formes de l'opposition en ces termes : « L'opposition au jugement par défaut pourra être faite par déclaration en réponse au bas de l'acte de signification, ou par acte notifié dans les trois jours de la signification, outre un jour par trois myriamètres. — L'opposition emportera de droit citation à la première audience *après l'expiration des délais*, et sera réputée non avenue si l'opposant ne comparaît pas. »

La signification du jugement, faite à la requête du ministère public, fait courir le délai au profit de la partie civile, et réciproquement; et, par la même raison, l'opposition déclarée au bas de la signification produit son effet, tant à l'égard de la partie publique qu'à l'égard de la partie civile. Mais si l'opposition est faite par acte notifié, elle doit, ce semble, être notifiée comme en matière correctionnelle, tant au ministère public qu'à la partie civile, conformément à l'art. 187, sous peine de ne produire d'effet qu'à l'égard de celle des parties à laquelle elle a été notifiée.

Mais, tandis qu'en matière correctionnelle, l'opposition emporte de droit citation à l'audience qui doit suivre immédiatement, parce qu'elle se notifie naturellement dans la ville où siège le tribunal correctionnel; en matière de simple police, comme elle peut être faite loin du lieu où siège le tribunal, elle n'emporte citation à la première audience qu'après l'expiration des délais, soit que le prévenu la forme par déclaration mise au bas de l'exploit de signification du jugement, soit qu'elle ait lieu par acte notifié au domicile de la partie civile. Dans le premier cas, il peut même y avoir lieu vis-à-vis de la partie civile à une double augmentation à raison des distances, l'une pour la distance qui sépare le lieu où le jugement est signifié du domicile de cette partie, l'autre pour la distance qui sépare son domicile, du lieu où siège le tribunal.

En supposant qu'il n'y ait lieu à aucune augmentation à raison des distances, le délai doit être au moins de vingt-quatre heures, conformément à l'art. 146, et l'on a déjà improuvé un arrêt de la cour suprême du 16 février 1833, qui a décidé que l'opposition signifiée la veille, sans indication d'heure, est censée, jusqu'à la preuve du contraire, avoir eu lieu vingt-quatre heures à l'avance.

Quand l'opposant, du reste, ne comparaît pas, le tribunal est obligé, si la partie adverse le demande, de déclarer l'opposition non avenue, et il ne pourrait accorder un sursis sans violer la disposition impérative de l'art. 151 (1).

---

(1) *Cass.* 10 juin 1843. D. P. 43. 1. 405.

CHAPITRE II.

De la juridiction de police des maires.

Cette juridiction est une sorte de réminiscence des attributions de police, qui avaient été conférées aux corps municipaux par la loi du 16-24 août 1790, et qui font que souvent encore, on désigne, sous le nom de *police municipale*, toutes les matières de simple police. Mais, comme on l'a dit en commençant le titre, cette juridiction n'est organisée que dans un petit nombre de localités. Il suffira par conséquent d'esquisser les règles qui la concernent, vu le peu d'application que ces règles reçoivent dans le royaume.

L'art. 166 indique d'une manière limitative les contraventions dont les maires peuvent connaître.

« Les maires des communes non chefs-lieux de canton, porte ce texte, connaîtront, concurremment avec les juges de paix, des contraventions commises dans l'étendue de leur commune, par les personnes prises en flagrant délit, ou par des personnes qui résident dans la commune ou qui y sont présentes, lorsque les témoins y seront aussi résidents ou présents, et lorsque la partie réclamante conclura pour ses dommages-intérêts à une somme déterminée qui n'excédera pas celle de quinze francs. — Ils ne pourront jamais connaître des contraventions attribuées exclusivement aux juges de paix par l'art. 139, ni d'aucune des matières dont la connaissance est attribuée aux juges de paix, considérés comme juges civils. »

Il faut donc, pour qu'un maire puisse statuer valablement sur une contravention de police, la réunion de huit conditions, savoir :

1° Qu'il s'agisse d'un maire d'une commune non chef-lieu de canton ; car dans la commune chef-lieu du canton, le juge de paix pouvant être saisi aussi aisément que le maire, la juridiction exceptionnelle de celui-ci doit s'effacer devant la juridiction ordinaire de celui-là ;

2° Que le juge de paix n'ait pas été déjà saisi, car la juridiction des maires n'est jamais exclusive de celle du juge de paix ;

3° Que la contravention ait été commise dans l'étendue de la commune ;

4° Que le prévenu ait été pris en flagrant délit, ou bien qu'il réside ou soit encore présent dans la commune ;

5° Que les témoins soient également résidents ou présents dans la commune, à moins que la contravention ne soit constatée par un procès-verbal qui dispense de citer des témoins ;

6° Que la partie civile ne demande pas une indemnité d'un chiffre indéterminé, ou excédant quinze francs ;

7° Que la contravention ne rentre pas parmi celles attribuées exclusivement aux juges de paix par l'art. 139, comme les injures verbales, le métier de deviner ou pronostiquer, etc.

8° Enfin, que la contravention ne rentre pas non plus dans les matières dont la connaissance est attribuée aux juges de paix comme juges civils ; en sorte, par exemple, qu'une action pour dommages faits aux champs, fruits ou récoltes, quand même ces dommages constitueraient une contravention, ne peut jamais être soumise au maire, et doit nécessairement être portée devant le juge de paix, ou comme juge civil, ou comme juge de police, au choix de la partie lésée.

Une seule de ces conditions venant à manquer, la juridiction du maire ne peut plus s'exercer, et l'on conçoit dès-lors qu'on ait pu sans inconvénient négliger, dans bien des localités, d'organiser une juridiction resserrée dans des limites aussi étroites.

Les art. 167 et 168 règlent, au demeurant, l'organisation du tribunal des maires.

Le premier de ces articles porte : « Le ministère public sera exercé auprès du maire, dans les matières de police, par l'adjoint : en l'absence de l'adjoint, ou lorsque l'adjoint remplacera le maire comme juge de police, le ministère public sera exercé par un membre du conseil municipal, qui sera désigné à cet effet par le procureur du roi, pour une année entière. »

L'art. 168 ajoute : « Les fonctions de greffier des maires dans les affaires de police, seront exercées par un citoyen que le maire proposera, et qui prêtera serment en cette qualité au tribunal de police correctionnelle. Il recevra, pour ses expéditions, les émolumens attribués au greffier du juge de paix. »

Le maire ne peut donc exercer la juridiction de police qu'autant qu'il est assisté de deux officiers, savoir, d'un représentant du ministère public et d'un greffier ; et la sentence qui ne mentionnerait pas cette double assistance serait entachée d'une nullité radicale.

Le maire doit donner son audience dans la maison commune, et entendre publiquement les parties et les témoins (art. 171, 1er alinéa). Il va sans dire que le jugement doit aussi être prononcé publiquement.

Le ministère des huissiers n'est pas nécessaire pour les citations aux parties ; ces citations peuvent être faites par un avertissement du maire, qui annonce au défendeur le fait dont il est inculpé, et le jour et l'heure où il doit se présenter (art. 169) : le défendeur qui ne comparaît pas sur cet avertissement doit être jugé par défaut.

Les citations aux témoins peuvent aussi être faites par un simple avertissement, indiquant le moment où leur déposition sera reçue (art. 170) ; et le témoin qui n'obéit pas à cet avertissement, peut incontinent être condamné à l'amende.

L'avertissement du maire doit être assimilé à une cédule délivrée par le juge ; et partant, le maire peut avertir le prévenu d'avoir à comparaître le lendemain, ou le jour même à une heure plus avancée de la journée.

A part, du reste, la substitution que la loi fait ici des avertissements aux citations régulières, les autres règles de la procédure sont absolument les mêmes que devant le juge de paix. L'art. 171 dispose, en effet, dans son second alinéa : «Seront, au surplus, observées les dispositions des art. 149, 150, 151, 153, 154, 155, 156, 157, 158, 159 et 160, concernant l'instruction et les jugements au tribunal du juge de paix. »

Ce renvoi paraît même incomplet. Ainsi, quoique l'art. 171 ne renvoie pas à l'art. 152, nous ne doutons point que le prévenu ne puisse se faire représenter par un procureur fondé, à moins qu'il n'ait été pris en flagrant délit.

Les dispositions des art. 161, 162, 163 et 164 semblent pareillement applicables à la juridiction des maires, par ce qu'il y a même raison de décider.

CHAPITRE III.

De l'appel des jugements de police.

Ici se présente dès l'abord une question d'un grand intérêt, c'est celle de savoir dans quels cas les jugements de simple police sont sujets à l'appel. Tandis en effet qu'en matière correctionnelle, la loi, dans les art. 199 et 202, ouvre l'appel à toute partie intéressée, en matière de simple police, elle apporte à ce droit une notable limitation.

L'art. 172 dispose, en effet : « Les jugements rendus en matière de simple police pourront être attaqués par la voie de l'appel, lorsqu'ils prononceront un emprisonnement, ou lorsque les amendes, restitutions et autres réparations civiles, excèderont la somme de cinq francs, outre les dépens. »

Une conséquence évidente qui s'induit d'abord *à contrario* de ce texte, c'est que le prévenu ne peut pas interjeter appel, lorsqu'il n'a été condamné qu'à une peine pécuniaire, n'excédant pas cinq francs, outre les dépens. A quoi bon, en effet, autoriser l'appel pour un si mince préjudice, dans une matière où l'honneur des prévenus n'est nullement compromis !

Mais le point délicat et important, est celui de savoir si la voie de l'appel est ouverte au ministère public et à la partie civile, ou si elle leur est fermée, quand même le ministère public aurait requis la peine de l'emprisonnement, et que la partie civile aurait réclamé des dommages considérables. C'est dans ce dernier sens que la question doit être résolue.

L'art. 172 fournit un premier argument en faveur de cette doctrine. Dire, en effet, que les jugements de police *sont sujets à l'appel*, lorsqu'ils prononcent certaines condamnations contre le prévenu, c'est dire assez clairement, ce semble, que la voie de l'appel n'est ouverte que dans ce cas, qu'ainsi toute sentence qui ne prononce contre le prévenu aucune condamnation, est par cela même en dernier ressort.

L'art. 177 fortifie ensuite cette induction, car il ouvre au ministère public et à la partie civile la voie du recours en cassation contre les jugements de simple police, ce qui suppose que les sentences peuvent être en dernier ressort vis-à-vis de ces parties; et comme rien dans la loi n'autorise à établir des catégories d'affaires où la voie de l'appel serait ouverte à la partie publique ou à la partie civile, et d'autres où elle serait fermée, il faut, pour éviter de tomber dans l'arbitraire, conclure qu'elle leur est fermée dans tous les cas.

Un rapprochement historique vient enfin compléter la démonstration, et montrer qu'en toute matière les lois en vigueur reçoivent un reflet lumineux des lois qui ont précédé, et ne peuvent être bien comprises qu'en les comparant à celles-ci.

La constitution de l'an III, dans son art. 233, et le code de brumaire an IV, dans son art. 153, déclaraient, en effet, en dernier ressort, toutes les sentences des tribunaux de simple police, et n'autorisaient contre ces sentences que la voie du recours en cassation.

Le Code d'instruction criminelle a modifié cette règle, dans l'art. 172; mais il ne l'a modifiée, qu'à l'égard du prévenu qui subit une condamnation d'une certaine gravité, et par conséquent il l'a laissée subsister dans sa généralité, à l'égard du ministère public et de la partie civile. C'est,

26

du reste, un point que la jurisprudence bien assise de la cour de cassation a mis depuis longtemps hors de controverse (1).

Au premier aperçu, l'on est surpris que la partie civile surtout, à laquelle la contravention peut avoir causé un préjudice considérable, ne puisse en aucun cas se pourvoir par appel. Mais la surprise cesse, quand on réfléchit que c'est bien librement que cette partie a saisi de sa demande le juge de police, puisqu'il lui était loisible de se pourvoir par la voie civile. Or, on ne peut se plaindre raisonnablement d'un résultat qu'on était libre de prévenir, *volenti non fit injuria*.

La cour de cassation décide même que les sentences rendues sur la compétence sont souveraines, comme celles rendues sur le fond (2) : la généralité du principe amène là.

L'art. 172 n'autorisant l'appel qu'au profit du prévenu, et le bénéfice accordé à une partie ne devant point tourner à son détriment, il faut conclure aussi que l'appel interjeté par le prévenu n'autorise pas le ministère public, ni la partie civile, à former un appel incident ; et la cour régulatrice a jugé, conformément à ce principe, que le ministère public ne peut point, sur l'appel de la partie condamnée, proposer des moyens d'incompétence, tendant à faire renvoyer le prévenu devant le tribunal correctionnel (3).

L'appel de la partie civile semblerait pourtant recevable, si cette partie non-seulement avait succombé dans sa demande en dommages, mais avait été condamnée elle-même reconventionnellement à une indemnité excédant cinq francs, outre les dépens. Ce cas, en effet, semblerait rentrer dans le texte et dans l'esprit de l'art. 172.

Nous venons d'expliquer le point le plus difficile de la

---

(1) V. arrêts des 5 sept. 1811, 10 avril 1812, 26 mars 1813, 20 février 1823.

(2) *Cass.* 11 juin et 31 décembre 1818, 17 janvier 1828, 24 juillet 1829.

(3) Arrêt du 29 sept. 1831. D P. 31-1-335.

matière ; les autres textes ne sauraient nous arrêter long-
temps.

« L'appel, porte l'art. 173, sera suspensif. »

« L'appel des jugements rendus par le tribunal de police,
ajoute l'art. 174, sera porté au tribunal correctionnel : cet
appel sera interjeté dans les dix jours de la signification de
la sentence à personne ou domicile : il sera suivi et jugé
dans la même forme que les appels des sentences des justices
de paix. »

La loi ne dit point si l'appel doit être formé par déclaration
au greffe du tribunal de police, ou par exploit notifié au
ministère public et à la partie civile. Dans son silence, l'un
et l'autre mode nous semble admissible.

En matière correctionnelle, le juge d'appel peut ordonner
d'office une nouvelle audition de témoins, parce que ces
matières intéressent presque toujours l'honneur des citoyens,
et que la répression des délits intéresse aussi à un haut degré
la société. Les contraventions ne présentant pas la même
gravité, le législateur n'a pas voulu que le juge d'appel pût,
en ordonnant d'office une nouvelle audition de témoins,
causer aux parties des dépenses considérables, hors de
proportion avec l'importance du litige. Une nouvelle audition de témoins ne peut donc avoir lieu devant ce juge,
qu'autant qu'elle est demandée par quelqu'une des parties.
C'est ce qu'indique clairement l'art. 175 ainsi conçu :
« Lorsque, sur l'appel, le procureur du roi ou l'une des
parties le requerra, les témoins pourront être entendus de
nouveau, et il pourra même en être entendu d'autres. »

Au demeurant, ajoute l'art. 176, « les dispositions des
articles précédents sur la solennité de l'instruction, la nature
des preuves, la forme, l'authenticité et la signature du
jugement définitif, la condamnation aux frais, ainsi que les
peines que ces articles prononcent, seront communes aux
jugements rendus sur l'appel par les tribunaux correctionnels. »

L'art. 178 termine par une disposition règlementaire,
qui eût semblé mieux placée dans un règlement d'adminis-

nistration publique, que dans le code. « Au commencement de chaque trimestre, porte ce texte, les juges de paix et les maires transmettront au procureur du roi l'extrait des jugements de police qui auront été rendus dans le trimestre précédent, et qui auront prononcé la peine d'emprisonnement. — Cet extrait sera délivré sans frais par le greffier. Le procureur du roi le déposera au greffe du tribunal correctionnel. Il en rendra un compte sommaire au procureur général près la cour royale.

Ces extraits servent à dresser les tableaux annuels de statistique de la justice criminelle.

LIVRE QUATRIÈME.

Des juridictions extraordinaires.

Nous avons exposé, dans les livres précédents, les règles ordinaires à observer pour la poursuite et le jugement des crimes, des délits et des contraventions. Mais il arrive quelquefois, tantôt à raison de la nature spéciale du méfait, tantôt à raison de la qualité des prévenus, que ces règles souffrent exception, et que des juridictions extraordinaires sont chargées de la poursuite, ou même du jugement du fait incriminé.

Il est pourtant un principe bien important et qu'il est essentiel de rappeler tout d'abord ; c'est qu'il ne peut y avoir d'autres juridictions criminelles extraordinaires que celles établies par la loi, et qu'il n'est jamais au pouvoir du gouvernement d'en créer. Ce principe fondamental de notre droit constitutionnel se trouve consigné dans les art. 53 et 54 de la Charte, et la cour de cassation en fit une application mémorable, dans un arrêt du 30 juin 1832, rendu à l'occasion de la grande insurrection républicaine des 5 et 6 du même mois, à la suite de laquelle le Gouvernement avait déféré tous les rebelles qu'on avait saisis, à des conseils de guerre.

Parmi les juridictions extraordinaires, il en est plusieurs qui ont été établies par des lois spéciales, étrangères au code. Nous allons indiquer d'abord rapidement celles-là, et nous nous arrêterons ensuite un peu plus longuement sur celles qui se trouvent réglées par le Code même.

TITRE Ier.

DES JURIDICTIONS EXTRAORDINAIRES NON RÉGLÉES PAR LE CODE.

Ces juridictions sont la chambre des pairs, la chambre des députés, les conseils de guerre et de révision, les tribunaux maritimes, et les conseils de discipline de la garde nationale.

Quant aux conseils ou chambres de discipline des avocats, notaires, avoués, huissiers, commissaires priseurs, etc., ils ne peuvent, sous aucun rapport, être classés parmi les juridictions criminelles, puisqu'ils ne prononcent jamais ni des peines corporelles, ni des amendes. Il en est de même, dans l'Université, des facultés, des conseils académiques, et du conseil royal de l'instruction publique, lesquels n'exercent sur les étudiants ou membres de l'Université, qu'une autorité purement disciplinaire.

Quant aux tribunaux administratifs, ils peuvent bien, dans certains cas, prononcer des amendes; mais ces cas sont trop rares, pour qu'on puisse raisonnablement faire rentrer aucun de ces tribunaux parmi les juridictions criminelles extraordinaires.

CHAPITRE Ier.

De la chambre des pairs.

Les attributions judiciaires de la chambre des pairs sont en assez grand nombre.

Seule, elle peut juger les ministres, sur l'accusation de la chambre des députés (Charte, art. 47).

Aucun pair ne peut être arrêté que de son autorité, et jugé que par elle en matière criminelle (Charte, art. 29).

Elle connaît, en outre, des crimes de haute trahison, et

des attentats à la sûreté de l'Etat, déterminés par la loi (Charte, art. 28).

Il n'a, du reste, encore été rendu aucune loi qui détermine ces attentats, et toutes les fois que la chambre des pairs a été saisie d'affaires de ce genre, ç'a été en vertu d'ordonnances spéciales.

Les art. 1 et 2 de la loi sur la presse du 9 septembre 1835, peuvent pourtant servir à reconnaître les faits qu'on peut classer parmi les attentats à la sûreté l'Etat. « Toute provocation, porte l'art. 1er, par l'un des moyens énoncés en l'art. 1er de la loi du 17 mai 1819, aux crimes prévus par les art. 86 et 87 du code pénal, soit qu'elle ait été, ou non, suivie d'effet, est un attentat à la sûreté de l'Etat. — L'offense au roi, ajoute l'art. 2, commise par les mêmes moyens, lorsqu'elle a pour but d'exciter à la haine ou au mépris de sa personne ou de son autorité constitutionnelle, est un attentat à la sûreté de l'Etat. »

Ces mêmes textes toutefois ne confèrent à la chambre des pairs le droit de juger ces attentats, qu'autant que le gouvernement a jugé à propos de l'en saisir.

La chambre des pairs peut encore juger les outrages commis envers elle, par l'un des moyens énoncés en la loi du 17 mai 1819 (loi du 25 mars 1822).

Toutes les fois que la chambre des pairs exerce des attributions judiciaires, elle prend le nom de *Cour des pairs*.

La procédure à suivre devant la cour des pairs, se trouve indiquée dans diverses ordonnances, notamment dans celles des 14 février et 21 août 1820.

CHAPITRE II.

De la chambre des députés.

La chambre des députés n'a point des attributions judiciaires aussi étendues que la chambre des pairs. Elle peut seulement, aux termes de l'art. 15 de la loi du 25 mars

1822, juger les offenses commises envers elle par l'un des moyens énoncés en la loi du 17 mai 1819.

CHAPITRE III.

Des conseils de guerre et de révision.

Les conseils de guerre, tels qu'ils existent maintenant, ont été établis par la loi du 13 brumaire an V, à l'imitation des commissions ou cours martiales qui avaient été créées par des lois antérieures.

Les conseils de guerre ne peuvent juger que les militaires ou les individus attachés aux armées. Les lois des 16 mai 1792, 3 pluviôse an II, et 2e complémentaire an III, avaient, il est vrai, conféré aux tribunaux militaires le droit de juger aussi les complices non militaires. Mais cet état de choses fut changé par la loi du 22 messidor an IV, qui est encore en vigueur. Il résulte de cette dernière loi, que lorsqu'un militaire et un non militaire sont prévenus du même crime ou délit, ils doivent être jugés tous deux par les tribunaux ordinaires, et le tribunal militaire ne peut, sans excéder ses pouvoirs, scinder l'affaire, et statuer à l'égard du militaire, en renvoyant l'autre prévenu devant les juges ordinaires (1).

La loi du 13 brumaire an V, attribuait pourtant aux conseils de guerre le droit de juger toute personne prévenue du crime d'embauchage ; mais la connaissance de ce crime ayant été déférée plus tard aux cours spéciales, puis à des commissions militaires qui ont été abolies par la Charte, il a été jugé par la cour de cassation que le crime d'embauchage est, depuis la Charte, retombé dans le droit commun (2).

Les conseils de guerre connaissent du reste, à l'égard des militaires et des gens attachés aux armées, non-seulement

_____

(1) *Cass.* 29 frimaire an 13, 18 avril 1811, 7 mai 1824.
(2) *Cass.* 17 juin 1831 et 22 juin 1832.

des crimes et délits militaires proprement dits, c'est-à-dire, qui ne sont punis que par le code pénal militaire, mais encore de ce qu'on appelle les crimes ou délits *communs*, c'est-à-dire, des faits qui sont punis par le Code pénal ordinaire, si ces faits ont été commis par des militaires présents à leurs corps. Mais ils deviennent incompétents, quand le crime ou délit commun a été commis par un militaire en congé, ou qui a quitté son corps.

Ces principes se trouvent consacrés par un avis du conseil d'état, du 7 fructidor an XII, qui est assez important pour qu'il soit bon d'en reproduire littéralement les motifs.

« Considérant, y est-il dit, qu'on a toujours distingué, dans les délits des militaires, ceux qu'ils commettent en contravention aux lois militaires, de ceux qu'ils commettent en contravention aux lois générales qui obligent tous les habitants de l'empire ; qu'on a ensuite distingué parmi ces derniers délits, ceux qui sont commis aux armées, dans leurs arrondissements, dans leurs garnisons ou au corps, d'avec ceux qui sont commis hors du corps ou en congé ; que la connaissance des uns a été attribuée aux tribunaux militaires, et la connaissance des autres laissée aux tribunaux ordinaires ; que par les mots *délits des militaires*, on ne peut entendre que les délits commis par les militaires contre leurs lois particulières, ou contre les lois générales lorsque, se trouvant sous les drapeaux ou à leur corps, ils sont astreints à une surveillance plus sévère ; que les délits qu'ils commettent hors de leur corps et de leur garnison ou cantonnement, ne sont pas des délits militaires, mais des délits d'un infracteur des lois, quelle que soit sa qualité ou sa profession. »

Bien plus, quoique le militaire soit présent à son corps, si le délit qu'il a commis est un délit d'une nature spéciale, qui ne soit pas puni par le Code pénal, mais par des lois particulières, tel qu'un délit de chasse ou de contrebande, il est justiciable, pour ce fait, des tribunaux ordinaires et non point des conseils de guerre, qui ne pourraient en connaître sans sortir des limites naturelles de leurs attributions (1).

Le point de savoir quelles sont les personnes qui doivent être considérées comme *attachées à l'armée*, a donné lieu aussi à de nombreuses difficultés dont l'examen nous entraînerait trop loin (2).

Quant aux gendarmes, ils ne sont justiciables des conseils de guerre que pour les crimes ou délits militaires proprement dits, c'est-à-dire, relatifs au service et à la discipline militaire. Ils doivent donc être traduits devant les tribunaux ordinaires, toutes les fois qu'il s'agit de crimes ou délits communs, commis hors de leurs fonctions, ou dans l'exercice de celles de leurs fonctions qui se rattachent au service de la police administrative ou judiciaire (3).

La procédure à observer devant les conseils de guerre se trouve réglée principalement par les lois des 13 brumaire et 4 fructidor an V, 29 prairial et 27 fructidor an VI.

Les conseils de guerre sont juges souverains de la culpabilité des individus traduits devant eux ; mais leurs jugements peuvent être attaqués, pour cause d'incompétence, d'inobservation des formes ou de violation de la loi, devant les conseils de révision, institués par la loi du 18 vendémiaire an VI, et qui exercent, à l'égard des sentences des conseils de guerre, une autorité analogue à celle qu'exerce la cour de cassation à l'égard des jugemens ou arrêts en dernier ressort des tribunaux ordinaires.

Les règles du recours en révision se trouvent consignées dans la loi précitée et dans celles des 15 brumaire et 27 fructidor an VI.

---

(1) Avis du Conseil d'État du 4 janvier 1806; *Cass.* 18 septembre 1829 et 23 août 1833.

(2) V. sur ce point, le dictionnaire de M. A. Dalloz, v° *Compétence criminelle*, n. 590 et suivants.

(3) V. L. 28 germinal an 6, art. 97 et 98, avis du Conseil d'État du 13 vendémiaire an 12, ordonnance du 29 octobre 1820, art. 251.

CHAPITRE IV.

Des tribunaux maritimes.

La juridiction des tribunaux maritimes se trouve réglée par les décrets du 22 juillet et du 12 novembre 1806, et par les ordonnances des 22 mai 1816 et 2 janvier 1817. Elle comprend jusqu'à six espèces de tribunaux, savoir : les conseils de justice, les conseils de guerre maritimes, les conseils de guerre permanents, les tribunaux maritimes proprement dits, les tribunaux maritimes spéciaux, et les conseils maritimes de révision.

I. Les *conseils de justice*, formés à bord des vaisseaux, connaissent de tous les délits commis sur le vaisseau, qui n'emportent que la peine de la cale ou celle de la bouline.

II. Les *conseils de guerre maritimes* connaissent, à l'égard des personnes embarquées sur les vaisseaux ou autres bâtimens de l'Etat, des délits qui excèdent la compétence des conseils de justice, et qui emportent la peine des galères ou celle de mort. Ils jugent aussi les délits commis à terre par les officiers, matelots et soldats de l'équipage d'un bâtiment, lorsque ces délits sont relatifs au service maritime, ou qu'ils sont commis entre personnes de l'équipage.

III. Les *conseils de guerre maritimes permanents* sont chargés de juger les déserteurs de la marine, et les délits commis hors des vaisseaux par les troupes de la marine. Ces conseils sont établis dans les cinq ports militaires de Brest, Toulon, Rochefort, Lorient et Cherbourg.

IV. Les *tribunaux maritimes proprement dits* connaissent de tous les délits commis dans les ports ou arsenaux, et relatifs à leur police ou sûreté et au service maritime. Ils connaissent aussi des délits relatifs au service maritime, commis sur des bâtimens en armement, jusqu'au moment de la mise en rade, et sur des bâtimens en désarmement, depuis la rentrée dans le port jusqu'au licenciement de l'équipage.

V. Les *tribunaux maritimes spéciaux* connaissent des délits commis par les forçats, et leurs jugements ne sont point
soumis à la révision.

VI. Enfin les *conseils maritimes de révision* ont des attributions analogues à celles des conseils de révision établis
pour l'armée de terre; c'est-à-dire qu'ils ont le droit d'annuler les sentences rendues par les autres conseils ou tribunaux maritimes, autres que les tribunaux maritimes spéciaux, pour cause d'incompétence, de violation des formes
ou de fausse application de la loi pénale.

La procédure à observer devant ces divers tribunaux se
trouve également réglée par les décrets ou ordonnances
précités.

CHAPITRE V.

Des conseils de discipline de la garde nationale.

Ces conseils, établis par la loi sur la garde nationale du
22 mars 1831, connaissent en général des infractions au
service de la garde nationale, autres que les infractions
légères dont la punition est attribuée aux chefs de poste ou
aux chefs de corps.

Ils peuvent prononcer, non-seulement des peines disciplinaires, telles que la réprimande simple ou la réprimande
avec mise à l'ordre, mais encore des peines corporelles, la
prison, par exemple, pour trois jours au plus (loi du 22
mars 1831, art. 84); et, sous ce rapport, ils rentrent évidemment dans la classe des juridictions criminelles extraordinaires.

La procédure à observer devant eux est réglée par les
art. 110 et suivants de la loi, et leurs jugemens ne sont sujets à d'autre recours qu'au recours en cassation pour incompétence, excès de pouvoir ou contravention à la loi
(loi du 22 mars 1831, art. 120).

Les indications que nous venons de donner dans les chapitres précédents sont sans doute bien incomplètes ; mais les bornes naturelles de notre livre ne nous permettent pas de nous arrêter plus longtemps sur des juridictions dont le Code n'a point parlé, et dont chacune, pour être traitée à fond, demanderait un ouvrage spécial. Nous nous empressons, par conséquent, de passer à une autre classe de juridictions extraordinaires, qui rentre mieux dans notre plan, parce que les règles qui la concernent se trouvent consignées dans le Code.

TITRE II.

DES JURIDICTIONS EXTRAORDINAIRES RÉGLÉES PAR LE CODE.

Le Code d'instruction criminelle avait créé une juridiction extraordinaire bien importante, c'était celle des *cours spéciales*, qui étaient chargées de juger, sans le concours du jury, certains crimes et certaines classes d'accusés. Ces cours furent virtuellement abolies par l'art. 54 de la Charte de 1814, et tout le titre 6 du livre 2 de notre Code est devenu depuis lors sans objet.

La Charte de 1814 n'abolit pourtant que les tribunaux extraordinaires composés par commissions, et laissa subsister les attributions extraordinaires, conférées en certains cas à des tribunaux ou cours établis. Ce sont ces attributions exceptionnelles qui font le sujet de ce titre.

L'attribution d'une affaire à une juridiction autre que celle qui devrait régulièrement en connaître, tient, tantôt à la qualité du prévenu, tantôt au lieu où s'est passé le fait incriminé. Chacun de ces cas va faire l'objet d'un chapitre particulier.

CHAPITRE Ier.

Des juridictions extraordinaires motivées par la qualité du prévenu.

Le ministère du magistrat étant presque toujours un ministère de rigueur, il est difficile que celui qui l'exerce ne soulève pas contre lui bien des passions haineuses, et l'arme que la haine emploie de préférence, parce qu'elle est à la fois la plus sûre et la plus lâche, c'est la calomnie. Le législateur devait donc protéger les magistrats d'une manière toute spéciale contre la calomnie, et empêcher qu'une dénonciation perfide ne pût les forcer, à chaque instant, à quitter le siége honorable du juge, pour aller occuper la sellette ignominieuse du prévenu.

Tel est le motif principal qui a dicté les dispositions du Code qui vont nous occuper maintenant.

En suivant l'ordre de la loi, nous traiterons, dans une première section, des crimes ou délits attribués à des magistrats hors de leurs fonctions; dans une seconde, des crimes ou délits attribués à des magistrats dans l'exercice de leurs fonctions; dans une troisième, nous parlerons de quelques personnes auxquelles la loi du 20 avril 1810 a accordé les mêmes prérogatives qu'aux magistrats.

Avant tout, nous ferons remarquer que les dispositions dont nous allons parler s'appliquent, non-seulement aux magistrats en exercice, mais aussi à ceux qui sont sortis de charge, quand les faits donnant lieu à la prévention, remontent à l'époque où ils étaient encore en fonctions (1).

SECTION Irᵉ. — *Des délits et des crimes commis par des magistrats hors de leurs fonctions.*

Il est à remarquer tout d'abord que le législateur, dans cette section comme dans la suivante, ne parle jamais que des crimes et des délits, par où il a, ce semble, suffisamment indiqué, qu'il n'entendait point modifier les principes généraux pour les simples contraventions (2).

_____

(1) V. M. A. Dalloz, vᵒ *Fonctionnaire public*, n. 403 et suiv.

(2) V. pourtant en sens contraire, un arrêt de la cour de Cassation du 9 avril 1842, D. P. 42-1-231. Cet arrêt, non plus que la discussion antérieure au Code sur laquelle il se fonde, ne saurait prévaloir, à nos yeux, sur le texte de la loi, qui nous paraît clair.

Mais, d'un autre côté, la loi ne distinguant pas entre le cas de flagrant délit et celui de crimes ou délits non flagrans, il faut en conclure que les règles qu'elle pose sont applicables au premier cas comme au second, sauf les mesures conservatoires et d'urgence que le cas de flagrant délit nécessite.

Ces points posés, abordons les articles de la loi.

Les art. 479 et 480 s'occupent des crimes et délits commis par les magistrats inférieurs; les deux articles qui suivent, des crimes et délits commis par des magistrats d'un ordre plus élevé.

I. « Lorsqu'un juge de paix, porte l'art. 479, un membre du tribunal correctionnel ou de première instance, ou un officier chargé du ministère public près l'un de ces tribunaux, sera prévenu d'avoir commis hors de ses fonctions, un délit emportant une peine correctionnelle, le procureur-général près la cour royale le fera citer devant cette cour qui prononcera sans qu'il puisse y avoir appel. »

« S'il s'agit d'un crime emportant peine afflictive ou infamante, ajoute l'art. 480, le procureur-général près la cour royale et le premier président de cette cour désigneront, le premier, le magistrat qui exercera les fonctions d'officier de police judiciaire; le second, le magistrat qui exercera les fonctions de juge d'instruction. »

L'art. 479, parlant des *membres* des tribunaux correctionnels ou de première instance, il est hors de doute que sa disposition s'applique aux juges suppléants (1).

Mais elle paraît ne s'appliquer ni aux suppléants des juges de paix (2), ni aux juges des tribunaux de commerce,

---

(1) V. notamment, *Cass.* 13 janvier 1843. D. P. 43-1-123, et M. A. Dalloz, v° *Fonctionnaire public*, n. 394 et suiv.

Quant aux greffiers ou commis-greffiers, ils ne peuvent se prévaloir de l'exception établie en faveur des magistrats. Poitiers, 28 avril 1842. D. P. 42-2-203.

(2) Il y a pourtant plusieurs arrêts contraires. V. M. A. Dalloz, *loc. cit.*, n. 397.

ni aux commissaires de police, maires ou adjoints appelés
à remplir devant les tribunaux de simple police les fonctions
du ministère public : c'est ce qui s'induit de la comparaison
de l'art. 479 avec l'art. 483. Les fonctionnaires qu'on vient
d'indiquer ne revêtent la toge du magistrat que par occasion, et il semble que l'art. 479, à la différence de l'art.
483, n'a eu en vue que de protéger les personnes remplissant habituellement les fonctions de la magistrature.

S'il s'agit d'un simple délit, il y a exception aux règles
ordinaires, non-seulement pour la poursuite, mais encore
pour le jugement; tandis que lorsqu'il s'agit d'un crime,
il n'y a dérogation aux règles ordinaires que pour la poursuite, et le jugement continue d'être réservé au jury. Cette
distinction, entre le cas de délit et celui de crime, se re-
trouve dans toute la suite de cette matière.

L'art. 479 disant que le procureur-général *fera citer* le
prévenu devant la cour, suppose, par là même, ce semble,
que le magistrat inculpé ne peut être cité directement par
la partie civile (1), ni être mis en attendant en état d'arrestation.

Dans le cas de l'art. 480, il semble aussi qu'un mandat
de dépôt ou d'arrêt ne peut être lancé que par le juge instructeur, commis par le premier président de la cour; et
l'instruction, dans ce dernier cas, se faisant d'autorité de la
cour représentée par ses deux premiers magistrats, c'est à
la cour et non à la chambre du conseil du tribunal de première instance que le juge instructeur doit faire son
rapport.

Lorsqu'il s'agit de statuer simplement sur une prévention
ou sur une mise en accusation, la cour doit statuer secrètement; mais lorsqu'il s'agit du jugement d'un délit, elle
doit juger en audience publique. Les art. 479 et 480 ne
contiennent sur ce point aucune dérogation aux principes
généraux.

------

(1) Plusieurs arrêts de cour royale, rapportés par M. A. Dalloz, *loc.
cit.*, n. 400 et suiv., l'ont ainsi décidé.

11. Les art. 481 et 482 s'occupent, avons-nous dit, des crimes et délits attribués aux magistrats des cours souveraines.

« Si c'est un membre de cour royale, porte l'art. 481, ou un officier exerçant près d'elle le ministère public, qui soit prévenu d'avoir commis un délit ou un crime hors de ses fonctions, l'officier qui aura reçu les dénonciations ou les plaintes, sera tenu d'en envoyer de suite des copies au ministre de la justice, sans aucun retard de l'instruction, qui sera continuée *comme il est précédemment réglé*, et il adressera pareillement au ministre une copie des pièces.

» Le ministre de la justice transmettra les pièces à la cour de cassation qui renverra l'affaire, s'il y a lieu, soit à un tribunal de police correctionnelle, soit à un juge d'instruction, pris l'un et l'autre hors du ressort de la cour à laquelle appartient le membre inculpé. — S'il s'agit de prononcer la mise en accusation, le renvoi sera fait à une autre cour royale (art. 482) »

Il est à remarquer d'abord que ce dernier texte se trouve modifié, relativement aux délits, par l'art. 10 de la loi du 20 avril 1810, qui veut que les membres des cours souveraines, prévenus de délits, ne puissent être renvoyés pour le jugement que devant une cour (1).

On remarque, en outre, que ces expressions de l'art. 481 : « sans aucun retard de l'instruction qui sera continuée *comme il est précédemment réglé*, » sont amphibologiques. Elles peuvent se rapporter au système général d'instruction réglé par le Code; mais elles peuvent se rapporter aussi au système spécial établi par l'article qui précède, c'est-à-dire par l'art. 480, et, dans le doute, c'est dans ce dernier sens, qui est le plus favorable au prévenu, que la loi doit être interprétée. Ainsi, l'instruction doit, sans doute, être continuée, mais elle ne peut l'être que par des magistrats délégués par le procureur-général et par le premier président de la cour royale, conformément à l'art. 480.

---

(1) *Cass.* 13 octobre 1842. D. P. 42-1-421.

Si, lorsque la cour de cassation est appelée à statuer, les pièces recueillies constituent déjà des présomptions assez graves, cette cour, sans plus ample instruction, doit renvoyer le prévenu devant une cour royale autre que celle dont il est membre : dans le cas de délit, pour y être jugé ; dans le cas de crime, pour être statué sur la mise en accusation.

Si l'instruction, au contraire, est incomplète, la cour de cassation doit commettre un juge instructeur qui, n'opérant alors que par délégation, ne doit faire aucun rapport à la chambre du conseil du tribunal auquel il appartient, mais doit transmettre directement les procès-verbaux et pièces par lui dressés ou recueillis, au greffe de la cour suprême.

L'art. 481 ne parle point des membres de la cour de cassation ; mais la loi du 20 avril 1810, comme nous le verrons bientôt, rend communes aux membres de cette cour les dispositions du Code relatives aux membres des cours royales.

SECTION II. — *Des délits et des crimes attribués à des magistrats ou officiers de police judiciaire dans l'exercice de leurs fonctions* (1).

La loi suit ici un ordre analogue à celui de la section précédente. Elle s'occupe d'abord, dans les art. 483 et 484, des délits ou crimes attribués à des juges ou officiers des tribunaux inférieurs ; puis, dans les articles qui suivent, des crimes attribués aux membres des cours souveraines ou à un tribunal entier. Mais elle a omis de régler le cas de délit commis par des magistrats d'une cour royale dans l'exercice de leurs fonctions ou par un tribunal entier ; et l'on se demande si, dans ce cas, il faut procéder comme s'il s'agissait d'un délit commis par des magistrats du même ordre, hors de leurs fonctions, ou bien assimiler le cas de

---

(1) On n'a pas oublié, qu'à l'égard des délits commis par des agents du gouvernement dans l'exercice de leurs fonctions, c'est l'autorisation préalable du Conseil d'État qui est nécessaire. V. ci-dessus, p. 30.

délit à celui de crime. La question offre, du reste, assez peu d'importance pratique, en ce que le mode de procéder, réglé par les art. 481 et 482, pour le cas de délits ou de crimes commis hors de l'exercice des fonctions du magistrat inculpé, diffère assez peu de celui réglé par les art. 485 et suivants, pour le cas de crimes commis par des magistrats du même ordre dans l'exercice de leurs fonctions. Quoi qu'il en soit, il nous semble que le cas d'un simple délit commis dans l'exercice des fonctions ne demande point, dans l'instruction, plus de circonspection, ni de garanties, que celui d'un crime commis hors des fonctions, et, partant, nous pensons qu'il suffirait de se conformer aux dispositions des art. 481 et 482.

Mais revenons à l'ordre des dispositions de la loi.

« Lorsqu'un juge de paix ou de police, porte l'art. 483, ou un juge faisant partie d'un tribunal de commerce, un officier de police judiciaire, un membre de tribunal correctionnel ou de première instance, ou un officier chargé du ministère public près l'un de ces juges ou tribunaux, sera prévenu d'avoir commis, dans l'exercice de ses fonctions, un délit emportant une peine correctionnelle, ce délit sera poursuivi et jugé comme il est dit à l'art. 479 : » c'est-à-dire que le prévenu doit être cité directement par le procureur-général devant la cour, qui prononce sans appel.

Mais l'art. 483, à la différence de l'art. 479, s'applique, non-seulement aux juges des tribunaux de commerce pour lesquels le texte est précis, mais encore aux suppléants du juge de paix, aux maires ou adjoints tenant le tribunal de police, et aux commissaires de police, maires ou adjoints remplissant, auprès du tribunal de police, les fonctions du ministère public (1). Nous penserions même qu'il faudrait

---

(1) Si c'était dans l'exercice de ses fonctions administratives, qu'un commissaire de police eût commis un délit, l'autorisation préalable du Conseil d'État serait indispensable. Toulouse, 4 août 1841. D. P. 42 1-91.

l'appliquer aux avocats ou avoués appelés pour compléter un tribunal ; car, quand il s'agit d'un fait commis dans l'exercice de certaines fonctions, il importe peu, ce semble, que le prévenu exerçât ces fonctions d'une manière transitoire ou d'une manière permanente. L'infraction étant la même dans les deux cas, la peine la même, la poursuite doit être la même aussi.

D'un autre côté, l'art. 483, embrassant dans sa disposition tous les officiers de police judiciaire sans distinction, s'applique indubitablement aux officiers de gendarmerie, aux gardes forestiers et aux gardes champêtres, qui sont tous rangés au nombre des officiers de police judiciaire par l'art. 9 du Code (1).

« Lorsque des fonctionnaires de la qualité exprimée en l'article précédent, poursuit l'art. 484, seront prévenus d'avoir commis un crime emportant la peine de forfaiture ou autre plus grave, les fonctions ordinairement dévolues au juge d'instruction et au procureur du roi, seront immédiatement remplies par le premier président et le procureur-général près la cour royale, chacun en ce qui le concerne, ou par tels autres officiers qu'ils auront respectivement et spécialement désignés à cet effet. — Jusqu'à cette délégation, et dans le cas où il existerait un corps de délit, il pourra être constaté par tout officier de police judiciaire, *et pour le surplus de la procédure on suivra les dispositions générales du présent Code.* »

Ces dernières expressions de l'article s'appliquent naturellement aux magistrats instructeurs désignés par le premier alinéa ; mais, malgré le renvoi général que fait la loi aux dispositions antérieures du Code, nous estimons que l'instruction se faisant alors d'autorité de la cour, ce n'est jamais à la chambre du conseil du tribunal de première instance que le juge instructeur doit faire son rapport, quand même ce serait un membre de ces tribunaux qui

_____

(1) V. notamment *Cass.* 9 mars 1838 et 6 novembre 1840.

aurait été délégué, mais qu'il doit le transmettre directement à la cour.

Dans l'art. 485, la loi passe au cas de crimes commis par un magistrat de cour souveraine ou par un tribunal entier. « Lors, dit l'article, que le crime commis dans l'exercice des fonctions et emportant la peine de forfaiture ou autre plus grave, sera imputé, soit à un tribunal entier de commerce, correctionnel ou de première instance, soit individuellement à un ou plusieurs membres des cours royales, et aux procureurs-généraux et substituts près ces cours, il sera procédé comme il suit :

« Le crime sera dénoncé au ministre de la justice qui donnera, *s'il y a lieu*, ordre au procureur-général près la cour de cassation de le poursuivre sur la dénonciation (art. 486, 1er alinéa). » Le ministre de la justice est donc libre de ne donner aucune suite à la dénonciation, quand il la juge calomnieuse ou destituée de tout fondement.

Le second alinéa de l'art. 486 ajoute pourtant :

« Le crime pourra aussi être dénoncé directement à la cour de cassation par les personnes qui se prétendront lésées, mais seulement lorsqu'elles demanderont à prendre le tribunal ou le juge à partie, ou lorsque la dénonciation sera incidente à une affaire pendante à la cour de cassation. »

La loi, dans l'art. 485, ne mentionne pas expressément les membres de la cour d'assises. Il nous semble pourtant que, dans son esprit, ils doivent être assimilés aux membres de la cour royale qu'ils suppléent, et nous pensons qu'il doit en être de même aussi des avocats ou avoués appelés pour compléter la cour, par suite du principe posé plus haut. Ayant participé à la même autorité et pu froisser les mêmes passions, la même égide doit les protéger.

Les articles qui suivent jusqu'à l'art. 503 règlent la procédure à suivre devant la cour de cassation jusqu'à la mise en accusation. Ces articles sont d'une application trop rare et d'ailleurs trop facile pour qu'il soit nécessaire de les commenter, ni même d'en présenter l'analyse.

Il en est un toutefois qui renferme une disposition digne d'être remarquée, parce qu'elle est l'expression d'un principe général dont l'application se présente fréquemment. C'est l'art. 501 qui, après avoir disposé dans sa première partie que l'instruction faite devant la cour de cassation ne peut être attaquée quant à la forme, ajoute dans la seconde : « Elle sera commune aux complices du tribunal ou du juge poursuivi, lors même qu'ils n'exerceraient point de fonctions judiciaires. » Il faudrait évidemment décider de même dans tous les autres cas prévus par la loi dans la matière qui nous occupe, puisqu'il y a même motif.

En parlant des conseils de guerre, nous avons vu, au contraire, que la complicité d'un non militaire, non-seulement ne peut soumettre celui-ci à la juridiction du conseil de guerre, mais entraîne même l'incompétence de ce conseil à l'égard du militaire.

Pour expliquer cette contradiction apparente, il faut nécessairement admettre que tous les accusés d'un même crime ou délit doivent toujours sans doute être jugés par le même juge, mais que l'affaire doit rester à celle des juridictions ordinaire ou extraordinaire qui, par le nombre et la dignité des personnes qui l'exercent, présente aux divers prévenus le plus de garanties.

En suivant ce principe, il est indubitable, par exemple, qu'un pair, prévenu d'un crime ou d'un délit, doit entraîner avec lui, devant la cour des pairs, tous ses complices.

SECTION III. — *Des crimes et délits commis par de hauts dignitaires, ou par des membres ou élèves de l'Université.*

I. Il est plusieurs dignitaires qui, à raison de l'élévation de leur rang, ou des inimitiés auxquelles l'accomplissement de leurs devoirs les expose, méritaient, comme les magistrats, une dérogation aux règles ordinaires de la compétence criminelle.

Aussi l'art. 10 de la loi du 20 avril 1810 dispose-t-il : « Lorsque des grands officiers de la légion d'honneur, des généraux commandant une division ou un département, des archevêques, des évêques, des présidents de consistoire, des membres de la cour de cassation, de la cour des comptes et des cours impériales, et des préfets, seront prévenus de délits de police correctionnelle, les cours impériales en connaîtront de la manière prescrite par l'art. 479 du Code d'instruction criminelle. »

Ce texte du reste ayant évidemment pour but d'étendre les prérogatives des hauts fonctionnaires, il ne paraît pas douteux, quoiqu'il ne renvoie qu'à l'art. 479, qu'il a entendu renvoyer pareillement à l'art. 482, qui veut que les poursuites ne se continuent qu'après autorisation de la cour de cassation (1) : et nous pensons aussi, quoiqu'il ne parle que des délits, qu'il a été dans l'intention de ses auteurs, d'établir la même assimilation pour les crimes. S'ils ne l'ont pas dit expressément, c'est sans doute parce qu'à l'exemple de ce sage de l'antiquité, qui n'avait pas voulu prévoir dans ses lois le cas de parricide, il est des méfaits que le législateur doit supposer impossibles de la part d'une certaine classe de personnes, pour ne pas altérer, dans l'esprit des peuples, l'idée de sainteté ou de noblesse, qui s'attache aux fonctions éminentes qu'elles exercent.

II. Quant aux membres de l'Université et aux étudiants, ils sont en général justiciables des tribunaux ordinaires; mais le procureur-général peut pourtant les poursuivre aussi directement devant la cour royale.

L'art. 160 du décret du 15 novembre 1811, dispose en effet : « Nos procureurs-généraux pourront requérir, et nos cours ordonner, que des membres de l'Université ou étudiants, prévenus de *crimes* ou délits, soient *jugés* par les dites cours, ainsi qu'il est dit, pour ceux qui exercent certaines fonctions, à la loi du 20 avril 1810, et au Code d'instruction criminelle, art. 479. »

(1) *Cass.* 2 mai 1818 et 13 octobre 1842.

Il semblerait même résulter de ce texte que, dans le cas de crime comme dans celui de délit, les membres de l'Université et les étudiants pourraient être *jugés* par les cours royales. Mais, quand on remarque que, ni le code, ni la loi du 20 avril 1810, n'exemptent jamais les plus hauts fonctionnaires ou magistrats de la juridiction du jury, on demeure convaincu que le décret de 1811 n'a entendu, dans le cas de crime, autoriser les cours qu'à diriger, sur la réquisition du procureur-général, l'instruction préliminaire, et à statuer directement sur la mise en accusation.

CHAPITRE II.

Des juridictions extraordinaires, motivées par le lieu de la perpétration du délit.

Dans l'ancienne organisation judiciaire criminelle, qui était, pour ainsi parler, toute bigarrée d'exceptions, le lieu où le délit s'était commis motivait très-souvent la compétence de quelque juge extraordinaire.

Aujourd'hui, les règles de compétence demeurent en général les mêmes, quel que soit le lieu où le fait s'est passé. Il y a pourtant une exception remarquable à ce principe, pour les faits punissables commis à l'audience des tribunaux ou des cours. C'est cette exception, réglée par les art. 504 et suivants du code d'instruction criminelle, dont nous avons à nous occuper ici.

Posons d'abord en principe, que tout magistrat doit être investi des pouvoirs nécessaires pour faire respecter son audience.

Ce principe, dicté par la raison, se trouvait déjà formellement consacré dans la législation romaine. Ulpien, en effet, dans la loi 12, au digeste, *de jurisdictione*, après avoir distingué les magistrats qui avaient le droit de glaive et l'appareil des faisceaux, de ceux qui n'avaient que la simple connaissance des litiges, tels que les magistrats municipaux, déclarait pourtant que ces derniers devaient exercer un certain droit de coërcition, sans lequel ils n'auraient pu remplir leurs fonctions, *Modica autem castigatio eis non est deneganda* (1).

Les art. 504 et 509 du Code ne sont que l'expression du même principe.

L'art. 504 dispose d'abord : « Lorsqu'à l'audience ou en tout autre lieu où se fait publiquement une instruction judiciaire, l'un ou plusieurs des assistants donneront des signes publics soit d'approbation, soit d'improbation, ou exciteront du tumulte, de quelque manière que ce soit, le président ou le juge les fera expulser; s'ils résistent à ses ordres, ou s'ils rentrent, le président ou le juge ordonnera de les arrêter et conduire dans la maison d'arrêt : il sera fait mention de cet ordre dans le procès-verbal; et sur l'exhibition qui en sera faite au gardien de la maison d'arrêt, les perturbateurs y seront reçus et retenus pendant vingt-quatre heures. »

L'art. 509 ajoute : « Les préfets, sous-préfets, maires et adjoints, officiers de police administrative ou judiciaire, lorsqu'ils rempliront publiquement quelques actes de leur ministère, exerceront aussi les fonctions de police réglées par l'art. 504; et, après avoir fait saisir les perturbateurs, ils dresseront procès-verbal du délit, et enverront ce procès-verbal, s'il y a lieu, ainsi que les prévenus, devant les juges compétents. »

Le point le plus important à remarquer, c'est que, dans ces articles comme dans tous les autres du chapitre, le législateur ne s'occupe que des faits commis *à l'audience*, ou dans un lieu où se fait *publiquement* quelque instruction judiciaire ou quelque opération administrative. Ce qu'il s'est proposé principalement, en effet, c'est d'empêcher que l'autorité du magistrat ne puisse être avilie à la face, pour ainsi dire, de la cité, dans laquelle les lois ne peuvent con-

(1) Javolenus, dans la **L. 2**, au même titre, dit aussi : « *Cui jurisdictio data est, ea quoque concessa esse videntur, sine quibus jurisdictio explicari non potest.*

server leur empire, qu'autant que leurs organes y sont respectés. Si l'irrévérence a été commise dans un lieu où le public n'a pas d'accès, dans le cabinet, par exemple, du magistrat, la faute est toujours moins grande, puisque le scandale ne vient point l'aggraver. Le magistrat n'a donc en cas pareil d'autre droit que celui de faire expulser le délinquant, et de dresser procès-verbal du fait, pour l'envoyer au juge compétent, en supposant que ce fait rentre dans la catégorie de ceux réprimés par la loi pénale (1).

Mais la loi ne faisant pas de distinction entre les juges civils et les juges criminels, s'applique également aux uns et aux autres. Il n'y a pas à distinguer non plus entre l'audience publique et l'audience tenue à huis clos.

L'ordre donné par le magistrat de conduire l'auteur de l'irrévérence ou du tumulte dans la maison d'arrêt, emporte par lui-même injonction au geôlier de l'y retenir durant vingt-quatre heures : le texte de l'art. 504 est conçu en ce point en termes impératifs. Nous penserions toutefois que, dans cette matière spéciale, le magistrat pourrait limiter l'arrestation à une durée moindre, correspondant par exemple à la durée de son audience ; car c'est pour son audience surtout qu'il doit prévenir tout nouveau sujet de perturbation.

Le droit de faire conduire les perturbateurs dans la maison d'arrêt et de les y faire retenir durant vingt-quatre heures, appartient aussi aux fonctionnaires indiqués en l'art. 509, puisque ce texte renvoie purement et simplement à l'art. 504 ; et s'il ajoute que le prévenu sera renvoyé, s'il y a lieu, devant les juges compétents, c'est qu'il suppose qu'à l'irrévérence ou au tumulte peut s'être joint quelque fait plus grave.

Ce n'est pas, du reste, en général, devant un juge proprement dit, que le prévenu doit être renvoyé, mais bien devant le procureur du roi, conformément à l'art. 29 du

---

(1) Carré, *Lois de la compétence*, n. 279.

Code; car il n'est pas à supposer que le législateur ait voulu le priver du bénéfice de l'instruction préliminaire (1).

Au fait de l'irrévérence ou du tumulte peut se trouver joint une contravention, un délit ou un crime.

La loi règle les deux premiers cas dans l'art. 505; le troisième, dans les art. 506, 507 et 508.

« Lorsque le tumulte, porte l'art. 505, aura été accompagné d'injures ou voies de fait donnant lieu à l'application ultérieure de peines correctionnelles ou de police, ces peines pourront être, séance tenante et immédiatement après que les faits auront été constatés, prononcées, savoir : — Celles de simple police, sans appel, de quelque tribunal ou juge qu'elles émanent; — Et celles de police correctionnelle, à la charge de l'appel, si la condamnation a été portée par un tribunal sujet à appel, ou par un juge seul. »

Il va sans dire que ce texte doit recevoir son application, quoique les injures ou voies de fait n'aient pas été dirigées contre les juges, pourvu que les faits se soient passés en leur présence; et le mot *voie de fait* nous paraît devoir être pris ici dans son acception la plus large, et embrasser non-seulement les attaques contre les personnes, mais aussi les atteintes portées aux biens, les vols, par exemple, larcins et filouteries. Seulement, il faut toujours que les faits aient occasionné du tumulte. S'ils s'étaient passés sans bruit, et qu'ils ne fussent découverts qu'après l'audience, l'art. 505 serait inapplicable; car cet article, comme tous les autres, a pour but direct et principal de réprimer le scandale, et de venger incontinent la majesté du juge, outrageusement méconnue.

Il va sans dire aussi que les maires ou adjoints tenant l'audience de simple police, et les juges d'instruction procédant publiquement à quelque information, jouissent de l'autorité conférée par l'art. 505, car ce sont de véritables juges.

_____

(1) Carré, *Lois de la compétence*, n. 274.

Si le fait avait été commis à l'audience d'un tribunal civil ou correctionnel, jugeant par occasion en dernier ressort un appel d'un juge de paix ou d'un juge de police, ce fait accidentel n'empêcherait pas que la sentence ne fût sujette à l'appel, si elle avait prononcé des peines correctionnelles. Mais si c'était un tribunal de chef-lieu de département, jugeant en appel des affaires correctionnelles, la décision serait souveraine.

Les autres dispositions de la loi sont consacrées au cas de crime.

« S'il s'agit, porte l'art. 506, d'un crime commis à l'audience d'un juge seul, ou d'un tribunal sujet à appel, le juge ou le tribunal, après avoir fait arrêter le délinquant et dressé procès-verbal des faits, enverra les pièces et le prévenu devant les juges compétents. » Il devrait en être de même, si le fait s'était passé à l'audience d'un tribunal de chef-lieu de département, statuant comme juge d'appel en matière correctionnelle, bien que les jugements de ce tribunal soient sans appel. Ce n'est qu'aux cours que la loi permet de juger les crimes commis à leurs audiences.

L'art. 507 dispose en effet : « A l'égard des voies de fait qui auraient dégénéré en crimes, ou de tous autres crimes *flagrans* et commis à l'audience de la cour-de cassation, d'une cour royale, ou d'une cour d'assises ou spéciale, la cour procédera au jugement de suite et sans désemparer. — Elle entendra les témoins, le délinquant, et le conseil qu'il aura choisi ou qui lui aura été désigné par le président; et, après avoir constaté les faits et ouï le procureur-général ou son substitut, le tout publiquement, elle appliquera la peine par un arrêt, qui sera motivé. »

Quoique le crime ait été flagrant, il peut se faire qu'au milieu du tumulte le coupable soit parvenu à disparaître ou à se cacher, et il ne faudrait pas que des magistrats, trop jaloux de venger leur dignité offensée, se contentassent de simples apparences de culpabilité, dans une circonstance où l'on doit exiger ce semble une complète certitude.

La loi donc n'autorise jamais de condamnation à une majorité simple. L'art. 508 dispose en effet : « Dans le cas de l'article précédent, si les juges présents à l'audience sont au nombre de cinq ou de six, il faudra quatre voix pour opérer la condamnation. — S'ils sont au nombre de sept, il faudra cinq voix pour condamner. — Au nombre de huit et au-delà, l'arrêt de condamnation sera prononcé aux trois-quarts des voix; de manière toutefois que, dans le calcul de ces trois quarts, les fractions, s'il s'en trouve, soient appliquées en faveur de l'absolution. »

La loi du 4 mars 1831 ayant réduit à trois le nombre des juges de la cour d'assises, un auteur (1) en a conclu que ces cours ne jouissaient plus du droit de juger les crimes flagrans commis à leur audience, puisque l'application littérale de l'art. 508 est à leur égard devenue impossible. Nous ne partageons pas ce sentiment; nous ne pensons pas qu'en diminuant le nombre des juges des cours d'assises pour la facilité du service, le législateur de 1831 ait voulu atténuer en rien l'autorité de ces cours; nous le pensons d'autant moins, qu'il eût méconnu alors complètement l'esprit des dispositions exceptionnelles que nous expliquons. Ces dispositions en effet ont pour but d'assurer la prompte répression d'un scandale affligeant et d'une audace inouïe. Or, nul crime ne suppose plus d'audace et ne peut causer plus de scandale, que celui commis à l'audience d'une cour d'assises, puisque nulle autre cour n'est investie d'une autorité plus redoutable, et que nulle autre ne voit son prétoire envahi par un concours aussi considérable de citoyens. Le seul résultat qu'ait dû produire dans notre opinion la loi de 1831, c'est que la cour d'assises ne peut prononcer maintenant de condamnations qu'à l'unanimité.

Nous ferons remarquer, en finissant, que pour motiver la compétence exceptionnelle établie par l'art. 507, le crime doit avoir été commis à l'audience même; s'il avait été commis avant l'ouverture de l'audience, ou même durant une suspension officiellement annoncée, il manquerait du carac-

---

(1) M. Foucher, dans son édition des œuvres de Carré, t. 4, p. 133.

tère d'outrage envers la justice, qui semble toujours une des conditions essentielles de cette juridiction exceptionnelle dont nous venons d'exposer les règles.

D'un autre côté, les juges, tribunaux et cours ne peuvent user de cette juridiction exceptionnelle que *séance tenante*. L'audience finie, le scandale est consommé, et la répression alors devant de toute manière être tardive et manquer une partie de son effet, il n'y a plus de motif suffisant pour s'écarter des règles ordinaires.

LIVRE CINQUIÈME.

Des règlements de juges, renvois, et autres incidents.

Il peut s'élever dans le cours d'un procès criminel à-peu-près les mêmes incidents que dans les procès civils, et quand le code d'instruction criminelle est complètement muet sur quelqu'un de ces incidents, ce sont les règles de la procédure civile qu'il est naturel de suivre, si la nature de la juridiction criminelle n'y fait pas obstacle.

Relativement aux exceptions, par exemple, la caution *judicatum solvi* peut être exigée de l'étranger qui se porte partie civile. Toute nullité d'exploit ou d'acte de procédure signifié à la partie civile, est pareillement couverte, si elle n'est pas proposée avant toute défense au fond.

Mais, quant aux prévenus, leurs moyens d'incompétence, alors même qu'il ne s'agit que d'une incompétence *ratione personæ*, ne sont pas de nature à se couvrir (1); et il en est de même, en principe, des moyens de nullité, au moins dans les matières de grand criminel. La raison en est qu'il importe à la société tout entière, qu'un prévenu ou un accusé ne compromette pas sa liberté et quelquefois sa vie, par une mauvaise défense.

Pour ce qui est des incidents relatifs à la fixation ou composition du tribunal qui doit juger le procès, le Code d'instruction criminelle règle bien les cas de règlement de

---

(1) *Cass.* 13 mai 1826. Sirey, 26-1-416.

juges et ceux de renvoi, mais il garde un silence absolu sur
la récusation.

On ne saurait pourtant supposer que ce code ait enlevé
aux parties le droit de récuser un juge manifestement sus-
pect, ni qu'il ait voulu les obliger, quand elles n'ont de
motif de suspicion que contre un seul juge, à employer les
formes dispendieuses d'une demande en renvoi pour suspicion légitime, laquelle, comme on le verra bientôt, ne
peut être portée que devant la cour de cassation. Il faut
donc en conclure que les règles et les formalités de la
récusation sont les mêmes en matière criminelle qu'en
matière civile, et c'est, en effet, le sentiment de tous les
auteurs (1).

Pour les règlements de juges, au contraire, et pour les
renvois, comme le code d'instruction criminelle s'en est
spécialement occupé, c'est à ses dispositions qu'il faut
taxativement se tenir. Nous allons exposer brièvement les
règles de ces deux classes d'incidents.

TITRE Iᵉʳ.

DES RÈGLEMENTS DE JUGES.

Les règlements de juges sont plus souvent nécessaires en
matière criminelle qu'en matière civile. Cela tient à deux
causes. La première, c'est que les juridictions extraordinaires sont plus nombreuses au criminel qu'au civil. La
seconde, c'est qu'au criminel il y a habituellement trois juges
ou tribunaux compétents, celui du lieu où le délit a été
commis, celui du domicile du prévenu, et celui du lieu où
le prévenu peut être trouvé. Cette matière offre donc un
véritable intérêt pratique.

Pour l'expliquer méthodiquement, nous verrons : 1° dans
quels cas il y a lieu à règlement de juges ; 2° où doit être

_____
(1) V. notamment M. Carnot, sur l'art. 180, et M. A. Dalloz, vᵒ
Récusation, n. 11. V. aussi *Cass.* 14 octobre 1824. Sirey, 25-1-89.

portée la demande ; 3° comment elle doit être instruite ;
4° comment les juges qui en sont saisis doivent statuer. Ce
sera le sujet d'autant de chapitres.

CHAPITRE Ier.

Dans quels cas il y a lieu à réglement de juges.

Il y a lieu à réglement de juges dans deux cas, celui de
conflit positif, et celui de conflit négatif.

En matière civile, la jurisprudence de la cour suprême
autorise encore la voie du réglement, dans le cas de rejet
d'un déclinatoire, tendant à obtenir le renvoi devant une
juridiction d'un autre ressort (1). Mais le code d'instruction
criminelle interdit formellement la voie du réglement dans
ce cas, ainsi que cela résulte de l'art. 539, ainsi conçu :
« Lorsque le prévenu ou l'accusé, l'officier chargé du
ministère public, ou la partie civile, aura excipé de
l'incompétence d'un tribunal de première instance ou d'un
juge d'instruction, ou proposé un déclinatoire, soit que
l'exception ait été admise ou rejetée, nul ne pourra recourir
à la cour de cassation pour être réglé de juges; sauf à se
pourvoir devant la cour royale contre la décision portée
par le tribunal de première instance ou le juge d'instruction,
et à se pourvoir en cassation, s'il y a lieu, contre l'arrêt
rendu par la cour royale. »

Il résulte clairement de la dernière partie de ce texte,
que, dans le cas même où l'incompétence a été proposée
pour la première fois devant le tribunal supérieur, la voie
du réglement de juges reste toujours fermée, et que la voie
du recours en cassation est la seule qui puisse être alors
employée.

L'article dit, pour le cas du déclinatoire proposé en première instance, *sauf à se pourvoir devant la cour royale,*
parce que, de droit commun, c'est devant la cour royale que

---

(1) V. notre *Cours de procédure*, t. 2. p. 101.

28

les appels correctionnels sont portés. Mais ce n'est pas à dire que le législateur ait voulu déroger ici à l'art. 200, qui attribue dans plusieurs cas la connaissance des appels correctionnels à des tribunaux de chefs-lieux de département.

L'art. 539 n'a pas voulu sans doute déroger non plus à la règle qui s'induit de l'art. 135, et d'après laquelle le prévenu ne peut se pourvoir par aucune voie, contre les ordonnances de la chambre du conseil qui le renvoient devant le tribunal de police correctionnelle ou devant la chambre des mises en accusation, par la raison que tous ses moyens d'incompétence peuvent être utilement proposés devant la juridiction que l'ordonnance de la chambre du conseil a saisie.

Enfin, l'art. 539 n'autorise pas, à nos yeux, l'appel, au moins immédiat, contre les jugements de simple police qui rejettent des moyens d'incompétence, vu qu'en principe, ainsi qu'on l'a dit plus haut, ces jugements sont en dernier ressort, et que l'art. 539 n'a voulu, ce semble, exprimer qu'une chose, savoir, que le simple rejet d'un déclinatoire ne suffit jamais en matière criminelle pour se pourvoir en réglement de juges, sauf à employer celle des voies de l'appel ou du recours en cassation que les principes particuliers de chaque matière autorisent.

Occupons-nous maintenant des deux cas de réglement de juges, autorisés par le Code.

Ier Cas. *Conflit positif.*

Ce cas, qui est le plus fréquent, est aussi le seul que le législateur ait formellement réglé.

L'art. 526 dispose d'abord : « Il y aura lieu à être réglé de juges par la cour de cassation, en matière criminelle, correctionnelle ou de police, lorsque des cours, tribunaux ou juges d'instruction, *ne ressortissant point les uns aux autres*, seront saisis de la connaissance d'un même délit ou de délits connexes, ou de la même contravention.

« Il y aura lieu également à être réglé de juges par la

cour de cassation, ajoute l'art. 527, lorsqu'un tribunal militaire ou maritime, ou un officier de police militaire, ou tout autre tribunal d'exception d'une part, une cour royale ou d'assises, un tribunal jugeant correctionnellement, un tribunal de police, ou un juge d'instruction, d'autre part, seront saisis de la connaissance du même délit ou de délits connexes, ou de la même contravention. »

Ainsi, la voie du réglement est ouverte, soit que le conflit existe entre deux juridictions ordinaires, soit qu'il existe entre une juridiction ordinaire et une juridiction extraordinaire, pourvu toutefois que la cour de cassation ait quelque autorité sur celle-ci; car il est saillant que si la juridiction extraordinaire était la cour des pairs, par exemple, ou la chambre des députés, il ne saurait y avoir lieu à réglement. L'autorité judiciaire devrait alors baisser ses faisceaux devant une autorité plus auguste, comme, à Rome, le préteur inclinait les siens en présence du consul.

Mais que décider, quand le conflit existe entre deux juridictions extraordinaires? Si ce sont des juridictions du même ordre, deux conseils de guerre, par exemple, ou deux tribunaux maritimes, c'est au ministre compétent à régler le conflit (1). Si elles sont d'un ordre différent et qu'elles ressortissent à différents ministères, c'est aux ministres des deux départements à se concerter, et, en cas de discord, à faire statuer par une ordonnance royale, délibérée en conseil des ministres.

Pour qu'il y ait lieu à être réglé de juges par la cour de cassation, il faut aussi, aux termes de l'art. 526, que les juridictions ordinaires simultanément saisies ne ressortent point l'une à l'autre. Mais ce n'est pas à dire qu'en cas pareil il n'y ait pas lieu à réglement, car le réglement est le remède naturel de tous les conflits. Il s'induit donc de là seulement que le réglement de juges ne doit pas alors être

---

(1) V. M. Carnot, sur l'art. 527, n. 3.

porté à la cour de cassation, mais bien devant une autre autorité qu'on fera connaître dans le chapitre suivant.

La connexité donne lieu au réglement de juges aussi bien que la litispendance, à l'égard des crimes et des délits; mais elle ne produit pas le même effet à l'égard des contraventions, dans le cas du moins où le réglement devrait être porté à la cour de cassation. C'est ce qui paraît résulter clairement du texte des art. 526 et 527. Le législateur a pensé sans doute, que pour des matières aussi peu importantes que le sont en général les contraventions, il ne fallait pas exposer les parties à supporter des frais considérables pour prévenir une contrariété de décisions qui n'est guère à présumer; que dans ce cas en un mot l'emploi du remède aurait quelque chose de plus fâcheux que le mal lui-même, qui peut fort bien d'ailleurs ne pas se réaliser. Mais, quand le réglement peut être porté devant une juridiction moins élevée que la cour suprême, la connexité autorise la demande en réglement en matière de contraventions, aussi bien qu'en matière de crimes ou de délits. Cela résulte expressément des termes de l'art. 540, que nous transcrirons incessamment.

Passons maintenant au second cas qui donne lieu au réglement.

2ᵉ CAS. CONFLIT NÉGATIF.

Il y a conflit négatif, quand deux ou plusieurs juridictions se sont, par des décisions ayant force de chose jugée, déclarées également incompétentes, et qu'il est certain pourtant que le fait était de la compétence de l'une d'elles.

Ce cas n'est pas expressément indiqué par la loi comme donnant lieu à un règlement de juges; mais la jurisprudence et les auteurs n'en sont pas moins unanimes pour le classer au nombre des causes de règlement, parce que le cours de la justice se trouve alors interrompu, et que la voie du réglement est la seule qui puisse lever l'obstacle (1).

Mais, pour que ce conflit existe, il faut nécessairement la réunion des deux conditions qu'on vient d'indiquer en le définissant : la première, que les décisions rendues en sens opposés aient toutes l'autorité de la chose jugée, car si quelqu'une d'elles peut être attaquée par la voie de l'opposition ou de l'appel, ces voies ordinaires doivent obtenir la priorité sur la voie extraordinaire du règlement : la seconde, qu'il paraisse clairement que la connaissance du procès appartenait à quelqu'une des juridictions dessaisies ; car tant qu'on n'a pas saisi le véritable juge, le cours de la justice n'est pas arrêté, puisqu'on demeure libre de se pourvoir devant lui.

CHAPITRE II.

Où doit être portée la demande en règlement et par qui peut-elle être formée ?

I. D'après la loi du 27 ventose an VIII, toute demande en règlement de juges devait être portée devant la cour de cassation.

Le Code de procédure commença à restreindre cette compétence pour les matières civiles. L'art. 363 de ce Code n'attribue, en effet, le règlement à la cour de cassation, qu'autant que les deux juridictions saisies ne ressortissent pas au même tribunal ou à la même cour royale : autrement, c'est à ce tribunal ou à cette cour qu'il en confère la connaissance.

Le Code d'instruction criminelle introduisit une restriction analogue pour les matières criminelles.

A la vérité, quand le conflit existe entre une juridiction ordinaire et une juridiction extraordinaire, c'est toujours,

---

(1) V. les autorités citées par M. Dalloz aîné, *Répertoire*, t, 3, p. 265, et un arrêt de la cour suprême du 18 novembre 1843, D. P. 44-1-41.

aux termes de l'art. 527 dont la disposition n'est limitée par aucun autre texte, la cour de cassation qui doit le vider.

Mais, quand ce conflit n'existe qu'entre des juridictions ordinaires, l'art. 526 qui en attribue aussi en principe la connaissance à la cour de cassation, se trouve notablement modifié par l'art. 540, ainsi conçu : « Lorsque deux juges d'instruction ou deux tribunaux de première instance, établis dans le ressort de la même cour royale, seront saisis de la connaissance du même délit ou de délits connexes, les parties seront réglées de juges par cette cour, suivant la forme prescrite au présent chapitre, sauf le recours, s'il y a lieu, à la cour de cassation. — Lorsque deux tribunaux de simple police seront saisis de la connaissance de la même contravention ou de contraventions connexes, les parties seront réglées de juges par le tribunal duquel ils ressortissent l'un et l'autre, et s'ils ressortissent à différents tribunaux, elles seront réglées par la cour royale, sauf le recours, s'il y a lieu, à la cour de cassation. »

Ce texte donne d'abord lieu de remarquer qu'en matière de règlement de juges, il n'y a point d'autorité intermédiaire entre le tribunal correctionnel et la cour royale. Ainsi, quoiqu'en matière correctionnelle, les tribunaux de chef-lieu de département soient juges d'appel des sentences rendues par les tribunaux d'arrondissement, ils n'exercent pas pour les réglements de juges, une autorité plus étendue que les tribunaux d'arrondissement. Partant, si le conflit s'élève entre deux juges de simple police situés dans des arrondissements différents du même département, ce n'est pas au tribunal du chef-lieu de département que le réglement doit être porté, mais à la cour royale; et il en est de même, si le conflit s'élève entre deux tribunaux correctionnels d'arrondissement du même département.

Mais il est plusieurs cas que l'art. 540 n'a point prévus, et pour lesquels on peut douter devant qui le règlement doit être porté.

1° Le conflit peut s'élever dans le même tribunal entre la

chambre correctionnelle saisie du fait comme constituant un délit, et le juge d'instruction ou la chambre du conseil, saisis du même fait comme constituant un crime. Il nous semble évident qu'en ce cas on peut se pourvoir en règlement devant la cour royale, comme dans le cas où le conflit existe entre deux juges d'instruction ou deux tribunaux différents, situés dans le même ressort.

2° Le conflit peut exister entre deux tribunaux correctionnels, saisis comme juges d'appel de sentences rendues par des juges de simple police. Dans ce cas encore, la compétence de la cour royale nous paraît certaine, quand les deux tribunaux sont également dans son ressort; car il nous semblerait peu raisonnable que les parties eussent moins de facilité pour se faire régler de juges en matière de contravention qu'en matière de délit (1).

3° Le conflit peut exister entre des tribunaux d'ordre inégal, entre un tribunal de simple police, par exemple, et un tribunal correctionnel. C'est encore, suivant nous, devant la cour royale qu'il faut alors se pourvoir, quand la cour exerce sur chacun des tribunaux saisis une suprématie incontestable. Nous n'admettrions pas qu'en cas pareil le règlement pût être porté au tribunal correctionnel, quand même le tribunal de simple police serait dans son ressort, parce qu'il est de l'essence, ce nous semble, de toute demande en règlement de juges, d'être portée devant une juridiction supérieure à chacune des juridictions saisies.

4° Il peut se faire qu'un des tribunaux saisis soit un tribunal correctionnel de chef-lieu de département, saisi comme juge d'appel d'un tribunal correctionnel de son ressort. Ce tribunal alors exerçant dans l'affaire particulière une autorité égale à celle de la cour royale elle-même, et ayant peut-être rendu déjà sur sa compétence une décision souveraine, la suprématie de la cour royale nous paraît

---

(1) *Sic* M. Carnot, sur l'art. 549, n. 4. M. Bourguignon est d'un avis contraire.

contestable ; partant, c'est à la cour de cassation que le règlement nous semblerait devoir être porté, d'autant que l'art. 540, ne parlant que du conflit entre deux tribunaux *de première instance*, la solution que nous puisons dans l'esprit de la loi n'est point contrariée par son texte.

On pourrait objecter pourtant à cette doctrine, qu'aux termes de l'art. 235 du Code, les cours royales ont le droit d'évoquer l'instruction de toute affaire criminelle ou correctionnelle, pendante devant un juge ou un tribunal de leur ressort ; mais les règles de l'évocation diffèrent sensiblement de celles des règlements de juges.

L'évocation, par exemple, ne peut avoir lieu que d'office ou sur la réquisition du procureur-général, et elle a pour résultat nécessaire de saisir la cour et de dessaisir toute juridiction inférieure ; tandis que le règlement ne peut être demandé que par quelqu'une des parties en cause, et ne tend jamais à saisir la juridiction devant laquelle il est porté, du fond de l'affaire.

5° Enfin, il peut se faire que la cour royale elle-même soit saisie, concurremment avec quelque juge de son ressort. D'après les principes généraux de la matière, il faudrait, dans ce cas encore, se pourvoir devant la cour de cassation. Mais l'art 526 disposant expressément, comme on l'a déjà fait remarquer, qu'il n'y a lieu à être réglé de juges par la cour de cassation, qu'autant que les deux juridictions ne ressortissent pas l'une à l'autre, il faut en conclure nécessairement que la cour royale peut alors, sur la demande de l'une des parties, comme elle le pourrait par évocation aux termes de l'art. 235, dessaisir elle-même le juge inférieur, et faire cesser par là le conflit.

Tout ce que nous avons dit jusqu'ici n'a trait qu'au conflit positif. Quant au conflit négatif, la cour suprême a décidé maintes fois que ce cas est complètement en dehors de celui prévu par l'art. 540, et qu'ainsi le règlement doi alors être porté toujours devant elle, quand même les deux juridictions qui se sont dessaisies se trouveraient dans le ressort du même tribunal ou de la même cour (1).

II. La demande en règlement peut être formée par toute partie qui y a intérêt, par le prévenu conséquemment, ou par l'accusé, par la partie civile, et par le ministère public. C'est ce qui s'induit clairement des art. 529 et 530 combinés.

Mais nous ne pensons pas que les juges entre lesquels le conflit s'est élevé, puissent provoquer eux-mêmes le règlement. Il arriva, il est vrai, à l'orateur du gouvernement, d'avancer le contraire; mais l'autorité de sa parole ne saurait servir de sauf-conduit à une opinion que nous considérons comme une hérésie. Il est en effet, de principe fondamental chez nous, qu'un juge ne peut pas plus soumettre spontanément un point quelconque du procès à la juridiction supérieure, qu'il ne peut renvoyer la décision du litige au législateur.

CHAPITRE III.

Comment se forme et s'instruit la demande en règlement.

Le Code semble, au premier abord, n'exposer les formes de la demande en règlement que pour la cour de cassation : mais l'art. 540 rend ensuite ces formes communes aux tribunaux correctionnels et aux cours royales, saisis de demandes de même nature.

« Toutes demandes en règlement de juges, porte l'art. 525, seront instruites et jugées sommairement et sur sim-

---

(1) Voyez notamment arrêts des 5 février, 1er avril et 29 octobre 1813, rapportés, les deux premiers, par M. Legraverend, t. 2, p. 473; le dernier, par M. Bourguignon, sur l'art. 540, n. 2.

M. Carnot, dans ses observations additionnelles sur l'art. 540, cite pourtant comme ayant décidé la question en sens inverse, un arrêt du 14 décembre 1827, que nous n'avons pas trouvé dans les recueils.

ples mémoires. » Ce n'est pas à dire toutefois que la plaidoirie soit interdite en cette matière ; mais il ne doit être passé en taxe aucune somme pour cet objet contre la partie qui succombe.

« Sur le vu de la requête et des pièces, poursuit l'art. 528, la cour de cassation, section criminelle, ordonnera que le tout soit communiqué aux parties, ou statuera définitivement, sauf l'opposition. » Le premier mode doit, en général, obtenir la préférence : le second ne doit être suivi, qu'autant que la demande en règlement paraît ne présenter aucune difficulté.

Si le règlement est porté devant un tribunal de première instance, c'est évidemment à la chambre correctionnelle, s'il y a plusieurs chambres, que la requête doit être présentée. Si c'est devant une cour royale, il faut la présenter à la chambre des mises en accusation, qui semble avoir la plénitude de juridiction pour tout ce qui concerne l'instruction préliminaire des procès criminels. La chambre des appels de police correctionnelle serait tout au plus compétente, s'il s'agissait d'un conflit élevé entre deux tribunaux correctionnels : encore même en douterions-nous ; car, comme nous l'avons déjà fait remarquer, la compétence en matière de règlement de juges et celle en matière d'appel se règlent par des principes différents.

« Dans le cas où la communication serait ordonnée sur le pourvoi en conflit du prévenu, de l'accusé ou de la partie civile, l'arrêt enjoindra à l'un et à l'autre des officiers chargés du ministère public près les autorités judiciaires concurremment saisies, de transmettre les pièces du procès et leur avis motivé sur le conflit (art. 529). — Lorsque la communication sera ordonnée sur le pourvoi de l'un de ces officiers, l'arrêt ordonnera à l'autre de transmettre les pièces et son avis motivé (art. 530). » Il y aurait lieu de procéder de même, en cas de conflit négatif.

« L'arrêt de *soit communiqué*, continue l'art. 531, fera mention sommaire des actes d'où naîtra le conflit et fixera, selon la distance des lieux, le délai dans lequel les pièces et les avis motivés seront apportés au greffe. — La notification de cet arrêt aux parties emportera de plein droit sursis au jugement du procès, et, en matière criminelle, à la mise en accusation, ou, si elle a déjà été prononcée, à la formation du jury dans les cours d'assises, mais non aux actes et aux procédures conservatoires ou d'instruction. — Le prévenu ou l'accusé et la partie civile pourront présenter leurs moyens sur le conflit, dans la forme réglée par le chapitre II du titre 3 du présent livre pour le recours en cassation. » Le défendeur à la demande en règlement n'a pourtant nul besoin de consigner une amende, ni, si c'est le prévenu, de se constituer en prison, parce que la défense est de droit naturel et ne doit subir aucune entrave. Le renvoi que fait l'art. 531 s'applique donc seulement au délai dans lequel la réponse doit être fournie et à la manière de la transmettre.

Il résulte, au surplus, de l'art. 423, que le défendeur a dix jours francs pour fournir sa réponse, et que les pièces ne doivent être transmises à l'autorité saisie du règlement qu'après ce délai, à moins que le défendeur n'ait répondu plus tôt. Le délai, d'un autre côté, ne saurait évidemment courir qu'à dater du jour de la notification de l'arrêt de *soit communiqué* à la partie intéressée, et si le demandeur en règlement ne se mettait pas en mesure de faire cette notification dans le délai que l'arrêt de *soit communiqué* a fixé, il s'exposerait à être déclaré déchu de sa demande.

La notification emportant de plein droit sursis aux poursuites, tous actes ou jugements faits ou rendus postérieurement, autres que les procédures conservatoires ou d'instruction, sont radicalement nuls, quand même la demande en règlement viendrait à être rejetée.

L'arrêt qui intervient sur le conflit après un arrêt précédent de *soit communiqué, dûment exécuté*, ne peut, aux termes de l'art. 537, être attaqué par la voie de l'opposition. Le défendeur qui n'a pas fourni ses moyens encourt donc la forclusion, quand l'arrêt de *soit communiqué* lui a été notifié régulièrement et en temps utile. Dans le cas contraire, la voie de l'opposition reste ouverte, comme lorsqu'il n'y a pas eu d'arrêt primitif de *soit communiqué*, qui est la seconde hypothèse dont nous avons à nous occuper.

« Lorsque, sur la simple requête, porte l'art. 532, il sera intervenu arrêt qui aura statué sur la demande en règlement de juges, cet arrêt sera, à la diligence du procureur-général près la cour de cassation et par l'intermédiaire du ministre de la justice, notifié à l'officier chargé du ministère public près la cour, le tribunal ou le magistrat dessaisi. — Il sera notifié de même au prévenu ou à l'accusé, et à la partie civile, s'il y en a une.

» Le prévenu ou l'accusé, ajoute l'art. 533, et la partie civile pourront former opposition à l'arrêt dans le délai de trois jours, et dans les formes prescrites par le chap. II du titre 3 du présent livre pour le recours en cassation. »

L'opposition n'est donc ouverte qu'au prévenu ou à l'accusé et à la partie civile; elle ne l'est pas au ministère public, puisqu'il est indivisible, et qu'il a nécessairement un organe devant l'autorité saisie du règlement. Elle ne paraît pas ouverte non plus à la partie dont la demande en règlement aurait été rejetée, par la raison qu'à son égard l'arrêt est contradictoire, puisque c'est sur sa requête qu'il est intervenu.

L'opposition légalement déclarée produit le même effet que la notification de l'arrêt de *soit communiqué* quand il en a été rendu, c'est-à-dire qu'elle entraîne de plein droit sursis au jugement du procès (art 534). Mais elle n'est recevable qu'à une condition indiquée dans l'art. 535, ainsi conçu : « Le prévenu qui ne sera pas en arrestation, l'accusé qui ne sera pas retenu dans la maison de justice, et la partie civile ne seront point admis au bénéfice de l'opposition, s'ils n'ont antérieurement, ou dans le délai fixé par l'art. 533, élu domicile dans le lieu où siège l'une des autorités judiciaires en conflit. — A défaut de cette élection, ils ne pourront non plus exciper de ce qu'il ne leur aurait été fourni aucune communication, dont le poursuivant sera dispensé à leur égard. »

On se demande si, dans le cas où il n'y a pas eu d'élection de domicile antérieure à l'arrêt sur requête qui a statué sur le règlement, on peut se dispenser de notifier cet arrêt même. On le peut certainement à l'égard de la partie civile, aux termes de l'art. 68, et le délai de l'opposition court alors contre cette partie, à dater de la notification faite au magistrat du ministère public en conformité de l'art. 532. Mais, quant au prévenu, il semble que, malgré le défaut d'une élection de domicile antérieure, on doit néanmoins, conformément au principe général, lui notifier l'arrêt sur requête à son domicile réel, et que ce sont seulement les actes ultérieurs qu'on est dispensé de lui signifier.

CHAPITRE IV.

Du jugement qui statue définitivement sur la demande en règlement.

Si le cas de conflit n'est pas justifié, la demande en règlement de juges est rejetée purement et simplement, et le demandeur en règlement, quand ce n'est pas le ministère public, peut, outre les dépens, être condamné à une amende, qui ne peut toutefois excéder trois cents francs, dont moitié doit être pour la partie adverse (art. 541).

Si le cas de conflit est justifié, la manière de statuer varie suivant les circonstances.

Il peut se faire, en effet, que les deux juridictions saisies fussent toutes deux incompétentes, ou qu'une seule fût compétente, ou enfin qu'elles fussent compétentes toutes deux.

Si toutes deux étaient incompétentes, l'autorité saisie du règlement doit les dessaisir toutes deux et renvoyer les parties devant qui de droit, ou bien désigner la juridiction qui devra être saisie, si elle exerce sur cette juridiction une suprématie.

Si l'une seulement était compétente, c'est à celle-là que

le jugement du procès doit rester, et l'autre doit être dessaisie.

Le seul cas délicat est celui où toutes deux étaient compétentes, et ce cas, comme on l'a dit en commençant, est très-fréquent en matière criminelle, à raison de la triple compétence attribuée par la loi, au juge du lieu où le délit a été commis, à celui du domicile du prévenu, et à celui du lieu où le prévenu peut être saisi. Il va sans dire pourtant qu'il faut de toute nécessité que l'une des deux juridictions soit dessaisie, mais il s'agit de savoir par quelle règle doit être déterminée la préférence. En général, la préférence doit être accordée à la juridiction qui a été saisie la première : mais la loi toutefois n'ayant érigé nulle part cette règle en principe absolu, la juridiction chargée du règlement jouit à cet égard d'une grande latitude, et elle peut dessaisir la juridiction qui a été saisie la première, quand elle suppose qu'on pourra arriver plus sûrement et plus commodément à la découverte de la vérité devant celle qui n'a été saisie que la seconde. Tout à cet égard dépend donc des circonstances.

Mais quel doit être le sort des actes faits devant la juridiction dessaisie? Ces actes doivent-ils, dans tous les cas, être annulés? La négative résulte évidemment de l'art. 536 qui se borne à dire : « La cour de cassation, en jugeant le conflit, *statuera* sur tous les actes qui pourraient avoir été faits par la cour, le tribunal ou le magistrat qu'elle dessaisira. » C'est sans motif, en effet, qu'on annulerait les actes faits devant la juridiction dessaisie, quand cette juridiction était tout aussi compétente que celle à laquelle reste le jugement du procès. Les actes faits devant le juge dessaisi ne doivent donc être annulés, qu'autant que ce juge était incompétent. Encore même, les actes conservatoires sembleraient-ils, dans tous les cas, devoir être maintenus.

Si la demande en règlement a pour cause un conflit négatif, la décision qui statue sur cette demande peut-elle rendre la vie aux procédures faites devant celle des juridictions qui s'était mal-à-propos dessaisie? L'affirmative nous semble indubitable, car dès que le jugement qui avait déclaré l'incompétence est mis au néant et est réputé non avenu, il n'a pu anéantir lui-même les procédures qui l'avaient précédé.

Dans ce même cas de conflit négatif, c'est la juridiction qui s'est mal-à-propos déclarée incompétente, devant laquelle en principe le procès doit être renvoyé. Mais, ce principe n'étant pas écrit dans la loi, il serait prudent de le faire fléchir, s'il y avait lieu de supposer quelque partialité de la part de la juridiction qui s'est dessaisie; et l'autorité saisie du règlement, quand même ce ne serait pas la cour de cassation, nous paraît, dans l'esprit de la loi, investie du droit de désigner dans son ressort quelque tribunal du même ordre.

La partie qui succombe, autre que le ministère public, doit être condamnée aux dépens, et peut, de plus, être condamnée à l'amende portée par l'art. 541. — Mais, quand le conflit est constaté, quelle est la partie qu'on peut considérer comme succombante? En matière de conflit positif, c'est celle qui avait saisi la juridiction incompétente, en supposant qu'elles ne fussent point compétentes toutes deux. En matière de conflit négatif, c'est celle qui avait mal-à-propos proposé un déclinatoire devant la juridiction compétente. Que si, dans le cas de conflit positif, les deux juridictions étaient également compétentes, ou si, dans le cas de conflit négatif, le juge compétent s'était dessaisi d'office, les dépens devraient être compensés entre les parties, puisque le conflit ne pourrait être imputé à la faute d'aucune d'elles.

Quand c'est une cour royale qui statue sur une demande en règlement, sa décision est nécessairement sans appel et ne peut être attaquée que par la voie du recours en cassation. En est-il de même, quand c'est un tribunal correctionnel, saisi à la suite d'un conflit existant entre deux tribunaux de simple police? La question paraît douteuse. Pour la négative, on peut invoquer avec avantage les principes généraux, qui autorisent l'appel toutes les fois que la loi ne l'a pas formellement interdit. L'affirmative paraît pourtant plus probable, et s'induire par analogie de l'art. 192, qui déclare en dernier ressort tout jugement correctionnel rendu en matière de contravention, quoiqu'il n'y ait pas eu d'instance antérieure devant le tribunal de simple police. Dans des matières peu importantes, il serait, en effet, plus funeste qu'avantageux aux parties de laisser ouverts des recours trop dispendieux.

L'arrêt ou jugement rendu, soit après un *soit communiqué*, soit sur une opposition, doit être notifié aux mêmes parties et dans la même forme que la première sentence (art. 538). On peut seulement se dispenser de le notifier à la partie opposante qui n'a point fait l'élection de domicile prescrite par l'art. 535, car il n'est pas à présumer que l'art. 538 ait voulu déroger aux principes que l'art. 535 venait de poser.

TITRE II.

DES RENVOIS.

En matière civile, on distingue cinq espèces de renvoi : renvoi pour cause de suppression d'un tribunal, quand la loi n'a pas indiqué l'autorité qui devait remplacer le tribunal supprimé; renvoi pour insuffisance du nombre des juges; renvoi pour cause de sûreté publique; renvoi pour cause de suspicion légitime; renvoi enfin pour cause de parenté ou d'alliance.

Les mêmes causes de renvoi existent en matière criminelle (1), à l'exception de la cinquième, celle pour parenté ou alliance qui s'identifie avec la quatrième, celle pour

---

(1) On trouve notamment dans les recueils, plusieurs arrêts de la cour suprême, qui ont prononcé des renvois pour insuffisance du nombre des juges, ou même pour impossibilité de constituer le ministère public. V., entre autres, les arrêts des 13 novembre 1841 et 24 novembre 1842.

suspicion légitime; et comme, en matière civile, le renvoi pour cause de parenté ou d'alliance est le seul qui puisse être demandé devant l'autorité saisie du litige, que tous les autres doivent être demandés à la cour de cassation, il en résulte qu'en matière criminelle, c'est toujours à cette dernière cour qu'il faut s'adresser.

Parmi les causes de renvoi indiquées, il en est une qui ne peut être proposée que par le ministère public, c'est celle pour sûreté publique; ce n'est en effet qu'à des magistrats qu'il incombe de veiller à ce que cette sûreté ne soit pas troublée. Les autres peuvent être proposées par toute partie intéressée, par le prévenu conséquemment ou par l'accusé, et par la partie civile, aussi bien que par le ministère public. L'art. 542 ne l'exprime formellement que pour le renvoi basé sur la suspicion légitime, mais il y a même raison de décider pour les deux autres cas.

L'art. 542 dispose, au demeurant : « En matière criminelle, correctionnelle et de police, la cour de cassation peut, sur la réquisition du procureur-général près cette cour, renvoyer la connaissance d'une affaire, d'une cour royale ou d'assises à une autre, d'un tribunal correctionnel ou de police à un autre tribunal de même qualité, d'un juge d'instruction à un autre juge d'instruction, pour cause de sûreté publique ou de suspicion légitime. — Ce renvoi peut aussi être ordonné sur la réquisition des parties intéressées, mais seulement pour cause de suspicion légitime. »

Il est à remarquer que ce texte assimile le cas de suspicion vis-à-vis du juge d'instruction, au cas de suspicion vis-à-vis d'un tribunal entier. Quand donc un juge d'instruction se trouve dans un des cas de récusation indiqués par l'art. 375 du Code de procédure, la partie qui veut se soustraire à sa juridiction, ne doit pas employer la voie de la récusation, vu, comme on l'a dit ailleurs, que le juge d'instruction exerce une juridiction propre. Une demande en renvoi formée devant la cour de cassation est, dans ce cas, la seule voie praticable.

« La partie intéressée, poursuit l'art. 543, qui aura
29

procédé volontairement devant une cour, un tribunal, ou un juge d'instruction, ne sera reçue à demander le renvoi qu'à raison des circonstances survenues depuis, lorsqu'elles seront de nature à faire naître une suspicion légitime. » Mais une partie n'est pas censée procéder volontairement, quand elle répond à un interrogatoire que le juge d'instruction lui fait subir, car elle cède alors à une sorte de contrainte ; et, d'un autre côté, l'on devrait considérer comme une circonstance survenue nouvellement, la connaissance toute récente qu'une partie aurait acquise de causes de récusation antérieures, s'il lui avait été moralement impossible de connaître ces causes plus tôt.

Une première demande en renvoi qui a été rejetée, ne fait pas non plus obstacle à une seconde, quand celle-ci est fondée sur des faits nouveaux, survenus depuis la première (art. 552).

La demande en renvoi pour cause de suspicion légitime peut être formée directement par l'officier chargé du ministère public près la juridiction saisie, et, en cas de silence de sa part, par le procureur-général près la cour royale. Quant à celle pour sûreté publique, au contraire, aucun officier du ministère public ne peut saisir directement la cour suprême ; il ne peut qu'adresser la réclamation avec les motifs et les pièces à l'appui, au ministre de la justice, qui ne les transmet à la cour de cassation qu'autant qu'il estime lui-même que la sûreté publique pourrait, en effet, être troublée (art. 544).

La procédure à suivre pour les demandes en renvoi, est la même que celle des règlements de juges.

Sur le vu de la requête et des pièces, la cour de cassation, chambre criminelle, statue dès l'abord définitivement, sauf l'opposition, si elle se croit suffisamment éclairée ; dans le cas contraire, elle ordonne que le tout sera communiqué (art. 545).

Lorsque le renvoi est demandé par le prévenu, l'accusé, ou la partie civile, et que la cour de cassation ne juge pas à propos de statuer sur la demande sur-le-champ, elle ordonne la communication à l'officier chargé du ministère public près la cour, le tribunal, ou le juge d'instruction, saisi de la connaissance du délit, et enjoint à cet officier de transmettre les pièces avec son avis motivé sur la demande en renvoi (art. 546). « L'arrêt, ajoute l'article, ordonnera de plus, *s'il y a lieu*, que la communication sera faite à l'autre partie. » Si cette communication n'est pas ordonnée, la voie de l'opposition reste ouverte.

Lorsque la demande en renvoi est formée par le ministère public, la cour de cassation, avant de statuer définitivement, peut aussi ordonner, *s'il y a lieu*, la communication de la demande aux parties, ou prononcer telle autre disposition préparatoire qu'elle juge nécessaire (art. 547). La communication aux parties ne devait pas être exigée dans tous les cas, parce que le renvoi peut être demandé pour cause de sûreté publique, cause qui n'intéresse les parties que secondairement. Cependant, dans ce cas là même, si la communication n'a pas eu lieu, la voie de l'opposition reste ouverte ; car les art. 537 et 549, qui autorisent cette voie, quand il n'y a pas eu de communication préalable, ne font aucune distinction.

L'opposition doit être formée dans les mêmes délais et les mêmes formes qu'en matière de règlement de juges, et elle produit les mêmes effets (art. 549 et 550).

Les autres règles de la procédure de réglement de juges sont également applicables à la procédure de renvoi (art. 548 et 551). Il suffit par conséquent de nous référer à ce qui a été dit sur ce sujet dans le titre précédent.

Avant de quitter celui-ci, nous devons pourtant examiner encore un point qui est un des plus importants de la matière, c'est celui de savoir si le renvoi peut également être demandé, quand la juridiction saisie est un tribunal extraordinaire, un conseil de guerre, par exemple, ou un tribunal maritime. Notre opinion est pour l'affirmative. Il nous semble impossible de supposer qu'il n'y ait devant ces tribunaux aucun moyen de se soustraire à la juridiction de juges manifestement suspects, ou d'empêcher qu'un procès ne soit jugé dans une localité où les passions ardentes qu'il excite peuvent mettre la sûreté publique en péril. Si l'on reconnaît du reste qu'il peut y avoir lieu à renvoi, c'est évidemment à la cour suprême qu'il faudra le demander ; car cette cour possède seule assez d'indépendance et assez d'autorité sur l'opinion, pour que le renvoi prononcé par elle ne puisse être considéré comme une violation de la grande maxime, que nul ne doit être distrait de ses juges naturels.

Les effets de l'arrêt de renvoi sont généralement moins étendus que ceux du renvoi après cassation, dont il sera question dans le livre suivant. L'art. 431, par exemple, qui, après un arrêt de cassation, interdit aux juges de renvoi, de donner des commissions rogatoires à aucun des juges d'instruction du ressort de la cour d'assises dont l'arrêt a été cassé, ne s'applique pas aux renvois dont nous parlons ici (1). Les procédures faites devant la juridiction dessaisie, antérieurement à la notification de la demande, doivent aussi être maintenues.

De plus longs détails sur une matière peu usuelle, dépasseraient les proportions du cadre que nous nous sommes tracé.

---

(1) *Cass.* 17 février 1843. D. P. 43-1-218.

LIVRE SIXIÈME.

Des demandes en cassation et en révision.

Le Code, dans le tit. 3 du liv. 2, semble distinguer trois sortes de recours extraordinaires, les demandes en nullité, les demandes en cassation, et les demandes en révision : mais cette division paraît fautive, en ce que les demandes en nullité ne constituent jamais un mode de recours particulier, ayant ses caractères propres. Quand la sentence est en premier ressort, en effet, les nullités ne fournissent que des moyens d'appel, et quand elle est en dernier ressort, des moyens de cassation. Nous croyons donc plus méthodique de traiter, dans un même titre, des nullités et des demandes en cassation ; le titre deuxième sera consacré aux demandes en révision. Dans un troisième titre, nous parlerons du recours en grâce.

TITRE Ier.

DES DEMANDES EN CASSATION.

Quand une sentence souveraine a été rendue, la partie condamnée porte naturellement ses regards vers cette magistrature suprême, émanation première du pouvoir judiciaire du monarque, qui est chargée d'assurer partout la juste application des lois, et de ramener à leur observation toute juridiction qui s'en écarte.

Pour expliquer dans toutes ses ramifications la matière à la fois difficile et importante du recours en cassation, nous verrons : 1° quelles sont les sentences qui peuvent donner lieu à ce recours ; 2° quelles sont les ouvertures à cassation ; 3° à quelles parties le recours est ouvert ; 4° quand il peut être employé ; 5° dans quel délai et dans quelles formes il doit être déclaré ; 6° quels sont ses effets ; 7° comment il s'instruit ; 8° les effets du désistement ; 9° ceux d'un arrêt de rejet ; 10° ceux d'un arrêt de cassa- tion ; 11° devant quel tribunal l'affaire, après cassation, doit être renvoyée ; 12° l'effet d'un second pourvoi basé sur les mêmes moyens que le premier. Ce sera le sujet d'autant de chapitres, et dans un chapitre final, nous parlerons du recours en cassation formé dans l'intérêt de la loi.

CHAPITRE Ier.

Des sentences qui peuvent être l'objet du recours en cassation.

La règle à cet égard est bien simple. Toute sentence en dernier ressort, en matière criminelle, correctionnelle ou de police, peut, en principe, être l'objet d'un recours en cassation.

Point de différence à cet égard entre les sentences prépa- ratoires et les sentences définitives, si ce n'est, comme on le verra plus tard, que les premières ne peuvent être attaquées qu'après que la décision définitive est rendue.

Point de différence non plus entre les sentences contra- dictoires, et celles rendues par défaut, si ce n'est que le recours contre ces dernières ne devient recevable que lorsque la voie de l'opposition est fermée.

Point de différence, enfin, entre les sentences des tribu- naux ordinaires et celles des tribunaux extraordinaires, autres que la chambre des pairs ou celle des députés, si ce n'est que vis-à-vis de celles-ci les moyens de cassation se réduisent quelquefois à l'incompétence et à l'excès de pouvoir.

Quant aux sentences en premier ressort, au contraire, soit qu'on puisse encore les attaquer par la voie de l'appel, soit que le délai de l'appel soit écoulé, on ne peut jamais les attaquer par la voie du recours en cassation, si ce n'est dans l'intérêt de la loi.

CHAPITRE II.

Des ouvertures à cassation.

Nous parlerons dans ce chapitre : 1° des ouvertures à cassation en général; 2° des ouvertures contre les arrêts de mise en accusation en particulier, dont le législateur s'est occupé d'une manière spéciale.

SECTION Irc. — *Des ouvertures à cassation en général.*

Les ouvertures à cassation peuvent se réduire à trois : l'incompétence ou l'excès de pouvoir ; la violation ou l'inobservation des formes ; enfin, la violation, fausse application ou fausse interprétation de la loi dans le jugement.

Il est certaines décisions souveraines, qui ne peuvent être attaquées devant la cour suprême, que pour cause d'incompétence ou d'excès de pouvoir. Tels sont, par exemple, les jugements des tribunaux militaires de terre ou de mer (L. 27 ventôse an 8, art. 77). Mais, en principe, le recours peut être fondé indifféremment sur chacune des trois causes qu'on a indiquées.

On va développer ces trois causes successivement.

§ 1er. *De l'incompétence et de l'excès de pouvoir.*

L'incompétence se confond aisément avec l'excès de pouvoir. L'incompétence seulement est l'espèce, tandis que l'excès de pouvoir est le genre. Ainsi, toute incompétence constitue nécessairement un excès de pouvoir; mais il peut y avoir excès de pouvoir sans qu'il y ait incompétence, quand le juge, par exemple, compétent d'ailleurs pour connaître du litige, fait quelque acte, ou ordonne quelque mesure, qui dépasse les limites naturelles de son autorité.

En matière civile, l'incompétence qui n'est pas à raison de la matière, en d'autres termes, l'incompétence *ratione personæ vel loci* est de nature à se couvrir; mais on a déjà eu l'occasion de faire remarquer qu'il en est autrement en matière criminelle (1). Seulement, il faut tenir pour constant que le moyen d'incompétence, comme tous les autres moyens de cassation, doit reposer sur des faits constatés par la procédure, parce que l'examen d'un point de fait est antipathique, pour ainsi dire, à la juridiction de la cour suprême.

§ 2. *De la violation ou inobservation des formes.*

La violation des formes a quelque chose de plus irritant dans les matières criminelles que dans les matières civiles. Dans celles-ci, en effet, toute nullité de forme est couverte, quand elle n'a pas été proposée avant les défenses au fond (C. pr. 173); tandis que, dans celles-là, les défenses au fond n'empêchent pas, du moins au grand criminel, qu'on ne puisse se prévaloir plus tard des nullités commises.

Avant le Code, et sous l'empire de la loi du 3 brumaire an IV, la violation des formes était plus irritante encore, en ce que toute violation indistinctement emportait alors nullité. Il résultait de là, que l'annulation des sentences criminelles était très-fréquente, au grand détriment, de la société d'abord qui voyait s'accroître ainsi les chances d'impunité des coupables, puis ensuite du trésor public pour

---

(1) V. ci-dsssus, p. 431.

lequel les frais de justice criminelle devenaient d'autant plus onéreux.

Le Code, plus sage, n'a attaché la nullité qu'à l'inobservations des formalités d'une importance majeure, et voici la règle qu'il a posée sur ce point dans l'art. 408 :

« Lorsque l'accusé aura subi une condamnation, et que, soit dans l'arrêt de la cour royale qui aura ordonné son renvoi devant une cour d'assises, soit dans l'instruction et la procédure qui auront été faites devant cette dernière cour, soit dans l'arrêt même de condamnation, il y aura eu violation ou omission de quelques-unes des formalités que le présent Code prescrit sous peine de nullité, cette omission ou violation donnera lieu, sur la poursuite de la partie condamnée ou du ministère public, à l'annulation de l'arrêt de condamnation et de ce qui l'a précédé, à partir du plus ancien acte nul. — Il en sera de même, tant dans les cas d'incompétence que lorsqu'il aura été omis ou refusé de prononcer, soit sur une ou plusieurs demandes de l'accusé, soit sur une ou plusieurs réquisitions du ministère public, tendant à user d'une faculté ou d'un droit reconnu par la loi, bien que la peine de nullité ne fût pas textuellement attachée à l'absence de la formalité dont l'exécution aura été demandée ou requise. »

Il est pourtant, en matière criminelle comme en matière civile, des nullités substantielles qui vicient les actes ou les sentences, quoique la nullité ne soit pas expressément prononcée par la loi. Toutes les fois, par exemple, que le droit de défense a été méconnu, ou que la cour ou le jury étaient illégalement composés, il y a nullité substantielle.

D'un autre côté, quoiqu'il ait été statué sur une réquisition tendant à user d'un droit accordé par la loi, si la réquisition a été rejetée, et par conséquent le droit méconnu, le recours est indubitablement ouvert. Ce n'est plus alors, il est vrai, une simple nullité de forme, c'est une violation délibérée ou une fausse interprétation de la loi; mais le résultat est le même, puisque les deux causes donnent également ouverture à cassation.

Si, au contraire, c'est une simple faculté, et non pas un droit proprement dit, que l'accusé ou le ministère public a demandé à exercer, il y a nullité sans doute, et par conséquent ouverture à cassation, s'il n'a pas été statué du tout sur la demande. Mais s'il a été statué et que la demande ait été rejetée, il n'y a plus d'ouverture à cassation, puisqu'il n'y a plus ni vice dans la forme, ni méconnaissance d'un droit. Seulement, l'arrêt qui a statué sur la demande n'est régulier qu'autant qu'il est motivé, à moins que la réclamation ne fût manifestement dépourvue de tout fondement; car on ne saurait être obligé de motiver ce qui, dans l'esprit d'aucune personne raisonnable, ne peut faire l'objet d'un doute.

Mais l'accusé peut-il se prévaloir de ce qu'il a été omis de prononcer sur quelque réquisition du ministère public? C'est notre sentiment, quand la mesure sollicitée aurait pu tourner à son avantage. Peut-être, en effet, ne s'est-il abstenu de la provoquer lui-même, que parce qu'il ne devait pas espérer qu'elle obtînt de sa part plus de succès : l'art. 408 d'ailleurs ne distingue pas.

Les mêmes voies d'annulation exprimées en l'art. 408, peuvent être employées contre les arrêts ou jugements en dernier ressort, rendus en matière correctionnelle ou de police (art. 413).

§ 3. *De la violation, fausse application ou fausse interprétation de la loi.*

La loi peut avoir été violée, faussement appliquée ou faussement interprétée, tantôt dans des décisions qui ont statué sur des incidents ou des moyens préjudiciels, tels que des fins de non recevoir, des moyens de prescription, d'amnistie, de chose jugée, etc.; tantôt dans la décision même qui a statué sur le fait incriminé; et, dans les deux cas, il y a également ouverture à cassation. Le Code ne s'en est exprimé formellement que pour les fausses applications ou fausses interprétations de la loi, contenues dans la décision définitive, mais il y a même raison de décider quand le vice existe dans une décision antérieure.

L'art. 410 dispose, au demeurant : « Lorsque la nullité procèdera de ce que l'arrêt aura prononcé une peine autre que celle appliquée par la loi à la nature du crime, l'annulation de l'arrêt pourra être poursuivie, tant par le ministère public que par la partie condamnée. » L'annulation peut être poursuivie à plus forte raison, quand le fait qui a motivé la condamnation ne tombe sous l'application d'aucune loi pénale.

« La même action, ajoute l'article, appartiendra au ministère public contre les arrêts d'absolution mentionnés en l'art. 364, si l'absolution a été prononcée sur le fondement de la non existence d'une loi pénale qui pourtant aurait existé. »

Mais, aux termes de l'art. 411, lorsque la peine prononcée est la même que celle portée par la loi qui s'applique au crime, nul ne peut demander l'annulation de l'arrêt, sous le prétexte qu'il y aurait erreur dans la citation du texte de la loi. La peine, au surplus, n'est la même que lorsque sa nature et sa durée sont également fixes, ou bien que le maximum et le minimum sont les mêmes dans les deux cas. Si le minimum, en effet, porté par le texte réellement applicable, était moins fort que celui porté par le texte appliqué, le condamné serait fondé à se plaindre, comme le serait de son côté le ministère public, si le maximum porté par le texte véritable dépassait celui porté par le texte appliqué.

L'art. 414 déclare la disposition de l'art. 411 commune aux arrêts et jugements en dernier ressort rendus en matière correctionnelle et de police, et l'art. 410 s'applique également à ces dernières matières, quoique la loi ne s'en soit pas formellement expliquée, parce qu'il y a même raison de décider (1).

_____

(1) *Cass.* 27 juin 1811. Carnot, sur l'art. 413.

SECTION II. — *Des ouvertures à cassation contre les arrêts de mise en accusation en particulier.*

Quoique les arrêts de mise en accusation ne soient que des arrêts d'instruction, et qu'en principe les jugements d'instruction ne puissent être attaqués qu'après la décision définitive d'après l'art. 416, le Code autorise pourtant l'accusé et le procureur-général à se pourvoir contre les arrêts de mise en accusation, avant que l'affaire soit portée aux assises. Mais ce recours anticipé n'est autorisé que pour un vice radical ou une irrégularité patente. Aux termes de l'art. 299, en effet, la demande en nullité ne peut être formée que dans les trois cas suivants : — 1° Si le fait n'est pas qualifié crime par la loi ; — 2° Si le ministère public n'a pas été entendu ; — 3° Si l'arrêt n'a pas été rendu par le nombre de juges fixé par la loi. »

L'arrêt de renvoi peut pourtant renfermer bien d'autres causes de nullité. Il peut ne pas contenir des motifs suffisants ; il peut se faire que quelqu'un des juges n'ait pas assisté à toutes les audiences de la cause, que quelque moyen préjudiciel, tiré de la prescription ou de la chose jugée, ait été écarté contrairement à la loi, etc. Est-ce à dire que de pareilles nullités ou violations ne puissent fournir d'ouverture à cassation ? Il répugnerait de le penser, car la conséquence serait que la chambre des mises en accusation pourrait violer impunément des règles qui sont sacrées pour toutes les autres juridictions, et l'on ne s'expliquerait pas pourquoi le Code lui aurait laissé un pouvoir aussi excessif. Il est donc naturel de penser que ces moyens de nullité ou de cassation, qui ne sont pas proposables tout d'abord, le deviennent au moins quand l'arrêt définitif a été rendu ; et l'art. 408, en effet, bien plus large que l'art. 299, indique comme ouverture à cassation, contre l'arrêt de mise en accusation aussi bien que contre les autres sentences en dernier ressort, toute violation ou omission de formes prescrites à peine de nullité, et toute ómission ou refus de statuer sur une demande tendant à user d'une faculté ou d'un droit reconnu par la loi.

Parmi les nullités que peut contenir l'arrêt de mise en accusation, il en est donc qui peuvent être proposées avant l'arrêt définitif; ce sont celles indiquées en l'art. 299, qui sont en général les plus saillantes. Il en est d'autres qui ne peuvent être proposées qu'après l'arrêt définitif; ce sont toutes celles dont l'art. 299 ne parle pas.

La cour de cassation, toutefois, se fondant sur ce que l'art. 416 autorise le recours en cassation avant l'arrêt définitif, quand ce recours est fondé sur l'incompétence, décide que le cas d'incompétence doit être assimilé aux trois cas que l'art. 299 énumère (1).

Mais les nullités énoncées en cet article sont-elles couvertes, quand on ne s'est pas pourvu avant l'arrêt définitif et dans le délai de cinq jours qu'accordent pour cet effet les art. 296 et 298? L'affirmative résulte de l'art. 297. Cet article, en effet, en disant que si l'accusé n'a point été averti dans son interrogatoire qu'il a cinq jours pour se pourvoir, *la nullité n'est point couverte par son silence,* et que ses droits sont conservés, sauf à les faire valoir après l'arrêt définitif, indique clairement, *à contrario,* que si l'avertissement a été donné et qu'il n'y ait pas eu de recours, la nullité est couverte. Mais si le moyen de nullité ne rentre dans aucun de ceux spécifiés en l'art. 299, le vice continue de subsister; car on ne saurait couvrir des nullités qu'on ne peut pas proposer.

Une nullité couverte n'empêche point du reste qu'on ne puisse proposer le même moyen contre un arrêt postérieur, si celui-ci s'est approprié le vice. Ainsi, par exemple, quand le fait qui a motivé la mise en accusation ne constitue pas un crime, l'arrêt définitif ne laisse pas d'être sujet à cassation, s'il a puni ce fait comme crime; tandis qu'il serait inattaquable, si, reconnaissant que le fait n'est pas un crime, mais simplement un délit ou une contravention, il

---

(1) *Cass.* 22 janvier 1819, 4 décembre 1823 et 20 septembre 1844.

n'appliquait à l'accusé qu'une peine correctionnelle ou de police. Restituant dès-lors , en effet, au fait incriminé son véritable caractère, il serait exempt du vice qui entachait primitivement l'arrêt de mise en accusation, et la nullité originaire serait elle-même couverte, faute d'avoir été proposée en temps utile.

Disons, en terminant, que chacune des nullités indiquées dans l'art. 299 peut être proposée à la fois par le procureur-général et par l'accusé, puisque la loi ne fait à cet égard aucune limitation. Le procureur-général peut donc, comme l'accusé, attaquer l'arrêt, sur le fondement que le fait n'est pas un crime puni par la loi, et l'accusé, de son côté, peut, comme le procureur-général, se plaindre de ce que le ministère public n'a pas été entendu, car l'office du ministère public est de protéger l'innocent autant que de poursuivre le coupable.

CHAPITRE III.

A quelles parties le recours en cassation est-il ouvert?

En principe, le recours en cassation est ouvert au ministère public, au prévenu, accusé ou condamné, aux personnes actionnées comme civilement responsables, et à la partie civile. Mais ce principe reçoit pourtant quelques exceptions ou restrictions.

Quant au ministère public d'abord, il peut se pourvoir, il est vrai, contre toute sentence qui, par sa nature, est susceptible de ce recours; mais, en matière de grand criminel, le pourvoi qu'il forme après une ordonnance d'acquittement ne peut pas nuire à l'accusé acquitté. Nous reviendrons plus tard sur ce point important.

Le recours en cassation est ouvert aux prévenus, accusés ou condamnés, contre toute sentence en dernier ressort, autre qu'un jugement de contumace, pour lequel le recours est fermé par l'art. 473, ainsi conçu : « Le recours en cassation ne sera ouvert contre les jugements de contumace qu'au procureur-général, et à la partie civile en ce qui la regarde. »

Ce texte est corrélatif à l'art. 421, qui veut qu'en matière correctionnelle ou de police, le condamné à une peine emportant privation de la liberté se constitue prisonnier pour rendre son pourvoi recevable. En matière de contumace, en effet, se constituer prisonnier, c'est anéantir par cela même le jugement par contumace. Tout recours, par conséquent, est inutile au contumax qui se met en état; et s'il persiste, au contraire, dans sa désobéissance à la loi, il est juste que tout recours lui soit fermé.

Le recours en cassation est toujours ouvert aux personnes condamnées comme civilement responsables, pour ce qui touche à leur intérêt propre : c'est ce qui résulte des art. 177 et 216 du Code. Mais, dans notre opinion, ce n'est qu'en matière correctionnelle ou de police que les personnes civilement responsables peuvent être actionnées devant la juridiction criminelle. Dans les matières de grand criminel, nous pensons qu'on ne peut les actionner que devant les tribunaux civils, parce que la loi n'exprime nulle part qu'on puisse les associer aux poursuites dirigées contre le prévenu ou l'accusé, et que, dans son silence, il ne paraît pas convenable d'autoriser un mode de poursuite qui peut jeter parfois sur les personnes qui en sont l'objet une sorte de déshonneur (1).

Quant à la partie civile enfin, il faut distinguer les matières de police ou correctionnelles, des matières criminelles. Dans les premières, le recours de cette partie ne reçoit aucune limitation, non plus que celui du ministère public, comme cela résulte des art. 177, 216 et 413 du Code. Dans les secondes, au contraire, l'art. 373 n'autorise la partie civile à se pourvoir que contre les dispositions relatives à ses intérêts civils. Le même principe se trouve aussi consacré dans l'art. 412, ainsi conçu : « Dans aucun cas, la partie civile ne pourra poursuivre l'annulation d'une

---

(1) *Contrà*, Colmar, 23 février 1831. D. P. 31-2-125.

ordonnance d'acquittement ou d'un arrêt d'absolution : mais, si l'arrêt a prononcé contre elle des condamnations civiles supérieures aux demandes de la partie acquittée ou absoute, cette disposition de l'arrêt pourra être annulée sur la demande de la partie civile. » Cette disposition doit, par identité de raison, être étendue aux arrêts rendus par la chambre des mises en accusation (1).

CHAPITRE IV.

A partir de quelle époque le recours en cassation est-il ouvert?

Il faut distinguer à cet égard les jugements préparatoires, des jugements définitifs, et, parmi ces derniers, ceux qui sont rendus contradictoirement, de ceux qui ne sont rendus que par défaut.

Quant aux jugements qui sont à la fois définitifs et contradictoires, le recours est ouvert sur-le-champ.

Quant aux jugements définitifs par défaut, le recours n'est ouvert qu'après l'expiration des délais de l'opposition, ainsi que la cour suprême l'a jugé par nombre d'arrêts (2). Le Code, il est vrai, ne contient aucune disposition sur ce point ; mais le principe, d'après lequel les voies ordinaires doivent toujours obtenir la priorité sur les voies extraordinaires, est un de ces principes dictés par la raison, qui doivent gouverner également toutes les procédures civiles ou criminelles. Bien plus, quoiqu'aucune sentence ne puisse être réputée par défaut vis-à-vis du ministère public ; si elle est par défaut vis-à-vis du condamné, le recours du ministère public ne devient recevable que lorsque le délai de l'opposition est écoulé, parce que l'opposition, ayant pour effet de remettre tout en question, peut rendre le recours inutile (3).

---

(1) *Cass.* 30 septembre 1841. D. P. 42-1-136.
(2) **V.** notamment 1er mars 1832, 22 février et 21 novembre 1839.
(3) *Cass.* 23 juillet 1842 D. P. 42-1-392.

Enfin, quant aux jugements préparatoires, le recours n'est ouvert qu'après la sentence définitive.

L'arrêt 416 dispose en effet : « Le recours en cassation contre les arrêts préparatoires et d'instruction et les jugements en dernier ressort de cette qualité, ne sera ouvert qu'après l'arrêt ou jugement définitif : l'exécution volontaire de tels arrêts ou jugements préparatoires ne pourra, en aucun cas, être opposée comme fin de non recevoir. » L'article ajoute pourtant : « La présente disposition ne s'applique point aux arrêts ou jugements rendus sur la compétence. » Ces dernières décisions doivent donc, sous le rapport de la recevabilité du recours, être assimilées aux décisions définitives.

Mais dans quelle classe doit-on ranger les jugements interlocutoires, et ceux qui statuent sur des incidents autres que des moyens d'incompétence? Faut-il les assimiler aux jugements rendus sur la compétence, ou, au contraire, aux jugements préparatoires? Dans notre opinion, ce serait à ces derniers. Les auteurs du Code d'instruction criminelle, en effet, ne pouvaient pas ignorer la distinction qu'avait faite le Code de procédure entre les jugements préparatoires et les jugements interlocutoires, et, s'ils ne l'ont pas reproduite, c'est sans doute parce qu'ils n'ont pas voulu l'étendre aux matières criminelles. Dans ces matières, en effet, l'urgence est toujours très-grande, et il importe également à l'accusé et à la société, que la décision définitive soit bientôt rendue : à l'accusé, qui languit dans les fers d'une détention préventive; à la société, qui doit craindre le dépérisssement des preuves, bien plus facile dans les procès criminels où elles ne sont presque toujours qu'orales, que dans les procès civils où presque toujours elles sont écrites. Mais la doctrine et la jurisprudence sont également contraires à notre opinion (1), et, quoique le terrrain pour

_____

(1) Carnot, sur les art. 413 et 416; Bourguignon, sur l'art. 416; Legraverend, t. 2, p. 387; *Cass.* 15 octobre 1819, 26 septembre 1823 et 28 août 1824.

défendre notre sentiment nous parût assez avantageux, nous n'entreprendrons pas d'imiter ces preux du moyen-âge, qui comptaient assez sur l'avantage de certaines positions pour oser affronter, seuls, le choc d'une armée.

CHAPITRE V.

Dans quels délais et dans quelles formes le recours doit être déclaré.

§ 1. *Des délais du pourvoi.*

La loi fixe le délai du pourvoi contre les arrêts des cours d'assises, dans les art. 373 et 374 du Code.

« Le condamné, porte l'art. 373, aura trois jours francs après celui où son arrêt lui aura été prononcé, pour déclarer au greffe qu'il se pourvoit en cassation. — Le procureur-général pourra, dans le même délai, déclarer au greffe qu'il demande la cassation de l'arrêt. — La partie civile aura aussi le même délai; mais elle ne pourra se pourvoir que quant aux dispositions relatives à ses intérêts civils. — Pendant les trois jours, et s'il y a eu recours en cassation, jusqu'à la réception de l'arrêt de la cour de cassation, il sera sursis à l'exécution de l'arrêt de la cour.

» Dans les cas prévus par les art. 409 et 412 du présent Code, ajoute l'art. 374, le procureur-général ou la partie civile n'auront que vingt-quatre heures pour se pourvoir. » L'art. 409 est relatif au pourvoi du ministère public dans le cas d'acquittement, et l'art. 412, au cas où après un acquittement ou une absolution, la partie civile a été condamnée à des dommages plus forts que ceux demandés par l'accusé.

Le délai, pour se pourvoir contre l'arrêt de la chambre des mises en accusation pour les causes énoncées en l'art. 299, est de cinq jours, qui courent, contre le procureur-général, à dater de l'interrogatoire de l'accusé par le président de la cour d'assises (art. 298), et contre l'accusé, à dater de ce même interrogatoire, s'il a reçu l'avertissement prescrit par l'art. 296, sinon, à compter du jour de cet avertissement (art. 296 et 297).

Mais il est un grand nombre de sentences pour lesquelles la loi ne fixe point, d'une manière spéciale, les délais du recours. Elle ne les fixe, ni pour les jugements en dernier ressort des tribunaux de simple police, ni pour ceux des tribunaux de police correctionnelle, ni pour les arrêts de la chambre des mises en accusation qui relaxent le prévenu ou le renvoient simplement devant la juridiction correctionnelle ou de simple police, ni pour les arrêts des cours d'assises rendus sur des questions de compétence. Quel est donc le délai du recours dans ces diverses circonstances? Le délai de cinq jours, fixé par les art. 296 et 298 du Code, étant relatif à des cas tout-à-fait particuliers, il est admis depuis longtemps en jurisprudence que le délai du recours, pour tous les cas que la loi n'a point formellement réglés, est celui de trois jours fixé par l'art. 373.

Le délai de trois jours court à dater du jugement ou de l'arrêt, s'il est contradictoire, sinon, à dater seulement de l'expiration des délais de l'opposition; car, d'après le principe posé plus haut, le recours en cassation n'est ouvert que lorsque la voie de l'opposition est fermée.

Le délai de trois jours est *franc*, aux termes de l'art. 373. Partant, si la sentence date du 1er du mois, le recours peut encore être déclaré utilement le 5. Celui de cinq jours, fixé par les art. 296 et 298, n'est pas franc: le jour de l'échéance, en effet, est compté, puisque la loi dit que le recours sera formé *dans* les cinq jours. Ce délai en réalité ne dépasse donc que d'un jour celui fixé par l'art. 373. Enfin, comme il n'est point prescrit d'indiquer dans les arrêts des cours d'assises ni dans les ordonnances d'acquittement l'heure où ils ont été rendus, le délai de vingt-quatre heures, fixé per l'art. 374, paraît être en réalité le délai d'un jour, mais non point d'un jour franc, vu que le recours ne peut être formé que le lendemain du jour qui suit la sentence, et que le surlendemain il serait tardif.

Quand la chambre des mises en accusation relaxe le prévenu ou le renvoie en police simple ou correctionnelle, nous avons dit que le délai pour se pourvoir n'est que de trois jours, conformément à l'art. 373, ce cas là ne rentrant pas dans ceux que l'art. 299 a prévus, et pour lesquels les art. 296 et 298 fixent le délai à cinq jours. Mais quel est alors le point de départ du délai? Vis-à-vis du procureur-général, c'est, ce semble, le jour même de l'arrêt, parce qu'il est du devoir de ce magistrat de prendre connaissance des arrêts de la chambre des mises en accusation, aussitôt qu'ils ont été rendus (1). Mais, quant au prévenu, le délai ne doit courir qu'à dater de la notification qui lui est faite de l'arrêt, et il doit en être de même de la partie civile quand le recours lui est ouvert.

Passons maintenant aux formes du pourvoi.

§ 2. *Des formes du pourvoi.*

« La déclaration de recours, porte l'art. 417, sera faite au greffier par la partie condamnée, et signée d'elle et du greffier, et si le déclarant ne peut ou ne veut signer, le greffier en fera mention. — Cette déclaration pourra être faite, dans la même forme, par l'avoué de la partie condamnée ou par un fondé de pouvoir spécial ; dans ce dernier cas, le pouvoir demeurera annexé à la déclaration. — Elle sera inscrite sur un registre à ce destiné ; ce registre sera public, et toute personne aura le droit de s'en faire délivrer des extraits. » Tous les recours en cassation doivent être faits suivant ce mode, et, formés d'une autre manière, par exploit par exemple, ils sont radicalement nuls (2).

Si la partie qui se pourvoit est en état de détention, le greffier doit se transporter dans la prison dès qu'il en est prié. S'il refuse ou néglige de le faire, le condamné doit

---

(1) La dernière jurisprudence de la cour suprême est dans ce sens. V. M. A. Dalloz, v° *Cassation*, n. 282 et 283.

(2) *Cass.* 28 juin 1811 : Carnot, sur l'art. 417.

faire constater ce refus ou cette négligence par un officier public, tel qu'un notaire ou un huissier, voire, en cas de besoin, par le geôlier, et le procès-verbal, dressé à cet effet, doit tenir lieu de la déclaration du recours.

L'avoué de la partie condamnée n'a pas besoin d'un pouvoir spécial pour former le recours, puisque la loi ne l'exige point, et la dispense doit s'appliquer non-seulement à l'avoué qui a déjà représenté ou assisté le condamné dans les débats, mais encore à tout autre avoué qui se présente en son nom, puisque les avoués, par la nature de leurs fonctions, sont censés avoir reçu mandat, tant que la partie au nom de laquelle ils ont agi ne les désavoue pas (1).

Si une personne, autre qu'un avoué, se présente au nom du condamné pour former le recours, sans exhiber un pouvoir spécial, le greffier doit toujours recevoir sa déclaration et la considérer comme un avertissement de se transporter à la prison pour s'assurer de la volonté du condamné; s'il néglige d'effectuer ce transport, la déclaration faite au nom du condamné doit, ce semble, être validée. L'absence d'un pouvoir spécial devrait, au contraire, emporter nullité du pourvoi formé par la partie civile ou par la partie civilement responsable.

Quant au défaut d'annexe de la procuration, c'est une irrégularité qui ne peut jamais tirer à conséquence, pas plus que le fait du greffier d'avoir transcrit la déclaration sur une feuille volante. Dans les deux cas seulement, le greffier devrait être réprimandé.

Indépendamment de la déclaration au greffe, qui est une condition de la recevabilité du recours, commune au ministère public, à l'accusé ou condamné, à la partie civile, et aux personnes civilement responsables, il y a encore en général d'autres conditions, particulières à chacune de ces parties.

---

(1) *Cass.* 2 décembre 1814 : Carnot, sur l'art. 417.

I. Aux termes de l'art. 418 d'abord, le recours formé par le ministère public ou par la partie civile doit être notifié à la partie contre laquelle il est dirigé, dans les trois jours de la déclaration faite au greffe. « Lorsque cette partie sera actuellement détenue, ajoute l'article, l'acte contenant la déclaration du recours lui sera lu par le greffier : elle le signera ; et si elle ne le peut ou le veut, le greffier en fera mention. — Lorsqu'elle sera en liberté, le demandeur en cassation lui notifiera son recours par le ministère d'un huissier, soit à sa personne, soit au domicile par elle élu : le délai sera, en ce cas, augmenté d'un jour par chaque distance de trois myriamètres. » Quand la partie est détenue, la lecture de la déclaration du recours faite par le greffier dispense donc de toute autre notification. Si la partie n'est pas détenue et qu'elle n'ait pas fait d'élection de domicile, on doit lui notifier le recours à son domicile réel ; et si elle n'a pas de domicile connu, il faut procéder de la manière indiquée par l'art. 69 du Code de procédure.

Au demeurant, la cour de cassation juge que le défaut de notification du recours dans le délai fixé par l'art. 418, n'emporte pas déchéance puisque la loi ne la prononce pas, et que le défendeur est seulement autorisé à se pourvoir, par opposition, contre un arrêt de cassation qui interviendrait sur un recours qui ne lui a pas été notifié (1).

II. La partie civile qui se pourvoit en cassation, est soumise encore à deux autres obligations.

Elle est tenue d'abord de joindre aux pièces une expédition authentique de l'arrêt (art. 419, § 1), ce qui semblerait indiquer que les minutes ne doivent pas être déplacées, quand le recours n'est formé que par la partie civile. Mais dès que la loi ne prononce pas de déchéance pour cette cause, il semble que cette partie pourrait obtenir de

_____

(1) V. notamment arrêts des 23 septembre 1836, 2 mars et 26 mai 1838.

la cour régulatrice un délai pour rapporter l'expédition qu'elle aurait négligé de produire.

L'autre obligation imposée à la partie civile est la consignation de l'amende, et l'inobservation de celle-ci emporte déchéance. L'art. 419 ajoute en effet, dans son second alinéa : « Elle (la partie civile) est tenue, *à peine de déchéance*, de consigner une amende de cent cinquante francs, ou de la moitié de cette somme si l'arrêt est rendu par contumace ou par défaut. » Il suffit pourtant que la consignation soit faite avant le jour de l'audience, puisque la loi n'exige pas qu'elle ait lieu en même temps que le recours.

La consignation d'amende doit-elle être de cent cinquante francs, quoique le jugement ait été rendu par défaut contre le prévenu, s'il est contradictoire vis-à-vis de la partie civile ? L'affirmative a été jugée par la cour de cassation le 14 mai 1813 (1), et il est certain que lorsque la partie civile a présenté ses moyens, elle ne mérite aucune grâce. Aussi, si la loi ne la soumet qu'à l'amende de soixante-quinze francs quand la sentence est par contumace, c'est sans doute parce qu'en matière de contumace, l'art. 479 semble faire obstacle à ce que la partie civile plaide ses moyens.

Il y a pourtant dispense de consigner l'amende dans deux cas. Le premier, c'est lorsque la partie civile n'est autre qu'une administration publique représentant l'État, telle que l'administration des contributions indirectes, celle des forêts, etc. (art. 420, § 2) ; le second, c'est lorsque cette partie est dans un état d'indigence légalement constaté.

Dans le premier cas pourtant, il faut que les agents ou préposés de l'administration agissent exclusivement dans l'intérêt de l'État. S'ils avaient pris en leur nom personnel des conclusions qui eussent été repoussées, ils ne pourraient attaquer la sentence sur ces chefs sans consigner l'amende.

---

(1) L'arrêt est rapporté par M. Carnot, qui l'improuve. V. ses observations sur l'art 419.

Quant aux représentants des communes ou établissements publics, ils doivent consigner l'amende dans tous les cas, puisque la loi ne fait d'exception qu'à l'égard de l'Etat.

Dans le second cas, il faut que l'indigence soit constatée de la manière indiquée par l'art. 420, qui exige : 1° un extrait du rôle des contributions constatant que la partie paie moins de six francs, ou un certificat du percepteur de sa commune portant qu'elle n'est pas imposée; 2° un certificat d'indigence à elle délivré par le maire de la commune de son domicile ou par son adjoint, visé par le sous-préfet et approuvé par le préfet. Une simple légalisation du préfet serait insuffisante, il faut absolument un *approuvé :* c'est ce qui a été jugé maintes fois (1).

III. Les personnes civilement responsables doivent, comme la partie civile, être astreintes à produire une expédition de la sentence, et à consigner l'amende ou à fournir un certificat d'indigence.

IV. Quant au condamné enfin, les obligations spéciales auxquelles il peut être soumis pour la recevabilité de son recours, diffèrent suivant la position où il se trouve.

Disons d'abord que, s'il s'agit d'un condamné à une peine criminelle qui soit actuellement détenu, il n'est soumis à aucune obligation, autre que la déclaration même de son recours.

S'il s'agit d'un condamné à une peine correctionnelle ou de police, ou d'un accusé acquitté qui se pourvoit contre la disposition de l'arrêt qui l'a condamné à des dommages, il doit consigner l'amende ou produire un certificat d'indigence, puisque l'art. 420 ne dispense de l'amende que les *condamnés en matière criminelle*, c'est-à-dire, comme l'interprète la cour de cassation, les condamnés à une peine criminelle ; car, d'après cette cour, la circonstance que la peine correctionnelle ou de police a été prononcée par une

_____

(1) V. notamment *Cass.* 18 janvier 1821 et 9 septembre 1825.

cour d'assises n'empêche pas que l'amende ne soit due (1).
Nous en aurions douté toutefois, à l'égard des condamnés
pour crime, qui n'échappent à une peine criminelle qu'à
raison de l'admission d'une excuse ou de circonstances
atténuantes; car ce sont, ce nous semble, des condamnés
en matière criminelle, dans l'acception littérale du mot, et
s'ils n'encourent pas la peine dans toute sa rigueur, ils
reçoivent au moins le stygmate.

Enfin, s'il s'agit d'un condamné à une peine quelconque
emportant privation de la liberté, qui ne soit pas détenu,
il est obligé de se constituer prisonnier. L'art. 421 dispose
en effet : « Les condamnés, même en matière correctionnelle ou de police, à une peine emportant privation de la
liberté, ne seront pas admis à se pourvoir en cassation,
lorsqu'ils ne seront pas actuellement en état ou lorsqu'ils
n'auront pas été mis en liberté sous caution. — L'acte de
leur écrou ou de leur mise en liberté sous caution sera
annexé à l'acte de recours en cassation. — Néanmoins,
lorsque le recours en cassation sera motivé sur l'incompé ·
tence, il suffira au demandeur, pour que son recours soit
reçu, de justifier qu'il s'est actuellement constitué dans la
maison de justice du lieu ou siége la cour de cassation :
le gardien de cette maison pourra l'y recevoir sur la représentation de sa demande adressée au procureur-général près
cette cour, et visée par ce magistrat. »

Ce texte disant que la mise en état doit avoir lieu, *même
en matière correctionnelle ou de police*, indique qu'à plus
forte raison elle est exigée en matière criminelle, de la part
du condamné, par exemple, qui se serait évadé aussitôt
après sa condamnation. La cour de cassation a même décidé
que l'accusé non arrêté, qui veut se pourvoir contre l'arrêt
de mise en accusation pour l'une des causes indiquées en
l'art. 299, doit aussi se constituer prisonnier pour rendre
son recours recevable. Nous aurions donné la préférence à

---

(1) V. les nombreux arrêts cités par M. A. Dalloz, v° *Cassation*, n
165

l'opinion contraire, vu que l'art. 421 ne parle que des *condamnés*, et que les dispositions rigoureuses ne doivent pas s'étendre par analogie; mais, ici encore, nous n'oserions attaquer une jurisprudence appuyée sur un nombre imposant de décisions (1).

L'article 421 offre l'exemple, et c'est l'unique, d'une liberté sous caution, demandée en matière de simple contravention. Cette liberté sous caution doit naturellement être demandée au tribunal qui a prononcé la peine. C'est aussi dans la prison du lieu où siége ce tribunal, ou dans la prison la plus voisine, que le prévenu, quand il n'obtient pas la liberté sous caution, doit se constituer prisonnier.

Le législateur toutefois devait faire exception à l'obligation de se constituer dans la prison du lieu, pour le cas d'incompétence. En se constituant, en effet, prisonnier dans ce lieu, le condamné aurait, par cela même, attribué compétence pour l'avenir au tribunal qu'il aurait décliné, puisqu'en principe, le tribunal du lieu où le prévenu est saisi peut connaître du méfait.

Le condamné, du reste, ne doit subir la prison provisoire prononcée par l'art. 421, que durant le nombre de jours pour lequel il a été condamné. Il serait déraisonnable qu'un recours autorisé par la loi, et qui peut-être amènera une cassation, lui causât plus de préjudice que s'il eût subi tout d'abord sa peine (2).

Mais, à part cette exception, le condamné doit rester en état, jusqu'à ce que la cour suprême ait statué; et s'il s'évadait avant cette époque, son pourvoi deviendrait de nouveau non recevable. La loi ne le dit pas expressément, mais c'est évidemment sa pensée.

Nous ajouterons, en terminant ce chapitre, que le recours en cassation contre les jugements des tribunaux militaires de terre et de mer, quand il est autorisé, n'est point

---

(1) V. 6 janvier et 17 février 1820, 10 avril et 20 novembre 1821 : Carnot, sur l'art. 421.

(2) *Sic*, Carnot, sur l'art. 421.

soumis aux délais ni aux formes établis par le Code. Il peut donc être formé en tout temps, et doit être reçu, de quelque manière qu'il ait été déclaré (1).

En matière de garde nationale, le délai du recours n'est que de trois jours, conformément au principe général ; mais ce délai ne court qu'à dater de la notification faite au condamné. L'amende à consigner n'est que du quart de l'amende ordinaire ; et le prévenu est dispensé de la mise en état. (L. 22 mars 1831, art. 120 et 122).

Il n'entre pas dans nos vues d'expliquer ces règles exceptionnelles, vu que c'est uniquement le système du Code que nous avons entrepris d'exposer.

CHAPITRE VI.

Des effets du pourvoi.

En matière civile, le pourvoi en cassation n'est point suspensif. On sent qu'il en doit être autrement en matière criminelle, puisque l'exécution de la peine prononcée aurait presque toujours des conséquences irréparables. Aussi, l'art. 373 dispose expressément que, dans les trois jours accordés pour se pourvoir, et s'il y a eu recours, jusqu'à la réception de l'arrêt de rejet, il doit être sursis à l'exécution de l'arrêt de la cour d'assises ; et il est à remarquer que ce texte, par la généralité de ses termes, s'applique aussi bien au pourvoi du procureur-général, ou à celui de la partie civile quand il est autorisé, qu'au pourvoi du condamné. Il n'y a d'exception à l'égard du procureur-général que lorsqu'il est intervenu une ordonnance d'acquittement, vu que le recours, aux termes de l'art. 409, ne peut alors jamais préjudicier à la partie acquittée. Si donc c'est une absolution, et non pas un acquittement, qui a été prononcée, l'accusé ne doit être mis en liberté, qu'autant que

---

(1) *Cass* 17 novembre 1832. Sirey, 32 1 812.

le procureur-général ne s'est pas pourvu dans les trois jours (1).

Quoique l'art. 373 soit placé au chapitre des cours d'assises, la cour de cassation a jugé pourtant que sa disposition s'applique aussi aux matières correctionnelles et de police (2), et c'est également notre sentiment. Cette cour a même décidé que l'effet suspensif ne laisse pas d'avoir lieu, quoique le recours soit irrégulier, et dans le cas d'être déclaré non recevable; qu'ainsi, par exemple, un condamné à l'emprisonnement qui ne s'est pas mis en état ne peut pas être arrêté au mépris du recours qu'il a formé, vu que ce n'est qu'à la cour de cassation elle-même, qu'il appartient de déclarer la nullité du recours (3).

L'effet suspensif n'offre pas du reste en matière criminelle les inconvénients qu'il présenterait en matière civile, vu qu'au criminel les délais du pourvoi sont fort courts, et que la cour de cassation, comme on le verra bientôt, doit juger le recours dans le mois. Aussi, pensons-nous que l'effet suspensif s'applique également aux pourvois formés contre des jugements ou arrêts rendus sur la compétence, pourvois que l'art. 416 autorise à former avant le jugement définitif, et la cour de cassation le juge, en effet, ainsi (4).

A la vérité, pour les crimes politiques, faisant l'objet spécial de la loi sur les cours d'assises du 9 septembre 1835, l'art. 9 de cette loi dispose : « Le pourvoi en cassation contre les arrêts qui auront statué tant sur la compétence que sur les incidents, ne sera formé qu'après l'arrêt définitif et en même temps que le pourvoi formé contre cet arrêt. *Aucun pourvoi formé auparavant ne pourra dispenser la cour d'assises de statuer au fond.* » Mais cette disposition, au moins en ce qui concerne la compétence, est évidemment une disposition exceptionnelle, et l'art 12, en effet, de la même

---

(1) *Cass.* 20 juillet 1827. Sirey, 27-1-532.
(2) *Cass.* 6 mai 1825. Dalloz, 25-1-309.
(3) *Cass.* 14 juillet 1827. Sirey, 27-1-530.
(4) V. notamment l'arrêt du 20 septembre 1844. D. P. 44-1-415.

loi, en déclarant plusieurs des articles qui le précèdent, applicables à tous les crimes et délits indistinctement, ne comprend pas dans ce renvoi la disposition de l'art. 9.

Quant aux jugements rendus sur des incidents autres que des déclinatoires, et à plus forte raison, quant aux jugements interlocutoires, nous avons dit précédemment que nous ne les croyons pas susceptibles de recours avant la décision définitive : partant, tout recours formé plus tôt, serait, à nos yeux, de nul effet. Mais la cour de cassation, nous l'avons dit aussi, juge ces pourvois recevables avant la décision définitive ; et, les assimilant ainsi aux pourvois basés sur l'incompétence, elle a dû leur reconnaître l'effet suspensif (1).

Le pourvoi contre l'arrêt de mise en accusation, dans les cas où il est autorisé, n'est pourtant pas complètement suspensif. L'art. 301 dispose en effet : « Nonobstant la demande en nullité, l'instruction sera continuée jusqu'aux débats exclusivement. »

L'effet suspensif ne s'applique donc qu'aux débats. Encore même le pourvoi ne peut-il empêcher l'ouverture des débats, qu'autant qu'il est basé sur l'une des causes énoncées en l'art. 299, comme le jugea fort bien la cour de cassation par un arrêt du 24 décembre 1812 (2). L'art. 299, en effet, est une exception à la règle, d'après laquelle tout pourvoi formé contre une décision préparatoire avant la décision définitive est destitué de tout effet ; et dès qu'on ne se trouve plus dans un cas d'exception formellement indiqué par la loi, la règle doit conserver tout son empire.

Avant de quitter ce chapitre, nous devons nous demander encore si le pourvoi du condamné arrête l'exécution de la sentence vis-à-vis des personnes civilement responsables, qui n'ont pas, elles, déclaré se pourvoir, et réciproquement ; comme aussi, si le pourvoi du procureur-général arrête l'exécution vis-à-vis de la partie civile qui

---

(1) *Cass.* 6 octobre 1826 et 20 octobre 1832.
(2) Sirey, 17-1-326. V. aussi Legraverend, t. 2, p. 151, 2ᵉ édition.

ne s'est pas pourvue, et à l'inverse, si le pourvoi de la partie civile empêche la mise en liberté du prévenu, quand le procureur-général n'a pas formé de recours. Nous pensons qu'il faut adopter à cet égard la même règle que pour l'appel, c'est-à-dire que le pourvoi ne doit arrêter l'exécution de la sentence, que vis-à-vis de la partie qui l'a formé.

CHAPITRE VII.

Comment s'instruit le pourvoi.

La manière dont le pourvoi s'instruit est bien simple, et les dispositions de la loi sur ce point n'ont guère besoin de commentaire.

« Le condamné ou la partie civile, porte l'art. 422, soit en faisant sa déclaration, soit dans les dix jours suivants, pourra déposer au greffe de la cour ou du tribunal qui aura rendu l'arrêt ou le jugement attaqué, une requête contenant ses moyens de cassation. Le greffier lui en donnera reconnaissance, et remettra sur-le-champ cette requête au magistrat chargé du ministère public.

« Après les dix jours qui suivront la déclaration, ajoute l'art. 423, ce magistrat fera passer au ministère de la justice les pièces du procès, et *les requêtes des parties*, si elles en ont déposé. — Le greffier de la cour ou du tribunal qui aura rendu l'arrêt ou le jugement attaqué, rédigera sans frais et joindra un inventaire des pièces, sous peine de cent francs d'amende, laquelle sera prononcée par la cour de cassation. » Ce texte, parlant au pluriel *des requêtes des parties*, indique clairement que la partie contre laquelle le recours est dirigé, peut, aussi bien que celle qui le forme, développer ses moyens dans une requête.

« Dans les vingt-quatre heures de la réception de ces pièces, poursuit l'art. 424, le ministre de la justice les adressera à la cour de cassation, et il en donnera avis au magistrat qui les lui aura transmises. — Les condamnés pourront aussi transmettre directement au greffe de la cour de cassation, soit leurs requêtes, soit les expéditions ou copies signifiées tant de l'arrêt ou du jugement, que de leurs demandes en cassation ; néanmoins la partie civile ne pourra user du bénéfice de la présente disposition sans le ministère d'un avocat à la cour de cassation. » Mais la partie civile peut se dispenser d'user de ce ministère, en déposant sa requête au greffe de la juridiction qui a rendu la sentence, dans les dix jours fixés par l'art. 422.

« La cour de cassation, porte l'art. 425, en toute affaire criminelle, correctionnelle ou de police, pourra statuer sur le recours en cassation aussitôt après l'expiration des délais portés au présent chapitre, et devra y statuer dans le mois au plus tard, à compter du jour où ces délais seront expirés. »

En matière civile, ce n'est qu'après un arrêt d'admission rendu par la chambre des requêtes, que l'affaire peut être portée à la chambre civile, qui statue définitivement sur le pourvoi. En matière criminelle, la chambre criminelle statue tout d'abord sur le recours : « La cour de cassation, porte, en effet, l'art. 426, rejettera la demande ou annulera l'arrêt ou le jugement, sans qu'il soit besoin d'un arrêt préalable d'admission. »

A la chambre criminelle, du reste, comme dans les autres, aucun arrêt n'est rendu que sur le rapport d'un conseiller et les conclusions du ministère public. Les parties sont aussi admises à présenter verbalement leurs moyens, et tous les avocats peuvent plaider pour les condamnés, le privilége des avocats à la cour de cassation n'ayant pas d'application aux matières criminelles. Quant à la partie civile pourtant, comme il ne s'agit vis-à-vis d'elle que d'un intérêt civil, elle ne peut confier sa défense qu'à un avocat à la cour de cassation ; cela s'induit clairement de l'art. 424 qui oblige cette partie, comme on l'a vu, à employer le ministère d'un de ces avocats pour présenter ses requêtes à la cour.

Si le recours du procureur-général ou de la partie civile n'avait pas été notifié au prévenu, conformément à l'art.

418, ce prévenu pourrait former opposition à l'arrêt de cassation intervenu sans qu'il eût été mis à même de présenter ses moyens; et l'opposition nous semblerait également ouverte au défendeur au pourvoi, qui aurait déposé au greffe, dans le délai fixé par l'art. 422, une requête qui n'aurait pas été transmise par le greffier.

Mais, quand tout s'est passé régulièrement, nous pensons, contrairement à l'opinion exprimée par M. Carnot sur l'art. 426, que les arrêts rendus par la chambre criminelle de la cour suprême ne sont pas susceptibles d'opposition; car le défendeur est alors nécessairement en faute, s'il n'a pas fait connaître ses moyens.

CHAPITRE VIII.

Du désistement du pourvoi.

Que la partie civile puisse toujours se désister d'un pourvoi qu'elle a formé, c'est ce qui ne peut faire l'objet d'un doute.

Le ministère public, au contraire, ne peut pas se désister, parce qu'il est de principe qu'une fois qu'il a saisi la justice criminelle de la connaissance d'un fait, il ne dépend plus de lui de la dessaisir. Ce principe a été souvent consacré par la cour suprême, et parfois, dans l'hypothèse même d'un désistement de pourvoi (1).

Le condamné enfin peut-il valablement se désister? L'affirmative ne s'induit pas nécessairement de ce qu'il aurait pu ne pas se pourvoir; car le ministère public aussi peut ne pas se pourvoir, et cependant, le pourvoi fait, il ne peut se désister.

Toutefois, comme le recours en cassation n'est ouvert au condamné que dans son intérêt, son désistement doit être accueilli sans difficulté, quand, par l'effet d'une cassation

---

(1) V. les arrêts cités par M. A. Dalloz, v° *Action publique*, n. 72 et suiv.

et à la suite de nouveaux débats, il pourrait être condamné à une peine plus grave. Il serait cruel alors de ne pas lui laisser la faculté de s'en tenir à l'arrêt rendu, tant que cet arrêt n'est point cassé. Si, au contraire, l'accusé avait été condamné à la peine la plus forte qu'il pût encourir, à la peine de mort, par exemple, la maxime *nemo auditur perire volens* nous semblerait autoriser la cour suprême à repousser son désistement; car, on le répète, de ce que l'on peut ne pas se pourvoir, il n'en résulte pas nécessairement qu'on puisse se désister.

La partie qui se désiste ne peut retirer l'amende qu'elle a consignée; car ce n'est qu'en cas d'annulation, au moins partielle, de l'arrêt, que l'art. 437 autorise la restitution de l'amende (1). La partie civile nous semble aussi devoir être condamnée, en cas de désistement, à l'indemnité prononcée par l'art. 436 qu'on citera dans un instant, parce que cette indemnité est la représentation des faux frais que le prévenu a pu être obligé de faire pour préparer sa défense (2).

CHAPITRE IX.

Des arrêts de rejet.

Toute partie qui succombe dans son recours doit être condamnée aux frais. Cette règle reçoit pourtant exception à l'égard du ministère public, qui ne peut jamais être condamné aux dépens; mais elle s'applique aux administrations publiques représentant l'État, telles que l'administration des contributions indirectes, celle des douanes, etc.

La partie qui succombe perd en outre l'amende qu'elle a consignée, et doit être condamnée à cette même amende, si elle n'a été dispensée de la consigner qu'en produisant

---

(1) *Cass.* 26 janvier 1809 et 22 juin 1836. On trouve pourtant deux arrêts contraires, l'un du 31 décembre 1824, l'autre du 10 septembre 1830.

(2) *Sic* Carnot, sur l'art. 436, n. 7 : *Contrà*, l'arrêt précité du 31 décembre 1824.

un certificat d'indigence, ce certificat, aux termes de l'art. 420, n'ayant d'autre effet que de rendre le pourvoi recevable sans consignation antérieure.

Les condamnés à des peines correctionnelles ou de police doivent donc être condamnés à l'amende, puisqu'ils sont obligés de la consigner ou de produire un certificat d'indigence, tandis que les condamnés à des peines criminelles en sont dispensés.

Enfin, outre les frais et l'amende, la partie civile doit être condamnée à une indemnité de 150 francs *envers la partie acquittée, absoute ou renvoyée*, et les administrations de l'Etat doivent aussi cette indemnité, quoiqu'elles soient dispensées de l'amende.

L'art. 436 dispose en effet : « La partie civile qui succombera dans son recours, soit en matière criminelle, soit en matière correctionnelle ou de police, sera condamnée à une indemnité de cent cinquante francs et aux frais envers la partie acquittée, absoute ou renvoyée : la partie civile sera de plus condamnée, envers l'Etat, à une amende de cent cinquante francs, ou de soixante-quinze francs seulement, si l'arrêt ou le jugement a été rendu par contumace ou par défaut. — Les administrations ou régies de l'Etat et les agents publics qui succomberont ne seront condamnés qu'aux frais et à l'indemnité. »

Si chacune des parties s'est pourvue et que l'une d'elles ait succombé sur tous les chefs de son recours, elle doit être condamnée à l'amende, et, si c'est la partie civile, à l'indemnité, quoique l'arrêt soit annulé dans l'intérêt de l'autre partie.

Lorsque le recours en cassation a été rejeté, la partie qui l'avait formé ne peut plus se pourvoir en cassation contre le même arrêt ou jugement, sous quelque prétexte et par quelque moyen que ce soit (art. 438). Elle ne peut non plus se pourvoir par aucune voie contre l'arrêt de rejet, qui forme le terme infranchissable, pour ainsi parler, de tout litige.

L'arrêt de rejet doit être délivré dans les trois jours au

procureur-général près la cour de cassation, par simple extrait signé du greffier, lequel doit être adressé au ministre de la justice, et envoyé par celui-ci au magistrat chargé du ministère public près la cour ou le tribunal qui a rendu l'arrêt ou le jugement attaqué (art. 439). Il importe que cet envoi ne soit pas retardé, puisque ce n'est qu'après sa réception que la condamnation, aux termes de l'art. 375, peut être exécutée.

CHAPITRE X.

Des effets de la cassation.

Nous devons distinguer ici les matières criminelles, des matières correctionnelles ou de police. Après avoir traité des unes et des autres dans des paragraphes séparés, nous nous occuperons, dans un troisième paragraphe, de la cassation de l'arrêt de mise en accusation ou des jugements rendus sur des incidents, et, dans un quatrième, de la responsabilité des juges ou greffiers qui donnent lieu à l'annulation des procédures.

§ 1er *Matières criminelles.*

L'accusé peut avoir été acquitté, absous, ou condamné; et chacun de ces cas se régit par des principes différents.

I. Si l'accusé a été acquitté, quelles que soient les nullités et les infractions à la loi commises dans le cours de la procédure, l'annulation de l'ordonnance d'acquittement et de ce qui l'a précédée ne peut être prononcée que dans l'intérêt de la loi et sans préjudicier à la partie acquittée. C'est la disposition expresse de l'art. 409.

Une décision du jury, quand elle est favorable à l'accusé, a donc quelque chose de sacré et d'inviolable, et la règle qu'a posée en ce point le législateur nous semble d'une grande sagesse. Si de nouveaux débats, en effet, pouvaient avoir lieu, et que la seconde décision fût contraire à la première, le souvenir de celle-ci, qu'un arrêt de cassation n'aurait pu détruire, laisserait sur la culpabilité de l'accusé des doutes graves, et enlèverait nécessairement à la dernière sentence, ce poids d'autorité qu'on doit toujours désirer dans les jugements de grand criminel, et qui est une condition indispensable de leur puissance moralisatrice.

Mais la disposition de la loi ne s'applique qu'à l'acquittement *légal*, c'est-à-dire à l'acquittement qui a été la conséquence de la déclaration du jury; car ce n'est pas l'ordonnance du président en elle-même qui possède, aux yeux du législateur, ce caractère d'inviolabilité que nous signalions tout-à-l'heure; c'est la déclaration du jury dont cette ordonnence a dû être l'expression. Si donc la déclaration du jury, au lieu d'amener une ordonnance d'acquittement, avait dû motiver un arrêt de condamnation, la cassation de l'ordonnance donnerait lieu au renvoi de l'accusé devant une autre cour d'assises, laquelle devrait procéder comme dans le cas d'absolution qui est le second dont nous devons nous occuper.

II. Ce cas-ci est régi par l'art. 410, § 2. Aux termes de cet article, combiné avec l'art. 373, le recours du ministère public empêche la mise en liberté de l'accusé absous, et, si l'arrêt d'absolution est cassé, il y a lieu de procéder comme dans le cas prévu par l'art. 434, § 1, qui est le cas de la fausse application de la peine, c'est-à-dire que la cassation ne porte que sur l'arrêt d'absolution, qu'elle n'atteint pas la déclaration du jury, et que la cour d'assises, devant laquelle l'affaire est renvoyée, n'a qu'à statuer sur cette déclaration.

III. Le troisième cas est celui où il est intervenu un arrêt de condamnation. Ce cas est le plus difficile, et nécessite plusieurs distinctions et sous-distinctions.

Il peut se faire, *en premier lieu*, que la procédure et l'arrêt soient réguliers en la forme; mais que le fait qui a donné lieu à la condamnation ne puisse entraîner aucune peine, ou que la cour d'assises ait prononcé une peine autre que celle qu'elle devait appliquer. C'est proprement, alors le cas de la *cassation*. Dans la première hypothèse, la cour suprême casse, sans renvoi, s'il n'y a pas de partie civile, et s'il y a une partie civile, renvoie simplement les parties devant un tribunal civil (art. 429, § 5). Dans la seconde, elle renvoie devant une autre cour d'assises, qui doit rendre son arrêt sur la déclaration déjà faite par le jury (art. 434, § 1).

Il peut se faire, *en second lieu*, que la peine ait été bien appliquée, mais qu'il existe, dans l'arrêt ou dans la procédure antérieure, quelque nullité de forme. C'est alors proprement le cas de l'*annulation*.

Pour exposer nettement les effets de cette annulation, il convient de distinguer deux hypothèses.

1re HYPOTHÈSE. *La déclaration du jury a été défavorable à l'accusé sur tous les points.*

Si la nullité provient alors de quelque vice antérieur à la déclaration du jury ou de la déclaration elle-même, il est de toute évidence que cette déclaration croule, et que devant la cour de renvoi il doit être procédé à de nouveaux débats. Si même la nullité avait été commise avant l'ouverture des débats, la procédure devrait être recommencée à partir du plus ancien acte nul. L'art. 408 est formel là-dessus.

Mais la déclaration du jury croule-t-elle aussi, dans le cas où la nullité n'a été commise que dans l'arrêt même de condamnation? Ou bien, au contraire, est-ce le cas, comme lorsqu'il y a eu simplement fausse application de la peine, de maintenir la déclaration du jury, puisqu'elle est antérieure à l'arrêt, et de charger seulement une autre cour d'assises d'appliquer la peine d'après la déclaration déjà faite?

En l'absence d'un texte précis, on pourrait être amené par l'analogie à résoudre la question dans ce dernier sens. Mais l'art. 434 commande une autre solution, puisque, après avoir dit dans son premier paragraphe que la déclaration du jury doit être maintenue quand l'arrêt n'est annulé que pour fausse application de la peine, il ajoute dans le second : « Si l'arrêt a été annulé *pour autre cause* (ce qui les comprend toutes), il sera procédé à de nouveaux débats devant la cour d'assises à laquelle le procès sera renvoyé. » Ce qui explique, au demeurant, l'espèce d'effet rétroactif que produit la nullité de l'arrêt de condamnation, c'est que cette nullité affaiblit nécessairement l'authenticité de la déclaration du jury elle-même, et qu'une déclaration d'une authenticité douteuse ne saurait être une base suffisante d'un nouvel arrêt de condamnation.

2ᵉ HYPOTHÈSE. *La déclaration du jury a été favorable à l'accusé sur quelques points, défavorable sur d'autres.*

De nouvelles précisions deviennent ici nécessaires.

Il peut se faire d'abord que l'accusation eût plusieurs chefs distincts, et que les déclarations favorables du jury et les déclarations défavorables portent sur des points différents. Nous ne pensons pas, qu'en ce cas, l'annulation de l'arrêt, qu'elle ait lieu sur la demande du procureur-général ou sur celle de l'accusé, puisse avoir jamais pour effet d'anéantir les déclarations favorables à celui-ci. Il y a alors, à vrai dire, acquittement à la fois et condamnation, acquittement sur les chefs pour lesquels la déclaration du jury a été négative, condamnation sur ceux pour lesquels elle a été affirmative. De nouveaux débats ne peuvent donc s'ouvrir que sur ces derniers chefs. C'est ce que la cour de cassation avait jugé maintes fois sous l'empire de la loi du 3 brumaire an IV, et ce qu'elle a jugé aussi sous l'empire du Code (1).

Si, au contraire, les réponses favorables du jury et les réponses défavorables ont trait au même fait, il nous semble impossible de scinder l'objet des nouveaux débats, et, par suite d'un respect exagéré pour la déclaration des pre-

_____

(1) V. M. A. Dalloz, vᵒ *Chose jugée*, n. 397, et arrêts des 20 juillet 1832 et 26 novembre 1842. D. P. 44-1-139.

miers jurés, laquelle est censée ne plus exister, de mutiler, pour ainsi dire, les attributions du nouveau jury. L'art. 409 est alors inapplicable dans son esprit comme dans son texte. Dès l'instant, en effet, que la première déclaration a amené une condamnation, si la seconde est également affirmative, il ne peut y avoir de contradiction entre les deux que sur des points accessoires, contradiction bien moins choquante que celle qui existerait sur le fait principal, et qui a pu dès-lors, on le conçoit, ne nécessiter, aux yeux du législateur, aucune dérogation aux principes généraux.

Si donc, par exemple, le premier jury a déclaré que l'accusé n'était pas l'auteur, mais qu'il était le complice, le nouveau jury devra néanmoins être interrogé sur le premier point comme sur le second ; car la peine du complice étant la même que celle de l'auteur du crime, il ne faudrait pas que la difficulté où l'on est souvent de préciser si l'accusé a été l'auteur ou seulement le complice, pût offrir à cet accusé une chance d'impunité.

Pareillement, si une circonstance aggravante a été écartée par la première déclaration, elle peut être admise par la seconde, et si c'est une excuse ou des circonstances atténuantes qui avaient été d'abord admises, elles peuvent ensuite être écartées.

Nous ne pensons pas même qu'il faille distinguer alors, entre le cas où l'annulation de l'arrêt a eu lieu sur le pourvoi du procureur-général, et celui où elle a eu lieu sur le pourvoi du condamné (1). Tant pis pour celui-ci, s'il a eu l'imprudence d'attaquer une décision à laquelle il aurait dû s'empresser d'acquiescer. Il peut se faire d'ailleurs que le ministère public n'ait négligé de se pourvoir que parce que l'accusé s'était lui-même pourvu.

Toutes ces conséquences nous semblent dériver inévitablement de l'art. 434 qui, dans tous les cas d'annulation, autres que celui pour fausse application de la peine, veut

_____

(1) *Cass.* 14 février 1835 Sirey, 35-1-290.

qu'il soit procédé à de *nouveaux débats*, dont il ne circonscrit nullement l'objet.

A la vérité, le même article, dans son dernier paragraphe, déclare qu'il n'y a lieu d'annuler qu'une partie de l'arrêt, lorsque la nullité ne vicie qu'une ou quelques-unes de ses dispositions. Mais cela n'a trait évidemment qu'au cas où il s'agit de dispositions indépendantes l'une de l'autre.

Une cour d'assises, par exemple, aura ajouté ou retranché mal-à-propos quelque peine accessoire, comme celle de l'exposition, du renvoi sous la surveillance de la haute police, de la confiscation spéciale; elle aura omis de fixer la durée de la contrainte par corps pour des condamnations civiles, etc.; si son arrêt n'est contraire à la loi que sur ces points accessoires, ce n'est que sur ces points aussi qu'il doit être cassé.

Les principes que nous venons d'exposer nous sembleraient toutefois devoir subir une modification, quand la nullité de l'arrêt de condamnation ne provient que d'une cause postérieure à la déclaration du jury, d'un vice de forme, par exemple, contenu dans l'arrêt de condamnation lui-même. Il serait injuste, en effet, que l'irrégularité commise par la cour d'assises pût jamais, en cas pareil, tourner au détriment de l'accusé, pour qui la déclaration *régulière* du jury, dans tous les points résolus d'une manière favorable, constituait un droit acquis. Une analogie puisée dans l'art. 352, relatif à l'annulation de la décision du jury prononcée par la cour d'assises elle-même, nous porterait donc à penser que la cassation ne devrait alors, en aucun cas, tourner au détriment de l'accusé; qu'ainsi, de nouveaux débats devraient s'ouvrir sans doute, d'après l'art. 434, mais que la nouvelle déclaration ne pourrait jamais autoriser une peine plus forte que celle à laquelle pouvait donner lieu la première.

Il va sans dire, du reste, que toutes les fois que la cour de cassation fixe elle-même la portée de l'annulation qu'elle prononce, la cour, devant laquelle le procès est renvoyé, doit respecter religieusement les limites tracées par la magistrature suprême. Mais, quand l'effet de la cassation n'est point formellement précisé, c'est le cas de se guider d'après les règles qu'on vient de poser.

§ 2. *Matières correctionnelles et de police.*

Les effets de la cassation, en matière correctionnelle ou de police, diffèrent, sous plusieurs rapports, de la cassation en matière criminelle. Tantôt ils sont moins étendus, tantôt ils le sont davantage.

Ils sont moins étendus en ce que, lorsque la cour de cassation annule la sentence à raison de quelque nullité commise dans la procédure antérieure, dans un procès-verbal, par exemple, qui a servi de base à la condamnation, l'annulation se borne toutefois à la sentence elle-même, et la question de nullité doit être soumise au juge de renvoi. Le principe contraire, posé en matière criminelle, constitue une exception aux principes généraux, et toute exception est de droit étroit.

Mais la cassation est plus étendue, sous deux rapports bien plus importants.

1° Le juge en matière criminelle étant à la fois le juge du fait et celui du droit, s'il a fait une fausse application de la peine, sa sentence est cassée pour le tout et ne peut empêcher le tribunal de renvoi de rendre sur le point de fait une décision différente.

2° Quand le prévenu a été acquitté, la cassation de la sentence ne laisse pas de pouvoir être demandée par le ministère public et par la partie civile, et, si elle est prononcée, le prévenu, nonobstant son acquittement antérieur, doit subir un nouveau jugement. L'art. 413 dispose, en effet : « Les voies d'annulation, exprimées en l'art. 408, sont, en matière correctionnelle et de police, respectivement ouvertes à la partie poursuivie pour un délit ou une contravention, au ministère public et à la partie civile, s'il y en a une, contre tous arrêts ou jugements en dernier ressort, *sans distinction de ceux qui ont prononcé le renvoi de la partie ou sa condamnation.* »

L'article ajoute pourtant une restriction qui pouvait paraître superflue, car elle s'induisait suffisamment des principes généraux du droit. « Néanmoins, y est-il dit, lorsque le renvoi de cette partie aura été prononcé, nul ne pourra se prévaloir contre elle de la violation ou omission des formes prescrites pour assurer sa défense. »

Nous avons, du reste, expliqué ailleurs que le pourvoi du ministère public ne doit pas profiter à la partie civile, ni réciproquement. Partant, si le ministère public s'est seul pourvu, la partie civile est censée avoir acquiescé à la sentence, et ne peut plus former une nouvelle demande en dommages devant la juridiction saisie après la cassation obtenue par le ministère public.

Réciproquement, si la partie civile s'est seule pourvue et qu'elle obtienne la cassation du jugement, cette cassation n'autorise pas le ministère public à conclure devant le tribunal de renvoi à l'application d'une peine.

§ 3. Des effets de la cassation des arrêts de mise en accusation, ou des jugements rendus sur des incidents.

Si un arrêt de mise en accusation vient à être cassé, mais qu'auparavant il soit intervenu une ordonnance d'acquittement en faveur de l'accusé, la cassation de l'arrêt ne doit causer à ce dernier aucun préjudice. L'art. 409 est applicable ici dans son texte et dans son esprit.

Si la cassation intervient avant que le jury ait statué, l'arrêt de mise en accusation et tout ce qui s'en est suivi est mis au néant, et il doit être statué sur la mise en accusation par une autre cour (art. 429).

Si c'est une décision rendue sur la compétence qui vient à être cassée, cette décision et tout ce qui en a été la conséquence est réputé non avenu, et, s'il s'agit d'une matière de grand criminel, la cour suprême doit désigner elle-même la juridiction compétente (art. 429, § 4).

Quant aux arrêts rendus sur d'autres incidents, les effets de la cassation dépendent de la nature du moyen. S'agit-il, par exemple, d'un moyen de pure forme, la cassation entraîne toujours de nouveaux débats. Si, au contraire, le moyen préjudiciel est de nature à éteindre complètement l'action publique, si c'est un moyen de chose jugée, par exemple, de prescription, ou d'amnistie, et qu'il paraisse à la fois fondé en droit et constant en fait, la cour suprême doit, dans les matières de grand criminel, casser, sans renvoi, l'arrêt qui l'a écarté. Ce cas est absolument semblable à celui où le fait qui a donné lieu à la condamnation n'est prévu par aucune loi pénale, et doit dès-lors être régi par l'art. 429, § 5. Il n'y aurait lieu à renvoi qu'autant que le moyen ne serait pas constant en fait ou qu'il s'agirait d'une matière correctionnelle ou de police.

§ 4. De la responsabilité des officiers ou magistrats qui donnent lieu à l'annulation des procédures.

Les frais de justice criminelle étant pour l'État une charge onéreuse, le législateur a cru devoir faire peser une responsabilité grave sur les juges ou officiers qui occasionnent par leur faute la nullité des procédures.

L'art. 415 dispose en conséquence : « Dans le cas où, soit la cour de cassation, soit une cour royale, annulera une instruction, elle pourra ordonner que les frais de la procédure à recommencer seront à la charge de l'officier ou juge instructeur qui aura commis la nullité. — Néanmoins, la présente disposition n'aura lieu que pour des fautes très-graves, et à l'égard seulement des nullités qui seront commises deux ans après la mise en activité du présent Code. »

Les recueils d'arrêts contiennent d'assez nombreux exemples d'application de cette peine aux greffiers des cours d'assises (1).

---

(1) V. M. A. Dalloz, v° *Cour d'assises*, n. 1379 et 1735, et un arrêt du 2 juin 1842 D. P. 42-1-362.

CHAPITRE XI.

Du tribunal ou de la cour de renvoi, de l'état dans lequel le prévenu y est traduit, et des nouvelles informations.

On appelle tribunal ou cour de *renvoi*, le tribunal ou la cour devant qui l'affaire est renvoyée par la cour suprême après cassation.

Pour bien expliquer les règles qui doivent présider à ce renvoi, nous devons distinguer encore les matières criminelles, des matières correctionnelles et de police.

§ 1er. *Matières criminelles.*

ARTICLE 1er. — *Du tribunal ou de la cour où l'affaire doit être renvoyée.*

La cour suprême, dans les matières criminelles, casse quelquefois sans renvoi. Ce cas se réalise notamment, quand le fait, qui a donné lieu à une condamnation, se trouve ne rentrer dans la catégorie d'aucun des faits punis par la loi, et qu'il n'y a point de partie civile. L'art. 429, dans son dernier alinéa, est exprès sur ce point, et il semble que la cour suprême doit statuer de même, quand le crime ou délit est évidemment prescrit ou amnistié, ou purgé par une décision antérieure.

Le plus souvent cependant la cour suprême, en cassant, renvoie l'affaire devant un autre tribunal ou une autre cour, et les règles, d'après lesquelles doit se faire la désignation de ce tribunal ou de cette cour, sont consignées dans l'art. 429 du Code.

Voici dans quels termes ce texte dispose : « La cour de cassation prononcera le renvoi du procès, savoir : — Devant une cour royale autre que celle qui aura réglé la compétence et prononcé la mise en accusation, si l'arrêt est annulé par l'une des causes exprimées en l'art. 299 ; —

Devant une cour d'assises autre que celle qui aura rendu l'arrêt, si l'arrêt et l'instruction sont annulés pour cause de nullités commises à la cour d'assises ; — devant un tribunal de première instance autre que celui auquel aura appartenu le juge d'instruction, si l'arrêt et l'instruction sont annulés aux chefs seulement qui concernent les intérêts civils : dans ce cas, le tribunal sera saisi sans citation préalable en conciliation. — Si l'arrêt et la procédure sont annulés pour cause d'incompétence, la cour de cassation renverra le procès devant les juges qui doivent en connaître et les désignera : toutefois, si la compétence se trouvait appartenir au tribunal de première instance où siége le juge qui aurait fait la première instruction, le renvoi sera fait à un autre tribunal de première instance. — Lorsque l'arrêt sera annulé, parce que le fait qui aura donné lieu à une condamnation se trouvera n'être pas un délit qualifié par la loi, le renvoi, s'il y a une partie civile, sera fait devant un tribunal de première instance autre que celui auquel aura appartenu le juge d'instruction, et, s'il n'y a pas de partie civile, aucun renvoi ne sera prononcé. »

Il résulte du 4ᵉ alinéa de cet article que, lorsque l'arrêt attaqué est annulé pour cause d'incompétence, la cour de cassation ne doit pas, comme elle le fait en matière civile, renvoyer devant une cour de même ordre pour statuer de nouveau sur le moyen d'incompétence, mais qu'elle doit, pour plus de brièveté, saisir elle-même le juge compétent. L'intérêt de l'accusé qui ne doit pas languir trop longtemps dans les fers d'une détention préventive, commandait cette dérogation aux principes ordinaires.

De là, il suivrait que, si l'arrêt de mise en accusation est cassé, parce que le fait incriminé ne paraît constituer qu'un délit ou une contravention, la cour de cassation doit renvoyer directement devant le tribunal correctionnel ou de simple police. D'un autre côté pourtant, c'est là un des cas d'annulation indiqués dans l'art. 299, et le premier alinéa de l'art. 479 dispose que, dans tous ces cas, il y a lieu de renvoyer l'affaire devant une autre chambre des mises en accusation, par où le premier et le quatrième alinéa dë l'art. 479 paraissent présenter une véritable contradiction.

Pour faire disparaître cette antinomie, il faut distinguer, ce semble, le cas où le fait incriminé ne peut jamais constituer, quelles que soient les circonstances qui l'ont accompagné, qu'un délit ou une contravention, du cas où ce fait, quoique n'offrant qu'un délit dans les termes auxquels l'arrêt de mise en accusation l'a réduit, peut revêtir les caractères d'un crime, en le supposant accompagné de quelque circonstance aggravante qui n'a pas été ramenée dans l'arrêt de mise en accusation, mais dont les autres actes de l'instruction peuvent faire soupçonner l'existence.

Dans la première hypothèse, la cour suprême doit saisir elle-même le tribunal correctionnel ou de police ; car, renvoyer d'abord devant une autre chambre des mises en accusation qui devrait nécessairement prononcer ce renvoi, ce serait employer un circuit inutile. C'est donc le cas alors d'appliquer la disposition du 4ᵉ alinéa de l'art. 479. Dans la seconde hypothèse, au contraire, comme il peut se faire qu'il y ait encore matière à saisir une cour d'assises, c'est le cas de renvoyer devant une autre chambre des mises en accusation, par application du premier alinéa du même article.

Quand, en suite de la cassation, il n'y a lieu de prononcer que sur des intérêts privés, la cour de cassation doit renvoyer devant un tribunal civil, et l'essai conciliatoire paraît toujours inutile en cas pareil ; car la poursuite criminelle à laquelle la partie civile s'est associée rend toute transaction avec la partie poursuivie, plus qu'invraisemblable. Aussi, pensons-nous que la dispense de conciliation existe dans le dernier cas prévu par l'art. 429, comme dans le troisième, quoique la loi ne s'en soit pas exprimée formellement.

L'art. 420 indique de quelle manière se fait la désignation de la cour ou du tribunal de renvoi. « Dans tous les cas, y est-il dit, où la cour de cassation est autorisée à choisir une cour ou un tribunal pour le jugement d'une affaire renvoyée, ce choix ne pourra résulter que d'une délibération spéciale prise en la chambre du conseil, immédiatement après la prononciation de l'arrêt de cassation, et dont il sera fait mention expresse dans cet arrêt. » La loi, du reste, laisse ici toute latitude à la cour suprême, qui n'est point obligée dès lors de faire porter sa désignation sur un des trois tribunaux ou cours les plus voisins.

ARTICLE II. — *Dans quel état le prévenu doit être traduit devant le tribunal de renvoi.*

Si la cour de cassation casse sans renvoi, ou si elle renvoie seulement devant les tribunaux civils, parce qu'elle n'a vu dans l'objet de l'accusation aucun fait réprimé par les lois pénales, ou bien enfin, quand elle n'aperçoit dans ce fait qu'une contravention, elle doit ordonner la mise en liberté de la partie poursuivie.

Si, n'apercevant dans le fait incriminé que les caractères d'un délit correctionnel, elle renvoie l'affaire devant un tribunal de police correctionnelle, le prévenu doit être traduit devant ce tribunal dans l'état où il se trouvait lors de sa mise en accusation, c'est-à-dire, en état de mandat de dépôt ou d'arrêt, à moins que le délit ne fût pas de nature à autoriser ces mandats, auquel cas la cour suprême devrait ordonner sa mise en liberté.

Si le prévenu est renvoyé devant une autre chambre des mises en accusation, il doit y être traduit en état d'arrestation; et si enfin, l'arrêt de mise en accusation tenant, il est renvoyé devant une autre cour d'assises, il doit y être traduit en exécution de l'ordonnance de prise de corps, contenue dans l'arrêt de mise en accusation antérieur (art. 435).

ARTICLE III. — *Des nouvelles informations.*

Lorsque l'affaire est renvoyée devant une autre chambre des mises en accusation, cette chambre doit réparer d'abord l'instruction en ce qui la concerne, et ordonner, s'il y a lieu, un supplément d'instruction. Elle doit ensuite désigner, dans son ressort, la cour d'assises par laquelle le procès devra être jugé (art. 432), et elle ne peut se dispenser de faire cette désignation sous le prétexte que, d'après les principes généraux, aucune de ces cours n'est compétente; car la loi lui confie ici un pouvoir exceptionnel, qui déroge aux règles ordinaires.

Lorsque l'affaire est renvoyée directement devant une autre cour d'assises, il peut se faire aussi qu'avant le jour des débats de nouvelles informations paraissent nécessaires.

Si ces informations n'intéressent que l'individu déjà mis en accusation, c'est le président qui doit les ordonner, conformément à l'art. 303.

Si, au contraire, elles concernent des complices, elles ne peuvent avoir lieu que d'autorité de la cour. L'art. 433 dispose, en effet : « Lorsque le procès aura été renvoyé devant une autre cour d'assises, et qu'il y aura des complices qui ne seront pas en état d'accusation, *cette cour* commettra un juge d'instruction, et le procureur-général, l'un de ses substituts, pour faire, chacun en ce qui le concerne, l'instruction, dont les pièces seront ensuite adressées à la cour royale, qui prononcera s'il y a lieu, ou non, à la mise en accusation. »

M. Bourguignon, sur l'art. 433, et M. Legraverend, enseignent pourtant que, dans ce cas, comme dans celui de l'art. 303, les nouvelles informations peuvent être ordonnées par le président seul. Mais cette doctrine, comme le fait remarquer M. Carnot, est condamnée par le texte positif de l'art. 433. Il y a d'ailleurs une grande différence entre les deux cas. Dans l'hypothèse de l'art. 303, les nouvelles informations ne concernant que l'accusé, il est à croire que l'ouverture des débats n'en sera guère retardée. Au contraire, quand ces informations tendent à envelopper des complices dans l'affaire, cela doit entraîner nécessairement des retards très-préjudiciables à l'accusé, qui languit depuis long-temps dans les cachots, et l'on conçoit dès-lors qu'une mesure aussi grave ne puisse être ordonnée que par la cour d'assises tout entière.

Toutes les fois du reste, que de nouvelles informations ont lieu, il importe que la cour dont l'arrêt a été annulé, ne puisse exercer sur ces informations aucune influence directe ni indirecte. L'art. 431 dispose en conséquence : « Les nouveaux juges d'instruction auxquels il pourrait être fait des délégations pour compléter l'instruction des affaires renvoyées, ne pourront être pris parmi les juges d'instruction établis dans le ressort de la cour dont l'arrêt aura été annulé » (1).

Mais est-ce à dire que la délégation ne puisse être donnée qu'à des juges d'instruction du ressort de la cour de renvoi? Il faut distinguer encore à cet égard le cas de l'art. 303, de celui de l'art. 433. Dans le premier, le président peut désigner des juges d'instruction hors du ressort de la cour d'assises, puisque le pouvoir qui lui est conféré par cet article ne reçoit alors d'autre limitation que celle résultant de la prohibition portée en l'art. 431. Dans le second, au contraire, la loi chargeant le procureur-général de désigner *l'un de ses substituts*, indique clairement par là, que l'instruction nouvelle ne doit être confiée qu'à des fonctionnaires sur lesquels la cour d'assises a autorité, et ces fonctionnaires agissant alors d'autorité d'une cour, le résultat des informations doit être transmis directement à la chambre des mises en accusation de la cour royale, sans être soumis préliminairement à la chambre du conseil du tribunal auquel le juge d'instruction appartient. M. Carnot qui, sur ce dernier point, a émis un avis contraire, n'avait pas fait assez d'attention au texte positif de l'art. 433.

----

(1) Dans un de ses réquisitoires rapporté par Dalloz, 43-1-218, M. le procureur général Dupin a prétendu que l'inobservation de l'art. 431 n'emporterait pas nullité, puisque la loi ne la prononce pas. La maxime, *non est major defectus quam defectus potestatis*, semble condamner cette doctrine.

§ 2. *Matières correctionnelles et de police.*

Ici encore, les matières correctionnelles et de police diffèrent notablement des matières criminelles, et le législateur qui a consacré plusieurs articles à celles-ci, n'en a consacré qu'un seul à celles-là, l'art. 427 ainsi conçu : « Lorsque la cour de cassation annulera un arrêt ou un jugement rendu soit en matière correctionnelle, soit en matière de police, elle renverra le procès et les parties devant une cour ou un tribunal *de même qualité* que celui qui aura rendu l'arrêt ou le jugement annulé. »

Cet article, comparé à l'art. 429, est fécond en conséquences, qui, pour avoir été méconnues par la plupart des auteurs trompés par une prétendue analogie, n'en paraissent pas moins certaines et découler inévitablement de son texte.

L'art. 427, en effet, ne fait pas de distinctions analogues à celles de l'art. 429. Il veut que *dans tous les cas* où la cour de cassation annule une décision rendue en matière correctionnelle ou de police, elle renvoie le procès devant une cour ou un tribunal *de même qualité* que celui qui a rendu la décision annulée; c'est-à-dire, que la cour de cassation doit procéder ici, absolument comme dans les matières civiles.

Les conséquences, on le répète, qui s'induisent de là, sont nombreuses.

La première, c'est qu'alors même que la cour suprême ne trouve dans le fait poursuivi les caractères d'aucun délit ni contravention, il ne lui est pas permis de casser sans renvoi, et qu'elle doit toujours soumettre la décision de la question à un autre tribunal ou à une autre cour, afin qu'en cas de décision semblable à celle qui a été cassée, l'affaire puisse revenir en audience solennelle (1). Si la loi contient une disposition contraire pour les ma-

---

(1) *Cass.* 16 juillet 1841 et 14 mai 1842. D. P. 42-1-334.

tières criminelles, c'est qu'il y a une sorte d'inhumanité à soumettre plusieurs fois un accusé aux terribles anxiétés qu'occasionnent les jugements de grand criminel. Mais les affaires correctionnelles et de police ne causant jamais de semblables terreurs, il n'y a plus de motif suffisant pour s'écarter de la règle, qui veut que la cour suprême ne juge irrévocablement une question qu'après un second pourvoi basé sur les mêmes moyens, et en chambres réunies.

Toutefois, si le prévenu était détenu, comme la provision est due à l'arrêt de cassation, il devrait provisoirement être mis en liberté.

La seconde conséquence de l'art. 427, c'est qu'alors même qu'il n'y a eu de pourvoi que de la part de la partie civile, l'affaire ne doit pas être renvoyée devant un tribunal civil, mais bien toujours devant un tribunal ou une cour *de même qualité*, comme dit l'article, que celui dont la décision a été cassée ; et cela, par la raison sans doute que ces tribunaux peuvent offrir à la partie civile un accès moins dispendieux, des condamnations plus rigoureuses, et des lumières spéciales plus sûres.

Enfin, la troisième conséquence, c'est que, lorsque la décision est cassée comme ayant mal à propos écarté un moyen d'incompétence ou de nullité, il y a lieu de soumettre de nouveau le moyen au tribunal ou à la cour de renvoi, puisque l'art. 427 n'autorise taxativement que la cassation de la décision elle-même, et non point l'annulation des procédures antérieures, sauf à ordonner provisoirement, s'il y a lieu, la mise en liberté du prévenu.

CHAPITRE XII.

Des seconds pourvois basés sur les mêmes moyens que le premier.

Le tribunal ou la cour de renvoi peuvent juger dans un sens contraire à l'arrêt de cassation, et conforme à la décision qui a été cassée.

Ce cas qui se réalise fréquemment, a été régi par trois législations différentes, par la loi du 16 septembre 1807, par celle du 30 juillet 1828, enfin par celle du 1er avril 1835 qui est encore en vigueur.

D'après la loi de 1807, dans le cas d'un second pourvoi basé sur les mêmes moyens que le premier, la cour de cassation pouvait provoquer une interprétation législative, qui devait être donnée dans la forme des règlements d'administration publique.

D'après la loi de 1828, après une seconde cassation prononcée pour les mêmes causes que la première, l'affaire était jugée par la cour de renvoi d'une manière souveraine et sans nouveau recours possible, ce qui avait pour résultat de priver la cour suprême de cette plénitude de puissance, qui donne à ses décisions comme une auréole de royauté.

Plus juste envers cette magistrature suprême, qui, depuis sa création, n'a cessé d'être une des gloires de la France, le législateur de 1835 a voulu qu'un second arrêt de cassation, rendu par les chambres réunies et basé sur les mêmes moyens que le premier, eût pour l'espèce particulière toute l'autorité de la loi, et que la troisième cour saisie s'inclinât avec respect devant un monument aussi solennel.

Voici en quels termes il a disposé :

« Lorsqu'après la cassation d'un premier arrêt ou jugement rendu en dernier ressort, le deuxième arrêt ou jugement rendu dans la même affaire entre les mêmes parties procédant en la même qualité, sera attaqué par les mêmes moyens que le premier, la cour de cassation prononcera, toutes les chambres réunies (art. 1).

» Si le deuxième arrêt ou jugement est cassé pour les mêmes motifs que le premier, la cour royale ou le tribunal auquel l'affaire est renvoyée, se conformera à la décision de la cour de cassation sur le point de droit jugé par cette cour (art. 2).

» La cour royale statuera en audience ordinaire, à moins

que la nature de l'affaire n'exige qu'elle soit jugée en audience solennelle (art. 3). »

CHAPITRE XIII.

Du recours en cassation dans l'intérêt de la loi.

En matière criminelle, on peut distinguer trois recours *dans l'intérêt de la loi*, qui se régissent par des règles différentes.

Le premier, c'est le recours formé, dans le cas d'acquittement, par le ministère public près la cour d'assises. On n'a pas oublié, en effet, qu'aux termes de l'art. 409 du Code, toutes les fois qu'il est intervenu une ordonnance légale d'acquittement, cette ordonnance et ce qui l'a précédée ne peut être annulé que dans l'intérêt de la loi, et sans préjudicier à la partie acquittée. Ce recours, d'après l'art. 374, ne peut être formé que dans les vingt-quatre heures de l'acquittement, et il doit, comme les recours des parties, être déclaré au greffe de la cour d'assises.

Le second recours, c'est celui qui est provoqué par le ministre de la justice, et dont l'art. 441 détermine le mode en ces termes : « Lorsque, sur l'exhibition d'un ordre formel à lui donné par le ministre de la justice, le procureur-général près la cour de cassation dénoncera à la section criminelle des actes judiciaires, arrêts ou jugements, contraires à la loi, ces actes, arrêts ou jugements, pourront être annulés, et les officiers de police ou les juges, poursuivis, *s'il y a lieu*, (c'est-à-dire, s'ils ont commis dans ces actes quelque crime ou délit), de la manière exprimée au ch. 3 du tit. 4 du présent livre. »

Ce recours, étant plus qu'aucun autre, formé dans l'intérêt général de l'État, peut être dirigé contre toute espèce d'actes et de jugements, en premier ou en dernier ressort, et il peut être exercé en tout temps, avant comme après le jugement, avant comme après le pourvoi des parties intéressées, avant comme après l'expiration des délais du pourvoi vis-à-vis de ces mêmes parties. Enfin, la loi n'en limitant pas les effets, il doit, quand il est accueilli, amener l'annulation radicale de l'acte qui en a été l'objet, de telle sorte que les parties intéressées elles-mêmes, quoiqu'elles aient laissé passer les délais sans se pourvoir, doivent profiter de l'annulation (1), à moins que le ministre n'ait expressément déclaré n'agir que dans l'intérêt de la loi. Toutefois, s'il avait été rendu dans l'affaire une ordonnance d'acquittement, l'annulation, quoique provoquée par le ministre de la justice, ne devrait pas nuire à la partie acquittée, car la règle qui défend de remettre en jugement une personne légalement acquittée est une de ces grandes règles qui dominent toutes les autres.

Le troisième recours enfin, est celui qui est formé spontanément par le procureur-général près la cour de cassation, dans le cas de l'art. 442, ainsi conçu : « Lorsqu'il aura été rendu par une cour royale ou d'assises, ou par un tribunal correctionnel ou de police, un arrêt ou jugement en dernier ressort, sujet à cassation, et contre lequel néanmoins aucune des parties n'aurait réclamé dans le délai déterminé, le procureur-général près la cour de cassation pourra aussi d'office, et nonobstant l'expiration du délai, en donner connaissance à la cour de cassation : l'arrêt ou le jugement sera cassé, sans que les parties puissent s'en prévaloir pour s'opposer à son exécution. »

Ce recours diffère, sous plusieurs rapports, de celui provoqué par le ministre de la justice.

1° Il ne peut pas être dirigé contre de simples actes d'instruction ;

2° Il ne peut pas être formé contre des jugements en premier ressort, quoiqu'ils soient devenus inattaquables par l'expiration des délais de l'appel ;

---

(1) *Cass.* 10 décembre 1841 et 26 novembre 1842. D. P. 42-1-115, et 44-1-139.

3° Il ne peut pas être formé non plus contre les jugements en dernier ressort, tant que les parties sont dans les délais pour se pourvoir, et à plus forte raison, si leur pourvoi est pendant, ou s'il a été rejeté autrement que par quelque fin de non recevoir qui en aurait empêché l'examen au fond :

4° Enfin, et c'est la différence la plus importante, il ne peut jamais profiter aux parties intéressées (1).

M. Carnot, sur l'art. 442, enseigne pourtant que l'annulation prononcée sur ce recours doit profiter à la partie condamnée, et l'humanité, nous en convenons, favorise cette opinion. Mais, si favorables que soient des considérations d'humanité, il est une chose qui doit passer avant, c'est le respect pour la loi, et la disposition de l'art. 442 est positive et ne présente nulle équivoque.

S'il y avait donc quelque chose d'odieux dans le sentiment contraire à celui de M. Carnot, il ne faudrait s'en prendre qu'au législateur ; mais cet odieux, d'ailleurs, n'existe qu'en apparence.

Si le condamné, en effet, ne s'est pas pourvu, c'est sans doute parce qu'il ne nie plus sa culpabilité. Continuerait-il de la nier, il est tel vice de forme suffisant pour faire prononcer une annulation dans l'intérêt de la loi, qui peut ne pas laisser sur la culpabilité de ce condamné le plus léger doute. Le vice de forme, enfin, aurait-il préjudicié à la défense et laisserait-il sur la culpabilité des doutes graves, outre que le recours à la clémence royale resterait ouvert, le procureur-général près la cour de cassation pourrait aussi demander au ministre de la justice l'autorisation de poursuivre l'annulation pure et simple, et le ministre s'empresserait certainement de donner pour cela l'ordre nécessaire. Le texte de la loi serait ainsi respecté, sans que l'humanité eût à gémir.

---

(1) Sic Legraverend, t. 2, p. 469, 2e édition.

TITRE II.

DES DEMANDES EN RÉVISION.

L'infaillibilité est un attribut divin que Dieu n'a communiqué qu'à son Eglise, et que les tribunaux humains n'ont jamais élevé la prétention de posséder.

Ce que les défenseurs des accusés répètent sans cesse des erreurs de la justice criminelle sent pourtant la déclamation, et tendrait, si l'on y attachait trop de créance, à énerver l'autorité des lois. On voit assez souvent, il est vrai, des acquittements dont on a sujet d'être surpris: mais une condamnation imméritée, au grand criminel du moins, c'est, nous le croyons, un malheur bien rare.

Ce malheur pourtant se réalisant quelquefois, le législateur devait autoriser un recours extraordinaire autre que le recours en cassation, toutes les fois que des faits récents semblent indiquer clairement qu'en effet les juges se sont trompés.

Mais, pour que l'autorité de la chose jugée, aussi respectable en matière criminelle qu'en matière civile, ne soit pas trop facilement ébranlée, il fallait ne permettre le recours que dans un petit nombre de cas. Aussi, d'abord, le législateur ne l'autorise jamais dans les matières correctionnelles ou de police : ces matières ont trop peu d'importance à ses yeux, pour nécessiter un remède fâcheux, dont l'emploi trop fréquent ruinerait la confiance que les peuples doivent avoir dans les décisions de la justice. Puis, dans les matières criminelles, il n'ouvre le recours que dans trois cas qu'on va successivement exposer, et dont un seul continue de subsister après la mort du condamné. Mais ces cas autorisent la révision de toutes les condamnations criminelles indistinctement, aussi bien de celles prononcées par les tribunaux extraordinaires, par les conseils de guerre par exemple (1), que de celles émanées des tribunaux ordinaires.

1er CAS DE RÉVISION.

Ce cas est celui réglé par l'art. 443, dont la disposition est ainsi conçue : « Lorsqu'un accusé aura été condamné pour un crime, et qu'un autre accusé aura aussi été condamné par un autre arrêt comme auteur du même crime, si les deux arrêts ne peuvent se concilier, et sont la preuve de l'innocence de l'un ou de l'autre condamné, l'exécution des deux arrêts sera suspendue, quand même la demande en cassation de l'un ou de l'autre arrêt aurait été rejetée. — Le ministre de la justice, soit d'office, soit sur la réclamation des condamnés ou de l'un d'eux, ou du procureur-général, chargera le procureur-général près la cour de cassation, de dénoncer les deux arrêts à cette cour. — Ladite cour, section criminelle, après avoir vérifié que les deux condamnations ne peuvent se concilier, cassera les deux arrêts, et renverra les accusés, pour être procédé sur les actes d'accusation subsistants, devant une cour autre que celles qui auront rendu les deux arrêts. »

Il faut donc, pour que ce premier cas de révision se réalise, la réunion de trois conditions, savoir : 1° que les deux accusés aient été condamnés pour le même crime; 2° qu'ils l'aient été par des arrêts différents, car si les deux condamnations ont été prononcées par le même arrêt, il est sensible que les juges n'ont pu voir entre elles aucune contradiction; 3° que les deux arrêts paraissent en effet inconciliables, c'est-à-dire que la culpabilité d'un des accusés fasse naturellement supposer l'innocence de l'autre, comme si chacun a été condamné comme auteur principal du même fait, sans que rien dans les réponses du jury indique que

---

(1) *Cass.* 30 décembre 1842. D. P. 43-1-273

la perpétration du crime a été commune aux deux condamnés (1).

M. Carnot, sur l'art. 443, enseigne, en outre, que les condamnés doivent tous deux être vivants, et que la mort de l'un rend la révision impossible à l'égard de l'autre. Il fonde cette doctrine sur un passage du discours de l'orateur du gouvernement, M. Berlier, et sur le texte même de l'art. 442 qui semble, en effet, supposer que tous les accusés vivent encore, puisqu'il dit que la cour suprême, en cassant, s'il y a lieu, renverra *les accusés*, etc.

Nous ne pensons pas cependant qu'en employant cette expression, *les accusés*, qui était celle qui se présentait le plus naturellement sous leur plume, les auteurs du Code aient entendu interdire la révision dès qu'un des accusés est décédé, et nous ferions, à cet égard, une distinction que la justice et la raison semblent également commander.

Si c'est le premier condamné qui est mort, et que sa condamnation fût connue au moment où a été rendu le second arrêt, la demande en révision ne paraît pas recevable, par la raison qu'elle ne pourrait tendre qu'à prouver l'innocence du condamné décédé, et que la loi n'autorise la révision dans l'intérêt d'une personne décédée que dans un cas qui n'est pas celui de l'espèce.

Mais si c'est au contraire l'accusé condamné en dernier lieu que la mort a frappé le premier, la révision devant tendre à prouver l'innocence du condamné qui survit, nous semble parfaitement recevable, car la mort du second condamné n'affaiblit nullement les doutes que sa condamnation

---

(1) *Cass.* 11 janvier 1844. D. P. 43-1-130.

Dans un autre arrêt du 8 avril 1842, D. P. 42-1 249, la cour de cassation a jugé inconciliables, trois arrêts de condamnation qui avaient frappé cinq individus, alors qu'il paraissait constant que le crime n'avait été commis que par quatre personnes. Elle a annulé, en conséquence, les trois arrêts, et renvoyé les cinq accusés devant une autre cour pour y subir un nouveau jugement.

a fait naître sur la culpabilité de l'accusé que la première condamnation a atteint.

A la vérité, nous en conviendrons, la confrontation des deux condamnés étant devenue impossible, rend plus difficile la découverte de la vérité; mais il répugne de penser que l'accident qui a privé la justice de cet élément de preuve, doive entraîner la mort ou prolonger la captivité de l'accusé qui survit, et dont l'innocence paraît probable.

M. Carnot reconnaît d'ailleurs lui-même que la révision peut avoir lieu, quoiqu'un des condamnés soit contumax, et dans ce cas pourtant la confrontation des deux accusés est pareillement impossible.

Enfin, le passage même du discours de M. Berlier, invoqué par M. Carnot, vient en réalité à l'appui de la distinction que nous avons faite.

« Dans le concours de deux condamnations inconciliables, disait en effet M. Berlier, et quand les deux condamnés sont vivants, rien de plus simple que de considérer les condamnations respectives comme non avenues, et d'établir une instruction commune dans laquelle les deux accusés, en présence l'un de l'autre, viennent subir le nouvel examen de la justice; mais si l'un des deux est mort, *et dans cette hypothèse ce sera toujours celui qui aura subi la première condamnation,* que ferait-on en annulant les deux arrêts, sinon de rengager un combat qui ne saurait plus être égal, et d'arrêter l'exécution de la dernière condamnation, portée le plus ordinairement en pleine connaissance du premier arrêt, et avec d'autant plus de circonspection, que la peine, déjà antérieurement infligée à un prévenu pour le même fait, était pour la justice, à cette époque, un préjugé, ou tout au moins un avertissement, dont tout l'avantage restait à l'individu ensuite accusé du même crime ? »

On voit, par ces paroles, que M. Berlier ne se prononçait contre la révision dans le cas où l'un des accusés a cessé de vivre, que parce que, préoccupé sans doute du cas où les deux condamnations auraient prononcé la peine de mort, il suppose que c'est nécessairement le premier coudamné qui est mort le premier. Il est sensible pourtant qu'il peut arriver maintes fois que le second condamné meure avant l'autre, même quand le premier a été condamné à mort, puisqu'il a pu ne l'être que par contumace ou qu'il a pu s'évader avant l'exécution, et il est évident que si M. Berlier eût songé à ce cas, il eût fait lui-même la distinction que nous avons proposée.

2me CAS DE RÉVISION.

Ce cas-ci est réglé par l'art. 444 qui dispose : « Lorsqu'après une condamnation pour homicide il sera, de l'ordre exprès du ministre de la justice, adressé à la cour de cassation, section criminelle, des pièces représentées postérieurement à la condamnation, et propres à faire naître de suffisants indices sur l'existence de la personne dont la mort supposée aurait donné lieu à la condamnation, cette cour pourra préparatoirement désigner une cour royale pour reconnaître l'existence et l'identité de la personne prétendue homicidée, et les constater par l'interrogatoire de cette personne, par auditions de témoins, et par tous les moyens propres à mettre en évidence le fait destructif de la condamnation.

« L'exécution de la sentence, poursuit l'article, sera de plein droit suspendue par l'ordre du ministre de la justice, jusqu'à ce que la cour de cassation ait prononcé, et, s'il y a lieu ensuite, par l'arrêt préparatoire de cette cour. — La cour désignée par celle de cassation prononcera simplement sur l'identité ou non-identité de la personne, et après que son arrêt aura été, avec la procédure, transmis à la cour de cassation, celle-ci pourra casser l'arrêt de condamnation, et même renvoyer, s'il y a lieu, l'affaire à une cour d'assises autre que celles qui en auraient primitivement connu. »

Ce second cas de révision exige également le concours de trois conditions.

Il faut : 1° que la condamnation ait eu lieu *pour homicide*. Si c'était seulement pour tentative d'homicide qu'elle eût été prononcée, la reparition de la personne qui aurait été l'objet de cette tentative n'ébranlerait point la présomption de vérité qui s'attache à la sentence de condamnation.

Il faut : 2° que quelque pièce écrite fournisse des indices que la personne prétendue homicidée vit encore, ou du moins qu'elle vivait lors de l'arrêt de condamnation. Il nous semble, en effet, comme à M. Carnot, que dans l'esprit de la loi, sinon d'après son texte, cette dernière circonstance doit suffire quand elle est suffisamment établie; car elle fait naître sur la culpabilité du condamné des doutes aussi graves que si la personne prétendue homicidée vivait encore au moment de la demande.

3° Enfin, il faut que quelqu'une au moins des pièces faisant soupçonner l'existence de la personne crue d'abord homicidée n'ait pas été soumise au jury; car si le jury avait eu connaissance de toutes les pièces qu'on invoque et ne s'y était pas arrêté, la demande en révision ne serait en réalité qu'une sorte d'appel de sa déclaration, qui contrarierait tous les principes.

Demeurant la réunion de ces trois conditions, le procès en révision peut suivre son cours, nonobstant le refus que ferait de comparaître la personne qu'on suppose être celle qu'on a crue d'abord homicidée. La raison, en effet, ne peut admettre que ce refus dût entraîner inévitablement l'exécution d'une peine qu'on a de fortes raisons de croire imméritée, et qu'il pût dépendre ainsi d'un particulier de décider à son gré du sort de son semblable.

L'identité vient-elle à être constatée par la cour qui a été chargée de ce soin, la cour suprême doit annuler l'arrêt de condamnation, et il n'y a lieu de prononcer aucun renvoi, si l'existence de la personne prétendue homicidée paraît exclure toute idée de crime. Si, au contraire, la cour suprême suppose que le condamné s'était peut-être rendu coupable d'une tentative d'homicide, ou bien de coups ou blessures, elle doit le renvoyer devant une cour d'assises autre que celle qui l'avait jugé d'abord, pour faire statuer de nouveau sur le fait qui avait donné lieu à la mise en accusation. C'est ce qui résulte évidemment de la disposition finale de l'article.

L'innocence de l'accusé et l'erreur des juges qui l'ont condamné ne paraissent, du reste, jamais plus probables que dans l'hypothèse dont nous nous occupons. Aussi, dans ce cas, et c'est le seul, la mort du condamné ne fait pas obstacle à la révision, et les personnes à qui le souvenir de cet infortuné reste cher, peuvent avoir la consolation de voir réhabiliter sa mémoire.

L'art. 447 dispose, en effet : « Lorsqu'il y aura lieu de réviser une condamnation pour la cause exprimée en l'art. 444, et que cette condamnation aura été portée contre un individu mort depuis, la cour de cassation créera un curateur à sa mémoire, avec lequel se fera l'instruction, et qui exercera tous les droits du condamné. — Si, par le résultat de la nouvelle procédure, la première condamnation se trouve avoir été portée injustement, le nouvel arrêt déchargera la mémoire du condamné de l'accusation qui avait été portée contre lui. »

La cour de cassation, en déchargeant la mémoire de l'accusé, doit ordonner en même temps, au profit de ses héritiers, l'annulation des condamnations pécuniaires prononcées contre lui et la restitution de ce qui aurait été perçu en conséquence.

3ᵉ CAS DE RÉVISION.

Ce cas est celui de l'art. 445.

« Lorsqu'après une condamnation contre un accusé, porte ce texte, l'un ou plusieurs des témoins qui avaient déposé à charge contre lui, seront poursuivis pour avoir porté un faux témoignage dans le procès, et si l'accusation en faux témoignage est admise contre eux, ou même s'il est décerné contre eux des mandats d'arrêt, il sera sursis à l'exécution de l'arrêt de condamnation, quand même la cour de cassation aurait rejeté la requête du condamné. — Si les témoins sont ensuite condamnés pour faux témoignage à charge, le ministre de la justice, soit d'office, soit sur la réclamation de l'individu condamné par le premier arrêt, ou du procureur-général, chargera le procureur-général près la cour de cassation de dénoncer le fait à cette cour.

» Ladite cour, continue l'article, après avoir vérifié la déclaration du jury, sur laquelle le second arrêt aura été rendu, annulera le premier arrêt, si par cette déclaration les témoins sont convaincus de faux témoignage à charge contre le premier condamné; et, pour être procédé contre l'accusé sur l'acte d'accusation subsistant, elle le renverra devant une cour d'assises autre que celles qui auront rendu, soit le premier, soit le second arrêt. — Si les accusés de faux témoignage sont acquittés, le sursis sera levé de droit et la condamnation sera exécutée. »

Le sursis doit également cesser de droit, quand une ordonnance de la chambre du conseil, passée en chose jugée, ou un arrêt de la chambre des mises en accusation, ont déclaré n'y avoir lieu à suivre sur la prévention de faux témoignage.

En général, on appelle *témoins à charge* ceux qui sont produits par le ministère public ou la partie civile; mais, dans le sens de l'art. 445, on doit considérer comme témoin à charge tout témoin qui a fait une déposition défavorable à l'accusé, quand même il aurait été appelé par ce dernier.

D'après M. Legraverend (1), quoique l'accusé de faux témoignage ait été condamné, s'il vient à mourir avant que les délais du pourvoi soient expirés ou que le pourvoi soit jugé, comme il meurt dans l'intégrité de ses droits, la révision ne peut plus avoir lieu.

M. Carnot, sur l'art. 445, admet la révision dans ce cas; mais il ne la croit pas autorisée quand le témoin est mort durant les poursuites qui précèdent le jugement, et il était

_____

(1) T. 2, p. 733, 2e édition.

cette opinion sur un arrêt de la cour de cassation du 17 mai 1828.

Nous n'admettons ni l'une ni l'autre doctrine. Elles nous semblent condamnées toutes deux et par la maxime fort sage du droit romain, *actiones semel inclusæ judicio salvæ permanent*, et par le texte même de l'art. 445.

Aux termes de l'art. 445, en effet, dès qu'il y a mandat d'arrêt contre un témoin comme prévenu de faux témoignage à charge, il doit être sursis à l'exécution de l'arrêt de condamnation. Or, dès qu'un sursis est prononcé, il ne peut pas cesser de lui-même ; il faut qu'il soit levé, ou par la loi elle-même, ou par le juge, après un nouvel examen de la cause. Cela posé, la loi dit bien que le sursis est levé *de droit*, si l'accusé de faux témoignage vient à être acquitté ; mais elle ne dit pas qu'il soit levé de droit, si cet accusé vient à mourir. Il ne peut donc être levé que par l'autorité compétente en cette matière, c'est-à-dire par la cour suprême, qui, pour éclairer sa religion, peut ordonner telles mesures qu'elle juge convenables.

Nous avons dit, il est vrai, que le sursis est levé de droit, quand une ordonnance de la chambre du conseil non attaquée, ou un arrêt de la chambre des mises en accusation, ont déclaré n'y avoir lieu à suivre contre le prévenu de faux témoignage ; mais c'est parce que la raison de décider est alors la même que dans le cas d'acquittement.

Si l'accusé de faux témoignage a été condamné par contumace, nous pensons aussi que la révision peut avoir lieu, quoique la cour suprême ne puisse plus baser la cassation de l'arrêt dont la révision est demandée, sur la déclaration du jury dont parle l'art. 445. Le sursis, nous le répétons, dès qu'il a été prononcé par la loi, ne peut plus être levé que par la loi ou par le juge.

Mais que faut-il décider quand le témoin à charge a déjà été mis en état d'arrestation durant les débats, sans qu'il ait demandé le renvoi à une autre session, que l'art. 331 lui donne le droit de requérir ? Cette circonstance rend-elle la demande en révision non recevable ?

Les criminalistes que nous citions tout-à-l'heure écartent la révision dans ce cas comme dans celui où le témoin est décédé; mais, sur ce point encore, nous sommes d'un autre sentiment. L'accusé, en effet, a pu d'abord ne pas apprécier toute l'importance de la déposition du témoin, et il nous semblerait inhumain de le rendre victime de son imprévoyance. Pour qu'il soit sursis à l'exécution de la condamnation, l'art. 445 n'exige d'ailleurs rien de plus, sinon que le témoin soit actuellement poursuivi, et, quand il a été mis en état d'arrestation, il demeure virtuellement *poursuivi* jusqu'à ce qu'il ait été déclaré par les juges compétents qu'il n'y a lieu à suivre.

Quand la cour suprême annule pour la cause énoncée en l'art. 445, elle doit toujours renvoyer le condamné devant une autre cour d'assises, par la raison que, quoiqu'il se soit trouvé un faux témoin à charge, il peut se faire néanmoins que l'accusé soit réellement coupable, et que les autres preuves de la cause suffisent pour établir sa culpabilité.

L'art. 446 dispose, du reste, que les témoins condamnés pour faux témoignage ne peuvent pas être entendus dans les nouveaux débats. Ils ne peuvent donc pas être entendus, même à titre de renseignement, ni en vertu du pouvoir discrétionnaire du président; car la prohibition de l'art. 446 est absolue, et ces témoins, en effet, sont nécessairement suspects.

Observations générales sur la révision.

Nous devons dire ici tout d'abord que les cas de révision indiqués par la loi sont limitatifs et ne peuvent être étendus par analogie. Toutefois, comme il faut toujours se guider par l'esprit de la loi, la révision nous semblerait autorisée, si les faits sur lesquels elle est appuyée avaient un caractère plus grave encore que ceux que la loi a formellement prévus; car, en toute matière, les arguments *à fortiori* paraissent irrésistibles. Nous penserions, par exemple,

33

que si l'un des jurés qui ont concouru à l'arrêt de condamnation vient à être condamné lui-même comme ayant voté par corruption contre l'accusé, celui-ci est fondé à demander la révision ; car ce cas semble plus favorable que celui de faux témoignage, prévu par l'art. 445.

Nous ferons remarquer, en second lieu, que la révision peut bien être *provoquée* par le condamné, pourvu qu'il ne soit pas contumax, mais que la cour suprême ne peut être saisie de la demande que par le ministre de la justice, de telle sorte que c'est toujours à ce ministre que le condamné doit s'adresser, et que toute demande qu'il transmettrait directement à la cour de cassation serait non recevable. C'est ce qui résulte des divers articles précédemment cités.

Le ministre, du reste, n'est obligé de former la demande en révision que lorsque les conditions préalables exigées par la loi lui paraissent exister. Si, par exemple, les deux arrêts rendus pour le même crime contre deux accusés différents lui paraissent se concilier aisément, vu que l'un des accusés a été condamné comme auteur et l'autre comme complice, il n'est pas obligé de donner suite à la réclamation qui lui a été adressée. Il en est de même dans le cas de l'art. 444, si les indices d'où l'on veut induire que la personne crue homicidée vit encore lui paraissent insignifiants.

Toutefois, dans le cas de l'art. 445, le sursis à l'exécution ayant lieu par le seul effet du mandat d'arrêt, décerné contre le prévenu de faux témoignage, il n'appartient pas, ce semble, au ministre, de le faire cesser, et il doit saisir la cour de cassation, dès que la condamnation pour faux témoignage est intervenue ou que le témoin est décédé.

Nous ferons observer enfin que dans tous les cas où la cour suprême casse, l'annulation doit porter aussi bien sur les condamnations obtenues par la partie civile que sur celles provoquées par le ministère public, mais que la partie civile, si elle n'a pas été légalement informée de la demande en révision, peut former opposition à l'arrêt de cassation, pour ce qui touche à ses intérêts civils.

TITRE III.

DU RECOURS EN GRACE.

Quand tous les recours autorisés par la loi sont fermés, il reste au condamné un dernier refuge, c'est d'implorer la clémence du souverain, auquel la Charte confère le droit de faire grâce.

Quelquefois, les jurés eux-mêmes, après avoir rempli un devoir pénible en répondant affirmativement sur la culpabilité, recommandent le condamné, que diverses circonstances peuvent rendre favorable, aux bontés du roi. Mais les magistrats de la cour d'assises ne peuvent pas faire une semblable recommandation (1). L'art. 595 donnait ce droit aux cours spéciales, par la raison peut-être que leurs arrêts n'étaient point sujets au recours en cassation; mais aucun texte ne confère le même droit aux cours d'assises.

Il est rare que le roi fasse remise entière de la peine; mais il accorde aisément des commutations ou des réductions, quand le condamné paraît mériter quelque faveur.

D'ordinaire, le recours en grâce est remis, par l'intermédiaire d'un avocat aux conseils, au ministère de la justice, dans les attributions duquel se trouve l'expédition des lettres de grâce : le ministre le met ensuite sous les yeux du roi. Mais ce mode, quoiqu'il soit prudent de le suivre, n'a rien d'obligatoire, puisque la loi constitutionnelle n'apporte aucune restriction au droit de grâce qu'elle confère au monarque, et lui permet dès-lors de l'exercer en tout temps et en tout lieu.

Il ne paraît pas indispensable non plus que le recours soit signé par le condamné ou par un procureur fondé, porteur d'une procuration expresse. La nécessité de cette signature ou de la procuration résulterait, il est vrai, d'une

---

(1) *Cass.* 7 octobre 1826 : Carnot, sur l'art. 595.

circulaire du ministre de la justice, du 28 juillet 1820 : mais M. Carnot, dans ses observations additionnelles sur l'art. 443, critique avec raison cette circulaire qui, au demeurant, ne paraît guère observée. Le plus sûr est pourtant de s'y conformer.

Le même auteur, dans ses observations additionnelles sur l'art. 375, enseigne aussi que, lorsque l'existence d'un recours en grâce est légalement justifiée, il doit être sursis à l'exécution de la condamnation jusqu'à ce que la réponse du roi soit connue. Cela nous paraît incontestable, quand le recours en grâce a été formé avant l'expiration des délais du pourvoi ou avant l'arrêt de rejet. Mais, s'il n'est formé qu'après, l'art. 375, comme on le verra bientôt, ne permettrait pas de s'y arrêter, ou du moins autoriserait à passer outre.

Il paraît superflu d'ajouter que la grâce ne fait point cesser par elle-même les incapacités que le condamné aurait déjà encourues (1), qu'elle ne peut jamais nuire à la partie civile, et qu'elle ne profite au condamné que pour la peine, à moins qu'il ne lui ait été fait aussi remise expresse des frais de poursuite (2).

---

(1) V. avis du conseil d'état du 22 décembre 1822, approuvé le 8 janvier 1823, et l'art. 619 du code.

(2) V. la circulaire précitée du 28 juillet 1820.

LIVRE SEPTIÈME.

De l'exécution de la sentence, de la réhabilitation, et de la prescription de la peine.

TITRE Iᵉʳ.

DE L'EXÉCUTION DE LA SENTENCE.

Quand tous les recours sont fermés et que la clémence du roi a été vainement implorée, la justice doit suivre son cours, et la décision doit s'exécuter.

Nous allons exposer, dans ce titre, la manière dont se fait l'exécution, et les incidents qui peuvent la retarder.

CHAPITRE Iᵉʳ.

De quelle manière se fait l'exécution.

Il faut distinguer à cet égard, les condamnations corporelles, des condamnations pécuniaires.

§ 1ᵉʳ *Des condamnations corporelles.*

On distingue, comme on sait, deux espèces d'exécution, l'exécution réelle et l'exécution par effigie. C'est la première qui doit d'abord nous occuper.

« La condamnation, porte à ce sujet l'art. 375, sera exécutée dans les vingt-quatre heures qui suivront les délais mentionnés en l'art. 373 (le délai de trois jours accordé pour se pourvoir en cassation); ou, en cas de recours, dans les vingt-quatre heures de la réception de l'arrêt de la cour de cassation, qui aura rejeté la demande. »

Le pourvoi du ministère public doit suspendre l'exécution comme celui du condamné, puisque la loi ne distingue pas, et que la cassation obtenue par le ministère public profite au condamné, par suite du principe que toute instruction criminelle se fait *à charge* et *à décharge*, c'est-à-dire, autant dans l'intérêt du prévenu qu'il importe de sauver s'il est innocent, que dans celui de la société qui réclame une peine s'il est coupable (1).

Nous avons dit aussi que si le condamné a formé un recours en grâce avant l'expiration des délais du pourvoi ou avant l'arrêt de rejet, il doit être sursis à l'exécution, jusqu'à ce qu'un avis officiel du ministre de la justice annonce que le recours a été rejeté.

Il doit être sursis encore, dès qu'il paraît au procureur-général ou au magistrat qui le remplace, que le condamné peut invoquer une des causes de révision, et il est à propos d'en référer sur-le-champ au ministre de la justice.

L'exécution peut aussi quelquefois être retardée à raison de quelque circonstance particulière. D'après l'art. 25 du Code pénal, par exemple, aucune condamnation ne peut être exécutée les jours de fêtes nationales ou religieuses, ni les dimanches; et, d'après l'art. 27 du même code, si une femme condamnée à mort se déclare et s'il est vérifié qu'elle est enceinte, elle ne doit subir la peine qu'après sa délivrance. Nous verrons dans le chapitre suivant, d'autres incidents encore, qui retardent également l'exécution.

« La condamnation, poursuit l'art. 376, sera exécutée par les ordres du procureur-général; il aura le droit de

---

(1) Quant à la partie civile, comme elle ne peut se pourvoir que pour ses intérêts civils, nous ne voyons pas que son pourvoi puisse arrêter, en aucun cas, l'exécution de la peine. M. Carnot, sur l'art. 375, est pourtant d'un avis contraire.

requérir directement, pour cet effet, l'assistance de la force publique. »

Une loi du 22 germinal an IV, autorise le procureur-général à requérir les ouvriers, chacun à leur tour, de faire les travaux nécessaires pour l'exécution des jugements criminels, à la charge de leur en faire compter le prix ordinaire ; et, d'après l'art. 2 de cette loi, tout ouvrier qui refuserait de déférer à la réquisition devrait être condamné, la première fois, par voie de police simple, à un emprisonnement de trois jours, et en cas de récidive, par voie de police correctionnelle, à un emprisonnement de dix jours au moins et de trente jours au plus.

Les exécutions, d'après l'art. 26 du Code pénal, doivent se faire sur l'une des places publiques du lieu qui est indiqué par l'arrêt de condamnation ; et, d'après l'art. 377 du Code d'instruction criminelle, si le condamné veut faire une déclaration, elle doit être reçue par un des juges du lieu de l'exécution, assisté du greffier. Il convient donc, pour les exécutions capitales tout au moins, que la cour d'assises ou son président, ou, si la session est terminée, le président du tribunal civil, désignent par précaution un juge, chargé de se tenir à portée du lieu de l'exécution, pour être en mesure de recevoir les déclarations que le condamné voudrait faire.

En supposant que la déclaration du condamné ait pour objet de faire connaître des complices, cette circonstance, en principe, ne doit pas suffire pour arrêter l'exécution. Autrement, il serait trop aisé au condamné d'arrêter par une déclaration mensongère le glaive qui va le frapper. Si la déclaration pourtant constitue aux yeux du juge une présomption grave contre les personnes désignées, et qu'il lui paraisse utile de les confronter avec le condamné, il doit avertir sur-le-champ le magistrat du ministère public, et celui-ci peut, s'il le juge opportun, suspendre l'exécution, sauf à en référer au procureur-général, qui doit en référer lui-même au ministre de la justice.

S'il s'agit d'une exécution capitale pour cause de parricide, un huissier doit faire au peuple la lecture de l'arrêt de condamnation, avant que le condamné soit mis à mort. (C. Pén., art. 13).

« Le procès-verbal d'exécution, porte enfin l'art. 378, sera, sous peine de cent francs d'amende, dressé par le greffier, et transcrit par lui dans les vingt-quatre heures, au pied de la minute de l'arrêt. La transcription sera signée par lui, et il fera mention du tout, sous la même peine, en marge du procès-verbal. Cette mention sera également signée, et la transcription fera preuve comme le procès-verbal même. »

L'art. 52 du tarif criminel du 18 juin 1811, indique d'une manière plus précise le greffier chargé de ce soin. Ce texte porte en effet : « Lors des exécutions des arrêts criminels, le greffier de la cour, du tribunal ou de la justice de paix du lieu où se fera l'exécution, sera tenu d'y assister, d'en dresser procès-verbal ; et, dans le cas d'exécution à mort, il fera parvenir à l'officier de l'état civil les renseignements prescrits par le Code civil. »

Si l'accusé n'a été condamné que par contumace, ou si, après avoir été condamné contradictoirement, il est parvenu à s'évader, l'exécution ne peut se faire que *par effigie*.

Aux termes de l'art. 472 du Code, l'exécution des condamnations par contumace se fait au moyen d'un extrait du jugement de condamnation, qui doit, à la diligence du procureur-général ou de son substitut, être affiché dans les trois jours de l'arrêt par l'exécuteur des jugements criminels, à un poteau planté à cet effet au milieu de l'une des places publiques de la ville chef-lieu de l'arrondissement où le crime a été commis.

On doit suivre naturellement le même mode, quand il s'agit d'une condamnation contradictoire, dont l'évasion du condamné rend l'exécution réelle impossible, si ce n'est que l'exécution par effigie doit se faire, ce semble, sur la place publique où aurait dû se faire l'exécution réelle.

§ 2. *Des condamnations pécuniaires.*

L'exécution des amendes, des restitutions, des dommages intérêts et des frais, peut être poursuivie *solidairement* contre tous les condamnés pour le même crime ou délit (C. Pén., art. 55.)

Le recouvrement de ces condamnations peut être poursuivi, non-seulement par la saisie des biens des condamnés, conformément aux règles ordinaires, mais encore et dans tous les cas, par la voie de la contrainte par corps (C. Pén., art. 52).

La manière dont cette contrainte doit être exécutée en matière criminelle, correctionnelle et de police, est indiquée dans le tit. V de la loi sur la contrainte par corps du 17 avril 1832, qu'il n'entre pas dans notre plan d'expliquer. Les dispositions de cette loi se rattachent, en effet, plus naturellement aux art. 52 et 53 du Code pénal, dont elles ne sont que le développement et l'explication, et rentrent dès-lors dans le droit pénal proprement dit.

CHAPITRE II.

Des incidents qui peuvent retarder l'exécution.

Nous avons indiqué déjà dans le chapitre précédent certaines circonstances qui retardent parfois l'exécution, l'état de grossesse, par exemple, d'une femme condamnée à mort. Mais dans ces circonstances, aussitôt que l'état qui donne lieu à la suspension a cessé, l'exécution peut se poursuivre, sans qu'il y ait lieu à de nouvelles procédures.

Les incidents dont nous allons parler dans ce chapitre, nécessitent au contraire de nouvelles procédures, et souvent une nouvelle sentence. Ces incidents sont d'abord la perte des minutes, puis ensuite l'évasion d'un condamné dont il faut constater l'identité après qu'il a été repris.

§ 1ᵉʳ. — *De la perte des minutes.*

La manière de procéder en cas pareil se trouve indiquée dans les art. 521, 522, 523 et 524 du Code, dont les dispositions sont aussi simples que sages.

« Lorsque, par l'effet d'une incendie, porte l'art. 521, d'une inondation, ou de toute autre cause extraordinaire, des minutes d'arrêts rendus en matière criminelle ou correctionnelle *et non encore exécutés*, ou des procédures encore indécises, auront été détruites, enlevées, ou se trouveront égarées, et qu'il n'aura pas été possible de les rétablir, il sera procédé ainsi qu'il suit :

» S'il existe une expédition ou copie authentique de l'arrêt, elle sera considérée comme minute, et, en conséquence, remise dans le dépôt destiné à la conservation des arrêts. — A cet effet, tout officier public ou tout individu dépositaire d'une expédition ou d'une copie authentique de l'arrêt est tenu, sous peine d'y être contraint par corps, de la remettre au greffe de la cour qui l'a rendu, sur l'ordre qui en sera donné par le président de cette cour. — Cet ordre lui servira de décharge envers ceux qui auront intérêt à la pièce. — Le dépositaire de l'expédition ou copie authentique de la minute détruite, enlevée ou égarée, aura la liberté, en la remettant dans le dépôt public, de s'en faire délivrer une expédition sans frais (art. 522).

» Lorsqu'il n'existera plus, en matière criminelle, d'expédition ni de copie authentique de l'arrêt, si la déclaration du jury existe encore en minute ou en copie authentique, on procédera, d'après cette déclaration, à un nouveau jugement (art. 523).

» Lorsque la déclaration du jury ne pourra plus être représentée, ou lorsque l'affaire aura été jugée sans jurés et qu'il n'en existera aucun acte par écrit, l'instruction sera recommencée, à partir du point où les pièces se trouveront manquer tant en minute qu'en expédition ou copie authentique (art. 524). »

En matière correctionnelle, comme la déclaration de culpabilité et l'application de la peine se font par le même jugement, s'il n'existe plus ni minute ni copie authentique, il y a lieu nécessairement à de nouveaux débats.

Mais quand il y a lieu à de nouveaux débats, soit en matière criminelle, soit en matière correctionnelle, ces débats doivent-ils porter uniquement sur le point de savoir si la sentence de condamnation a, ou non, existé, ou bien doivent-ils rouler sur la question même de culpabilité, absolument comme si aucune sentence antérieure n'avait été rendue?

L'art. 524 disant que l'instruction *sera recommencée*, indique clairement par là que tout est à refaire, et partant, que c'est la question même de culpabilité qui doit s'agiter de nouveau. Seulement, comme il serait injuste que la perte de la première sentence pût, en aucun cas, tourner au détriment du condamné, si celui-ci est reconnu de rechef coupable, il ne doit jamais être condamné à une peine supérieure à celle qui lui avait été appliquée d'abord, si celle-ci a pu être connue.

A plus forte raison, la perte d'une procédure ne peut-elle jamais autoriser à remettre en jugement un accusé acquitté, et la question de savoir s'il y a eu acquittement antérieur, en supposant qu'elle fasse doute, doit être jugée préalablement par la cour d'assises ou par le tribunal correctionnel.

Si la sentence a été pleinement exécutée, il est inutile de se livrer à des recherches pour en remplacer la minute égarée, ou à une instruction nouvelle : l'art. 521 l'indique manifestement. Mais si l'exécution n'a eu lieu qu'en partie, il faut, pour pouvoir la continuer, se conformer aux dispositions précitées, en sorte toutefois que les nouvelles procédures ne puissent, en aucun cas, rendre le sort du condamné plus rigoureux qu'il ne l'eût été par l'exécution complète de la précédente sentence, en supposant que les dispositions de celle-ci puissent être connues.

Les procédures dont nous venons de parler n'ont trait

qu'aux matières criminelles ou correctionnelles, comme l'indique encore l'art. 521. En matière de contravention, le procédé le plus naturel et le plus simple, si l'action n'est pas prescrite, c'est de poursuivre une nouvelle condamnation.

§ 2. — *De la reconnaissance de l'identité des condamnés, évadés et repris.*

Quand il s'agit de l'exécution des sentences criminelles, d'une sentence de mort surtout, la méprise qui ferait tomber le glaive des lois sur une autre tête que celle du condamné, serait une bien lamentable catastrophe. De pareilles méprises ne sont pas à craindre, quand le condamné ne sort de la prison que pour être conduit au supplice. Mais s'il est parvenu à s'évader, il peut se faire qu'une personne ayant avec lui des traits de ressemblance, soit arrêtée ensuite à sa place. Il est donc essentiel de se bien assurer de l'identité du condamné, et la loi ne s'en remet pas sur ce point à la prudence des agents subalternes de la justice; c'est une décision solennelle qu'elle exige sur un point aussi important.

L'art. 518 dispose en conséquence : « La reconnaissance de l'identité d'un individu condamné, évadé et repris, sera faite par la cour qui aura prononcé sa condamnation. — Il en sera de même de l'identité d'un individu condamné à la déportation ou au bannissement, qui aura enfreint son ban et sera repris; et la cour, en prononçant l'identité, lui appliquera de plus la peine attachée par la loi à son infraction. »

Cet article étant conçu en termes généraux, nous pensons, comme M. Carnot, que dans le cas même où l'individu repris ne nie pas son identité avec le condamné, il faut toujours un arrêt pour constater ce fait. C'est une des applications de la maxime, *nemo auditur perire volens.*

« Tous ces jugements, ajoute l'art. 519, seront rendus sans assistance de jurés, après que la cour aura entendu les témoins appelés tant à la requête du procureur-général

qu'à celle de l'individu repris, si ce dernier en a fait citer.
— L'audience sera publique, et l'individu repris sera présent, à peine de nullité. »

On comprend aisément pourquoi le législateur n'a point exigé le concours du jury, quand il ne s'agit que de constater l'identité d'un évadé repris, car il n'y a alors aucune question nouvelle à résoudre. Mais on ne saurait l'approuver, quand il confère également à la cour le droit d'appliquer au banni ou au déporté la peine encourue pour infraction de ban ; car l'application de cette peine peut soulever de nouvelles questions de culpabilité, pour lesquelles les principes généraux réclameraient le concours du jury.

Le procureur-général et l'individu repris peuvent se pourvoir en cassation, dans la forme et les délais ordinaires, contre l'arrêt rendu sur la poursuite en reconnaissance d'identité (art. 620), et le pourvoi du procureur-général doit empêcher la mise en liberté de l'individu saisi, parce qu'en principe les pourvois criminels sont suspensifs, et que ce cas n'a rien de commun avec celui d'acquittement réglé par l'art. 409.

Il peut se faire qu'après une condamnation par contumace ou simplement après l'arrêt de mise en accusation, un individu arrêté comme étant le contumax ou l'accusé nie cette identité, et il s'élève alors la question de savoir si l'identité doit être constatée par la cour d'assises ou par le jury.

La cour de cassation, dans un arrêt solennel du 5 août 1834, a décidé que c'est à la cour à constater ce point. A l'époque où cet arrêt fut rendu, il provoqua de notre part quelques observations critiques (1) ; mais, après de plus mûres réflexions, nous pensons qu'en effet le point de savoir si l'individu présent est ou non le contumax ou l'accusé, constitue un incident préliminaire qui veut être vidé avant l'ouverture des débats, et qui doit dès-lors être jugé par la cour d'assises, sans assistance de jurés ; car le jury n'a ja-

_____

(1) V. *Revue de législation*, t. 1, p. 315.

mais à statuer sur de simples incidents. Les jurés d'ailleurs conservent ensuite toute liberté pour rendre une déclaration négative, si l'individu présent ne leur paraît pas être l'auteur du crime qui fait l'objet des poursuites.

TITRE II.

DE LA RÉHABILITATION.

Quand le condamné a subi sa peine ou obtenu sa grâce, l'infamie dont sa condamnation l'a couvert et les incapacités légales qu'elle a entraînées subsistent encore. Pour ne pas jeter cependant cet infortuné dans le découragement, et l'exciter au contraire à réparer son crime passé, le législateur a dû lui offrir un moyen de reconquérir, par une conduite irréprochable, une place honorable dans la cité. Ce moyen, c'est la réhabilitation.

Le Code pénal de 1791 avait déjà établi le bénéfice de la réhabilitation en faveur des condamnés à des peines criminelles, qui, après avoir subi leur peine, paraissaient donner, par leur bonne conduite, la preuve d'un complet amendement moral.

Le Code d'instruction criminelle a maintenu cette sage institution; mais comme son texte primitif exigeait pour première condition de la réhabilitation que le condamné eût subi sa peine, il semblait que la réhabilitation ne pouvait pas être obtenue par les condamnés à des peines perpétuelles, qui avaient obtenu leur grâce.

Toutefois, un avis du Conseil-d'État du 22 décembre 1822, approuvé le 8 janvier 1823, avait posé en principe que la grâce ne faisait pas, il est vrai, par elle-même, cesser les incapacités déjà encourues, mais que ces incapacités pouvaient cesser par la réhabilitation, et comme cet avis ne distinguait pas entre la peine temporaire et la peine perpétuelle, on semblait autorisé à en conclure que la réhabilitation pouvait avoir lieu dans les deux cas.

Quoi qu'il en soit, ce point de droit est tout au moins

devenu incontestable depuis la loi du 28 avril 1832 qui a modifié l'ancien art. 619 du Code, et placé sur la même ligne le cas de la grâce obtenue et celui de la peine subie. « Tout condamné à une peine afflictive ou infamante, porte, en effet, ce texte, qui aura subi sa peine ou qui aura obtenu, soit des lettres de commutation, soit des lettres de grâce, pourra être réhabilité. »

La loi de 1832 aurait dû apporter au Code d'autres modifications encore; étendre, par exemple, le bienfait de la réhabilitation aux condamnés correctionnellement et aux condamnés pour récidive, auxquels le Code l'a refusé, simplifier ensuite ou même supprimer plusieurs des formalités qu'il prescrit.

Un projet de loi, soumis aux chambres en 1842, avait pour objet de réaliser ces réformes (1), et il est à regretter que les vices que renfermait ce projet dans quelques autres parties aient déterminé la Chambre des pairs à le rejeter.

Pour exposer, d'une manière complète, le système du Code sur cette matière, nous verrons : 1° les conditions nécessaires pour rendre la demande en réhabilitation recevable; 2° les formalités auxquelles cette demande est soumise; 3° les effets de la réhabilitation; 4° en quoi la réhabilitation établie pour les matières criminelles diffère de celle établie par le Code de commerce en faveur des commerçants faillis. Ce sera le sujet d'autant de chapitres.

CHAPITRE Iᵉʳ.

Des conditions nécessaires pour rendre la demande en réhabilitation recevable.

Ces conditions sont au nombre de sept.

Il faut : 1° qu'il ait été prononcé contre le condamné

---

(1) La nécessité en avait été déjà signalée par un de nos criminalistes les plus distingués, M. Faustin Hélie, dans un article remarquable inséré dans la *Revue de législation*, t. 7, p. 37.

une peine afflictive ou infamante. On a déjà dit, en effet, que dans le système du Code les condamnés correctionnellement ne peuvent point former des demandes en réhabilitation (1).

Il faut : 2° que le condamné ait subi sa peine ou qu'il ait obtenu, soit des lettres de commutation, soit des lettres de grâce (art. 619, § 1). Le condamné contumax et celui qui s'est évadé ou qui a prescrit sa peine, ne peuvent donc être réhabilités.

Il faut : 3° qu'il se soit écoulé cinq années depuis que le condamné a subi sa peine ou obtenu sa grâce, et l'art. 619, dans son second paragraphe, fixe avec précision le point de départ de ces cinq années. « La demande en réhabilitation, y est-il dit, ne pourra être formée par les condamnés aux travaux forcés à temps, à la détention ou à la réclusion, que cinq ans après l'expiration de leur peine, et par les condamnés à la dégradation civique, qu'après cinq ans à compter du jour où la condamnation sera devenue irrévocable, et cinq ans après qu'ils auront subi la peine de l'emprisonnement, s'ils y ont été condamnés. En cas de commutation, la demande en réhabilitation ne pourra être formée que cinq ans après l'expiration de la nouvelle peine, et, en cas de grâce, que cinq ans après l'enregistrement des lettres de grâce. »

La 4ᵉ condition de la réhabilitation, c'est que le condamné ait demeuré cinq ans dans le même arrondissement de sous-préfecture.

La 5ᵉ, qu'il soit domicilié, depuis deux ans accomplis, dans le territoire de la municipalité à laquelle il adresse sa demande.

La 6ᵉ, qu'il obtienne des certificats de bonne conduite des conseils municipaux et des municipalités, dans le territoire desquels il a demeuré pendant le temps qui a précédé sa demande.

_____

(1) La cour royale de Paris avait jugé le contraire, par un arrêt du 11 mai 1838 ; mais cet arrêt fut cassé le 31 janvier 1839. D. P. 39-1-183.

Ces trois autres conditions résultent de l'art. 620, qui indique en même temps les approuvés dont les certificats de bonne conduite doivent être revêtus. « Nul, porte ce texte, ne sera admis à demander sa réhabilitation, s'il ne demeure depuis cinq ans dans le même arrondissement communal, s'il n'est pas domicilié depuis deux ans accomplis dans le territoire de la municipalité à laquelle sa demande est adressée, et s'il ne joint à sa demande des attestations de bonne conduite, qui lui auront été données par les conseils municipaux et par les municipalités, dans le territoire des quels il aura demeuré ou résidé pendant le temps qui aura précédé sa demande. — Ces attestations de bonne conduite ne pourront lui être délivrées qu'à l'instant où il quitterait son domicile ou son habitation. — Les attestations exigées ci-dessus devront être approuvées par le sous-préfet et le procureur du roi ou son substitut, et par les juges de paix des lieux où il aura demeuré ou résidé. »

Les certificats de bonne conduite doivent donc, d'après cet article, être donnés, non-seulement par les conseils municipaux, mais encore en particulier par les municipalités, c'est-à-dire par les maires et adjoints en exercice. Ils ne peuvent être obtenus qu'autant que le condamné se trouve encore dans la commune, afin que les souvenirs de sa conduite soient parfaitement présents à l'esprit de ceux à qui il demande le certificat, ou qu'ils puissent, au besoin, recueillir aisément des renseignements sur ce point. Ils doivent enfin être *approuvés* par le sous-préfet, le procureur du roi et le juge de paix ; un simple *visa* de ces fonctionnaires ne suffirait pas.

Une 7e condition enfin pour la réhabilitation, c'est que celui qui y aspire n'ait pas été condamné une précédente fois pour crime. L'art. 634 dispose, en effet : « Le condamné pour récidive ne sera jamais admis à la réhabilitation. » Les auteurs du Code avaient pensé que la récidive annonce, de la part d'un condamné, des habitudes de perversité qu'on ne doit pas espérer lui voir surmonter. Une pareille supposition est injuste. L'homme le plus criminel, quand il

34

forme une résolution énergique et qu'il est animé du secours du ciel, peut, de l'état le plus abject, s'élever jusqu'à l'exercice des plus sublimes vertus. Il eût donc suffi, dans notre opinion, d'imposer au condamné pour récidive un stage plus long, et c'est, en effet, ce que décidait le projet de loi de 1842.

CHAPITRE II.

Des formalités de la demande en réhabilitation.

La demande en réhabilitation, les attestations de bonne conduite exigées par l'art. 620 et l'expédition du jugement de condamnation, doivent être déposées au greffe de la cour royale, dans le ressort de laquelle réside le condamné (art. 621).

La requête et les pièces sont communiquées au procureur-général qui doit donner ses conclusions motivées et par écrit (art. 622).

« L'affaire, dit l'art. 623, sera rapportée à la *chambre criminelle.* » Il faut évidemment entendre par là la chambre des mises en accusation.

La cour et le ministère public peuvent, en tout état de cause, ordonner de nouvelles informations (art. 624).

La notice de la demande en réhabilitation doit être insérée au journal judiciaire du lieu où siége la cour qui doit donner son avis, et du lieu où la condamnation a été prononcée (art. 625). Ces insertions, dont le but est d'obtenir des renseignements de la part des personnes qui peuvent en donner, offrent plus d'inconvénients que d'avantages, parce que la nécessité de réveiller par là l'attention du public sur un crime peut-être oublié, peut détourner les condamnés les plus dignes d'obtenir la réhabilitation, de la solliciter. Aussi, dans le projet de 1842, la formalité de ces insertions avait disparu.

La cour, après avoir entendu le procureur-général, doit donner son avis; cet avis toutefois ne peut être donné que trois mois au moins après la présentation de la demande en réhabilitation, afin que tous les renseignements utiles aient pu être recueillis (art. 626 et 627). La cour n'émettant qu'un avis sur la demande n'est pas obligée de statuer en audience publique. Il convient même qu'elle statue en chambre du conseil, afin que, si la demande est rejetée, le condamné, au lieu de l'allégement qu'il cherchait dans une tentative par elle-même honorable, n'y trouve pas une aggravation d'infamie.

Les trois mois exigés par l'art. 627 doivent compter à partir du jour de la demande présentée au conseil municipal, et non pas seulement à dater du jour où cette demande est déposée au greffe de la cour royale. L'ambiguïté que peuvent présenter à cet égard les art. 620 et 621, doit être interprétée dans le sens le plus favorable au condamné.

Si la cour est d'avis que la demande en réhabilitation ne peut être admise, le condamné peut se pourvoir de nouveau après un intervalle de cinq ans (art. 628). Il le pourrait même avant, si la cour royale n'avait écarté la demande que *quant à présent*, sur le motif, par exemple, qu'une attestation de bonne conduite serait irrégulière dans la forme.

Si, au contraire, la cour pense que la demande en réhabilitation peut être admise, son avis, ensemble les pièces exigées par l'art. 620, doivent, dans le plus bref délai, être transmis par le procureur-général au ministre de la justice, qui, pour s'environner de tous les documents utiles, peut consulter le tribunal qui a prononcé la condamnation.

Le roi statue ensuite, sur le rapport du garde-des-sceaux (art. 630); et, malgré l'avis favorable de la cour royale, il peut rejeter la demande en réhabilitation, si le condamné ne lui paraît pas digne de cette faveur.

Si la réhabilitation est prononcée, il en est expédié au ministère de la justice, des lettres patentes, dans lesquelles l'avis de la cour est inséré (art. 631).

Les lettres de réhabilitation sont ensuite adressées à la cour qui a délibéré l'avis : il en est envoyé copie authentique à la cour qui a prononcé la condamnation; et trans-

cription de ces lettres doit être faite en marge de la minute
de l'arrêt de condamnation (art. 632).

CHAPITRE III.

Des effets de la réhabilitation.

La réhabilitation ne rétroagit pas sur le passé, mais elle
fait cesser, pour l'avenir, dans la personne du condamné,
toutes les incapacités qui résultaient de la condamnation
(art. 633).

Si donc le condamné a subi une peine afflictive temporaire ou une peine infamante, lesquelles, aux termes de
l'art. 28 du Code pénal, emportent toujours la dégradation
civique, il recouvre pour l'avenir tous les droits de cité; et
s'il avait été condamné à une peine afflictive perpétuelle
dont il a été gracié après qu'il avait commencé à la subir,
il recouvre pour l'avenir la vie civile, que l'exécution de
la condamnation lui avait fait perdre.

On pourrait objecter, il est vrai, que la mort civile n'est
qu'une conséquence de l'exécution de la condamnation, et
que la réhabilitation ne fait cesser que les effets de la condamnation elle-même. Mais, à raisonner ainsi, la réhabilitation serait complètement inutile à ces condamnés, et
l'art. 619 qui admet indistinctement tout condamné qui a
subi sa peine, à se faire réhabiliter, suppose pourtant qu'ils
ont intérêt à l'obtenir.

CHAPITRE IV.

Des différences de la réhabilitation en matière criminelle et de la réhabilitation en matière de faillite.

La réhabilitation en matière criminelle diffère essentiellement de la réhabilitation en matière de faillite, dont il est
question dans les art. 604 et suivants du Code de commerce.
Elle en diffère, et pour les conditions, et pour les formalités, et pour les effets.

Une des conditions de la réhabilitation en matière de faillite, c'est que celui qui la demande n'ait été que failli ou banqueroutier simple, les banqueroutiers frauduleux ne peuvent pas l'obtenir. Au contraire, en matière criminelle, la réhabilitation, comme on l'a vu, ne peut être demandée que par les condamnés à des peines afflictives ou infamantes. D'un autre côté, le failli ne peut obtenir sa réhabilitation qu'autant qu'il a payé intégralement tous ses créanciers, tandis que le condamné qui sollicite des lettres de réhabilitation, n'est pas soumis à cette condition.

A l'inverse, aucune des conditions particulières exigées pour la réhabilitation en matière criminelle, ne s'applique au cas de faillite. Ainsi, le failli n'est astreint à aucun stage, à aucune résidence fixe, à aucune attestation de bonne conduite.

Les formalités des deux réhabilitations sont également différentes. Dans les deux cas, il est vrai, la demande doit être présentée à la cour royale : mais, tandis qu'en matière criminelle, la cour n'émet qu'un simple avis quand elle trouve la demande fondée, avis que le roi peut ne pas suivre ; en matière de faillite, elle rend un véritable arrêt.

Enfin, en matière de faillite, la réhabilitation fait cesser tous les effets que la faillite a produits ; en matière criminelle, elle ne fait cesser que les effets de la condamnation.

TITRE III.

DE LA PRESCRIPTION.

Il faut distinguer, en matière criminelle, la prescription des peines, de celle des condamnations civiles.

CHAPITRE Ier.

De la prescription de la peine.

La prescription des peines est fondée sur plusieurs considérations.

Le premier caractère de la peine, on l'a dit souvent, c'est d'être exemplaire, c'est-à-dire, d'éloigner du mal et de porter au bien la généralité des citoyens, par la terreur qu'inspire le châtiment d'un coupable; or, on ne peut pas espérer que la peine produise cet effet, quand le délit et la condamnation sont depuis long-temps tombés dans l'oubli. Tel est le premier motif de la prescription.

Le second, c'est que la peine est destinée à favoriser l'amendement du condamné, et l'œuvre difficile de cet amendement ne peut être menée à bonne fin, que lorsqu'elle est commencée assez tôt.

En troisième lieu, la crainte continuelle et les privations de tout genre, auxquelles se trouve exposé un criminel qui se soustrait aux recherches de la justice, sont par elles-mêmes des châtiments, souvent plus pénibles que ne l'aurait été l'exécution de la peine prononcée.

Enfin, dans les matières criminelles proprement dites, où la prescription ne s'opère que par vingt années, il y a un quatrième motif encore ; c'est la difficulté qu'on rencontrerait souvent à constater d'une manière indubitable l'identité du condamné.

Que de changements, en effet, qui s'opèrent dans vingt années! Que de victimes enlevées par la mort! Que d'hommes, auparavant florissants de santé, rendus depuis méconnaissables par la maladie! Plus que tout autre, le condamné contraint de quitter le doux sol de son pays et de mener une existence vagabonde, a dû se ressentir de ces inévitables ravages du temps. S'il a été assez heureux pour échapper à la maladie et à la faim, assez malheureux, en le supposant coupable, pour que les larmes du repentir n'aient point sillonné ses joues, les remords du moins ou les angoisses de la crainte auront dû laisser plus d'une ride sur son front.

Toute la théorie de la loi, sur cette matière, se trouve renfermée dans les art. 635, 636, 639 et 641, dont il est bon de rapprocher les textes, parce que leurs dispositions, pour être bien comprises, veulent être envisagées dans leur ensemble.

« Les peines portées par les arrêts ou jugements rendus *en matière criminelle* se prescriront par vingt années révolues, à compter de la date des arrêts ou jugements. — Néanmoins, le condamné ne pourra résider dans le département où demeureraient, soit celui sur lequel ou contre la propriété duquel le crime aura été commis, soit ses héritiers directs (1). — Le gouvernement pourra assigner au condamné le lieu de son domicile (art. 635).

» Les peines portées par les arrêts ou jugements rendus *en matière correctionnelle* se prescriront par cinq années révolues, à compter de la date de l'arrêt ou du jugement rendu en dernier ressort ; et à l'égard des peines prononcées par les tribunaux de première instance, à compter du jour où ils ne pourront plus être attaqués par la voie de l'appel (art. 636).

» Les peines portées par les jugements rendus pour *contraventions de police* seront prescrites après deux années révolues, savoir, pour les peines prononcées par arrêt ou jugement en dernier ressort, à compter du jour de l'arrêt ; et, à l'égard des peines prononcées par les tribunaux de première instance, à compter du jour où ils ne pourront plus être attaqués par la voie de l'appel (art. 639).

» En aucun cas, les condamnés par défaut ou par contumace, dont la peine est prescrite, ne pourront être admis à se présenter pour purger le défaut ou la contumace (art. 641). »

Le système général de la loi étant maintenant connu, voyons en détail : 1° à quelles condamnations s'appliquent les prescriptions dont parlent les articles précités ; 2° à quelle circonstance il faut s'attacher pour déterminer laquelle de ces prescriptions est applicable ; 3° quel est le point de

---

(1) Suivant tous les criminalistes, il faut entendre ici, par *héritiers directs*, les héritiers en ligne directe, c'est-à-dire, les descendants ou ascendants.

départ de la prescription ; 4° comment elle peut être interrompue ; 5° quels sont ses effets.

§ 1ᵉʳ. *A quelles condamnations s'appliquent les prescriptions prémentionnées.*

Ces prescriptions s'appliquent à tout ce que le Code pénal
qualifie de *peines*, aux peines pécuniaires, par conséquent,
telles que les amendes et les confiscations partielles, aussi
bien qu'aux peines corporelles ; et il est indifférent que la
peine ait été prononcée par une juridiction ordinaire, ou
par une juridiction extraordinaire, telle qu'un conseil de
guerre ou un tribunal maritime, la loi ne faisant à cet
égard nulle distinction.

Elles ne s'appliquent pas aux condamnations obtenues
par les parties civiles, lesquelles, ainsi qu'on le verra dans
le chapitre II, se régissent par d'autres principes, et elles
ne s'appliquent pas non plus à la condamnation aux frais
prononcée au profit de l'Etat, parce que cette condamnation
n'est que l'équivalent d'une dépense matérielle que le condamné a causée à l'Etat, et que, nulle part, la loi ne la
range parmi les peines.

§ 2. *A quelle circonstance faut-il s'attacher pour déterminer laquelle des prescriptions de vingt ans, de cinq ans, ou de deux ans, est applicable.*

Il ne faut considérer pour cela ni la juridiction qui a prononcé la peine, ni la nature de la peine prononcée, mais
seulement la nature du fait qui a donné lieu à la condamnation. La loi, en effet, ne dit pas : « Les peines prononcées
par les cours d'assises seront prescrites par vingt ans; celles
prononcées *par les tribunaux correctionnels*, par cinq ans ;
celles prononcées *par les tribunaux de simple police*, par
deux ans. » Elle ne dit pas non plus : « Les peines *criminelles*
seront prescrites par vingt ans, les peines *correctionnelles*,
par cinq, les peines *de simple police*, par deux. « Mais elle

dit : « Les peines portées par les arrêts ou jugements rendus *en matière criminelle*, etc ; les peines portées par les arrêts ou jugements rendus *en matière correctionnelle*, etc. ; les peines portées par les jugements rendus pour *contraventions de police*, etc. ; seront prescrites par vingt, par cinq, par deux années révolues.

Si donc le fait qui a donné lieu à la condamnation, ne constitue par lui-même qu'une contravention d'après la manière dont les juges l'ont envisagé, la peine se prescrira par deux ans, soit qu'elle ait été prononcée par un juge de simple police, ou par un tribunal correctionnel, ou par une cour d'assises ou tout autre tribunal criminel.

Si ce fait n'est qu'un délit, il se prescrira par cinq ans, soit que la peine ait été prononcée par un tribunal correctionnel, soit qu'elle l'ait été par un tribunal criminel proprement dit (1).

Mais, d'un autre côté, si le fait constitue par lui-même un crime, quoiqu'au moyen de quelque excuse légale admise, ou de circonstances atténuantes déclarées par le jury, il n'ait donné lieu qu'à une peine correctionnelle, la prescription ne s'accomplit que par vingt ans, comme elle ne s'accomplit que par cinq ans et non point par deux, si, dans une matière correctionnelle de sa nature, des circonstances atténuantes ont porté le juge à ne prononcer que des peines de simple police.

Le législateur, en effet, devait proportionner la durée de la prescription, non pas tant à la culpabilité de l'agent qu'au retentissement qu'avait eu le méfait, et à l'impression que par sa gravité intrinsèque il avait dû laisser dans les esprits.

§ 3. *Quel est le point de départ de la prescription ?*

Quand il s'agit de calculer le délai de grâce, accordé à un condamné à une peine afflictive perpétuelle pour se

(1) *Cass.* 5 août 1823, 2 février 1827 et 9 juillet 1829.

représenter et éviter la mort civile, c'est le moment de l'exécution par effigie qu'il faut consulter. Mais quand il s'agit de calculer le délai de la prescription, c'est la date de la condamnation.

Il faut pourtant distinguer ici les condamnations en dernier ressort, des condamnations sujettes à l'appel; et parmi celles-ci, celles qui ont été rendues contradictoirement, et celles qui n'ont été rendues que par défaut.

Pour les condamnations non sujettes à l'appel, qu'elles soient contradictoires, ou bien par contumace ou par défaut, c'est toujours la date même de la condamnation qui sert de point de départ : les art. 635, 636 et 639 sont précis là-dessus, et ne font aucune distinction.

Pour les condamnations en premier ressort, le délai, aux termes des art. 636 et 639, ne court qu'à compter du jour *où elles ne peuvent plus être attaquées par la voie de l'appel.* Mais ces termes de la loi donnent lieu à des difficultés graves.

Dans le cas, d'abord, où la sentence a été rendue contradictoirement, le délai régulier pour appeler n'est, il est vrai, que de dix jours; mais on n'a pas oublié que ce délai est prorogé, en faveur du ministère public près le tribunal ou la cour qui doit connaître de l'appel, jusqu'à un mois ou même à deux mois suivant les circonstances (art. 205). Dès-lors, question de savoir si le délai de la prescription doit courir à partir de l'expiration des dix jours, ou seulement à partir de l'expiration du délai exceptionnel réglé par l'art. 205. M. Carnot, sur l'art. 636, décide la question dans ce dernier sens (1) : les autres criminalistes la décident dans le sens inverse, et leur sentiment est aussi le nôtre. Quand il s'agit d'un jugement de condamnation, c'est naturellement à l'appel du condamné que le législateur a dû songer : et dans l'hypothèse de l'art. 639, ce n'est, en

(1) V. dans le même sens un arrêt de Paris du 27 août 1836, et un arrêt de Nîmes du 15 juin 1843. D. P. 37-2-83, et 44-1-39.

effet, qu'à l'appel du condamné que les termes de la loi peuvent s'appliquer, puisque les jugements de simple police, d'après ce qui a été établi précédemment, sont toujours en dernier ressort vis-à-vis du ministère public. Or, il est naturel de penser que les termes de l'art. 636, identiques à ceux de l'art. 639, doivent être pris dans le même sens.

Dès l'instant, d'ailleurs, que le délai de l'appel est expiré vis-à-vis du condamné, le jugement peut être exécuté sur sa personne, et dès-lors toutes les considérations qui ont fait établir la prescription se trouvent réunies, car désormais le condamné commence à subir la peine d'alarmes continuelles.

Mais quand il s'agit d'une sentence contradictoire d'un tribunal de simple police, il s'élève une difficulté d'un autre ordre. Le délai d'appel ici ne commence à courir qu'à dater de la signification de la sentence (art. 174) : or, que décider, si la sentence n'a pas été signifiée ?

Prétendre qu'il faut appliquer alors les règles de la prescription de l'action, et non point celles de la prescription de la peine, ce serait avancer une opinion insoutenable; car dès l'instant qu'il est intervenu une décision sur le fond, surtout une décision contradictoire, ce n'est plus évidemment du sort d'une action qu'il s'agit, mais du sort d'une condamnation, ce qui est tout différent.

Supposer d'un autre côté que l'absence de notification empêche indéfiniment le délai de la prescription de courir, en sorte qu'il n'y eût d'autre prescription possible que la prescription trentenaire, ce serait évidemment aller contre l'esprit de la loi et en troubler toute l'économie, puisqu'il arriverait que la durée de la prescription pourrait être beaucoup plus longue pour une condamnation de simple police, que pour une condamnation correctionnelle ou même criminelle, ce qui implique.

La conséquence à tirer de là, c'est que l'absence ou le retard de la notification ne peuvent être imputés qu'à la négligence du ministère public ; que cette circonstance dès-lors peut bien profiter au condamné, en empêchant le délai de l'appel de courir à son détriment, mais qu'elle ne doit jamais lui nuire; et qu'en dernière analyse, le délai de la prescription courra à l'expiration des dix jours qui suivent le jour même de la sentence, puisque tout autre point de départ serait arbitraire.

Ces raisons servent à aplanir les difficultés qui peuvent s'élever, quand il s'agit d'un jugement par défaut sujet à l'appel, puisque ces difficultés sont absolument du même genre que celle qu'on vient d'examiner en dernier lieu.

Le délai de l'appel, pour les sentences par défaut, ne peut, en effet, courir, tant pour les jugements correctionnels que pour ceux de simple police, qu'à dater de la signification de la sentence (art. 203), et partant on se demande si l'absence de cette notification exclut toute prescription, autre que la prescription trentenaire.

La cour de cassation, dans un arrêt du 31 août 1827 (1), décida qu'en cas pareil c'est l'action elle-même qui se prescrit et non pas la peine; qu'ainsi il y a lieu d'appliquer les règles de la prescription de l'action. Nous convenons que l'existence d'un jugement rendu déjà dans la cause, quand ce n'est qu'un jugement préparatoire ou interlocutoire, n'empêche pas la prescription de l'action; mais dès qu'il a été rendu un jugement définitif sur le fond, l'action a atteint son but, et nous ne concevons plus comment elle pourrait se prescrire. En vain objecterait-on que l'opposition peut remettre en question ce qui a été jugé, car il en est de même de l'appel, et l'art. 641 indique d'ailleurs clairement que, dans le cas d'un jugement par défaut comme dans celui d'un jugement par contumace, c'est la peine qui se prescrit, et non pas l'action.

D'un autre côté, supposer que, faute de signification du jugement, la peine ne se prescrira que par trente ans, serait évidemment chose peu raisonnable. Il faut donc décider,

(1) D. P. 27-1-484. V. dans le même sens, Paris, 27 août 1836. D. P. 37-2-83.

comme dans l'hypothèse que nous examinions en dernier lieu, que le retard de la signification ne doit jamais nuire au condamné, et que le délai de la prescription court alors, comme s'il s'agissait d'un jugement contradictoire rendu par un tribunal correctionnel, dix jours après le prononcé de la sentence. Il est d'autant plus naturel de le penser ainsi, que lorsqu'il s'agit d'un jugement en dernier ressort, tout le monde s'accorde à reconnaître qu'il n'y a nulle distinction à faire entre les jugements par défaut ou par contumace et les jugements contradictoires, et que la prescription court toujours alors à dater du jour même du jugement.

Nous avons supposé jusqu'ici qu'au moment où la condamnation a été prononcée, le condamné n'était point détenu. S'il était en état de détention, il est sensible que ce n'est qu'à dater de son évasion que la prescription peut commencer (1).

§ 4. *Comment la prescription est-elle interrompue?*

Tous les criminalistes enseignent que la prescription de la peine ne peut être interrompue que par une exécution *réelle*, et que de simples poursuites, ni même l'exécution par effigie, ne peuvent l'empêcher.

S'il s'agit de peines corporelles, il faut donc, pour que la prescription soit interrompue, que le condamné soit arrêté: des procès-verbaux de perquisition ou autres actes semblables ne produiraient pas cet effet.

De même, s'il s'agit de peines pécuniaires, d'amendes, par exemple, un simple commandement ou une simple contrainte n'interrompent pas la prescription, quoique ces actes produisent l'interruption dans les matières civiles. Il faut que le condamné soit contraint par corps ou que ses biens soient, sinon vendus, du moins saisis (2).

---

(1) *Cass.* 20 juillet 1827. Sirey, 27-1-532.
(2) Rennes, 16 décembre 1819. Sirey, 22-1-201.

§ 5. *Des effets de la prescription.*

La prescription éteint la peine, mais elle laisse subsister toutes les incapacités que la condamnation et son exécution partielle ou par effigie ont pu produire.

Ainsi, le condamné à une peine afflictive perpétuelle se trouve alors frappé irrévocablement de mort civile, à moins que par une négligence bien extraordinaire l'exécution par effigie n'eût pas eu lieu; et le condamné à une peine afflictive temporaire ou à une peine infamante ne peut plus être relevé des incapacités prononcées par les art. 28 et 34 du Code pénal combinés.

D'une part, en effet, alors même que la condamnation aurait été par défaut ou par contumace, l'art. 641 ne permet pas au condamné de demander un nouveau jugement, et, d'autre part, le condamné qui s'est affranchi de la peine par la prescription ne peut pas, comme on l'a dit précédemment, jouir du bénéfice de la réhabilitation.

CHAPITRE II.

De la prescription des condamnations civiles.

Les règles des prescriptions criminelles sont complètement inapplicables à ces sortes de condamnations. L'art. 642 dispose, en effet : « Les condamnations civiles portées par les arrêts ou par les jugements rendus en matière criminelle, correctionnelle ou de police, et devenus irrévocables, se prescriront d'après les règles établies par le Code civil; » et l'on doit, comme on l'a dit déjà, assimiler aux condamnations civiles la condamnation aux frais prononcée au profit de l'Etat; car cette condamnation n'a jamais été rangée parmi les peines, dans le sens technique de ce mot.

Mais le condamné par défaut ou par contumace qui ne pourrait pas subir un nouveau jugement, parce qu'il aurait prescrit sa peine, ne pourrait-il pas attaquer la sentence par la voie de l'opposition, en ce qui touche les condamnations civiles? Nous ne le pensons pas. Si une pareille opposition venait à être accueillie, il y aurait entre le jugement qui l'admettrait et la sentence criminelle, une contrariété fâcheuse et qui jetterait sur celle-ci une sorte de reflet d'iniquité. Il n'est pas probable que le législateur ait voulu autoriser un pareil résultat, et l'art. 641, en disant que le condamné par défaut ou par contumace qui a prescrit sa peine, ne peut plus être admis à purger son défaut ou sa contumace, ne fait, en effet, aucune distinction.

Que faut-il donc entendre par ces mots de l'art. 642, *arrêts et jugements devenus irrévocables?* Cela signifie, ce nous semble, que tant que la sentence peut être attaquée par quelque voie, le sort des condamnations civiles est inséparablement uni à celui des condamnations criminelles, en sorte que le condamné ne peut attaquer celles-ci, sans, par cela même, remettre en question celles-là ; tandis que, lorsque tout recours est fermé, il peut très-bien se faire que les condamnations civiles, qui ne se prescrivent que par trente ans, et pour lesquelles un simple commandement a un effet interruptif, survivent aux condamnations criminelles qui se prescrivent par un temps beaucoup plus court, et dont l'exécution réelle peut seule conserver l'effet.

La prescription des condamnations criminelles était, dans le cadre que nous nous étions tracé, le dernier sujet dont nous avions à traiter. Ici donc se termine notre livre. Puisse-t-il, par ses proportions modestes, dans lesquelles nous avons renfermé pourtant tous les principes essentiels de la science , favoriser l'étude d'une branche de la législation, trop généralement ignorée ! Puisse-t-il surtout être utile à la jeunesse studieuse , objet de nos plus chères sympathies!!!

Ne pas craindre de s'écarter des idées reçues quand on croit avoir la raison devers soi , mais ne pas chercher non plus à contrarier les doctrines établies, par amour du paradoxe et pour la vaine satisfaction de se distinguer, rechercher toujours avec soin la volonté du législateur , tâcher , quand on l'a saisie , de l'exposer à la fois sans sécheresse et sans faste , recueillir pieusement une pensée morale , quand on la rencontre sur son chemin, comme on enchâsse une perle ; telle est , ce nous semble , la mission de l'interprète des lois. Notre ouvrage eût sans doute été meilleur, s'il suffisait de comprendre la noblesse et l'importance de cette mission pour l'exercer dignement.

FIN.

TABLE

DES

DIVISIONS DE L'OUVRAGE.

LIVRE SECOND.

De la procédure préparatoire qui précède la mise en jugement. 43

LIVRE TROISIÈME.

LIVRE QUATRIÈME.

Des juridictions extraordinaires.

LIVRE CINQUIÈME.

LIVRE SEPTIÈME.

FIN DE LA TABLE DES DIVISIONS DE L'OUVRAGE.

TABLE

DES ARTICLES EXPLIQUÉS.

FIN DE LA TABLE DES ARTICLES EXPLIQUÉS.